Le « jardin medecinal » d'Olivier de Serres

Guy Ducourthial

Le « jardin medecinal » d'Olivier de Serres

Pour se soigner soi-même ?

L'Harmattan

Du même auteur

La pomme, Bibliothèque des symboles, Pardes, 1996.
Flore magique et astrologique de l'Antiquité, Éditions Belin, 2003.
Atlas de la Flore magique et astrologique de L'Antiquité, ouvrage numérisé consultable sur le site de la Bibliothèque Inter Universitaire de Médecine de Paris 5 www.biusante.parisdescartes.fr/ducourthial/debut.htm
Recueil de Recettes pour remèdes et autres Secrets, un manuscrit inédit du XVIIIe siècle.
Présentation et Commentaires, Éditions Belin, 2007.
La Botanique selon Jean-Jacques Rousseau, Éditions Belin, 2009.
Petite Flore mythologique, Éditions Belin, 2014.
Flore médicale des signatures, L'Harmattan, 2016.
La théorie des signatures végétales au regard de la science, L'Harmattan, 2017.
Les plantes médicinales de la Charité. Des Simples pour les simples, L'Harmattan, 2020.

5-7, rue de l'Ecole-Polytechnique, 75005 Paris

http://www.editions-harmattan.fr

ISBN : 978-2-14-031131-4
EAN : 9782140311314

À ma mère

INTRODUCTION

Olivier de Serres, (né en 1539, mort en 1619) est surtout connu pour avoir écrit un important traité, le *Théâtre d'Agriculture et Mesnage des champs*, paru pour la première fois en 1600 et maintes fois réédité, qui lui valut d'être généralement considéré comme le père de l'agronomie française.

L'objet de son livre était en effet de faire bénéficier ses lecteurs de son expérience de propriétaire terrien et d'exploitant agricole. Mais il ne s'y est pas contenté de leur prodiguer ses conseils d'agriculteur et d'éleveur. Il a en effet mesuré toute l'importance des contraintes qui pèseraient sur eux, car, en résidant toute l'année sur leur domaine, ils devraient y vivre en autarcie totale. Il a notamment compris qu'une telle situation pourrait s'avérer lourde de conséquences, lorsque la maladie toucherait le Mesnager lui-même, son épouse, la "mère de famille", un de ses enfants ou l'une des personnes qu'il employait, le médecin et l'apothicaire résidant dans la ville la plus proche étant en effet généralement éloignée du domaine et par conséquent difficiles à contacter.

Pour faire face à une telle situation, Olivier de Serres conseille au Mesnager

– d'une part d'aménager sur son domaine un **jardin medecinal** où seront exclusivement cultivées des plantes médicinales qui constitueront l'essentiel des remèdes pour traiter les maladies les plus courantes,

– d'autre part de consulter un catalogue de remèdes qu'il a lui-même rédigé pour que la Mère de famille puisse préparer elle-même des remèdes relativement simples, donc faciles à élaborer et peu coûteux, mais suffisamment efficaces pour traiter les affections les plus communes, recommandant toutefois de faire appel au médecin dans les cas où elle se jugerait incompétente pour diagnostiquer la maladie dont souffre le malade et donc de lui prescrire un de ses remèdes pour le guérir. A sa manière, Olivier de Serres voulut ainsi offrir à ses lecteurs une sorte de Manuel élémentaire de Phytothérapie, qui aurait pu passer pour un ouvrage de référence, permettant d'être capable de se soigner soi-même. Mais ses conseils de santé ne suscitèrent guère d'intérêt, et sombrèrent rapidement dans l'oubli.

Nous nous proposons d'en exposer ici le contenu, la pertinence et les raisons de son obsolescence, après avoir présenté toute l'originalité de l'aménagement de son jardin medecinal.

CHAPITRE 1

Un jardin médicinal pour se soigner soi-même

De tout temps, on a cherché à se soigner soi-même. Et cette tentation était d'autant plus grande, quand on était dans l'impossibilité d'avoir recours à un médecin, ou à un chirurgien barbier, ou encore à un apothicaire, soit parce que l'on habitait dans un petit village, un hameau, voire une ferme isolée, loin d'un bourg important où résidaient ces spécialistes, soit parce que l'on était trop pauvre pour régler leurs prestations, tout comme l'achat des remèdes prescrits et préparés par eux, d'autant plus que s'ajoute souvent à un réel désir intime d'automédication, une certaine méfiance à l'égard des apothicaires, qu'une rumeur, souvent injuste, mais assez largement répandue, les jugeait incompétents, avares et profiteurs. (1)

Dès lors, force était d'avoir recours aux connaissances empiriques locales détenues par un des membres de sa famille ou une personne de son entourage, réputée pour ses compétences et ses réussites auprès des malades. Un certain nombre de plantes connues pour leurs vertus curatives a toujours occupé la plus grande place dans les remèdes prescrits ; ce qui suppose l'obligation de parcourir l'environnement pour les y récolter. Mais une telle recherche est aléatoire. Toutes sont loin d'être présentes spontanément à proximité de l'habitat. De plus, il faut savoir les identifier, sans risque d'une confusion qui peut être lourde de conséquences, voire fatale (2), mais aussi connaître la période la plus propice à leur récolte pour qu'elles soient pourvues des principes actifs les plus efficaces. Il est nécessaire d'en faire provision pour en avoir à sa disposition en cas de nécessité, ce qui suppose qu'on sait les conserver, que l'on connaît la partie qui doit être utilisée (feuille, fleur, racine, graines notamment) et la durée de conservation au-delà de laquelle la plante conservée ne possède plus aucune de ses propriétés thérapeutiques. La médecine populaire ou traditionnelle, transmise oralement de génération en génération, suppose de telles connaissances. Les personnes qui en sont dépositaires savent comment préparer les remèdes, voire leur composition, quand on doit mélanger plusieurs plantes, les quantités à incorporer, la posologie et la durée du traitement.

C'est au XVIème siècle que se fit jour l'idée de proposer aux simples particuliers, de posséder leur propre jardin (3) où ils pourraient notamment cultiver les principales plantes dont les propriétés thérapeutiques étaient largement reconnues.

Une telle proposition présentait de réels avantages, la seule condition étant évidemment de posséder un lopin de terre :

– il permettait un approvisionnement immédiat en plantes médicinales prescrites,

– il évitait toute erreur d'identification des plantes, que certains apothicaires eux-mêmes commettaient lorsque les paysans leur apportaient pour leur vendre les plantes qu'ils avaient récoltées,

– il offrait des plantes fraîches donc efficaces, car les plantes conservées trop longtemps après leur récolte avaient perdu une grande partie de leurs propriétés curatives, voire la totalité. Malgré que l'on crût que les propriétés thérapeutiques des plantes cultivées fussent plus restreintes que celles des plantes sauvages.

Il est vraisemblable que les particuliers qui disposaient d'un jardin y cultivaient un certain nombre d'espèces de plantes médicinales parmi les plus connues pour leurs propriétés thérapeutiques, mais il ne semble pas qu'ils aient créé des jardins exclusivement consacrés à leur culture pour y faire pousser la quasi-totalité de celles qui étaient connues à leur époque.

Ce n'est qu'au XVIème siècle qu'apparaissent différents ouvrages, relativement peu nombreux, qui portent explicitement sur la création de jardins médicinaux ou jardins des simples. Leurs auteurs les distinguent généralement des jardins potagers, fruitiers ou d'agrément, bien qu'ils citent dans ces derniers des végétaux possédant également des vertus médicinales.

Ils dispensent à leurs lecteurs des conseils, souvent accompagnés de plans pour un agencement réfléchi d'un jardin des simples comprenant une sélection d'un grand nombre de plantes aux propriétés curatives. Ils leur demandent pour cultiver avec succès chacune des plantes dont ils recommandent la culture, de tenir compte du sol, du climat, de leur exposition au soleil et aux quatre points cardinaux. Ils donnent la liste des maladies qu'elles sont censées guérir et ils y précisent comment confectionner les remèdes dans la composition desquels elles occupent la plus grande place : ce sont des affections courantes et relativement bénignes et ils recommandent à leurs lecteurs aux compétences nécessairement limitées, faute de formation, de s'en remettre à un médecin en cas de doute. Il faut les distinguer des Pharmacopées, des Traités de Matière Médicale, des ouvrages de botanique consacrés à l'inventaire des plantes ainsi qu'à leurs descriptions et à leurs propriétés, et, *a fortiori*, des ouvrages de médecine ou de pharmacologie dont les auteurs décrivent les maladies et notent les remèdes appropriés pour les soigner, en se référant généralement aux œuvres des médecins les plus célèbres de l'Antiquité, notamment Hippocrate,

Dioscoride et Galien, voire de botanistes comme Théophraste et Pline, mais aussi des médecins arabes comme Avicenne ou Razès.

Les auteurs de ces ouvrages emploient généralement le mot *Hortus* pour désigner le jardin dont ils conseillent la création. Mais ce mot peut prêter à confusion, car il peut également être utilisé pour désigner non seulement une propriété close de murs, et particulièrement un jardin, cultivé par un jardinier (*hortulanus*), mais encore un ouvrage de botanique ou un herbier. Aussi est-il souvent associé à un qualificatif pour en préciser le sens.

Parmi les expressions les plus couramment utilisées, on relève les suivantes :

– Hortus vivus

Cette expression désigne en général un jardin botanique. Elle est synonyme de **Hortus botanicus** qui lui sera parfois préférée ultérieurement. (cf. infra)

– Hortus siccus

Cette expression désigne généralement un herbier, c'est-à-dire un recueil de feuilles de papier sur chacune desquelles a été collée une plante auparavant pressée et séchée. Leur création apparut nécessaire aux botanistes. En effet, si les jardins botaniques permettent d'étudier un grand nombre de plantes réunies artificiellement dans un espace restreint et de suivre les différentes phases de leur développement tout au long de l'année, ils ont évidemment l'inconvénient d'être soumis au rythme des saisons et du climat local. En hiver, notamment, certaines plantes ne peuvent y être observées. En outre, on ne peut y accueillir bon nombre de végétaux originaires de régions plus clémentes, voire plus rigoureuses.

Pour compenser ce qui pouvait limiter l'intérêt de ces jardins, l'idée se fit jour chez les botanistes, de conserver des spécimens de plantes, après les avoir pressées et séchées et s'être assuré qu'elles garderaient la plupart des caractéristiques permettant de les identifier sans un trop grand risque d'erreurs. En assemblant les feuilles de papier sur lesquelles elles avaient été collées, on en vint à constituer de véritables ouvrages ou herbiers qui présentaient l'intérêt d'offrir la possibilité d'observer les plantes à toute époque de l'année. Ils avaient aussi pour vocation de faciliter, par comparaison avec leur contenu, l'identification de végétaux récoltés au cours d'excursions botaniques ou sommairement décrits par les auteurs anciens. Les plus riches d'entre eux, dans lesquels avaient été intégrées des plantes en provenance de régions plus ou moins lointaines, permettaient également d'étudier avec profit les auteurs de relations de voyage qui les citaient.

C'est sans doute en Italie, au XVIème siècle, que furent confectionnés les premiers herbiers (4) et l'un des plus anciens, aujourd'hui perdu, est probablement celui de L. Ghini qui contenait plusieurs centaines de plantes. Fort heureusement, ceux de Césalpin, réalisés vers 1563, qui en compte sept-cent soixante-huit et celui d'Aldrovandi, commencé à partir de 1551, qui en rassemble plus de sept mille sont parvenus jusqu'à nous dans un bon état de conservation. La plupart des botanistes s'attachèrent par la suite à composer le leur. Mais le nombre de ces herbiers demeura nécessairement peu élevé.

Leur consultation s'avérait en effet délicate et d'un intérêt parfois limité. Ils étaient en effet fragiles et, à la différence des livres et des manuscrits, on ne pouvait guère les communiquer à des correspondants éloignés sans courir le risque de les détériorer. En outre, ils ne comptaient qu'un nombre restreint de végétaux. La plupart d'entre eux ne contenaient même qu'un spécimen de chaque plante et, de ce fait, ne permettaient généralement pas de reconnaître celle-ci à chaque étape de sa vie.

– Hortus pictus

Cette expression désigne un recueil iconographique, formé de planches dessinées et coloriées d'après nature. Elle est parfois traduite par "herbier", notamment lorsque les dessins sont accompagnés de notices présentant les plantes sélectionnées suivant l'ordre alphabétique de leurs noms. Ces "herbiers" peuvent contenir entre autres, leur brève description, leurs éventuelles synonymies, leur intégration dans une classification embryonnaire, leur origine, leur habitat, leurs maladies, et généralement leurs propriétés thérapeutiques.

Les illustrations botaniques, réalisées avec un souci de réalisme et d'esthétique, apparaissent à la fois comme des documents pédagogiques et des guides utiles pour la détermination des plantes rencontrées dans la nature. En effet, en l'absence de vocabulaire technique et de nomenclature botanique, les gravures se révèlent un outil indispensable pour reconnaître et identifier les espèces végétales. Certaines sont d'une telle précision telle qu'elles reproduisent même les signes d'une maladie qui a affecté la plante ou les traces des dommages qui lui ont été causés par les insectes.

Les illustrations présentent de grands avantages sur les herbiers et les jardins botaniques. A la différence de ces derniers, elles permettent d'exhiber les plantes, quelles qu'elles soient, tout au long de l'année, sans que l'on ait à attendre l'époque de leur floraison. Ils offrent ainsi la possibilité de montrer les plantes aux différents stades de leur cycle végétatif. Par rapport aux herbiers, elles permettent aussi de donner à voir des végétaux qu'il est souvent difficile d'y intégrer, à cause de leur volume, de leur taille ou de leur milieu, comme, par exemple, les plantes à bulbes ou les plantes aquatiques. En outre, grâce à une représentation tridimensionnelle, les gravures donnent une image plus réaliste des plantes qui ont dû être pressées pour être intégrées dans un herbier. On ajoutera que le dessin laisse à l'artiste la possibilité de représenter simultanément les fleurs et les fruits sur la même plante ou encore l'avers et le revers des feuilles, mais aussi de reproduire dans leur diversité les couleurs des fleurs d'une même plante qui peuvent être différentes d'un sujet à l'autre. (5)

Mais ces illustrations ne sont pas exemptes de critiques. Parmi les plus pertinentes, on peut signaler l'absence de l'indication de l'échelle des dessins, par rapport au modèle observé ou encore l'omission fréquente de représentation des caractéristiques internes des fleurs ou de la structure des fruits.

Mais le mot **Hortus** est parfois suivi d'autres épithètes par certains auteurs pour en préciser le sens et pouvoir désigner ainsi des réalités bien différentes que les précédentes. Ainsi, par exemple :

– **Hortus floridus**, *i e le jardin des fleurs*, est le titre donné à un recueil de dessins de plantes (1614) par le graveur Crispijn de Passe (1564-1637)

– **Hortus gallicus**, *i e le jardin gaulois*, est utilisé par le médecin Sebastien Champier pour désigner son ouvrage consacré à la flore de France. (6).

– **Hortus sanitatis**, ou **Ortus sanitatis**, *le jardin de santé*, est le titre choisi pour un ouvrage de Matière Médicale rédigé par Jean de Cuba (7)

– **Hortus medicus** et **philosophicus**, *i e le jardin médical et philosophique* est celui que Cammerarius a retenu comme titre à son ouvrage consacré aux plantes de son jardin. (8)

– **Medicus Hortus**, *i e le jardin médicinal*, est le titre donné à la partie d'un ouvrage écrit par Mizeaud qui porte sur les jardins exclusivement consacrés aux plantes médicinales. (cf. infra, Chap. 3).

– **Hortus deliciarum**, *i e le jardin des délices*, est le titre donné à une encyclopédie chrétienne manuscrite, en latin et illustrée, réalisée au XIIème siècle au couvent de Hohenbourg (mont Sainte-Odile), par Herrade de Landsberg (aussi appelée Herrade de Hohenbourg), et ses moniales. Le mot jardin y fait référence au Jardin d'Eden de la Bible et les végétaux qui y sont cités ont une signification religieuse.

– Quant à l'expression **Hortus conclusus**, elle désigne plus généralement un domaine clos.

Notons que d'autres mots sont également employés pour désigner un jardin. Ainsi, par exemple :

– **Herbarium** désigne jusqu'au XIIIème siècle un terrain herbeux, couvert de végétation, notamment de plantes cultivées, potagères aussi bien que médicinales. Il désignera ensuite généralement un herbier, c'est-à-dire un recueil de dessins représentant des plantes, accompagnés de notices descriptives et indicatrices de leurs propriétés. Ce mot sera traduit en français par **arbolayre** ou **herbolayre** (9).

– **Herbularius** est utilisé par l'auteur du plan de l'abbaye de Saint Gall pour désigner le jardin consacré exclusivement aux plantes médicinales. (cf. infra)

– **Hortulus** qui signifie "*petit jardin, jardinet*", est le mot employé par Strabon comme titre de son poème dédié aux plantes médicinales (10).

En revanche, les mots suivants peuvent tromper à première vue, car ils ne font aucune référence à un jardin :

– **Herbarius** désigne celui qui connait les plantes, l'herboriste, le cueilleur de plantes, appelé d'ailleurs herbier jusqu'au XIIIème siècle. Mais il peut parfois désigner aussi un ouvrage de botanique. Ainsi, par exemple, l'*Herbarius* du pseudo Apulée est un recueil de notices illustrées portant sur les propriétés de 131 plantes médicinales (11) et l'*Herbarius latinus* (12) est le titre d'un ouvrage édité en 1484 qui décrit 150 plantes aux vertus curatives, accompagnées de leur dessin.

Si les ouvrages consacrés spécialement aux jardins ne firent leur apparition que tardivement, les jardins cultivés existaient depuis fort longtemps. En effet, le jardin était un trait ordinaire de la vie de tous les jours, à la portée de beaucoup de gens, et considéré comme allant de soi, d'autant que l'entretien d'un jardin exigeait peu de dépenses et de gestion. A côté des jardins seigneuriaux, lieux de détente et de loisirs, et des jardins des monastères (cf infra), il existait des jardins paysans de moindre importance dans les campagnes, généralement proches des habitations, et sans doute aussi des jardins dans les villes, propriétés de bourgeois relativement aisés, cultivés pour leurs besoins personnels.

Les jardins paysans

Ce sont des jardins vivriers qui permettent de se nourrir et éventuellement de se soigner où se côtoient des plantes potagères - dont certaines passent pour avoir des propriétés curatives selon les traditions populaires locales - et quelques plantes médicinales. Nous ignorons quelles étaient les différentes espèces qui y étaient cultivées, car aucun ouvrage de l'époque n'aborde ce sujet, et ne donne un quelconque répertoire des plantes, les détails de la vie quotidienne des paysans ne présentant alors aucun intérêt pour les lettrés. (13). Ces jardins sont appelés des *courtils* (14). Ils font généralement partie d'un ensemble appelé *courtillage*, réunissant maison d'habitation, bâtiments agricoles, cour, étable, poulailler, porcherie et jardin. Celui-ci est de taille variable et doit assurer l'essentiel de la subsistance de tous les occupants du courtillage. Il est clos, par une haie vive composée généralement d'arbustes buissonnants (églantiers, noisetiers, ronces…) ou d'arbres fruitiers (pruniers, poiriers…), mais aussi de barrières faites de pieux sur lesquels sont entrelacés des branches souples de végétaux divers ou encore de murets, là où la pierre est abondante.

La terre y est divisée en rectangles ou carrés (appelés aires, planches, parfois sillons) où sont cultivées les plantes, entourés d'allées qui permettent de se déplacer pour travailler et désherber les espaces cultivés, évitant ainsi de fouler et de détériorer les végétaux.

Ces surfaces cultivées sont surélevées par rapport aux allées qui les entourent et délimitées par des clôtures dont l'ont l'objet est de protéger les plantations des animaux et d'empêcher la terre de s'ébouler sur les allées. Celles-ci sont diverses. Les plus courantes sont les *plessis*. Ils sont composés de branches d'arbres et d'arbustes entrelacées (généralement saule, osier, coudrier ou châtaignier). Cette pratique ou *plessage* remonte à l'Antiquité (du latin, *plectere*, *plaxare* en bas latin, qui signifie plier, tresser, entrelacer). Ce peut être aussi un *palis*, une clôture légère formée de pieux et de lattes assemblées à angle droit, souvent couvertes de plantes grimpantes, en particulier de roses. Ou une *claie* désignant un treillage en osier ou en bois servant de clôture, souvent couvert de plantes grimpantes.

C'est à la femme qu'incombe l'entretien du jardin et c'est elle qui est responsable des cultures qui y sont pratiquées.

Les jardins des villes

Des jardins étaient cultivés au sein des villes ; leur objet était assez voisin de celui des jardins paysans. Ils offraient en outre un espace de loisir et de détente dont pouvait jouir le propriétaire et sa famille, à l'abri des bruits, des embarras, des miasmes et des nuisances diverses de la ville. On en peut trouver un témoignage dans un ouvrage intitulé *Le Mesnagier de Paris*, écrit vers 1393 par un bourgeois de Paris dont l'objet est de donner à sa très jeune épouse des éléments variés d'instruction dans tous les domaines. Il contient notamment un chapitre sur le jardinage, dans le troisième article de son deuxième livre. (15)

Les jardins monastiques

Les abbayes et monastères ont notamment pour vocation d'accueillir les voyageurs, les pauvres et les malades. Ils comprennent généralement une infirmerie et une apothicairerie. La première est réservée aux moines malades qui y seront soignés par un moine infirmier qui possède des connaissances médicales plus ou moins approfondies et ont appris la pratique des soins à apporter pour traiter les maladies les plus courantes. L'apothicairerie est tenue par un moine apothicaire qui a en charge la préparation des médicaments dont la plus grande partie est constituée de substances végétales. Il est sans doute aussi responsable de la culture des plantes médicinales au sein de l'abbaye. Ses connaissances horticoles lui permettaient d'être le principal ordonnateur de l'espace qui leur était réservé, et lui octroyaient, de fait, une grande liberté pour le structurer, mais aussi pour choisir les espèces à y cultiver, les développer, voire les croiser. Le plan de l'abbaye de Saint Gall en Suisse nous offre un exemple du nombre et des attributions de ces espaces. (16)

Certains moines apothicaires ont été les inventeurs de remèdes célèbres comme, par exemple, l'eau de mélisse des Carmes, la Chartreuse ou encore l'élixir du Père Gaucher.

Les jardins botaniques

De tels jardins ayant pour vocation l'étude ou la conservation des plantes avaient probablement été déjà imaginés dès l'Antiquité (17). Mais ce n'est qu'au XVIème siècle que l'idée se fit jour qu'il serait souhaitable d'observer les principaux végétaux dont l'étude était dispensée à la Faculté de Médecine, en aménageant des espaces réservés à leur culture, permettant ainsi d'en approfondir l'étude et d'en suivre l'évolution au fil des saisons. C'est dans ce but que fut créé en Italie le premier jardin botanique, probablement à Pise, sous l'impulsion de Luca Ghini en 1543, précédant de peu ceux de Padoue (1545), de Florence (1545) et de Bologne (1568). Ces exemples furent rapidement suivis dans différentes villes universitaires européennes, comme, par exemple, Leiden aux Pays-Bas (1577). En France, Richer de Belleval (18) à Montpellier et Guy de La Brosse (19) à Paris s'inspirèrent de l'exemple italien pour, à leur tour, aménager des jardins (20).

Les jardins médicinaux

Un jardin médicinal, ou jardin de simples, appelé en latin *hortus medicus, herbularius, herbarium botanicum, hortus botanicus*, est un lieu où l'on cultive particulièrement des plantes aux vertus médicinales, appelées également "simples" ou "plantes officinales".

A l'origine, ces jardins spécialisés sont cultivés au sein des monastères. Walafrid Strabon, dans son *Hortulus*, décrivait déjà les plantes d'un tel jardin conventuel, s'intéressant à leur comportement et à la meilleure façon de les cultiver. Mais il faut attendre la fin du Moyen Age, pour voir apparaitre les premiers ouvrages qui traitent plus particulièrement de jardinage. Peu nombreux, ils s'adressent à des laïques lettrés et fortunés, bourgeois ou nobles, qui souhaitent disposer non seulement de jardins d'agrément mais encore, de jardins potagers, fruitiers et de plantes médicinales pour leurs besoins personnels, ceux de leur famille et de leurs domestiques, voire des ouvriers agricoles qui cultivent leur domaine. Les auteurs de ces premiers manuels de jardinage décrivent le jardin selon une approche pragmatique, se limitant à décrire son intérêt utilitaire, décoratif, alimentaire et médical. Quelques-uns accordent une place distincte aux plantes médicinales qu'ils conseillent de cultiver dans un espace réservé qu'ils désignent sous l'appellation de "jardin médicinal". Ces jardins médicinaux, spécialisés dans la culture des plantes médicinales, se distinguent ainsi des jardins bouquetiers, potagers ou fruitiers. (21)

Toutefois, ils n'ont pas l'exclusivité de la culture des plantes aux vertus thérapeutiques. En effet, on trouve aussi de telles plantes parmi les plantes potagères et celles qui donnent des fruits comestibles, répertoriées, dans les ouvrages de référence de Pharmacopée et de Matière médicale.

Mais, on s'aperçoit vite à leur lecture qu'ils sont très sommaires, laissant sans doute le soin aux "jardiniers" débutants de les enrichir de leurs propres expériences, de leurs succès et des causes de leurs échecs.

On se limitera ici à n'évoquer dans les chapitres suivants que les ouvrages de Pierre de Crescens, d'Antoine Mizauld et de Charles Estienne, complété par son gendre Jean Liebeaut qui contiennent les développements les plus complets sur les jardins médicinaux des particuliers.

Le premier est un érudit qui s'est passionné pour l'agronomie et la botanique. Ce n'est pas un médecin de formation, mais il a enquêté sur les propriétés thérapeutiques des plantes non seulement dans les ouvrages de référence à son époque, mais aussi auprès des praticiens, pour en rendre compte dans son ouvrage, tout en les complétant par ses observations personnelles sur leur culture dans son propre domaine, situé dans les environs de Bologne.

Le second est un médecin renommé de son temps, au point que certains le qualifient alors d'Hippocrate des temps modernes. Ecrivain prolifique, il est l'auteur d'un traité spécialisé dans la culture des plantes médicinales qui est sans doute l'un des premiers publié en français.

Le troisième est un médecin et aussi un imprimeur célèbre. Il consacra une partie de son temps libre à la rédaction d'un ouvrage spécialisé portant sur la création et la gestion d'un domaine agricole, dont une partie contenait un jardin médicinal qui est à l'origine d'une célèbre publication qui prit le nom de *Maison rustique* et fut maintes fois rééditée.

Olivier de Serres s'en est très largement inspiré, bien qu'il n'ait jamais cru devoir les citer et reconnaître leur savoir.

NOTES DU CHAPITRE 1

1. Cette rumeur sera largement exposée par Sébastien Colin dans sa *Déclaration et Tromperies que font les Apothicaires fort utile et necessaire à ung chacun studieux et curieux de sa santé.* (Tours, 1555) ou encore par Symphorien Champier, (1471-1539) dans le *Miroir des apothicaires*, (Paris, 1506 ?). Cf. Gaëlle Di Paolo *L'exemple d'une polémique médicale au XVIe siècle : médecins contre apothicaires, une querelle de corporations*, 2018, Thèse de Doctorat, Lyon, Université Jean Moulin.
2. Pour éviter de telles erreurs, quelques ouvrages comme celui du médecin Jacques Dubois (1478-1555) donnent une liste des critères à observer lors de la cueillette des plantes médicinales. Celle-ci figure dans les premiers chapitres de sa Pharmacopée publiée en 1574, sous le titre "*Manière de bien choisir les simples*".
3. Le mot jardin est probablement issu (av.1150) du gallo-roman *hortus gardinus*, littéralement "jardin enclos". Le premier élément "*hortus*" est le nom latin du jardin - qui vient du grec "*chortos*", désignant un lieu clos, entouré d'arbres et de haies -, d'où

vient l'ancien français *ort* ou *hort* qui a donné en français les mots horticole, horticulture, hortillon, ainsi que court, courtil. Son dérivé "*hortulanus*" désigne le jardinier, celui qui s'occupe du jardin, Le second élément "*gardinus*", est issu d'un francique "*gart*", ou "*gardo*", clôture, que l'on reconstitue à partir de l'allemand *Garten* et de l'ancien et moyen français,"*jart*", "*gart*" (XIIème siècle), "jardin." (cf. Le Robert, *Dictionnaire historique de la Langue française*).

4. Sur les premiers herbiers, cf. E. H F Meyer, *Geschichte der Botanik* IV, p. 266-273 ; A, Arber, *Herbals, Their Origi and Evolution, a chapter in the history of botany* (1470-1670), 1912, rééd. 1999, Cambridge University Press ; C. Singer, *The Herbal in Antiquity, Journal of Hellenic Study*, 47, 1927 ; Collins, M., *Medieval Herbal, The Illustrative Traditions*, 2000, The British Library and University of Toronto Press ; F.J. Anderson, *An illustrated hystory of the Herbals*. 1977, New York, Columbia University Press. Cf. aussi, *Les herbiers, un outil d'avenir, Tradition et modernité,* Actes du Colloque, Lyon, 20-22 novembre 2002, Villers-les Nancy, Association Française pour la Conservation des Espèces Végétales (AFCEV).

5. Pour plus de détails sur les recueils iconographiques, cf. W. Blunt : *The Art of Botanical Illustration, an illustrated History*, rééd. 1994, Dover Publications, New York; W. Wheeler : *L'Illustration botanique*, 1999, Paris, Editions du Carrousel ; M. Pinault-Sorensen : *Le livre de botanique*, 2008, Paris, B N F,

6. **Symphorien Champier**, (1471-1539) né à Saint-Symphorien-sur-Coise, près de Lyon, est un médecin et humaniste, auteur de plus d'une centaine d'ouvrages. Les sujets qu'il y aborde sont variés : médecine, pharmacopée, histoire, philosophie, religion, ésotérisme, alchimie… On notera qu'à partir de 1530, il publie des ouvrages qui contestent la validité de la médecine arabe, les traités d'Avicenne et d'Averroès, pourtant réputée de longue date, ce qui lui vaut des critiques dans les milieux médicaux. Il y défend par ailleurs une vision nationaliste de la médecine et de la pharmacopée, soutenant l'idée que la Providence a pourvu la France de sources miraculeuses et de simples qui sont suffisamment souverains pour guérir les maladies locales. Son *Hortus gallicus* est un opuscule de 68 pages, écrit en latin, divisé en sept Livres, où figure un petit nombre de plantes médicinales poussant en France. Il s'agit d'une compilation sans grand intérêt.

7. **Jehan Cuba** ou Jean de Cuba, ou Johannes de Cuba, forme latinisée et francisée de Johann Wonnecke von Kaub, dit Johann[es] Dronnecke, né vers 1430 à Kaub et mort vers 1503-1504 à Francfort-sur-le Main. On ne dispose que de peu de renseignements sur la vie de ce médecin. On sait seulement qu'il exerça la profession de médecin à Augsbourg, effectua un voyage en Grèce et au Proche Orient pour y étudier les plantes. Il est l'auteur du *Gart der Gesundheit* (1484) qui fit l'objet de nombreuses rééditions, notamment dès 1485 sous le titre *Ortus sanitatis, auf teutsch ein gart der gesuntheit* et de plusieurs traductions, notamment en latin (1487) et en français (1500), sous le titre "*Jardin de santé : herbes, arbres et choses qui de iceuly coqueurent et conviennet alusage de medecine*" chez l'éditeur Antoine Vérard. Elle fut suivie de nombreuses rééditions, plus ou moins fidèles à la première. La première partie de son ouvrage, qui est consacrée aux Herbes, compte 530 chapitres. Chacun d'eux, accompagné d'une gravure, porte sur une plantes médicinale, qu'il décrit sommairement, en donne les propriétés thérapeutiques en s'appuyant sur de nombreuses références à des auteurs d'ouvrages de médecine ou de matière médicale, notamment Hippocrate, Pline, Dioscoride, Galien, Constantin, Avicenne, Jean Mesué, Serapion, Razès. Mais le titre de son ouvrage est trompeur car il ne donne aucun conseil pratique pour cultiver les plantes qui composent son jardin de santé. Cf. D. Hüe *Le Jardin de Santé de Jean de Cuba, une Encyclopédie médiévale tardive et sa réception*, 2004, Presses Universitaires de Rennes.

8. **Joachim Camerarius** le Jeune, (1534 -1598), médecin et botaniste allemand. Il est le fils du philosophe Joachim Camerarius l'Ancien (1500-1574). Après ses études à Wittenberg et dans d'autres Universités, il voyage en Hongrie et en Italie où il séjourne assez longtemps. Il y obtient son diplôme de médecin à l'Université de Bologne. À

Nuremberg, sa ville natale, il fonde un jardin botanique, et crée une Académie de médecine dont il deviendra le doyen. Ami de nombreux savants européens, comme Gabriel Fallope (1523-1572) ou Ulisse Aldrovandi (1522-1605), il s'emploie à éditer en allemand deux œuvres majeures de Pierandrea Matthioli (1500-1577), *Kreuterbuch et De plantis Epitome*. Camerarius est l'auteur de nombreux ouvrages, parmi lesquels on citera son *Hortus medicus et philosophicus* paru en 1588 qui est un inventaire de plantes médicinales classées par ordre alphabétique où il note ses observations, notamment celles qu'il a pu recueillir au cours de ses voyages ; on citera aussi son *Eklekta Georgika, Sive Opuscula Quaedam de Re Rustica, partim collecta, partira composita a Joachimo Camerario* (1596) qui est un recueil érudit d'opuscules sur l'agriculture extraits des auteurs anciens, complété par un catalogue des écrivains anciens et modernes qui ont écrit sur ce sujet.

9. Le mot *Arbolayre* désigne un herbier, c'est-à-dire un dictionnaire de matière médicale qui énumère des simples, en suivant l'ordre alphabétique de leurs initiales. Le mot "simple" désigne un végétal, un minéral ou un animal qui n'est mêlé à aucune autre substance. On a attribué le nom d'herbier à ce genre d'ouvrage du fait que les végétaux y occupent la plus grande partie. Pour chaque simple, l'herbier en fournit généralement une brève description, parfois accompagnée d'une gravure, coloriée ou non, une synonymie, une proposition de classification, son origine, son habitat, les maladies qu'il guérit, les produits auxquels on l'associe, parfois les falsifications. L'un de ces ouvrages le plus célèbre est l'*Arbolayre* ou "*Grand herbier en françoys, contenant les qualités et vertus, propriétés des herbes, arbres, gommes, et semences extrait de plusieurs traités de médecine, comme de Avicenne, de Rasis, de Constantin, de Isaac, de Plataire, selon le commun usage ; bien correct*". Il a connu depuis sa première édition (1486) jusqu'au milieu du XVIème siècle au moins une dizaine d'éditions.

10. **Strabon** ou Strabus (c'est-à-dire "le Louche"), dit parfois en français Gaufroy le Louche, Walafrid (ou Walahfrid ou Walahfried ou Walafried) est né en Souabe en 808 ou 809, mort en 849. Formé au monastère de Reichenau, il devient en 829, précepteur du prince Charles, fils de l'empereur Louis le Pieux qui le nomme Abbé de ce monastère en 838. Il meurt accidentellement en France alors qu'il y voyageait comme ambassadeur de Louis le Germanique auprès de Charles le Chauve. Poète à ses heures, il est l'auteur de plusieurs ouvrages en vers, parmi lesquels le *Liber de cultura hortorum* (appelé aussi *Hortulus*), composé vers 840, poème didactique en 444 vers, consacré à vingt-quatre plantes médicinales cultivées à Reichenau, leur culture et leurs applications. Ce sont les suivantes : Absinthium (absinthe, Artemisia absinthum), Apium (ache des marais, Apium graveolens), Agrimonia (aigremoine, Agrimonia eupatoria), Ambrosia (ambroise, Achillea millefolium), Abrotanum (aurone, Artemisia abrotanum), Vetonnica, i e Betonnica (bétoine, Stachys officinalis), Cerefolum (cerfeuil, Anthriscus cerefolium), Cucurbita (gourde, Lagenaria vulgaris), Foeniculum (fenouil,Foeniculum vulgare), Nepeta (cataire, herbe à chat, Nepeta vulgaris), Gladiola (iris, Iris germanica), Lilium (lys, Lilium longiflorum), Lybiscum (livèche, Levisticum officinale), Marrubium (marrube, Marrubium vulgare), Pepone (melon, Cucumis melo), Menta (menthe, Mentha aquatica), Costus (menthe-coq, Chrysanthemum balsamita), Puleium i e Pulegium (menthe pouliot, Mentha pulegium), Papaver (pavot, Papaver somniferum), Rafanum (radis, Raphanus sativus), Rosa (rose, Rosa canina), Ruta, (rue, Ruta graveolens), Salvia (sauge, Salvia officinalis), Sclarega (sauge sclarée, Salvia sclarea), Cf. A. Thérive (traduction) et Sonia Lewitska (gravures*), Le Jardinet de Gaufroy le Louche* [Walafrid Strabon], 1925, Les amis d'Édouard ; H. Leclerc, *Le petit jardin (Hortulus) de Walahfrid Strabus*, 1933, Amédée Legrand ; V. Huchard et P.Bourgain, *Le jardin médiéval : un musée imaginaire*, 2002, Paris, PUF.

11. L'*Herbarius* dit d'Apuleius Platonicus, est un herbier illustré rédigé en latin probablement au IVème siècle et attribué très tôt à un auteur nommé Apulée ; celui-ci y décrit cent trente et une plantes, en précisant leur usage médical, empruntant une part notable de ses données à Dioscoride et à Pline. Il a connu une grande diffusion au

Moyen Âge et fut alors largement utilisé par les auteurs d'herbiers. Autour de 1481 parut sa première édition, ce qui en fit le tout premier herbier imprimé, entièrement illustré.

Cf. M. Pradel-Baquerre : *Ps.-Apulée, Herbier*, Texte, introduction et commentaire, Thèse de Doctorat, 2013, Montpellier, Université Paul Valéry.

12. *Herbarius latinus* est une compilation anonyme publiée pour la première fois en 1484. L'ouvrage contient 150 monographies de plantes classées par ordre alphabétique, illustrées de gravures sur bois. L'essentiel du texte de cet ouvrage est tiré du *Speculum naturale* de Vincent de Beauvais. L'ouvrage est parfois présenté par erreur comme étant d'Arnaud de Villeneuve.

13. Sur ce sujet, cf. Laura Bourgeois-Cornu, *Les bonnes herbes du Moyen-Age*, 1999, Paris, Publisud ; M. Bilimoff, *Promenade dans des jardins disparus. Les plantes au Moyen Age d'après les Grandes Heures d'Anne de Bretagne*, 2001, Rennes, Ouest France.

14. "*courtils*", terme exclu du langage courant au XVIIIème siècle, mais encore vivant régionalement. Il est issu du bas latin *cohortile* dérivé de "*cohors*" (cour) dont l'existence est appuyée par le latin médiéval "*cortlle*", "*curtile*", enclos comprenant maison et jardin, (Le Robert, *Dictionnaire historique de la langue française*). En ancien français, *courtiller* et *courtillier* signifient "jardinier". Selon Trévoux (*Dictionnaire universel françois et latin*, Tome 2, p. 340, Paris, 1732) : "Petite cour ou jardin de campagne qui n'est point fermé de murs ; mais seulement de hayes, de fagotage, ou de fossez. Chors, cohores. On le dit aussi des bassecours où l'on fait le ménage de la campagne. On le dit aussi en quelques lieux des jardins. "Ce mot vient du latin "*cortile*", diminutif de "*cortis*", ménage. Trevoux note que "Le mesnage de campagne contient les charrues, harnois et autres outils de labourage qui servent à l'exploitation d'une terre par ses mains" (id. Tome V, p. 925. Paris, 1771)

15. *Le Ménagier de Paris* est un ouvrage écrit vers 1393 par un bourgeois de Paris dans lequel ce dernier donne à sa jeune épouse de nombreuses instructions dans différents domaines, parmi lesquelles certaines portent sur le jardinage. Il note qu'elles font l'objet du "second article de la seconde distinction lequel article doit parler de courtillage". Il s'agit d'un petit manuel de jardinage où l'auteur s'appuie essentiellement sur son expérience pour prodiguer de nombreux conseils pour bien semer, planter, enter, selon les mois et le temps. En revanche, il ne dit rien de la qualité des sols à rechercher pour obtenir les meilleures récoltes. Les plantes dont il recommande la culture sont relativement nombreuses, ce qui laisse un large choix à sa jeune épouse ; Il s'agit de fleurs, d'herbes aromatiques, de légumes et d'arbres ou arbustes fruitiers : sauge, lavande, coq (costus), menthe, toutebonne (orvale, sclarea hominum magnum), panoit (panais), oseille, poireaux, épinars, sarriette, marjolaine, vigne, marquet chevelu, bette, framboisier, jombarde (joubarbe), violette, giroflée, fève, percil, fenoul, bazeillecoq (basilic), laitue, courge, bourrache, arrache (arroche ou follette ou bonne dame), différentes espèces de chou (chou blanc, pommé, cabus, romain), fêve, navet, rave, pivoine, serpentine, lis, rosier, groseiller, cerisier, prunier.

On a indiqué entre parenthèses quelques identifications proposées dans l'édition du Ménagier de Paris de 1846. (*Traité de Morale et d'Economie domestique composée vers 1393 par un bourgeois parisien publié pour la première fois par la Société des Bibliophiles françois*, 2 Tomes, Paris, 1846)

16. Outre le jardin du cloître, ce sont trois sortes de jardins différents : - L'*herbularius* qui est à la fois un jardin de plantes médicinales, aromatiques et condimentaires, la plupart de celles-ci étant d'ailleurs aussi des remèdes. Le plan en mentionne seize : *Lilium* (lis), *Rosas* (roses), *Fasiolo* (fasiole, mongette), *Sata regia* (sarriette), *Costo* (tanaisie, ou menthe-coq), *Fena graeca* (fenugrec), *Rosmarino* (romarin), *Menta* (menthe), *Salvia* (sauge), *Ruta* (rue), *Gladiola* (iris, glaïeul), *Pulegium* (menthe pouliot), *Sisimbria* (cresson), *Cumino* (cumin), *Lubestico* (livèche), *Feniculum* (fenouil). Mais ce jardin est sans doute insuffisant pour répondre aux besoins de l'abbaye et il est vraisemblable qu'il faille aller herboriser aux alentours pour compléter la production du jardin ou

acheter des plantes aux paysans proches de l'abbaye, voire à des apothicaires À côté du jardin est édifiée une maisonnette où est aménagée une pièce destinée au médecin et une pharmacie (*armarium pigmentorum*) où œuvre sans doute le moine apothicaire. Un local distinct affecté aux saignées et aux purgations se situe en vis-à-vis. L'infirmerie est située à proximité dans un bâtiment distinct. - Le cimetière qui est aménagé en verger : le plan montre qu'il est planté entre les tombes des arbres fruitiers suivants : *Mal* [*arius* ?], (pommier), *Perarius* (poirier), *Punarius* (prunier), *Pinus* (pin), *Sorbarius* (sorbier), *Mispolarius* (néflier), *Laurus* (laurier), *Castenarius* (châtaignier), *Ficus* (figuier), *Gudunarius* (cognassier), *Persicus* (pêcher), *Avellenarius* (amandier), *Murarius* (murier), *Nugarius* (noyer).

– L'*hortus* ou potager qui forme un carré oblong divisé en deux rangées de neuf parcelles, soit 18 plates-bandes distinctes, appelés planches depuis la fin du XIIIe siècle. Les dix-huit plantes suivantes sont mentionnées sur le plan : *Apium* (Ache des marais), (cousin sauvage du céleri), *Alias* (Aux), *Anetum* (aneth), *Betas* (bettes), *Magones* (carottes), *Cerefolium* (cerfeuil), *Caulas* (choux), *Cepas* (oignons), *Coliandrum* (coriandre), *Ascolonias* (échalottes), *Lactuaca* (laitue), *Gitto* (nigelle, mâche), *Pastinachus* (panais), *Papaver*, (pavot), *Petrosilium* (persil), *Porros* (poireaux), *Radices* (radis ou raifort), *Sataregia* (sariette). Le moine responsable du jardin est logé dans un petit bâtiment situé à proximité où il dispose d'un local pour ranger ses outils.

17. On notera, par exemple, que Théophraste avait créé à Athènes un jardin pour y conserver et pouvoir y étudier de près un nombre non négligeable de végétaux, parmi lesquels figuraient sans doute des plantes en provenance de régions lointaines dont on lui avait fait parvenir les graines. La transplantation de végétaux sauvages dans les jardins et des essais d'acclimatation d'espèces exotiques étaient en effet déjà pratiquées à l'époque. C'est peut-être le premier jardin botanique européen de l'histoire ! Diogène Laerce nous rapporte qu'à sa mort, Théophraste avait légué par testament le jardin de son école en ces termes : "Je laisse le jardin et le péripatos et les maisons adjacentes, à ceux de nos amis dont j'ai inscrit le nom et qui voudront se consacrer en commun à l'enseignement et à la recherche scientifique, puisqu'il n'est pas possible que chacun y demeure constamment, et à la condition qu'aucun d'eux n'aliène la propriété ou la consacre à son usage privé, mais afin qu'ils en fassent un temple possédé et utilisé en commun, comme cela est juste et approprié, comme des camarades et des amis." (Diogène Laërce, *Vies, doctrines et sentences des philosophes illustres*, Livre V, 52). On peut aussi mentionner celui d'un certain Antonius Castor, dont Pline fait un éloge appuyé, après avoir souligné l'intérêt limité des herbiers. "Les reproductions peintes des plantes en couleur, écrit-il, telles qu'on peut les observer dans les herbiers, sont trompeuses, tant les couleurs sont nombreuses, surtout si on veut rivaliser avec la nature, et elle est fort altérée par les divers hasards de la copie. De plus, il ne suffit pas de peindre chacune des plantes dans une période unique de sa vie, puisqu'elle change d'aspect avec les quatre saisons de l'année. Aussi, les autres auteurs en ont-ils donné une simple description ; quelques-uns même, sans les dépeindre, ont mentionné généralement les noms sans plus, croyant qu'il suffisait d'indiquer les propriétés et l'efficacité des plantes à ceux qui s'occupent de leur recherche. Et cette connaissance n'est pas difficile à acquérir. Nous du moins, à l'exception d'un tout petit nombre, nous avons eu la chance de les examiner toutes, grâce à la science d'Antonius Castor, la plus grande autorité de notre temps dans cette partie, en visitant son petit jardin (*hortulus*), où il en cultivait un très grand nombre, plus que centenaire sans avoir jamais éprouvé de maladie, et sans que l'âge eût altéré sa mémoire et sa vigueur." (*H N*, XXV, 9).

18. **Richer de Belleval** (1555 - 1632). Ayant obtenu son diplôme de médecin à Montpellier, il y enseigne l'anatomie et la botanique. Il a le titre de médecin du roi sous Henri IV et Louis XIII. Il crée en 1593 à Montpellier un jardin botanique (cf. Chap. 5, Note 6). Il publie en 1603 *Recherches des plantes du Languedoc*. Ayant ensuite projeté de réaliser une grande Flore du Languedoc, il avait fait réaliser environ 500 gravures sur cuivre jointes à un texte descriptif. Mais il décède avant d'en avoir assuré l'édition.

19. **Guy de La Brosse** (1586-1641). Médecin de Louis XIII, obtient en 1626 l'autorisation du roi de fonder, à Paris, un jardin de simples destiné à la culture de végétaux utiles à la médecine. En dépit de l'opposition de la Faculté de Médecine de Paris qui le perçoit comme un concurrent de ses propres activités, le jardin, surnommé "Jardin du roi" est inauguré en 1640 et le roi y autorise un enseignement, notamment de botanique et de chimie, mais dépourvu de diplômes. Le choix de ses professeurs appartient à l'intendant de ce jardin. Guy de La Brosse est l'auteur de plusieurs ouvrages de botanique : *Dessein d'un Jardin Royal pour la culture des plantes médicinales à Paris* (1628), *De la Nature, vertu et utilité des plantes* (1631), *Avis pour le Jardin royal des Plantes et Description du Jardin royal des plantes médicinales, contenant le catalogue des plantes qui y sont de présent cultivées, ensemble le Plan du jardin.* (1636).

20. De nos jours, un jardin botanique a plusieurs vocations : 1. Il a d'abord pour objet de conserver les différentes espèces de plantes qui poussent dans le monde, et, en priorité, celles qui sont menacées d'extinction (conservation accompagnée souvent aussi de celle de semences avec publication d'un *Index seminum*). Il participe ainsi à la conservation de la biodiversité. Dans ce cadre, il constitue un élément essentiel dans l'élaboration de l'inventaire des plantes cultivées dans une région donnée et de leurs variétés sauvages afin de conserver leur patrimoine génétique. 2. Il offre aux spécialistes et aux chercheurs la possibilité d'étudier tout au long de l'année les plantes qu'il conserve. 3. Il joue un rôle éducatif. Ouvert au public, il permet au plus grand nombre d'accéder à la connaissance du patrimoine végétal d'une région, voire d'un pays. Quelques jardins botaniques sont aussi des jardins historiques qui rappellent certains aspects de l'histoire de la botanique. 4. Il doit fonctionner en réseau, et entretenir avec les autres jardins botaniques des relations d'échanges d'observations, de plantes et de graines.

21. Des Jardins de plantes médicinales, réservés aux seuls Apothicaires, ont été aménagés dans certaines villes. On peut en donner, comme exemple, celui qui avait été créé à Paris, dont on connait la composition. Cf. P. Descemet, *Catalogue des plantes du jardin de Messieurs les Apothicaires de Paris*, Paris, 1759.

On peut aussi signaler la création de jardins botaniques de la marine, spécialisés dans la culture de plantes médicinales.

Il s'agissait à l'origine, au XVIIème siècle, de cultiver les plantes médicamenteuses, de les étudier, de les classer, d'en faire la démonstration et naturellement d'en définir les propriétés thérapeutiques. Pour ce faire la marine française créa dans les ports, près de ses hôpitaux, des jardins botaniques qui par ailleurs établissaient des contacts fructueux avec les jardins établis aux colonies, en Inde, dans les îles de France et de Bourbon, au Sénégal, en Guyane ou à La Martinique. Sont alors créés les jardins botaniques de Brest, Toulon, Lorient et Rochefort, après que le Père Plumier eût découvert aux Antilles le Bégonia, ainsi dénommé en hommage à son protecteur, l'intendant Michel Bégon. Au XIXème siècle, la marine embarqua aussi sur ses navires, des botanistes lors des grandes expéditions d'exploration, chargés de rechercher, de collecter et de rapporter des espèces végétales nouvelles pour le compte du Muséum d'Histoire naturelle. Outre l'enseignement de la botanique et de ses applications en médecine prodigué dans les écoles de chirurgie des hôpitaux maritimes, les jardins botaniques des ports servirent dès lors, de relais d'acclimatation pour les végétaux exotiques ramenés vivants des grandes expéditions maritimes. Cf. C-Y Roussel et A Gallozi, *Jardins botaniques de la Marine en France*, 2004, Spézet, Coop Breizh.

CHAPITRE 2

Les jardins de Pierre de Crescens

Pierre de Crescens (Pietro de Crescenzi (en latin, Petrus Crescentius, Petrus a Crescentiis, francisé en Pierre de Crescent ou Pierre de Crescens), est né à Bologne en 1230 et mort en 1320 (ou 1321 ?) Après avoir étudié la philosophie et les sciences à l'Université de Bologne, il exerça les fonctions d'avocat et celles d'assesseur du podestat de cette ville. Les troubles qui agitèrent celle-ci le contraignirent à la quitter. Il en profita pour parcourir entre 1268 et 1298 diverses régions du nord de l'Italie, où il recueillit de nombreuses observations qui lui furent particulièrement utiles, lorsqu'il entreprit de rédiger son traité d'agronomie qui devait le rendre célèbre. Les troubles s'étant apaisés, il revint à Bologne après trente ans d'absence, et y fut nommé sénateur, à l'âge d'environ 70 ans. En 1298, après s'être définitivement retiré de la vie publique, il partage son temps entre Bologne et sa résidence rurale d'Olmo au village de Saint-Nicolas, près de sa ville natale, surnommée Bologne la Grasse, pour la fertilité de son terroir. C'est sans doute en gérant cette exploitation agricole qu'il aurait développé une partie des connaissances agronomiques et horticoles qu'il a intégrées dans son ouvrage. Ce fut à la demande de Charles II d'Anjou, roi de Sicile (1254-1309), qu'il rédigea en latin entre 1304 et 1306, son *Opus ruralium commodorum libri duodecim* (Traité d'économie rurale, en dix livres) (1). Dans cet ouvrage encyclopédique centré sur l'agronomie, il réunit à la fois ses références aux auteurs de l'Antiquité et du Moyen-Age qui ont, à des titres divers, rédigé des textes sur ce sujet, et ses propres connaissances pratiques de la culture des plantes, acquises au cours de ses voyages et de la gestion personnelle de son domaine agricole. Sa parution suscita rapidement un grand intérêt, et, rapidement connu, il fut traduit en plusieurs langues européennes et bénéficia d'une large diffusion. L'ouvrage de Crescenzi fut traduit en italien dès le milieu du XIVème siècle, par un auteur qui ne s'est point fait connaître. Il fut ensuite traduit dans différentes langues européennes. En France, c'est le roi Charles V qui le fit traduire en français en 1372 par Jean Corbechon (2). Grace à l'invention de l'imprimerie et à sa rapide utilisation, cette traduction fut ensuite éditée à plusieurs reprises, parfois sous des titres différents (3).

– Composition de l'ouvrage

L'ouvrage de Pierre de Crescens est divisé en douze Livres. Celui-ci explique dans son Prologue qu'il a conçu son ouvrage, en s'appuyant sur les ouvrages de nombreux auteurs anciens, mais aussi sur les connaissances des spécialistes de son temps et sur sa propre expérience. Il y expose qu'il est destiné à ceux qui possèdent des terres auxquels il donne des conseils pratiques et fournit des éléments sur les plantes à cultiver et sur les façons d'optimiser leur culture afin d'en tirer le meilleur "profit" c'est-à-dire le meilleur rendement et donc le meilleur revenu.

Le premier Livre traite des "lieux habitables, des cours, des maisons et aussi des choses qui sont nécessaires pour l'habitation". Il comprend 13 chapitres. Pierre de Crescens se place dans la perspective de la création d'une exploitation agricole. Il prodigue donc ses conseils à son lecteur qui est supposé nourrir un tel projet.

Le chapitre 1 traite de la "bonté" du lieu habitable en général et doit répondre à 5 conditions qui valent aussi bien pour les habitants du domaine que pour les végétaux qui y seront cultivés. C'est d'abord la qualité de l'air qui ne doit pas être pourri, ni trop chaud, ni trop froid, ni moite outre mesure, ni aussi trop sec. C'est ensuite la force et l'orientation des vents : le vent du midi qui est chaud et moite et engendre des maladies, notamment les fièvres, les vents d'occident qui sont plus moites ; le vent de septentrion qui engendre rhumes et maladies de poitrine ; il faut donc préférer le vent d'orient ; mais il faut aussi tenir compte de l'influence de la mer et celui des montagnes sur les vents. La troisième condition à observer est "la bonté" des eaux, c'est-à-dire leur bonne qualité qu'il s'agisse des eaux courantes ou des eaux des puits, de celles qui proviennent de la fonte des glaces ou de la neige ou encore des eaux de pluie. Il distingue les eaux qui sont bonnes pour les hommes de celles qui le sont pour les plantes. Il énumère les différentes pollutions susceptibles d'affecter les eaux et les maladies que peut provoquer la consommation d'eaux polluées. La quatrième condition est dans la bonté du siège, c'est-à-dire dans la qualité des lieux habitables au regard du climat et de l'altitude, ainsi que des dispositions de l'habitation et des bâtiments agricoles, mais aussi de la composition des haies pour clôturer le domaine. Quant à la cinquième condition, elle porte sur la bonté plantureuse de la terre, c'est-à-dire la qualité des sols. Ces deux dernières conditions seront traitées au Livre II. Les chapitres suivants donnent des conseils sur la construction des bâtiments de l'exploitation agricole parmi lesquels plusieurs chapitres sont consacrés à la qualité des différents bois de charpente tandis que les derniers portent sur les fonctions du propriétaire du domaine et sa gestion, et se présente comme un traité d'économie domestique.

Le Livre II est composé de 28 chapitres. Pierre de Crescens explique au début du premier :

"Après ce que nous avons dit et déclaré au premier livre des choses qui sont nécessaires à ceux qui ont terres et champs, il convient après d'éclairer et écrire des œuvres qui sont à faire en villes et en champs. Et pour ce que c'est fort de parfaitement connaître toutes les choses qui y appartiennent pour ce que les labours se varient selon la diversité des plantes et des lieux et aussi des temps qui sont fortes choses à bien connaître pour ce nous en voulons traiter en ce présent second livre."

Il y aborde et développe deux sujets différents. L'un fait l'objet des premiers chapitres de ce Livre et sont comparables à un petit traité de botanique où il traite "des choses qui sont convenables et appartiennent à toutes les plantes". Il y expose la diversité des modes de leur reproduction ou génération, leur morphologie et la fonction de chacune de leurs parties, feuille, fleurs, fruits, racines, la transmutation d'une plante en une autre, les différences entre plantes sauvages et plantes domestiques, les diverses altérations des plantes et les "cinq choses nécessaires à toutes plantes " : humeur, semence, lieu convenable, humeur nourrissant et air naturel.

Le second sujet abordé dans ce Livre porte sur les travaux agricoles auxquels il est nécessaire de se livrer pour obtenir le meilleur rendement possible des cultures qui seront pratiquées sur le domaine. L'auteur y expose d'abord ceux qu'il faut réaliser avant de mettre une terre en culture, avant de définir les "quatre profits" (*i e* les travaux à effectuer) qui consistent à : "arer souvent et labourer la terre", c'est-à-dire "l'un est d'ouvrir la terre, le second ouvrir et aplanir la terre, le tiers esmêler la terre et le fiens (*i e* fumier) ensemble, le quart faire la terre le plus délayée menue et convenable". Il précise également quelles sont les qualités que doit présenter un bon fumier, ainsi que les techniques pour semer et planter ainsi que celles de la greffe afin d'obtenir les meilleurs fruits. Dans les derniers chapitres, il expose quelles sont "les garnisons et provisions pour vignes, jardins et champs", c'est-à-dire les haies et les clôtures qu'il faut planter ou réaliser pour protéger le domaine, ainsi que la provision et défense contre les eaux, fleuves et ruisseaux.

Les nombreux conseils dispensés dans ces deux premiers Livres s'adressent aussi bien aux propriétaires d'exploitations agricoles qu'à ceux qui ont décidé de créer un jardin proche de leur domicile, à la fois jardin d'agrément, jardin potager, verger et jardin médicinal.

Le livre III qui contient 23 chapitres, traite des cultures céréalières, du labourage et de la culture des champs et "du profit de ces deux sciences". Après un premier chapitre qui porte sur la place où il convient de conserver les récoltes, chacun des suivants est consacré à la culture d'une plante parmi lesquelles les principales céréales consommées à l'époque : avoine, froment, seigle, épeautre, orge, avoine, mil, pannic ou panis, millet, far qui ressemble à l'épeautre. Mais d'autres plantes cultivées font également l'objet d'un chapitre particulier : chiches, petites chiches, chanvre, fèves, faseols, git ou nefle (neelle), yvroye ou droe (ivraie), lentilles, luppins, lin, milique ou milice, (une plante locale, inconnue des auteurs, selon Crescens) pois, vesces.

Le Livre IV qui est uniquement consacré aux vignes et au vin, contient 76 chapitres. Ceux-ci portent sur de nombreux sujets tels que la nature de la vigne, ses différentes variétés, les conditions qui conviennent à sa culture, sa plantation, sa greffe, sa taille, les traitements à lui apporter, la récolte des grappes, la fabrication du vin ainsi que ses vertus et propriétés.

Le livre V porte sur l'arboriculture et donne une liste d'arbres, classées par ordre alphabétique, jugés utiles pour l'alimentation et la médecine. Après un premier chapitre consacré aux arbres en général, il traite de 29 arbres "portant fruits et de la nature et le profit de leurs fruits" et aussi de 33 arbres qui ne portent pas de fruits et "du profit qu'il en vient" (27). Il y indique notamment les lieux dans lesquels préfèrent pousser certaines espèces d'arbres, notant "quel air et quelle terre ils désirent", et il précise que tous les arbres ont besoin que la terre de surface soit sèche et celle en profondeur humide.Certains arbres ne sont que des arbres d'ornement, d'autres des arbres donnant des fruits comestibles dont certains passaient pour avoir des propriétés curatives, quelques-uns sont des végétaux généralement répertoriés dans les listes de plantes médicinales.

Le livre VI traite des vertus de toutes les herbes qui sont semées et labourées pour la nourriture des corps humains et semblablement de celles qui sans semer ne labourer viennent et croissent de leur nature par la vertu du soleil et aussi de leurs vertus qui peuvent aider et nuire auxdits corps humains et contient 135 chapitres. Les plantes y sont étudiées pour leur intérêt alimentaire ou leurs propriétés thérapeutiques. Le premier chapitre traite des "vertus des herbes en commun" et le deuxième "des jardins et de leur labourage en commun". Dans les chapitres suivants l'auteur décrit plus d'une centaine de plantes présentées dans l'ordre alphabétique qu'il juge utiles pour la médecine et l'alimentation (28). En général, il n'en donne aucune description, se limitant parfois à une brève indication sur la couleur de ses fleurs, à la citation des synonymes utilisés pour la désigner, à des conseils de jardinage (quand il faut la semer, dans quel type de terre, quand la récolter, comment la conserver...), Ce qui lui paraît essentiel, c'est d'indiquer ici à ses lecteurs, quelles sont les propriétés thérapeutiques de chacune des plantes qu'il a répertoriées et leurs modes d'emploi. Ce Livre se présente comme un catalogue de plantes destiné aux propriétaires de jardins qui pourront y choisir celles qui leur paraîtront les plus utiles pour leurs besoins personnels. Pierre de Crescens lui-même ne propose pas à ses lecteurs un modèle de jardin médicinal qui aurait sa préférence, spécialisé dans la culture des seules plantes présentant des propriétés curatives.

Le livre VII, qui contient 5 chapitres, traite des prés et des bois. Pierre de Crescens y explique dans une première partie comment entretenir les prés et du profit qui en vient et consacre une seconde partie aux bois, en distinguant ceux "qui viennent de leur propre nature" et ceux qui "par art sont faits et ordonnés et du profit qui en vient".

Au Livre VIII, composé de 8 chapitres, l'auteur traite des "vergiers, jardins et choses délectables et des arbres, des herbes et leurs fruits et comment ils doivent être demenés (*i e* traités) par art." Il y expose sa propre conception des jardins, jugeant qu'il faut en distinguer trois types, selon l'espace qui leur est dévolu et en fonction aussi de la richesse et de la naissance du propriétaire : les petits vergers, les vergers des moyennes personnes et les vergers des rois et des autres personnes puissantes et riches".

Le Livre IX qui contient 105 chapitres, porte sur "le profit qui vient de toutes les bêtes que l'on nourrit et aussi des volailles et mouches à miel".

Le Livre X est consacré à la chasse et à la pêche. Il y est exposé en 19 chapitres "comment on doit prendre les oiseaux de proie et aussi les bêtes sauvages et poissons" et "des divers et subtiles engins qui sont à ce nécessaire".

Le Livre XI traite "des matières, règles et traités des 10 livres précédents" dont il explicite le sommaire.

Le Livre XII enfin est un calendrier des travaux agricoles, présenté comme "une sommaire commémoration de toutes les choses que l'on doit faire es champs en chacun des mois de l'an."

L'ouvrage est complété *in fine* par un exposé sur la manière de planter et d'enter les arbres. Les gravures qui accompagnent le texte sont différentes selon les éditions.

– Originalité de l'ouvrage

Pierre de Crescens a jugé utile d'expliquer à ses lecteurs qu'ils doivent posséder un minimum de connaissances sur la vie des végétaux, Il juge en effet qu'il est de la plus grande importance pour réussir leur culture et en tirer le plus grand profit, de connaître leur propre nature, c'est-à-dire leur morphologie et leur physiologie. Il leur livrera donc, plus précisément, ses observations qui portent sur la nature du végétal, son âme, sa structure, ses différentes fonctions (qui sont "recevoir nourriture (*i e* s'alimenter), engendrer (*i e* se reproduire) et croître (*i e* se développer)" et le rôle de chacune de ses parties, ainsi que de leur dépendance à l'environnement, c'est-à-dire à la variété des sols et aux conditions climatiques locales. Il s'appuie aussi sur Aristote, suivi sur ce point par Albert le Grand, pour accorder une grande importance aux quatre éléments (eau, terre, feu et air) et à leurs quatre qualités élémentaires, (le chaud, le froid, l'humide et le sec), pour expliquer la composition et les propriétés thérapeutiques des végétaux dont l'efficacité est mesurable selon quatre degrés.

A l'époque où il entreprend la rédaction de son traité, les auteurs d'ouvrages consacrés aux plantes, largement inspirés par leurs sources antiques et arabes, n'ont pas pour objet de faire connaître les plantes pour ce qu'elles sont, notamment en portant leur intérêt sur leur morphologie et leur physiologie, mais de recenser celles qui présentent des bienfaits ou des risques pour l'homme. Elle se présente souvent sous la forme d'herbiers, (cf. chapitre précédent) c'est-à-dire comme une suite de notices consacrées chacune à une plante médicinale, voire à une substance minérale ou animale, disposées généralement dans l'ordre alphabétique. Chacune comporte un rappel de l'étymologie de son nom, parfois la citation de ses synonymes, une brève description de celle-ci, et l'indication de ses propriétés. Le texte est parfois accompagné d'un dessin du végétal.

A la différence de ces herbiers, l'ouvrage de Pierre de Crescens ne se présente pas comme un simple catalogue de plantes médicinales, mais à la fois comme un ouvrage de botanique, un traité d'agronomie et un manuel pratique destiné à ceux qui désireraient exploiter et gérer leur propriété afin d'en tirer le meilleur profit sans négliger pour autant de faire le point sur les connaissances botaniques de son temps.Il est également conçu comme un recueil de conseils dispensés à ceux qui souhaiteraient créer leur propre jardin dont la taille et la composition seront adaptées en fonction de leurs moyens financiers.

– Un manuel pratique : des conseils pour créer son propre jardin

Nous ne nous intéresserons ici qu'au premier des trois types de jardins qu'il a défini au Livre VIII de son ouvrage, car c'est celui qui correspond à ceux que propose d'aménager Olivier de Serres. En effet, on peut déduire de l'exposé de Pierre de Crescens que ce jardin doit être plus petit que ceux qu'il classe en seconde catégorie, appartenant à des moyennes personnes et doivent mesurer deux, trois ou quatre arpents, voire plus, et être entourés de fossés et de haies d'épines et de rosiers, complétées d'une haie de pommiers, de granates en lieux chauds et de noisetiers, de pruneliers et de coigniers en lieux froids.

Ce jardin qualifié de "petit verger" qui mesure donc moins de deux arpents n'est pas un jardin spécialisé. Il est en effet à la fois un jardin d'agrément, un verger, un jardin potager et aussi un jardin médicinal dans la mesure où son propriétaire juge utile d'y cultiver de telles plantes. Pierre de Crescens se contente de citer ici quelques végétaux qu'il serait souhaitable de cultiver dans ce jardin, mais renvoie implicitement aux Livres précédents de son ouvrage qui leur sont consacrés. En ce qui concerne les plantes médicinales, il s'agit évidemment du Livre VI de son Traité qui contient un inventaire de plantes aux vertus thérapeutiques, mais aussi, sans doute, aux Livres III, IV et V, où sont mentionnés différents végétaux possédant de telles propriétés. Quant aux conseils de culture, il faut les rechercher au

Livre II ainsi qu'au Livre IX qui en résume les principales règles, voire au Livre XII qui donne un calendrier agricole succinct des plantations.

Pierre de Crescens en donne les principales caractéristiques dans un court chapitre :

> "Si l'on peut, écrit-il, il est bon que le jardin soit carré, et s'il est si grand qu'il suffise, on plantera à l'environ (*i e* autour) herbes aromatiques et de suave odeur, comme basilicon, sauge, hysope, marjolaine, sarriette, menthe et leurs semblables et aussi autres pour avoir des fleurs comme rosiers, violettes, lys, flambes et telles autres herbes et qu'entre ces choses et les mottes [de gazon], il y ait un siège ordonné à plaisance (*i e* un espace pour l'agrément) et de belles mottes et en la partie contre le soleil (*i e* exposée au soleil) au dessus des sièges, on plantera des arbres comme la vigne qui seront ployés par telle manière que les feuilles donnent de l'ombre pour le plaisir et pour empêcher le préau (*i e* petit pré) de sécher. Car on quiert (*i e* recherche) plus en ces arbres l'ombre que le profit (*i e* la production) de fruits ; et pour ce n'est besoin de le fouir (*i e* bécher) au pied ni de fumer la terre. Et aussi doit- on bien garder, que ces arbres ne soient trop épais et qu'il n'y en ait trop parce que l'air pourrait alors en être corrompu et le défaut d'air nuit à la santé. Et pour ce, tout vergier demande air franc et trop grande ombre engendre maladie. Et aussi on ne doit pas mettre mauvais arbres comme noyers et ses semblables mais doux arbres et aromatiques en fleurs et plaisants en ombre, comme sont vignes, pommiers, poiriers, pruniers, pommiers de grenate, lauriers, cyprès et les semblables. Après les mottes (*i e* le gazon) il y aura grande compagnie d'herbes médicinales et diverses et de noble odeur, car elles profitent et aident non pas seulement par l'odeur, mais aussi parce qu'elles délectent la vue par la diversité des couleurs, et pour ce, on y doit mettre de la rue en plusieurs lieux (*i e* endroits), car elle est de belle verdure et chasse les bêtes venimeuses pour sa force et pour son amertume. On ne mettra nuls arbres au milieu des mottes mais la plaine et la superficie du pré demeurera franche (*i e* libre) à l'air pur, car l'air en est plus sain ; et aussi, il n'y aura pas de toiles d'araignées de branche en branche qui peuvent empêcher la pureté de l'air et ennuyer aux passans qui autrement y pourraient être (*i e* ceux qui pourraient passer par-là). Et s'il se pouvait faire une fontaine courant parmi, belle et pure, elle y serait bien séant et y donnerait grant plaisance. Le verger doit avoir regard beau et ouvert (*i e* une large ouverture) vers l'orient et la galerne (*i e* le nord) parce que l'air en est plus pur et les vents en sont plus plaisants. Il sera clos vers midi et occident parce que les vents en sont malsains, troubles et non purs. Et combien que le vent de galerne empêche les fruits, toutefois il garde merveilleusement les esprits et la santé. Car l'on quiert (*i e* recherche) communément en ce jardin plus la plaisance (*i e* l'agrément), délectation et santé que le fruit et autre profit." (Livre VIII, chap. V)

– La culture des plantes du jardin

A celui qui désire créer son propre jardin, Pierre de Crescens donne aussi de nombreux conseils pour optimiser ses chances d'avoir de bonnes récoltes. Le terme de "profit" donné au titre de son ouvrage en donne l'assurance. Il recommande d'abord de préparer le terrain qui doit être aménagé en petit verger. Il faut qu'il soit

> "bien purge et nettoye d'herbes et racines avoultres (*i e* bâtardes) et grandes qui est très forte chose à faire si les racines ne sont premièrement très bien arrachées des fosses (*i e* profondément), et le lieu bien aplani et que l'on y jette de l'eau très chaude et bouillant partout et largement afin que les demourans (*i e* les restes) des racines et des semences qui seront encore dedans terre ne puissent germer et puis que le lieu soit tout rempli de mottes très maigres et subtil genre et que ces mottes soient très bien et fort serrées et confermées (*i e* brisées) à maillet de bois et que l'herbe soit foulée aux pieds jusques à tant qu'il n'en appere point. Alors, elle sortira petit à petit à manière de cheveux qui couvriront la plaine (i e surface) de la terre en manière d'un drap vert." (id.)

– Un jardin médicinal ?

Pierre de Crescens n'a pas proposé à ses lecteurs un jardin médicinal modèle, mais laissé à ceux-ci la liberté de créer leur propre jardin en choisissant d'y planter et d'y cultiver les plantes qu'ils jugeraient les plus utiles pour eux-mêmes et leurs proches. Ceux-ci pourront les sélectionner au regard des vertus thérapeutiques qui leur sont reconnues par l'auteur dans les différents passages qu'il leur a consacrés dans son ouvrage.

On ne sait si Olivier de Serres a pu consulter le "manuel" de Pierre de Crescens et s'en inspirer pour rédiger ses propres notices traitant des plantes qu'il recommande de cultiver dans son jardin médecinal. On relève dans le Livre VI de l'ouvrage de Crescens une trentaine de notices qui portent sur celles-ci. Le rapprochement des textes laisse à penser qu'une telle hypothèse n'est pas à exclure. Nous nous référons ici à l'édition de 1536 (Source : gallica.bnf.fr / Bibliothèque nationale de France) que nous avons transcrite en français moderne, tout en conservant autant que possible l'essentiel du texte original. Ce parti-pris nous a conduit à donner entre parenthèses la traduction de nombreux mots aujourd'hui inusités. La traduction française du texte original de Crescens, écrit en latin, n'est pas toujours fidèle à ce dernier. Nous l'avons signalé à l'occasion, en nous référant à sa version latine conservée à l'Université de Liège (cf note 1). Ce sont :

Chapitre 8. "**Aluine** (*i e* absinthe, (*Artemisia absinthium*) est chaude au premier degré et sèche au second. Elle a deux vertus contraires, c'est assavoir laxative et restrainctive. La première est de chaleur et d'amertume, la seconde est de ponticité (*i e* acidité, de nature piquante) grosseur et substance et pour cela on ne doit point la donner avant que la matière (*i e* bol alimentaire) soit digérée. On doit la cueillir en mi-mai et la sécher à l'ombre. Contre les vers qui sont dans les boyaux, on donnera alvine avec poudre de centoire (*i e* centaurée) ou de persiquiere (*i e* persicaire) ou noyaux de pêches ou les feuilles. Qui voudra faire venir le temps (*i e* les règles, les fleurs, le début du cycle menstruel) aux femmes, on donnera le jus en pessaire, ou l'on fera un suppositoire par devant d'alvine, d'ache et d'armoise cuites en huile. Contre l'ivresse vaut le jus d'alvine avec un peu de miel et d'eau chaude. Contre une suffocation qui vient d'avoir mangé des champignons, on donnera le jus d'alvine cuite avec vin aigre et eau chaude. Contre la dureté de la rate, [on mettra] sur le côté un emplâtre d'alvine cuite. Contre douleur et liveur, c'est-à-dire taincture de coup (*i e* la couleur livide d'un membre à la suite d'un coup), on fera un emplâtre de jus d'alvine et de poudre de commin (*i e* cumin) et de miel. Contre les vers des oreilles, on jettera le jus d'alvine dedans ; le jus d'alvine, en boisson, clarifie la vue et mis dans les yeux en ôte la rougeur et le drap*. Le jus d'alvine garde et défend les livres et les draps, par spécialement des vers et garde aussi de corruption parchemin et encre."

Chapitre 10. "L'**aristoloche** est de deux manières, l'une est longue et l'autre ronde (*Aristolochia clematitis* et *Aristolochia rotunda*). Chacune de ces deux est chaude et sèche au second degré, mais certains disent qu'elle est sèche au tiers degré. La racine vaut mieux en médecine que l'herbe. On la cueille en automne et la seiche. Elle se garde par deux ans en grande vertu. Les feuilles avec les fleurs ont vertu de dissoudre et de bouter hors (*i e* chasser) le venin et les peut on garder par deux ans ; contre le venin et les bêtes venimeuses, on donnera la poudre d'aristoloche avec jus de menthe. La poudre d'aristoloche corrode et ronge la chair en plaie et en fistule. Pour bouter hors du corps le fruit mort (*i e* en extraire le fœtus), on cuira la racine d'aristoloche dans du vin et de l'huile et s'en oindra et lavera et étuvera (*i e* fomentera) les cuisses après. La poudre d'aristoloche mêlée avec vin aigre nettoie très bien le cuir (*i e* la peau) de la rogne, de la gratelle et d'ordure. Albert dit qu'elle a merveilleuse vertu d'attraire (*i e* extraire) épines et autres choses fichées en la chair. Et tel en dit Avicenne également et il dit aussi qu'elle nettoie l'ordure des oreilles et conforte l'ouïe quand on la met dedans avec du miel et qu'elle deffend (*i e* empêche) la bourbe (*i e* la boue) et l'ordure (*i e* la sanie, le pus), par especial (*i e* en particulier) [de se former] dans les oreilles ; si l'on s'en oint (*i e* enduit) sur la rate avec du vin aigre, elle aide moult grandement. C'est l'aristoloche ronde qui est la meilleure et la plus vertueuse en tous cas."

Chapitre 17. "**Bétoine** (*Stachys officinalis*) est chaude et sèche au quart degré. Ses feuilles valent principalement en médecine, vertes et sèches. Pour la douleur du chef (*i e* de la tête), on fera un gargarisme de la couleure (i e l'infusion) de la décoction de bétoine avec staphizagre (*Delphinium staphysagria*) et vinaigre. Contre la douleur de l'estomac, on prendra la décoction et jus d'alvine avec eau chaude. Pour nettoyer la marris (*i e* la matrice) et on s'estuvera de l'eau (*i e* se baignera avec de l'eau chaude) de sa décoction et s'en lavera par-dessous bien longuement et prendra un

* Le mot drap est la traduction du mot latin *pannus*, employé par Crescens qui signifie un morceau de tissus, mais aussi une excroissance végétale et une maladie de la cornée. C'est de cette affection qu'il s'agit ici. (cf. E. Littré, *Dictionnaire de Médecine*, s v *pannus*)

suppositoire fait de celle-ci et un électuaire confortatif (*i e* fortifiant) de la poudre de bétoine et de miel."

Chapitre 18. "**Branque ursine** (*Heracleum sphondylium*, berce branc ursine) est chaude et moiste (*i e* humide) au premier degré. Elle a vertu d'amollir. Contre froides apostumes, on la doit broyer et mêler avec vieil oint (*i e* graisse) de porc et mettre dessus. Contre le vice de la rate, on fait oignement (i e un onguent) de cette herbe bien broyée avec huile et cire."

Chapitre 19. "**Bistorte** (*Polygonum bistorta*) est la racine d'une herbe qui est ainsi appelée qui est froide et sèche en deux ou trois degré. Elle a vertu restrictive (*i e* la propriété de resserrer), confortative (*i e* fortifiante) et consolidative (*i e* la propriété de rendre plus ferme). Contre vomissement de faiblesse ou de l'ardeur* [provoqué par], on confira (*i e* on préparera, fabriquera) la poudre de bistorte avec aubin d'œuf (*i e* blanc d'œuf) que l'on cuira longuement sur une tuile et puis soit donner au patient. Contre dysenterie, on le donnera avec jus de plantain. Pour restreindre le temps superflus (*i e* les règles trop abondantes) aux femmes, on les estuvera par-dessous et on les baignera avec de l'eau où sera cuite la racine et y mettra de sa poudre. "

Chapitre 31. "**Camomille** (peut désigner différentes espèces : *Chrysanthemum parthenium*, *Chamaemelum nobile*, *Matricaria Chamomilla*) est chaude et sèche au premier degré et en subtiliation, (*i e* en délicatesse, en finesse), elle a une vertu proche de celle de la rose. Sa chaleur est ainsi comme chaleur de l'huile et est convenable et apéritive, subtiliative d'épaisseur (*i e* amincissante) et mollificative (*i e* émolliente) et résolutive sans attraire (i e diminue l'inflammation sans attirer). Sa propriété entre les médecines est qu'elle assouage (*i e* adoucit) les apostumes et les amollit en résolvant et conforte tous les membres nerveux. Elle est la médecine qui conforte le plus en lassure (*i e* fatigue, lassitude). Elle conforte le cerveau car elle résout les pareils et les cellules du chef (*i e* de la tête) et aussi toute la matière de celui-ci."

Chapitre 33. "**Centoire** (*i e* centaurée, *Centaurea centaurium*) est chaude et sèche au troisième degré et est très amère. Il en est de deux manières. L'une est grande et l'autre moindre. La grande est de greigneur (*i e* plus grande) vertu et vaut en médecines (*i e* comme remèdes), principalement selon les feuilles et les fleurs ; on doit la cueillir quand elle commence à jeter ses fleurs (*i e* fleurir) et la sécher à l'ombre ; on la garde pendant un an en grande vertu. Elle a vertu diurétique, attractive (*i e* qui attire) et consomptive (*i e* qui détruit). Le vin de sa décoction vaut pour opilation (*i e* obstructions) de foie, de rate, de vessie, de strangurie et dissenterie. Galien dit que centoire est l'une des plus nobles et meilleurs médecines contre l'opilation du foie et aide merveilleusement à la dureté de la rate chez celui qui la boit et en fait un emplâtre. Contre les vers des oreilles, on y injectera le jus de centoire et de

* Platearius précise qu'il s'agit de la chaleur de l'humeur colérique.

poireaux. Contre les vers du ventre, prenez la poudre de centoire avec miel et pour clarifie la vue le jus de la racine la greigneur (*i e* la plus grande) avec eau de rose mêlés ensemble et mis dans les oreilles. "

Chapitre 36. "**Cheveux veneris** (*i e* de Venus) (*Adiantum capillus veneris*) sont froids et attrempeement (*i e* modérément) secs et ont vertu diurétique par la subtilité de leur substance. Quand ils sont frais et nouveaux, ils sont de grande vertu mais ils ne se gardent pas longtemps parce que c'est une herbe subtile (*i e* fine, mince, ténue). Contre les chauffoisons (*i e* échauffements) du foie, vaut l'eau de sa décoction et si l'on peut, on fait sirop de cette eau avec du sucre. Si il y a aucun (*i e* quelque) défaut en la rate, on y ajoutera de l'eau caléfactive (*i e* réchauffante) et diurétique et aussi des plagelles (*i e* des compresses) bien mouillées dedans le jus où la même herbe broyée soit mise dessus. Avicenne dit qu'elle décline un peu à chaleur et par ce elle est subtiliative (*i e* amincissante), résolutive, apéritive et stipticite (*i e* astringente). Quand on la mêle avec viande (*i e* à la nourriture) de coq et de cailles, elle les rend forts pour batailler et combattre. La cendre mêlée à de l'huile et du vin aigre est bonne pour empêcher la chute des cheveux. A celui qui la met avec de l'huile de myrte, vin et lessive, elle allonge les cheveux et les garde de choir. La cendre mise en lessive ôte les poulties (i e traduction ici du latin furfures, écailles, pellicules de l'épiderme) qui sont dans les cheveux comme bran (*i e* un excrément) et les détruit et arrache les rongnes moites (traduction du ms latin *ulcera*, *i e* les plaies causées par la gale) et aide grandement au poumon en le purgeant, et aussi fait bien uriner et brise la pierre, fait venir le temps aux femmes, et aussi attrait la secondine (*i e* expulse l'arrière-faix) et quand l'enfant est né, purge l'ordure de femmes (*i e* ce qui reste après l'accouchement : placenta, poche utérine, cordon ombilical) et retranche (*i e* diminue) leur flux de sang".

Chapitre 40. "**Celidoyne** (*Chelidonium majus*) est chaude et sèche en quatre degrés et en est de deux manières dont l'une est indiquée et aussi est de la plus grande vertu et a la racine jaune ; l'autre est la commune que l'on trouve en nos parties (*i e* contrées) est de moindre vertu. Mais toutefois on utilise l'une pour l'autre et quand on la trouve en recette, on doit utiliser la racine et non pas l'herbe. Elle a la vertu de dissoudre, de consumer et d'attraire (*i e* d'attirer). Contre douleur de dents de cause froide, on mettra la racine un peu broyée entre les dents et de l'ail mis dessus. Pour purger le chef (*i e* la tête) et la luette de froides humeurs, on cuira la racine dans du vin et on la mettra sous le patient qui en recevra la fumée par la bouche et se gargarisera ensuite avec ce vin ; cela purgera le chef et séchera la luette. Pline dit que les yeux d'hirondelles, quand ils sont crevés ou arrachés, sont remis en leur état par le jus de chélidoine."

Chapitre 41. "**Coriandre** (*Coriandrum sativum*) est une herbe commune qui est chaude et sèche au second degré. La semence doit être mise en médecine et on peut la garder deux ans. Elle a vertu de conforter par son odeur aromatique et aussi elle vaut à la douleur de l'estomac et les ventosités. La semence mise en viandes (*i e* dans les aliments) et le vin de la décoction vaut pour boire. La poudre de la semence de coriandre jetée sur chair (*i e* viande) lui donne saveur. Isidore dit que la semence donnée dans du vin doux rend les hommes enclins à la luxure (*i e* faire l'amour). Mais on se doit garder d'en donner trop, car elle engendrerait une trop grande fureur et ferait ystre (*i e* sortir) hors du sens (*i e* engendrerait la folie). L'herbe et toute la semence est venimeuse pour les chiens, les tue et occit s'ils en usent souvent."

Chapitre 42. "**Consoude la grande** (*Symphytum officinale*), c'est à dire simphicum est de froide et de sèche complexion ; mais sa racine en est proprement médicinale. Elle a vertu de restreindre (*i e* réduire, resserrer, est astringente) grosse substance. On la peut garder par cinq ans. La poudre donnée en viande (*i e* dans les aliments) vaut contre le flux de sang de temps des femmes (*i e* les règles trop abondantes) et contre le flux de ventre, et on fait une étuve (*i e* une fomentation) de cette herbe ou de sa poudre mise par-dessous."

Chapitre 43. "**Diptanne** qui autrement est nommée fraxinella (*Dictamnus albus*) pour ce qu'elle a fueilles telles comme fresne, est chaud et sec en quatre degrés. C'est la racine d'une herbe qui est ainsi nommée que l'on trouve en lieux pierreux et spécialement secs. Elle a vertu de dissoudre et de consummer et attraire le venin. Contre morsures de bêtes venimeuses, l'herbe ou la racine broyée soit mise dessus et que l'on en boive le jus avec du vin. Aussi la poudre de diptan avec jus de mente confit y vaut qui la met dessus et qui en boit. Isidore dit qu'il est de si grande vertu qu'il sache et tire le fer hors du corps et le boute dehors, et pour ce, les bêtes sauvages quand elles sont ferves (*i e* percées) de flèches mangent de l'herbe et par ce les font saillir hors. "

Chapitre 47. "**Esclaire** (sauge sclarée, *Salvia sclarea*), autrement dit sclarea est semée en décembre, janvier, février et mars et demande une terre comme les autres herbes communes. C'est une très bonne herbe perpétuelle (*i e* vivace). Car, depuis qu'elle est transplantée en ordre, comme oignons, et qu'elle a fait semence et qu'on la cueille mûre si on la tranche par trois ou quatre doigts sur terre, elle revient très belle en automne et qui ne tranche la tige elle sèche et néanmoins elle rebourjonne (*i e* traduction du latin *pullulat,* repousse) en septembre ou en l'été suivant comme le fenouil et vient très bien à l'ombre. "

Chapitre 54. "**Fumeterre** (*Fumaria officinalis*) est une herbe commune ainsi appelée parce qu'elle est engendrée par la grosse fumosité de la terre (*i e* la vapeur semblable à de la fumée qui émane de la terre). Elle est chaude au premier degré et sèche au second, et est de grande vertu, verte et sèche ; elle purge principalement la mélancolie, et après le fleume salé (*i e* le flegme, la pituite) et aussi la colère (traduction de *colera adusta* dans le ms latin, *i e* la bile noire) et elle est aussi diurétique. Contre la rongne (traduction de *scabie* dans le ms latin, i e gale), prenez deux onces de jus de fumeterre, ajoutez-y du sucre et en faites un sirop et donnez-le en eau chaude ; ou en y ajoutant de la semence de fenouil, on en fait un oignement (*i e* un onguent). Prenez huile de noix et y mettez poudre de suie de cheminée bien déliée et la confisez (*i e* composez) en y ajoutant vin aigre et jus de fumeterre plus que des autres choses et que le patient en soit oint au bain ou en étuve ou incontinent après ; c'est un très bon oignement. Notez que si l'on donne trois fois la semaine le jus comme il est dit, il purge très bien les humeurs dont vient la rongne (*i e* la gale). L'herbe de fumeterre cuite en vin et puis mise sur le lieu podagre y aide moult grandement. "

Chapitre 58. "**Genciane** (*Gentiana lutea*) est la racine d'une herbe ainsi appelée, mais la racine seulement en est médicinale. On la cueille en la fin de printemps et on peut la garder sèche par trois ans. Elle naît le plus souvent en montagne et dans les lieux qui sont ombragés et moites. (*i e* humides). Elle est chaude et sèche en deux degrés. Elle a vertu de dissoudre, consumer, ouvrir et elle est diurétique. Contre ancien asthme, la poudre avec vin et eau d'orge vaut moult (*i e* est très efficace). Le jus nettoie et fait disparaître morphée*, guérit plaies et grosse rongne (traduction du mot *ulcera* du ms latin, *i e* gale importante), elle est corrosive. En outre, quand on la boit, elle aide moult à celui qui est tombé de haut, est fort cassé et froissé ; elle est la dernière médecine contre les morsures de scorpion, des vers venimeux et des chiens enragés, quand on en boit deux onces avec vin."

Chapitre 59. "**Gariofilee** (giroflée, benoite, *Geum urbanum*) est semblable aux nouvelles feuilles de ronce de buisson ou à ces bourions naissants ensemble. La racine est moult redolent (*i e* très parfumée) et ses feuilles sont chaudes et sèches en trois degrés. La verte est de plus grande vertu que la sèche et on la peut garder un an. Elle a vertu dissolutive, consomptive et apéritive et elle est appelé gariofilée à cause de son odeur semblable au clou de girofle en saveur, vertu et en effet. Contre la passion cardiaque†, cuite en eau de mer et huile et mise sur la partie avant et arrière, elle vaut grandement. Le vin de la décoction de la racine est bonne pour conforter la digestion et la douleur de l'estomac et des boyaux provenant de froide cause ou de ventosité."

Chapitre 63. "**Hyeble**. (sureau, *Sambucus ebulus*) est chaude et sèche en trois degrés. Les écorces des racines et les turions (i e bourgeons) appartiennent principalement en médecine. Les écorces des racines sont cueillies en printemps et on les sèche au soleil ; elles peuvent être gardées un an. Elles ont vertu dissolutive, consomptive, et purgative du flegme et des humeurs visqueuses ; quand on en donne le jus, il purge par-dessus et par-dessous (*i e* par le haut et par le bas), en attrayant angoisse (*i e* sans douleur),

---

* "Le mot morphée désigne deux affections de la peau : la morphée blanche ou alphos qui était probablement une des formes de la lèpre au début et la morphée brune ou noire ou melas" (E. Littré, *Dictionnaire de Médecine*, 1884, Paris, Baillière)

† "Synonyme de cardialgie, douleur très vive qui se fait sentir à l'épigastre, vers l'orifice supérieur de l'estomac." (E. Littré, *Dictionnaire de Médecine*, 1884, Paris, Baillière)

c'est pourquoi il ne se doit donner si la matière n'est pas digérée, et le temps préparé a flux, comme l'on fait en autres médecines vomitives. Elles valent aux fièvres quotidiennes et de long temps à tiercaines de cole citrine (*i e* fièvres tierces causées par la bile jaune). Elles ôtent l'opilation du foie, jaunisse, colique et douleur de boyaux et l'eau des lentofleumatiques (*i e* ceux qui souffrent de lentoflegmasie, une sorte d'hydropisie) elles mettent hors qui en use. On en use en donnant le jus par soi (*i e* seul) ou en le détrempant (*i e* mélangeant) avec la décoction d'autres médecines laxatives ou en y ajoutant sirop ou eximel laxatif ou en le cuisant avec miel jusques à la consumption (*i e* réduction) du jus. Contre l'enflure des extrémités et contre l'artétique (*i e* rhumatisme articulaire) et la lentoflomence, on fera un bain d'eau salée et de décoction des racines et des turions de l'herbe ou de l'herbe entière."

Chapitre 64. "**Jusquiame**, autrement dite hennebanne (*Hyoscyamus niger*) est froide au tiers degré ; c'est la semence d'une herbe qui est appelée cassilago ou dent chevaline et est de trois diversités. L'une est blanche, l'autre rouge et l'autre noire. La blanche et la rouge conviennent en médecine, mais la noire est mortelle. Nous devons savoir que si l'on prend l'hennebanne par la bouche et mettre en son corps, on doit prendre la semence et que si on la doit prendre par dehors, on doit prendre l'herbe, mais la semence est de plus grande vertu. Elle a vertu amotoique, c'est-à-dire apportant le sommeil et faisant dormir et elle est aussi constrictive (*i e* qui a la propriété de resserrer) et mortificative (*i e* qui amortit, adoucit les douleurs). Pour faire dormir en cas de fièvre aigue, on fera une décoction de son herbe et on s'en lavera et étuvera entour le front et les tempes et aussi les pieds et ensuite on en fera un emplâtre. On prendra la semence de hennebanne et en fera poudre très subtile et la mêlera avec aubine (*i e* blanc) d'œuf et lait de femme nourrissant une fille et un peu de vin aigre et la boutera (*i e* mettra) au front et aux tempes. Pour restreindre les lermes (*i e* larmoiements) ce même emplâtre est bon. Contre dissenterie, on fera un emplâtre de cette herbe et la mettra dessus car il cure (*i e* guérit, calme) la douleur, et contre douleur des dents, on mettra la semence sur des charbons ardents et le patient en recevra la fumée par la bouche et ensuite, on la mettra sur l'eau et il semblera qu'il y ait alors comme des vers qui nagent à la surface*. Et la semence mise sur la dent doulant (*i e* douloureuse) de cause chaude ôte la douleur ; on peut garder cette semence dix ans."

Chapitre 65. "**Iarrus** autrement dite **barbaron** ou **pied de veau** (*Arum* s p) est chaud et sec au second degré. On le trouve en lieux secs et moites, en montagnes et en terres plaines, en hiver et en été. Il a grande vertu selon ses

* Platearius est plus clair : "Pour calmer la douleur des dents, on peut mettre la semence dans de l'eau sur des charbons ardents et en faire prendre les vapeurs par la bouche. La bouche du patient doit être juste au-dessus de l'eau ; l'on verra alors de petits vermisseaux nager sur l'eau. "

feuilles et encore plus grande dans ses racines, et très grande dans ses grappes et ses torques (traduction de *tuberositates* dans le ms latin, *i e* tubérosités, enflures) que l'on y tranche et cueille et sèche. Il a vertu dissolutive, relaxative et attenuiant (*i e* qui a la propriété d'amincir, de diminuer). Contre l'enflure des oreilles, on cuira cette herbe avec ces torques en vin et en huile et y ajoutera du cumin et en fera un emplâtre qui sera mis sur l'oreille. Contre les froides apostumes, l'herbe et les troques et du vieil oingt (*i e* onguent) et de la graisse d'ours seront très bien broyés et mélangés ; et puis on les chauffera dans un test (*i e* pot de terre) et les mettra dessus les apostumes et elles guériront. Contre les écrouelles nouvelles, on broiera l'herbe et y mettra vieil oingt et squille ou graisse d'ours si l'on peut en avoir et les mettra dessus et elles seront guéries si elles sont nouvelles. Pour escurer la face (*i e* nettoyer le visage) et asubtilier le cuir (*i e* à rendre la peau délicate) et le faire delié (*i e* le rendre sans défaut) on fera de la poudre de troques sèches et la confira avec de l'eau de rose et mettra le tout au soleil jusques à tant qu'il n'y ait plus d'eau ; [on fera] ainsi trois ou quatre fois ou plus de cette poudre avec eau de rose ; on en frottera seulement la face et elle deviendra plus pure et plus belle qu'avec de la céruse. Item la seule poudre ronge aussi la chair superflue."

Chapitre 67. "**Langue de chien** (*Cynoglossum* s p) est chaude et humide au premier degré ; elle a de petites feuilles aigues, semblables à des langues de chien ; elle est de grandes vertus quand elle est verte et de nulle puissance quand elle est sèche ; elle a vertu d'esmouvoir a luxure (*i e* d'inciter à faire l'amour) et de donner humeur (*i e* d'être excitante, aphrodisiaque) ; qui cuit cette herbe avec chair ou la confit avec huile ou avec graisse ou sang, elle émeut (*i e* excite) et semont luxure (*i e* pousse à faire l'amour). Quand elle est cuite et qu'on y ajoute du sucre, elle vaut (*i e* convient, est bonne pour) à ceux qui sont consommés (*i e* affaiblis) et dégastés de char (*i e* décharnés). Contre sécheresse de pis (*i e* de poitrine), vaut l'eau de sa décoction, mais si on y ajoute du diadragant*, elle vaut moult (*i e* plus efficace)."

Chapitre 76. "**Mercure**, c'est-à-dire linochitis (mercuriale, *Mercurialis annua*) est froide et humide au premier degré. Elle a substance visqueuse et pour cela, elle sèche et attraict hors (*i e* expulse) très doucement la cole (*i e* la bile) du foie, de l'estomac et des boyaux. On donne le jus sans cuire avec du sucre car il diminue partie de la vertu laxative."

Chapitre 77. "**Maulve** (*Malva sylvestris*) est froide et humide au second degré et en est de deux manières, l'une est franche qui a plus subtile et plus froide humeur, l'autre sauvage que l'on appelle malvenisque et bimauve (*i e* guimauve) qui croit plus haut, est moins froide, moins humide et qui a aussi la substance visqueuse. Contre les apostumes chaudes au commencement, on broiera les feuilles de mauve et les mettra dessus pour mûrir, puis on les

* Diadragant, (*i e* diatragacanthe), poudre composée adoucissante, dont le principal élément est la gomme adragante.

broiera avec sang de porc frais et les mettra sur une tuile chaude. Ce qui est dit vaut aussi pour la dureté du foie et de la rate. L'étuve (*i e* la fomentation) de ses feuilles et le bain de sa décoction vaut à laver les pieds de celui qui est en fièvre aigue et font bien dormir. La mauve cuite en potage lâche le ventre de celui qui en mange et elle est aussi bonne pour lâcher le ventre quand on est en fièvre ; on fait de sa décoction un bon clystère. Bimauve amollie plus et meure (*i e* bien davantage) en feuilles et encore plus la racine broyée avec sang de porc et un peu chauffée car elle mûrit et amollit les dures apostumes ; l'herbe cuite avec la racine tant longuement que l'eau en soit gâtée et qu'apparaisse une viscosité amollit meure les dures apostumes et les relaxe (*i e* relâche, diminue). Avec l'eau, à laquelle on a ajouté cire et huile, on fait oignement (*i e* onguent) qui a la même vertu. L'eau de la décoction de la semence vaut contre la toux sèche et elle donne confort à étiques (*i e* aux malades atteints de consomption, de fièvre étique). Les semences mises en un sac et cuites en huile dissolvent la dureté et nettoient. Isidore et Pline disent que si quelqu'un s'enduit de jus de mauve mêlé d'huile, il ne pourra être blessé par les pointures (*i e* piqûres) de mouches et ne sentira en aucun de ses membres les pointures de scorpion. "

Chapitre 81. "**Marrube** (*Marrubium vulgare*) est chaude et sèche au tiers degré. On l'appelle autrement praxe (*i e* prassium). Les feuilles en valent principalement en médecine, et puis les écorces et après la racine. On en garde l'herbe bonne un an en un lieu ombrageux. Elle a vertu consomptive et dissolutive et aussi de dissoudre et d'ouvrir par son amertume. Contre le vice du pis (*i e* la poitrine) qui est appelé asma (*i e* asthme) de cause froide et d'humeur visqueuse, on donnera draprassium (pour diaprasium, *i e* extrait de marrube) et on fera un électuaire d'une partie de son jus et la quinte de miel escume (*i e* sans écume, épuré) et le face cuire jusques à tant qu'il soit épais et puis on y mettra poudre dargant (*i e* poudre de noix d'argan) et gomme arabique et réglisse et sera très bon contre le vice de la poitrine ou au moins que la poudre en soit bien confite avec miel et qu'on ajoute poudre de réglisse. Contre la toux, sa décoction vaut avec des figues sèches. Contre la strangurie et dissenterie, on donnera le vin de sa décoction avec figues sèches, et fera un emplâtre de la propre herbe cuite en vin et en huile et la mettra sur les reins et la pennillière (*i e* le penil, le Mont de Vénus) et aussi vaut contre la colique de froide cause. Contre les hémorroïdes enflées et courans (traduction de fluentes dans le ms latin, *i e* qui donnent un écoulement de sang), on fera une étuve (*i e* une fomentation) du vin de sa décoction et eau salée et puis on fera un suppositoire de sa poudre et de miel confit ensemble ou on fera une décoction de sa poudre et de son jus avec huile muscellin (*i e* composée avec du musc) et mouillera dedans un coton (*i e* y trempera un coton) et puis mettra au mal. Contre les vers, on donnera la poudre confite avec du miel ; contre les vers des oreilles, le jus en sera jeté dedans. Contre le vice de la rate, les écorces des racines seront trempées par quinze jours en vin et en huile et puis on en fera une décoction et le coulera (*i e* filtrera) et après on ajoutera en cette décoction cire et huile et fera oignement (*i e* onguent). "

Chapitre 90. "**Ortie** (*Urtica dioica* et *Lamium album*) est ainsi nommé parce qu'elle dard la peau quand on la touche dard la peau quand on la touche, car elle est de nature de feu ardent comme dit Macer, et en est de deux manières : l'une poignant (*i e* piquante), l'autre morte qui ne poingt pas (*i e* qui ne pique pas) et dont les feuilles sont plus blanches, plus molles et plus rondes que celles de la poignant. Chacune des deux est médicinable. Le jus bu avec du vin vaut contre la jaunisse et colique passion (*i e* qui fait souffrir, douloureuse) et avec miel guérit ancienne toux et nettoie le poumon et assouage (*i e* calme, diminue) l'enflure du ventre et les leveures (*i e* tumeurs). Les feuilles broyées avec du sel nettoient et purgent les plaies ordes (*i e* sales) et puantes et les guérissent ainsi que les morsures de chien et le chancre. La racine broyée et cuite en vin et huile vaut contre l'enflure de la rate. Le jus d'ortie restreint le flux de sang des narines. La semence bue avec du vin et spécialement quand il y a du miel et du poivre émeut a luxure (*i e* est aphrodisiaque). L'herbe sèche et tendre amollit le ventre quand on la mangeet spécialement au mois de mars, cuite en huile. "

Chapitre 93. "**Peucedan** est une herbe autrement nommée fenoil porchin (*Peucedanum officinale* ou fenouil de porc) est chaude et sèche et vaut le vin de sa décoction contre la strangurie (*i e* rétention d'urine), dissenterie et opilation (*i e* obstruction) de la rate et du foie. L'herbe cuite en huile et en vin, en emplâtre sur le foie et la rate, amollit leur dureté. Contre les froides humeurs dans les parties spirituelles (*i e* cerveau), on donne l'eau de sa décoction et d'orge, et si elles sont moult froides, on donnera le vin de sa décoction et jus de réglisse."

Chapitre 95. "**Psilium** (Herbe aux puces, *Plantago psyllium*) est froid et humide au quart degré. C'est une herbe dont la semence a tel nom et on doit mettre sa semence en médecine. On la cueille en été et elle se garde par deux ans. Elle a vertu de refroidir et amoistir (*i e* humidifier) Quand la langue est sèche et arse (*i e* brûlante) en cas de fièvres aigues, on mettra la semence en un delie drapeau (*i e* dans un morceau de tissu déployé), on le lira, puis on le mettra à tremper dans un peu d'eau et quand on aura rate (*i e* gratté) la langue, on la frottera et l'aplanira avec ce qui est dit [ci-dessus]. Contre la sècheresse des parties spirituelles, et quand le ventre est estrainct (*i e* oppressé) en fièvres aigues, on mettra psilium dans de l'eau et y sera laissé aucun pou (i e un petit peu, un certain temps), puis on jettera l'eau et donnera le psilium avec de l'eau froide. On le met aussi en sirop contre les fièvres aigues et on en fait grande décoction et quand la goutte (*i e* une petite quantité de la décoction) se tient (i e s'attache) au vaisseau, laquelle y tient légèrement à cause de sa viscosité, il (*i e* le sirop) est alors bon (*i e* prêt à l'emploi). Contre la dissenterie, on le brûle dans un pot de terre et on met sa poudre dans un œuf mol ou en eau de rose, ce qui vaut mieux, et on le donne au malade quand le mal lui est venu par les entrailles d'en haut, mais quand il est venu des boyaux d'en bas, on met la poudre avec anatasie (traduction du latin *anarbasia* dans le ms latin, "indéterminé") et on lui baille (*i e* applique) par-dessous. Est également efficace un emplâtre fait de la poudre et d'aubin (*i e* blanc) d'œuf et d'un peu de vin aigre et d'eau de rose mise sur pennillière (*i e* le pénis et les reins ou sur le nombril quand c'est pour le défaut d'en haut. Et contre le flux de sang des narines (*i e* le saignement de sang du nez) ce même emplâtre convient, mis sur le front et sur les tempes ou bien que l'on mette de cette poudre et du jus de sanguinaire dedans les narines avec un tuyau ou autre chose. Contre chaudes apostumes, on emplira un sachet de semence de psilium et d'aucune autre herbe et sera mis bien souvent. Contre l'aspresse (*i e* la raideur) des cheveux, on lavera la tête avec de la décoction de psilium. Il garde le canfre (*i e* le camphre) par sa froideur et humeur, car le canfre est de trop subtile substance. "

Chapitre 96. "**Plantain** (*Plantago major*) qui est autrement appelé langue de mouton est froid et sec. Les feuilles de plantain consolident lorsqu'elles sont sèches et aident très bien à rancle et rongnes[*] et il n'y a rien de meilleur, comme dit Dioscoride. Et est merveille que si l'on boit le jus de trois racines avec trois onces de vin, il guérit aucune fois de tiercaine (*i e* fièvre tierce[†]). Et si l'on boit le jus de quatre racines avec quatre onces de vin, il guérit aucunes fois la quartaine (*i e* fièvre quarte). Dioscoride dit aussi qu'il guérit les plaies des chiens enragés. Il aide aux hydropiques et vaut contre le venin et son jus occit les vers dans le ventre et guérit les très fort flux de ventre et restreint le temps (*i e* raccourcit la durée des règles) aux femmes et ressiert (i e diminue) l'enflure des apostumes et la degaste (*i e* la repousse, la fait disparaître) à son commencement. Il guérit les gencives lorsqu'elles sont enflées et pleines de sang, et aussi les nettoie et les restreint (i e les dégonfle). "

Chapitre 115. **Scordium** autrement ail sauvage (*Teucrium scordium*, germandrée petit chêne) est chaud et sec au tiers degré. La fleur seule vaut pour médecine. L'eau ou le vin de sa décoction nettoie les parties spirituelles de fleume (*i e* flegme, pituite) et vaut contre la douleur d'estomac et des entrailles causées par le froid ; elle dissout strangurie (*i e* sans doute les humeurs qui bouchent les conduits urinaires et empêchent l'évacuation de l'urine) et dissenterie."

Chapitre 121. "**Serpentine**, colubrin et dragontée (*Arum dracunculus*) sont tout un et on l'appelle ainsi parce qu'elle a la tige en manière de serpent

---

[*] Rancle ou draoncle : traduction de *vulnera* du ms latin. Ce mot désigne une affection de la peau : abcès, bouton, apostème, éruption ; rogne est la traduction de *ulcera* du ms latin. Ce mot désigne une plaie, une blessure.

[†] La fièvre tierce est une des nombreuses espèces de fièvres intermittentes répertoriées à l'époque. Celles-ci étaient définies selon la durée des intervalles qui séparent les accès (L). Ainsi la fièvre tierce est celle dont les accès reviennent de deux jours l'un et sont séparés par un jour d'apyrexie complète ; la fièvre quarte quand les accès sont séparés par deux jours d'apyrexie complète. C f. E. Littré, *Dictionnaire de Médecine*, *s v* intermittent)

et ainsi coulovrée. Elle est chaude et sèche au tiers degré. On détrenche (*i e* coupe) sa racine en menues pièces et la sèche. On en fait poudre et la passe par un drap (*i e* crible au travers d'un drap), puis on la confit avec eau de rose et la sèche au soleil ; après on en oint sa face avec de l'eau de rose ou on frotte la face sans eau de rose et la rend claire et belle et resplendissante et ôte le drap (*i e* la compresse imbibée de l'onguent) de la face. Si l'on confit cette poudre avec savon et on en met sur une fistule, elle croit (*i e* élargit) le pertuis (*i e* l'orifice) et le dilate tant que l'on en peut (ex) traire facilement un os ou plus, brisés ou pourris, si ils y sont. La poudre aussi confite avec chaux vive et vin fort aigre vaut moult contre un chancre dont la tierce partie doit être de chaux. Dioscoride dit que cette herbe chasse les serpents par son odeur et que le serpent ne blessera jamais celui dont le corps aura été oint de ce jus. "

Chapitre 132. "**Vitriole** autrement dite **pariétaire** (*Parietaria officinalis*) est une herbe chaude et sèche au tiers degré. On l'appelle vitriole parce que les verres en sont bien nettoyés. Elle est de grande vertu quand elle est verte, mais sèche, elle ne vaut rien. Elle a vertu diaforétique (*i e* qui excite la transpiration) et extenuative (*i e* qui atténue, affaiblit). Contre la froideur de l'estomac et des entrailles et la douleur qui y est, et contre la strangurie et la dysenterie, la pariétaire bien chauffée dans un pot de terre sans autre humeur sera mise sur le lieu dolant (*i e* endroit douloureux) ou quand on la cuit en vin blanc un peu vert ou aigre ou avec du bran (*i e* du son). Contre strangurie et dysenterie, on la cuira en eau salée et huile et on fera un emplâtre sur la pennillière (*i e* le penis). Cuite et mangée, elle vaut moult contre douleur d'estomac de froidure ou de vent (*i e* causée par le froid ou les ventosités). Qui la chauffe, et la casse aucunement (*i e* en se gardant de la briser), avec du vin et du bran, elle appetisse (*i e* réduit) les enflures."

NOTES DU CHAPITRE 2

1. On peut consulter une édition numérisée de ce texte latin daté de 1480 (186 feuillets in 8) sur le site web de l'Université de Liège (DONUM, Dépôt d'Objets Numérisés). Un manuscrit non daté, rédigé en latin, sur lequel ont été effectuées les traductions en français du livre de Crescens est conservé à Paris, à la Bibliothèque de l'Arsenal, (ms. 5064 Réserve). Il est composé de 305 feuillets et 14 miniatures en couleur attribuées au Maître de Marguerite d'York et son atelier. Une traduction de ce manuscrit en français moderne, malheureusement beaucoup trop partielle, (81 pages) a été publiée en 1965, avec une préface de Maurice Genevoix, sous le titre Les Profits champêtres de Pierre de Crescens. Paris, Editions Chavane.
2. Plutôt que de traduction, il serait préférable de qualifier la prestation de Corbechon d'adaptation en français du texte de Crescens, car il n'hésite pas à raccourcir le texte de ce dernier, parfois à l'expliciter, voire à le compléter. (cf. B. Ribémont *Jean Corbechon, un traducteur encyclopédiste au XIVème siècle*, Cahier de recherches médiévales, 1999). Ces remaniements sont particulièrement fâcheux au Livre VIII où l'ordre alphabétique des noms de plantes latins est entièrement modifié pour tenir compte de l'ordre alphabétique de leur traduction par des noms français.

Jean Corbechon est un moine érudit de l'Ordre des Ermites de Saint Augustin, Maitre de Théologie admis à enseigner à la Faculté de Théologie de Paris. Il fut également le traducteur en français de l'ouvrage de Barthelemy l'Anglais*, *Liber de proprietatibus rerum* écrit en 1247 qui passe avec le *Speculum majus* de Vincent de Beauvais† pour une des premières encyclopédies de vulgarisation scientifique de Moyen-Age en français.

3. La première édition françaises, réalisée à partir du manuscrit du roi Charles V, est intitulée : *Prouffits‡ champestres et ruraule, touchant le labour des champs, vignes et jardins, etc., composé en latin par Pierre Crescens, et translaté depuis en langage françois, à la requête de Charles V roy de France, en 1373*, Paris, 1486, par Jean Bonhomme, in fol. D'autres éditions suivirent chez différents imprimeurs. On relève notamment une édition due à Antoine Vérard paraît à Paris la même année, une autre chez Galliot du Pré, en 1533, une autre chez Jean et Michel Lenoir, sans date (1539 ?), une autre encore en 1536 sous ce titre différent : *Le Bon Mesnaiger. Au present volume des proffitz Champestres et ruraulx est traicté du labour des Champs, vignes, jardins, arbres de tous espèces, De leur nature et bonté, de la nature et vertu des herbes, de la manière de nourrir toutes bestes, volailles et oyseaulx de proye : pareillement la manière de prendre toutes bestess sauvages, poissons et oyseaux : deuvre moult utile et prouffitable Ledit livre compilé par Pierre des Crescens, jadis bourgeoys de Boulongne la grasse. Nouvellement corrigé, veu et amende sur les vieilz originaulx au par avant imprimez.. Dudit livre est adjousté outre les précédentes impressions, la manière de Enter, Planter et nourrir tous arbres, selon le jugement de maistre Gorgole de Corne. On les vend à Paris en la rue saint Jacques à l'enseigne du pélican devant saint Yves.* A la fin de l'ouvrage, il est précisé : Ce présent Livre fut achevé de imprimier a Paris, le

---

* **Barthélémi l'Anglais** a composé entre 1230 et 1240 une encyclopédie divisée en 19 livres, le *De Proprietatibus rerum*. Il y compile les connaissances scientifiques de l'époque. Le livre XVII est consacré aux végétaux. Il commence par deux chapitres de généralités, sur la classification, la description des parties de l'arbre et les procédés généraux de culture. Les chapitres suivants sont des monographies sur différentes plantes ou sur les parties des plantes classées dans l'ordre alphabétique. Charles V fait traduire l'ouvrage en 1372 par son chapelain Jean Corbechon. Des impressions du texte latin sont réalisées très tôt (dès 1475, à Bâle), tout comme la traduction française de Corbechon (dès 1485-1486, à Lyon).

† **Vincent de Beauvais** (fin XIIe-1264) est l'auteur d'une encyclopédie, le *Speculum maius*, réalisé entre 1240 et 1250, est composée de trois parties : Naturale, Doctrinale et Historiale. Cet ouvrage présente un exposé de toute la Création dans l'ordre où la Genèse les fait apparaître. Les livres IX, X, XI, XII, XIII et XIV sont consacrés aux plantes. Le livre IX traite de la fécondation de la terre au troisième jour de la Création, des plantes en général et des herbes communes, le livre X des herbes qui poussent dans les lieux cultivés, les jardins et les champs, le livre XI des semences, des graines et des sucs, le livre XII des arbres sauvages et domestiques, le livre XIII des arbres cultivés, en particulier des fruitiers, et le chapitre XIV des arbres fruitiers.

‡ Le mot *profit* (ou prufit, pourfil, proufilt, preufit) qui est souvent utilisé dans cet ouvrage signifie généralement "l'avantage que l'on tire de quelque chose", et notamment le revenu que rapporte une action, une activité, un emploi. Pierre de Crescens explique dans son prologue qu'il faut bien connaitre l'art du labourage pour tirer le meilleur profit de la terre. Ainsi, par exemple, le livre III traite du labourage et de la culture des champs et « du profit de ces deux sciences », le livre IV traite de la vigne et "du profit" de son fruit, le cinquième livre traite des arbres à fruits et du "profit de leurs fruits" ainsi que de ceux qui n'en n'ont pas et "du profit qui en vient". Le sixième livre s'intéresse aux herbes pour l'usage que l'on peut en faire. Le septième livre étudie les près et le "profit" que l'on peut en tirer ainsi que les bois et "du profit qui en vient". Le neuvième livre traite "du profit qui vient de toutes les bêtes que l'on nourrit et aussi des volailles et mouches à miel".

XXII Avril 1536. Cette traduction est ainsi présentée : "Ci commence le livre des ruraulx prouffitz des champs, lequel fut compile par Pierre des Crescens, bourgois de Boulongne la grasse. Et depuis a este translate en francois a la requeste du roy le trés noble roy Charles de France le quint de ce nom." Cette édition est consultable sur le site Gallica de la Bibliothèque Nationale. Nous en avons retenu le texte dans notre livre. Les différentes éditions de la traduction en français de l'ouvrage de Crescens présentent de nombreuses différences et s'éloignent souvent du texte latin d'origine.

4. Dans son Histoire de la Botanique, E H F Meyer (*Geschichte der Botanik*, Tome 4, 1854-1857, Königsberg, réimp. Ascher 1965) donne une liste de 34 auteurs cités par Crescens, avec l'indication précise du passage où celui-ci les a mentionnés (p. 151 à 153)

5. **Hippocrate** de Cos, né vers 460 avant J.-C. sur l'île de Cos et mort en 377 av. J-C. à Larissa, est un médecin grec, considéré traditionnellement comme le "père de la médecine". On connait peu de sa propre vie. Il a rendu la médecine distincte d'autres domaines de la connaissance, comme la théurgie et la philosophie, et revendiqué son autonomie pour en faire une profession à part entière. Il est l'initiateur d'une méthode d'observation clinique, et le fondateur des règles éthiques pour les médecins, réunies dans le texte célèbre dit du "serment d'Hippocrate". Les auteurs d'ouvrages de médecines du Moyen Age et des Temps modernes feront souvent référence à sa théorie des quatre humeurs qui composent le corps humain : sang, flegme, bile et atrabile qui sont les homologues des quatre éléments : eau, terre, feu et air qui composent l'univers. Ses propres ouvrages, certains qui lui sont attribués et ceux qui ont été écrits par ses disciples sont réunis dans un ensemble publié sous le titre de Corpus hippocratique. Bien qu'il y soit fait référence à près de 400 végétaux prescrits comme remèdes à des titres et sous des préparations divers, Crescens n'y fait que peu référence.

6. **Aristote** (384 – 322 av. J-C) philosophe grec, disciple de Platon, fondateur d'une école de philosophie à Athènes, le Lycée. On lui doit un nombre considérable d'ouvrages auxquels feront fréquemment référence de nombreux écrivains du Moyen-âge et de la Renaissance. De nombreux passages où sont abordés des sujets de biologie et de physiologie botanique sont insérés dans plusieurs de ses ouvrages, notamment dans les traités De l'âme, Parties des animaux, Génération des animaux, Météorologiques, Du sommeil et de la veille, Problèmes. Mais son traité de Botanique (*Peri Phutôn*) est malheureusement perdu. Sous ce titre, aurait été écrit en grec un ouvrage, faussement attribué à Aristote, par Nicolas de Damas au Ier siècle avant J-C, puis traduit en syriaque à une date indéterminée par un auteur inconnu. Cette version syriaque du texte a été ensuite traduite en arabe, vers 900, par Ishaq ibn Hunayn. Le texte arabe a été traduit en latin vers 1200 par Alfred de Sareshel. Il est souvent cité sous le nom de Pseudo Aristote.

7. **Théophraste** (vers 371-vers 287 av. J.-C.) philosophe grec originaire de Lesbos. Après avoir été l'élève de son compatriote Lysippe, il gagna Athènes vers 354 pour y suivre l'enseignement de Platon. À la mort de ce dernier, il suivit Aristote en Macédoine, puis de nouveau à Athènes où il devint l'un de ses disciples les plus appréciés. Il lui succéda à la tête du Lycée (fondé par Aristote en 335) et en assura la direction jusqu'à sa mort. Théophraste se consacra tout particulièrement à l'étude des sciences naturelles et plus précisément à celle des plantes, auxquelles il consacra deux oeuvres majeures. Son *Historia plantarum* (Recherches sur les plantes) traite de la morphologie et de la classification des végétaux ; Théophraste y réalise un inventaire raisonné des plantes et étudie l'influence du milieu sur leur développement, sur leur mode de reproduction et sur leur utilité. Son second grand ouvrage, le *De Causis Plantarum* (*Des Causes des plantes*), aborde de nombreuses questions de physiologie végétale. Dans ses écrits, il ajoute ses observations personnelles aux connaissances des auteurs plus anciens et contemporains. Aussi Théophraste est-il considéré à juste titre comme le "père de la botanique", dont l'objet sera désormais d'étudier les plantes sous tous leurs aspects et non plus pour leur seule utilité. Il écrivit également de très nombreux ouvrages (dont

plusieurs petits traités consacrés à des sujets précis, comme, par exemple, son *De ordoribus*) ; Diogène Laërce en dresse la liste impressionnante, mais malheureusement la plupart ont disparu. Au XVIIème siècle, pour rédiger ses Caractères, La Bruyère s'inspirera des Caractères moraux de Théophraste. Cf. Texte grec et traduction de l'*Historia plantarum* accompagnée de nombreuses notes par S. Amigues, 5 volumes, 1988-2006, Paris, Les Belles Lettres.

8. **Caton**, Marcus Porcius Cato, dit Caton l'Ancien (Cato Maior) ou Caton le Censeur (Cato Censorius), né vers 234 av. J-C, mort en 149 av. J-C), homme politique et écrivain romain. On lui doit un ouvrage intitulé *De Agricultura* ou *De Re Rustica* (De l'agriculture), dans lequel il dispense à ses lecteurs des conseils pratiques pour gérer avec efficacité une exploitation agricole afin d'en obtenir le meilleur rendement.
9. **Varron**, Marcus Terentius Varro est né en 116 av. J.-C. et mort en 27 av. J.-C. homme politique, magistrat équestre à Rome, est l'auteur de nombreux ouvrages parmi lesquels on compte un traité d'agriculture en trois volumes intitulé *De re rustica libri III :* Économie rurale. Il est composé de trois livres adressés à sa femme Fundania, respectivement consacrés à l'art du cultivateur, aux troupeaux, à l'économie rurale. Au début de son livre, il conseille à ses lecteurs qui désireraient compléter certains de ses propos, de recourir à des ouvrages, écrits en grec, par de nombreux auteurs qui ont traité de l'Agriculture.
10. **Virgile**, Publius Vergilius Maro (né en 70 av. J.-C. à Andes, dans l'actuelle Lombardie et mort en19 av. J.-C. à Brindes dans le Sud de l'Italie, poète latin, est l'auteur de trois ouvrages célèbres, à des titres divers, L'Énéide, Les Bucoliques et Les Géorgiques. C'est à certains passages des Géorgiques que Pierre de Crescens fait référence à plusieurs reprises. Ce poème didactique se divise en quatre livres où l'auteur traite successivement de la culture des champs, de l'arboriculture (en particulier de la vigne), de l'élevage et de l'apiculture. Il se présente davantage comme un poème sur l'agriculture que comme un traité pratique d'agriculture.
11. **Pline l'Ancien**, Gaius Plinius Secundus, né en 23 apr. J.-C. à Novum Comum (actuellement Côme) dans le nord de l'Italie et mort en 79, à Stabia (actuellement Stabies), près de Pompéi, lors de l'éruption du Vésuve, est l'auteur d'une monumentale Histoire Naturelle (*Historia Naturalis*) en trente-sept volumes. Les livres XII à XXVII, soit, 16 livres, constituent un inventaire de la plus grande partie des plantes connues et nommées de son temps, soit environ 900 végétaux. Pline tenta d'y réunir toutes les connaissances alors disponibles sur ces derniers dans les ouvrages auxquels il avait accès. Mais il les compléta en se livrant lui-même à des enquêtes auprès des médecins, des herboristes, des gens de la campagne, tout en rapportant ses propres observations sur le terrain. C'est ainsi que l'on peut trouver sur de nombreuses plantes citées dans son ouvrage non seulement des informations botaniques mais aussi des indications sur leurs utilisations agricoles, alimentaires, pharmaceutiques ou magiques. Il est cité à plusieurs reprises par Crescens. Traduction française des principaux Livres consacrés aux plantes accompagnée de nombreuses notes par J. André (Paris, Les Belles Lettres). Un index complet et précis des plantes citées par Pline dans ses différents Livres a été établi et publié par Carl Mayhoff, *Plini Secundi Naturalis Historiae, Libri XXXVII*, Vol VI, Indices 1970, Teubner, Stuttgart.
12. **Dioscoride**, Pedanios Dioskoridês, médecin grec, né probablement entre 20 et 40 ap. J.-C., à Anazarbe en Cilicie, (une province romaine située au sud-est de l'actuelle Turquie) et mort vers 90 ap. J.-C. Nous ignorons à peu près tout de sa vie. Il doit sa renommée à son ouvrage écrit en grec (*Peri hulês iatrikês*) plus connu sous le nom latin de *De Materia Medica* qui restera une référence majeure en matière de remèdes jusqu'aux temps modernes. Il est composé de cinq Livres et certaines versions en comprennent un sixième, qui est réservé principalement aux substances toxiques, mais ce dernier n'est pas de lui. Il se présente comme un catalogue de plus de 800 substances végétale, animale et minérale, accordant toutefois la plus grande place aux plantes. Rédigé en grec ancien. il fut conservé et diffusé tout au long de l'Antiquité et du Moyen Âge, par

des copies du texte grec et grâce à ses traductions en latin, syriaque, arabe, persan et langues européennes, sans qu'elles soient pour autant accompagnées de commentaires portant aussi bien sur l'identification des plantes recensées que sur la pertinence des remèdes proposés. Il faudra attendre ceux du médecin italien Pierre André Mattioli, publiés en 1544 pour y trouver un substantiel enrichissement des données botaniques et médicales de Dioscoride. L'édition de référence du texte grec est celle de M.Weilmann, *Pedanii Dioscuridis Anazarbei, De Materia Medica*, 3 volumes, 1958 tout comme sa traduction allemande par J. Berendes, *Des Pedanios Dioskurides Arzneimittellehre in fünf Bücheren*, 1902, Stuttgart, F. Enke. On attend toujours une traduction en français moderne, avec commentaires érudits !! Les commentaires d'André Matthioli accompagnés du texte de Dioscoride, y compris le Livre VI, ont été traduits en français et publiés par Antoine Pinet (Lyon 1655). On lui attribue un autre ouvrage intitulé *Peri aplôn pharmakôn* (ou *Euporista*) qui décrit les remèdes à employer pour soigner les maladies, celles-ci étant répertoriées en partant de la tête pour aller jusqu'aux pieds (*de cape ad calcem*), un ordre souvent adopté dans ce genre d'ouvrage.

13. **Columella**, Lucius Iunius Moderatus, dit Columelle est un agronome romain de la première moitié du Ier siècle, né à Gadès (aujourd'hui Cadix), dans la province de Bétique. Son traité, *De re rustica*, en douze Livres, est le seul de ses ouvrages qui nous soit parvenu. Son thème principal est l'agriculture et l'exploitation des grandes propriétés, les latifundia au début de l'époque impériale. Il est partiellement inspiré du *De agricultura* de Caton l'Ancien. Il constitue la source la plus importante d'information sur l'agriculture romaine. Le premier Livre traite de l'utilité et de l'agrément de l'économie rurale ; le second, des champs, de la manière de les ensemencer, et de la moisson ; le troisième, des vignes et des vergers ; le quatrième de la culture des vignobles ; le cinquième de la culture des arbres et de la manière de mesurer le temps ; le sixième, du gros bétail (bovins, chevaux, ânes et mulets) et de ses maladies ; le septième, du petit bétail (brebis, chèvres, porcs) et des chiens ; le huitième, de la basse-cour ; le neuvième, de l'apiculture ; le dixième, écrit en hexamètres, des jardins ; le onzième, des devoirs du fermier ; le douzième, d'instructions et de recettes nécessaires à ceux qui s'occupent d'économie rurale. Dans les premières éditions, un traité sur les arbres (*De arboribus*) est donné comme le treizième Livre de la *Res rustica*. Le traité de Columelle a été utilisés par différents auteurs latins qui lui sont postérieurs, et qui ont également écrits des ouvrages consacrée en tout ou partie aux plantes et à l'agriculture, tels que Pline l'Ancien, Quintus Gargilius Martialis, Pelagonius, Végèce et surtout Palladius. Mais il fut quelque peu délaissé comme référence au cours du Moyen Âge, où on lui préféra le traité de Palladius (*De Re Rustica*), à la fois plus court et d'usage plus commode, car présenté sous la forme d'un calendrier agricole. Le premier Livre de ce dernier contient une introduction générale à l'économie rurale : situation de la ferme, qualités du sol, construction des bâtiments (avec des détails très précieux d'architecture et d'aménagement intérieur : fenêtres, chambres, citernes, réfrigération des caves, etc.), celliers, greniers, huilerie, étables et écuries, poulaillers (chapitres sur les pigeons, poules, faisans, paons), jardins, ruches, etc. Les douze Livres suivants traitent des travaux propres à chaque mois de l'année : jardinage, tenue de la maison, viticulture, récolte des fruits, art de faire divers vins, récolte du miel, confection de l'huile d'olive et autres, des confitures, de l'hydromel, du verjus, etc. Le dernier Livre est un poème en vers élégiaques sur la greffe des arbres. Palladius est cité une quarantaine de fois par Crescens qui s'en est largement inspiré.

14. **Galien** (Claude), médecin grec, né en 129, sous le règne d'Hadrien à Pergame en Asie mineure. Il y étudie la médecine, puis complète ses études à Smyrne, Corinthe et Alexandrie. Rentré à Pergame, il y devient le médecin des gladiateurs. En 162, il part pour Rome où il devient assez rapidement connu à la suite de ses succès dans le traitement des malades qui le consultent, ce qui lui vaut d'être jalousé par plusieurs de ses confrères. Après avoir quitté Rome où sévit une épidémie de peste, il y revient à la demande de l'empereur Marc-Aurèle qui lui confie le soin de surveiller la santé de son

fils Commode. Il séjourne alors à Rome, sous le règne de ce dernier, puis sous celui de Septime-Sévère et quitte la ville vers 200-210 (?) pour revenir à Pergame où il meurt probablement vers 216. Il est considéré comme le deuxième "père fondateur" de la médecine après Hippocrate. Il a écrit un nombre considérable d'ouvrages (édités sous le titre *Opera omnia* par C.G. Kühn, 20 volumes 1821-1833, Leipzig, Car. Cnobiochii), Il sera l'une des références les plus souvent mentionnées dans les ouvrages des médecins-botanistes de la Renaissance. Ceux-ci adopteront les théories d'Hippocrate et de Galien selon lesquels le corps humain est composé de quatre humeurs, le sang qui est chaud et humide, la bile qui est chaude et sèche, l'atrabile qui est froide et sèche et le flegme qui est froid et humide. En conséquence, la maladie est causée par un déséquilibre des humeurs au sein du corps sous l'effet de facteurs internes ou externes ; dès lors, le but de la thérapeutique sera de trouver les substances qui, par leurs compositions et leurs qualités, permettront de restaurer l'équilibre perturbé des humeurs du patient. Appliquées aux végétaux, ces théories conduiront à les classer en quatre groupes auxquels seront attribuées les propriétés des quatre humeurs : ils seront jugés chauds, secs, humides et froids, à différents degrés et prescrits en conséquence. Galien cite de nombreuses plantes à l'occasion de ses prescriptions, notamment dans les traités généralement désignés sous un titre latin : *De simplicium medicamentorum et facultatibus* (Kühn, XI), *De compositione secundum locos* (Kühn, XII), *De compositione medicamentorum per genera* (Kühn, XIII), *De remediis parabilibus* (Kühn, XIV), *De Antidotis* ((Kühn, XIV). (Kühn, XI), *De compositione secundum locos* (Kühn, XII), *De compositione medicamentorum per genera* (Kühn, XIII), *De remediis parabilibus* (Kühn, XIV), *De Antidotis* ((Kühn, XIV). On notera qu'il a également rédigé plusieurs traités sur les aliments, dont le plus important porte sur leurs propriétés (*De Facultatibus alimentorum*). C'est sans doute le premier de ces ouvrages qui a suscité l'intérêt de Crescens. Galien y recense en effet plus de 400 plantes médicinales dont il donne une description sommaire, les propriétés et les modes d'emploi.

15. **Quintus Gargilius Martialis** est un écrivain latin, originaire d'Afrique du Nord, qui vécut dans la première moitié du IIIème siècle ap. J.-C. Il est l'auteur d'un ouvrage sur les jardins, le *De hortis*, qui fut célèbre en son temps, ainsi que d'un traité sur les Remèdes tirés des légumes et des fruits (*Medicinae ex holeribus et pomis*). D'importants fragments de ces deux ouvrages nous ont été transmis, notamment grâce aux citations et aux extraits qui figurent dans le *Medicina Plinii*, cf. infra.
16. **Palladius**, Rutilius Taurus Aemilianus communément appelé Palladius. Sa biographie nous presque totalement inconnue. Il a probablement vécu au Vème siècle après J-C, qu'il possédait des terres dans la campagne napolitaine et en Sardaigne et qu'il en dirigeait l'exploitation. Il doit sa célébrité à son traité sur l'agriculture (*De Re Rustica*) en quatorze livres. Il y expose d'abord différents problèmes d'ordre général sur l'agriculture, puis, l'indication des travaux qui doivent être effectués chaque mois de l'année. Il a rassemblé dans son ouvrage ses observations et ses expériences, ainsi que des extraits d'auteurs anciens, comme Columelle et Gargilius Martialis, mais aussi des Géoponiques grecs. Crescens le cite une quarantaine de fois.
17. **Isidore de Séville**, né entre 560 et 570 à Carthagène, mort à Séville en 636. Evêque de Séville, il est l'auteur de nombreux ouvrages dont le plus célèbre est une encyclopédie en vingt Livres, divisée en 448 chapitres, les *Etymologies ou Origines*, largement diffusée au Moyen-Age. En tant que compilateur, il a tenté d'y rassembler le plus grand nombre de connaissances éparses, encore accessibles à son époque. Le livre XVII des Etymologies couvre deux domaines, celui de l'agriculture, très bref (Chapitres 1 à 5) et celui de la botanique, largement développé (Chapitres 6 à 11). Ce dernier qui forme en effet la partie la plus importante de ce Livre est constituée d'une liste de noms de plantes, répartie en cinq chapitres, portant successivement sur les arbres, les arbres aromatiques, les herbes aromatiques et communes, les légumes et les légumes aromatiques. Pour chaque végétal, Isidore donne le nom latin, le synonyme grec et

l'étymologie, la description et les principales propriétés.cf. J. André *Isidorus Hispalensis, Etymologiae* XVII, 1981, Paris, Les Belles Lettres.

18. **Constantin l'Africain**, au XIème siècle, traduit plusieurs ouvrages en latin. Parmi ses traductions, le *Liber Pantegni*, reste la référence principale en matière de médecine avant d'être supplantée par le Canon d'Avicenne, traduit par Gérard de Crémone en 1187. Certaines parties du *Liber Pantegni* portent sur les médicaments simples. Constantin l'Africain traduit aussi le *Viaticus* (Le Viatique du voyageur) d'Ibn Al Jazzar, ouvrage de pathologie et son De gradibus simplicium, ou Livre des médicaments simples. Plusieurs de ces textes, associés à d'autres, sont réunis dans l'*Articella*, collection de textes médi caux servant de support à l'enseignement médical en Europe jusqu'au XVIème siècle.
19. **Isaac ben Salomon HaIsraeli**, plus couramment appelé Isaac Israeli l'Ancien ou Isaac le Juif, est un médecin et philosophe, né en Egypte entre 830 et 850, mort en Tunisie, à Kairouan, entre 932 et 955. Il est l'auteur de plusieurs traités médicaux qui seront traduits en latin par le moine chrétien Constantin de Carthage en 1087, qui s'en attribue la paternité et les utilise comme livres de référence à l'université de Salerne. Ce plagiat étant découvert quatre siècles plus tard, les ouvrages d'Isaac furent alors compilés et publiés sous le titre d'*Opera Omnia Isaci* (1515). C'est peut-être à celui d'entre eux, consacré aux remèdes et aux aliments, que Crescens fait plusieurs fois référence.
20. **Abu Ali al-Husayn Ibn Abd Allah Ibn Sin**a, ou Ibn Sīnā, dit **Avicenne** est né en 980 à Afshéna, près de Boukhara, dans la province de Transoxiane (actuel Ouzbékistan) et mort en 1037 à Hamadan (Iran), est un médecin et philosophe persan, de religion musulmane. Il est l'auteur de nombreux ouvrages scientifiques, philosophiques et médicaux. Il est surtout célèbre pour son "Le livre des lois médicales ou Canon de la médecine (*Kitab Al Qanûn fi Al-Tibb*), écrit vers 1020 traduit en latin au XIIème siècle par Gérard de Crémone qui remporta un grand succès et fut une des références majeures de toutes les écoles de médecine de l'Occident médiéval latin jusqu'au XVIème siècle. Dans cet ouvrage en cinq Livres, il a rassemblé les connaissances théoriques et pratiques nécessaire à l'exercice de la médecine. Le Livre I est un exposé général sur la médecine, le Livre II est consacré aux remèdes, les Livres III et IV aux maladies, le Livre V aux formulaires pour préparer des médicaments composés. C'est sans doute à certains passages du Livre second, consacré à la pharmacologie que Crescens fait référence une quarantaine de fois. Il est divisé en deux parties, la première traite de la détermination des remèdes par l'expérience, la seconde partie contient une liste alphabétique de 760 "simples médecines", végétaux, animaux et minéraux, c'est-à-dire des médicaments composés d'un seul ingrédient, avec l'indication de leur utilité, de leur force, de leurs effets et de leur mode d'emploi. Une grande partie des 650 plantes mentionnées étaient déjà citées par Dioscoride, mais certaines étaient inconnues des pharmacopées grecques et européennes.
21. **L'école de Salerne** et "les femmes de Salerne "
    Crescens fait quelquefois allusion aux "femmes de Salerne", désignant ainsi celles qui y exerçaient la médecine et appartiennent ainsi à la célèbre école de médecine de Salerne, en Italie, qui est à l'origine de nombreux traités sur les propriétés des végétaux. Ils reprennent généralement les sources antiques, enrichies des connaissances arabes, et les complètent d'observations tirées de l'expérience et de croyances populaires. Le plus célèbre d'entre eux est le poème *Regimen sanitatis salernitanum*, écrit au XIIème ou au XIIIème siècle attribué à Jean de Milan. Michel Lelong en publia une traduction en français au XVIIème siècle. Quelques-unes de ces "femmes de Salerne" étaient célèbres. Certaines d'entre elles dont le nom est connu enseignaient et avaient même rédigé des ouvrages de médecine, telles Trotola, Calenda, ou encore Abella. Crescens les mentionne par exemple dans son Livre VI, 92.
22. **Platearius** est l'auteur d'un ouvrage connu sous le nom *Circa instans*, premiers mots de son prologue ou *Le Livre des Simples médecines*. Celui-ci, composé d'un inventaire des drogues simples, majoritairement des plantes, est un traité de matière médicale et de

thérapeutique rédigé vers 1130-1160. Il a fait l'objet de nombreuses copies au cours des années suivantes, dont le texte fut le plus souvent largement complété. Selon les versions, il comprend un nombre variable de notices, allant de de plus de 200 à près de 500. Au début du XIVème siècle, le *Circa instans* a été repris et complété par Bartolomeo Mini de Sienne sous le titre *Tractatus de Herbis*. Ce dernier a ajouté au Circa Instans des extraits de l'Herbarius du pseudo-Apulée, du *De viribus Herbarum* de Macer Floridus, poème composé sans doute par un certain Odon de Meung, au Xème ou XIème siècle, d'une version latine de Dioscoride, ou encore des extraits d'Isaac ben Salomon. Ce *Tractatus de herbis* repris et traduit en français à la fin du XIVème siècle est désigné sous le titre *Secrets de Salerne* ou *Arboliste*, et quelquefois placé sous le nom de Platearius. Ajoutons qu'une autre compilation latine, le *De Herbis et Plantis* de Manfred de Monte Imperiale est réalisée à peu près en même temps que le *Tractatus de Herbis.* Crescens cite plusieurs fois Platearius, mais on ne sait à quelle version il se réfère. On ignore également s'il eut accès aux compilations citées ci-dessus.

23. **Macer Floridus** est le nom donné à l'auteur d'un poème latin intitulé *De virtutibis Herbarum.* Il aurait en fait été composé par un certain Odon de Meung, (Xème ou XIème siècle). La première édition imprimée du *De viribus herbarum* a été publiée à Naples en 1477. Il y décrit les vertus des plantes en s'inspirant des auteurs et des médecins antiques, principalement de Dioscoride. Crescens le cite dans certaines éditions de son ouvrage.

24. **Gérard de Crémone** (né vers 1114 - mort vers1187) est un écrivain italien, établi à Tolède qui est principalement connu pour le grand nombre de traductions en latin d'ouvrages grecs et latins de l'Antiquité qui avaient été transcrits en arabe (Aristote, Ptolémée, Hippocrate) ainsi que d'ouvrages d'auteurs arabes (Avicenne, Rhazes, Al Kindi, Alboukassis).

25. **L'*Antidotarium Nicolai***, qui daterait d'avant la fin du XIIème siècle, est une référence pour les apothicaires. La Faculté de Médecine de Paris le reconnaît dès 1270 comme ouvrage officiel d'enseignement. Il a été imprimé à Venise dès la fin du XVème siècle, avec notamment, des "commentaires" attribués à Platearius et connus sous le nom de *Liber Iste.* Mais ceux-ci seraient antérieurs à l'Antidotaire de Nicolas et issus du Grand Antidotaire, un antidotaire alphabétique provenant de l'école de Salerne et resté anonyme.

26. **Albert de Bollstaedt**, surnommé très tôt Albert le Grand, est né à Lauingen en Souabe, sans doute en 1193. Il est mort à Cologne en 1280. Après des études de lettres et de médecine en Italie du Nord (Venise, Padoue), il entre, en 1223 à Padoue dans l'ordre des Dominicains. Il se rend à Paris (?), puis à Cologne pour y étudier la théologie. Il l'enseigne ensuite dès 1228 à Hildesheim, à Fribourg-en-Brisgau, à Strasbourg, et, en 1241, à Paris. Il est l'auteur d'une œuvre considérable tant théologique que scientifique. L'ouvrage qu'il a plus particulièrement consacré aux végétaux (*De Vegetabilibu et Plantis*), achevé au plus tard en 1260, est un ouvrage original, qui est composé de 7 Livres. Les cinq premiers composent un traité de morphologie et de physiologie botanique théorique, largement inspiré du *De Plantis* de Nicolas de Damas, alors attribué à Aristote) qu'Albert commente, critique et conteste à l'occasion, et enrichit d'observations personnelles. Le Livre 6 contient un important herbier composé de deux traités, l'un sur les arbres, l'autre sur les herbes. Il contient près de 400 espèces de végétaux classés par ordre alphabétique, chacun d'eux faisant l'objet de remarques sur sa morphologie, son habitat, son apport à l'alimentation et à la pharmacopée (traduction allemande de ce traité par Klaus Biever, Stuttgart 1992). Le Livre 7 est un court exposé d'agronomie où il est traité du passage des plantes de l'état naturel à l'état cultivé. Le livre érudit d'Albert le Grand ne doit pas être confondu avec les ouvrages qui ont été publiés sous couvert de son nom et portent les titres suivants :
– *Le grand Albert* qui est un grimoire, c'est-à-dire un recueil de recettes magiques diverses, qualifiées de secrets, aussi bien par exemple pour guérir différentes maladies, pour conjurer le sort, fabriquer des talismans et des amulettes, ou obtenir des effets

extraordinaires sur les choses et les êtres grâce à des formules mystérieuses. En l'attribuant explicitement, mais à tort au théologien et philosophe Albert le Grand, son auteur anonyme use d'un procédé qui n'est d'ailleurs pas exceptionnel à l'époque, qui permet de donner une certaine légitimité à son ouvrage et d'en promouvoir la commercialisation, généralement assurée par les colporteurs. Commencé peut-être vers 1245, il reçoit sa forme définitive vers 1580, et son édition française classique est de 1703, sous le titre : *Liber Secretorum Alberti Magni de virtutibus herbarum, lapidum et animalium quorumdam* ("*Livre des secrets d'Albert le Grand sur les vertus des herbes, des pierres et de certains animaux*"). Les développements les plus importants consacrés aux plantes trouvent place au Livre second qui porte sur les vertus des 12 plantes du Zodiaque et des 7 plantes des planètes.
– *Le petit Albert*, paru en 1668, qui est souvent accompagné du précédent, et n'est autre qu'un grimoire dont le titre est "*Les secrets merveilleux de la magie naturelle du petit Albert tirés de l'ouvrage latin intitulé Alberti Parvi Lucii Libellus de mirabilibus naturae arcanis... enrichi de figures mystérieuses, d'astrologie, physiognomie...*". On n'y trouve pas de passages consacrés plus particulièrement aux vertus cachées des plantes et à leur mode d'emploi magique.
– Quant à *L'Albert moderne ou Nouveaux Secrets éprouvés et licites*, paru en 1769, à Paris chez la Veuve Duchesne, on le doit à Pons Augustin Alletz, un écrivain prolifique qui est également l'auteur de *L'Agronome, ou Dictionnaire portatif du cultivateur*, qui parut pour la première fois en 1760, en deux volumes, et fut plusieurs fois réimprimé. Il se présente comme un manuel pratique sur les différents aspects de la vie à la campagne et comprend notamment des conseils sur le jardinage.

27. La liste des arbres qui figure au Livre V est divisée en deux parties. La première porte sur les arbres portant fruits. Elle commence au chapitre 2 : *agmendier* (amandier), 3 : *barberis* (berberis, épine vinette), 4 : *couldrier*, 5 : *cerises*, 6 : *chasteignier*, 7 : *coigniers*, 8 : *citronnier*, 9 : *corniller* (cornouiller), 10 *chesne rouer* et *cerre*, 11 : *figuier*, 12 : *faurier*, 13 : *meurier*, 14 : *muonac* ou *muniacus* (micocoulier ?), 15 : *mirte*, 16 : *noyers*, 17 : *néfflier*, 18 : *oliviers*, 19 : *pommiers*, 20 : *pommier de granate* (grenadier), 21 : *periers* (poiriers), 22 : *pruniers*, 23 : *pêchers*, 24 : *palmier*, 25 : *pin*, 26 : *poivre*, 27 : *sorbes* (sorbier), 28 : *zezoule* (jujubier ?), 29 : *zampre* (genévrier ?).
La seconde partie est consacrée aux arbres qui ne portent pas de fruit : Chapitre 1 : *amedan* ou *aulne*, 2 : *axerus*, (érable), 3 : *anormis*, "petit arbre qui croit es montagnes ' (espèce indétrminée) 4 : *agnus castus*, 5 : *bouix* (= buis), 6 : *buysson* ou *ronce*, 7 : *brillus* ou *osier*, 8 : cypres, 9 : *cannes* et *roseaux*, 10 : *érable*, 11 : *aubespine* ou *espine blanche*, 12 : espine *iuisve*, (Paliure), (13 : *épine cerve* (= mirobolan), 14 : *fau* (hêtre ?), 15 : *fresne*, 16 : *fraxinagol* "semblable au frêne donne de petits grains noirs" (espèce indéterminée), 17 : *fusain*, 18 : *genestes* (genêt), 19 : *yf* (if), 20 : *orme*, 21 : *peuplier*, 22 : *rosiers*, 23 : *romarin*, 24 : *sapin*, 25 : *sicamor* (figuier égyptien, ficus sycomorus ?), 26 : *sauly* (saule), 27 : *savigner*, (genévrier sabine), 28 : *sehuz* (saule), 29 : *sanguinon* (saule rouge ?), 30 : *scope*, (bouleau), 31 : *tamarist* (tamaris), 32 : *xnicus* (saule pleureur ?), 33 : *zunus* ou *zinrus*, "arbre qui a une grosse écorce et vient de trois ans en trois ans" (espèce indéterminée).

28. Nous avons indiqué en italique et entre parenthèses le nom latin de la plante tel qu'il figure dans le manuscrit conservé à l'Université de Liège, suivi de l'hypothèse la plus probable de son identification. Nous avons en outre signalé en caractères gras les notices des plantes qu'Olivier de Serres a recommandées de cultiver dans son jardin medecinal Les plantes sont les suivantes : Chap.3 : *ail* (alium), Allium sativum L., ail, 4 : *arroches* (atriplex), Atriplex hortensis L., arroche, 5 : *anis* (anisum), Pimpinella anisum L., 6 : *anet*, (anetum), Anethum graveolens L., 7 : *ache* (apium), Apium graveolens L., 8 : *alvyne* (absinthum), Artemisia absinthium L., 9 : *armoyse* (arthemesia), Artemisia vulgaris L., 10 : *aristoloche* (aristologia), Aristolochia clematitis L., 11 : *aurosne* appelée aussi *garde-robe*, (abrotanum) (aurone mâle = Artemisia abotaum L. et aurone femelle =, Santolina chamaecyparissus L., 12 :

affodilles (affodilli), Asphodelus cerasifer L ou Asphodelus alba L., 13 : *aceteuse* ou ozeille (acetosa), Rumex acetosa L., 14 : *bettes* (blita), Beta vulgaris L., 15 : *bourrache* (borago), Borago officinalis L. 16 : *basilicon,* (basilicon), Ocimum basilicum L., basilic,17 : *bethoine* (betonica), Stachis officinalis L. = Betonica officinalis L., bétoine, 18 : *branque* ursine (branca ursina), Heracleum sphondilium L. la grande berce ou Acanthus mollis L. l'acanthe vraie, 19 : *bistorte,* (bistorta), Polygonum bistorta L, bistorte, 20 : *courges* (cucurbita), la courge, originaire d'Amérique centrale est encore inconnue à l'époque ; il peut s'agir de la calebasse (Lagenaria sp), 21 : *concombres* et *citrulz* (cucumeres et citrulli), Cucumis sativus. et Cucurbita pepo, concombres et citrouilles 22 : *concombre aigre* (cucumer agrestis) Momordica elaterium, concombre amer, 23 : *cresson,* (nasturcium), Nasturtium officinale cresson, 24 : *cicorée,* épouse du soleil et concubine (sponsa solis), cicorea incuba et solsequia, Cichorium intybus, chicorée, 25 : *choulx* (caules), Brassica oleacera, chou, 26 : *choulx cabuz,* (gabusii) Brassica oleacera var.capitata, chou cabus, 27 : *ciboulettes* et *ciuos* (cepule,), Allium schoenoprasum, Allium cepa agreggatum, 28 : *cerfueil* (cerifolium), Anthriscus cerefolium, cerfeuil, 29 : *commin* (ciminus), Cuminum cyminum, cumin, 30 : *chardons* (cardus), Cynara cardunculus, cardon, 31 : *camomille,* (camomilla), Matricaria chamomilla, 32 : *calament* (calamentum), Calamintha sp., 33 : *centoire* (centaurea), Centaurea centaurium, centaurée, 34 : *champignons* (fungi), 35 : *cuscute* (cuscute), 36 : *cheveulx veneris* (capillus veneris de Venus), Adiantum capillus veneris, 37 : *cegue* (cicuta) Conium maculatum, ciguë, 38 : *catapuce* (catapucia) Euphorbia lathyris, épurge, 39 : *cretan* ou *ris marin* (cretanus ou rinci marini) Crithmum maritimum, criste marine, 40 : *celidoyne* (celidonia), Chelidonium majus, 41 : *coriandre* (coriandrum), Coriandrum sativum, 42 : *grant consoude,* (consolida majore) Symphytum officinale, 43 : *diptanne* ou *fraxinella* (diptanum) Dictamnus alba, dictamne, 44 : *endive* ou *scariola* ou *laitue aigre* (endivia vel scariola vel lactuca), Lactuca scariola, Cichorium endiva, 45 : *epinoches* (spinacia) Spinacia oleracea, épinard), 46 : *enule* (enula) Inula helenium, aunée), 47 : *esclaire* autrement dit *sclarea* (sclarea), Salvia sclarea, sauge sclarée), 48 : *epatique,* ou *sicatelle* (epatica) Marchantia polymorpha, hépatique des fontaines, 49, *escalongne* (scalongue) Allium ascalonicum, échalotte), 50 : *eruque* (eruca), Eruca sativa, roquette, 51 : *fenoil* (feniculus), Foeniculum vulgare, fenouil, 52 aucune notice*, 53 *flamula* (flamula), Clematis vitalba, clématite des haies, vigne blanche, 54 : *fumeterre* (fomus terrae) Fumaria officinalis, 55 : *fenugrec* (fenugrecum), Trigonella fenum graecum, 56 : *gramen* ou *herbe commune,* (gramen), 57 : *gralangue* (gralega) plante indéterminée, est donnée à manger aux poules, selon Crescens), 58 : gencianne (gentiana), Gentiana lutea, 59 : *gariofilee* (gariofilata) Geum urbanum, benoïte, 60 : *genitelles de goupil* (testiculus vulpis), une espèce d'orchis, 61 : *genitelles de chien* (testiculus canis), une autre espèce d'orchis), 62 : *hymnule* ou *lentigo* (bumulus), Humulus lupulus, houblon, 63 : *hyebles* (ebulus), Sambucus ebulus, sureau hièble, 64 : *jusquiame* ou *hennebanne* (jusquiamus), Hyoscyamus niger, 65 : *iarrus* ou *barbaron* ou *pied de veau* (iarus vel barba aron vel pes vituli) Arum sp., 66 : *lys* (lilium), Lilium candidum, 67 : *langue de chien* (lingua canis), Cynoglossum sp, cynoglosse, 68 : *lapace* et *parelle* ou *aceteuse* ou *ramese* (lapacium) Rumex sp., patience, parelle, 69 : *laictues,* (lactuca), Lactuca sativa, 70 : *lentisque,* (lentiscus), Pistacia lentiscus, 71 : *laureole* (laureola), Daphne laureola, laurier purgatif, 72 : *lape* (lappa), Arctium lappa, bardane,73 : *levesche* (levisticus), Levisticum officinale, livèche, ache des montagnes, 74 : *melones* (melones), Cucumis melo, 75 *melilot* (melilotum), Melilotus officinalis, 76 : *mercure* ou linochitis (mercurialis), Mercurialis

* Le texte du manuscrit latin donne à la suite sous la lettre E les noms de plante suivants : *eruca, ebulus, feniculus, flamula, fumoterre.* Le traducteur a traduit *ebulus* par hyeble et inséré son texte à la lettre H, mais en conséquence il a laissé vide la place qu'aurait dû occuper *ebulus* sous le n° 52.

annua, mercuriale, 77 : maulve, (malva), Malva *sylvestris*, 78 : *morelle* ou *strigium* ou *solatrum*, (strigium solatrum), Solanum dulcamara, morelle douce-amère, 79 : *mente*, (menta), Mentha sp., 80, *meu* (meu), Meum arthamanticum, meum, 81 : ***marube*** (marubium), Marrubium vulgare, 82 : *mandragore* (mandragora), Mandragora officinalis, 83 : *maioraine* (maiorana), Majorana hortensis, marjolaine, 84 : *nape* (napus), Brassica rapa, navet), 85 : *nenufar*, (nenufar) Nymphea alba, 86 : *neelle* (nigella), Adrostemma Githago, nielle, 87 : *napel* ou *napus de mer* (napellus vel napo marinus), Aconitum napellus; aconit napel ?, 88 : *origan* (origanum),Origanum dictamnus, origan, 89 : *oignons* et *ciboules*, (cepe), Allium cepa, oignon, Allium fistulosum, ciboule, 90 *ortie* (urtica), Urtica dioïca, 91: *poireaulx* (porri), Allium ampeloprasum, var.porrum, 92 : *pavot* (papaver), Papaver somniferum, 93 : *peucedan* ou *fenoil porchin* (peucedanum ; Peucedanum officinale, peucedan,fenouil de porc, 94 : *persil*, (petrosillinum) Petroselinum hortense, 95 : *psilium* (psillium), Plantago psyllium, herbe aux puces, 96 : *plantain*, (plantago), Plantago sp. notament Plantago major, grand plantain, 97 : *polipode* (polipodium), Polipodium vulgare, 98 : *pastinaque* (pastinaca), Pastinaca sativa, panais sauvage, 99 : *pourcelaine* (portulaca), Portulaca oleracea, pourpier, 100 : *papire* (papirus) Cyperus papyrus, roseau, papyrus, 101 : *poulieul* (pulegium), Mentha pulegium, menthe pouliot, 102 : *raves* et *navetz*, (rapa), Brassica rapa, navet, 103 : *rafren* (raphanus), Armoracia rusticana, raifort, 104 : *raps* (radix), Raphanus sativa, radis, 105 : *rue*, (ruta), Ruta graveolens, 106 : *ruble* (rubba), Rubia tinctorum, garance, 107 : *reguelice*, (liquiricia), Glycyrrhiza glabra, réglisse, 108 : *satyron* ou *ache saulvage* (satyrion vel apium sylvestri), Apium graveolens, var. graveolens, céleri sauvage, 109 : *saffran* (crocus), Crocus sativus, safran, 110 : *surmontain* ou *salmontain* (siler montanum), Levisticum officinale, livèche, 111 : *stafizagre* (staphisagria), Delphinium staphisagria, herbe aux poux, 112 : *squille* (squilla), Urginea scilla, scille maritime, 13 : *seneve* (sinapis) Sinapis alba, moutarde blanche, 114 : *stucium* ou *petit choul aigre* (stucio ou cauliculx), Brassica oleacera, 115 : *scordium* ou *ail sauvage* (scordion), Teucrium scordium, Germandrée d'eau, 116 : *sperage* (sparagus), Asparagus officinalis, asperge, 117 : *sinzimbre* (sinzibrum), Zingiber officinale, gingembre, 118 : *saulge* (salvia), Salvia officinalis, sauge, 119 : *scabieuse* (scabiosa), Scabiosa succisa, 120 : *senations* ou *cresson d'eau* (senationes), Nasturtium officinale, cresson de fontaine, 121 : *serpentine* ou *colubrine* ou *dragonte* (serpentaria, columbaria,draguntea), Arum dracunculus, serpentine, 122 : *serpil* ou *petit poulieul* (serpillum), Thymus serpillum, serpolet, 123 : *saturee* ou *serriete* (satureia), Satureia hortensis, sariette, 124 : *toujours vive* ou *joubarde* (semperviva), Sempervivum tectorum, joubarbe des toits, 125 : *tetrait* ou *herbe judaique* (tetrait), mot peu employé, peut-être Galeopsis tetrahit, 126 : *tapse* (tapsia), Thapsia sp., thapsia, 127 : *tapse barbe* (tapsus barbatus), Verbascum, thapsus, bouillon blanc, 128 : *thimus* (thimus), Thymus serpillum, serpolet, 129 : *violett*e (viola), Viola odorata, 130 : *verge de pastour* (virga pastoris), Dipsacus fullonum, chardon à foulon, 131 : *voluble* (volubilis), Convolvulus arvensis, liseron, 132 : *vitriole* ou *paritoire* (vitriolum), Parietaria officinalis, pariétaire officinale, 133 : *ysope* (ysopus), Hyssopos officinalis, hysope, 134 : *yringes* ou *salemonde* (irinci et salvica) Eryngium campestris, chardon Roland, 135 : *yreos* ou *iagleau* ou *flambe*. (yris), Iris sp. florentina, germanica ou pallida.

CHAPITRE 3

Le jardin médicinal d'Antoine Mizauld

Antoine Mizauld, appelé aussi Antonio Mizauld, ou encore Antoninus Mizaldus aujourd'hui bien oublié est sans doute le premier en France à avoir écrit un ouvrage sur la création et la composition des jardins médicinaux. C'est un médecin né à Montluçon en 1510 et mort à Paris en 1578. Après ses études de médecine à Paris, il s'y établit, mais y exerce peu. Ami du mathématicien, astronome et géographe Oronce Fine, proche de la Reine Marguerite de Valois, il se passionne très tôt pour l'astronomie et l'astrologie. Sa première publication, qui paraît en 1546, semble avoir été un traité sur la prédiction du temps. Mais, chercheur passionné, il élargit rapidement le champ de ses investigations. C'est ainsi que, auteur prolifique, il a écrit de nombreux opuscules et traités, le plus souvent en latin, sur les sujets les plus divers, notamment sur la médecine, l'astrologie, l'astronomie, la météorologie, les curiosités de la nature, les sympathies et antipathies entre macrocosme et microcosme, les plantes ou encore les jardins.,. Mais il est surtout connu pour les ouvrages qu'il a consacré à la médecine et l'astrologie. Sa réputation fut si grande à son époque qu'il fut parfois surnommé l'Esculape français. (1) Dans plusieurs de ses ouvrages, il a tenté de mettre la médecine à la portée de tous, y affirmant en particulier qu'on pouvait cueillir dans son jardin, des remèdes suffisamment efficaces pour traiter de nombreuses affections, sans qu'il soit besoin d'aller les chercher fort loin, tout en échappant ainsi à la légendaire rapacité des apothicaires ! Ses observations sur les plantes, les jardins, la médecine sont dispersées dans de nombreux ouvrages. Ils se présentent généralement comme des recueils d'observations scientifiques et personnelles, de traditions, voire de superstitions, mais aussi de compilations d'ouvrages anciens ou contemporains (2). On retiendra les deux suivants, plus particulièrement consacrés à la création, l'aménagement et l'entretien des jardins, ainsi qu'aux végétaux qu'il convient d'y cultiver, parmi lesquels les plantes aux vertus médicinales occupent une importante place.

– Le premier, d'abord écrit en latin, (3), puis traduit en français fut édité sous le titre "*Le jardinage d'Antoine Mizauld médecin contenant la manière d'embellir les jardins, les préserver de toute vermine, et en tirer remèdes propres aux maladies des hommes. Item, comme il faut enter les arbres, et les rendre médicinaux. Mis en François pour faire que le profit qu'on en peut tirer soit commun à chacun*", (1578), chez Jean Lertout [Genève].

Le bref et caustique "Dizain aux Lecteurs" qui figure au début de l'ouvrage, avant le chapitre 1 (p. 6) ne manque pas d'humour :

"Vous qui tousjours enclos demeurez és maisons,
à conter vostre argent, vos livres de raisons,
D'avarice empestrez, qui tant de maux apporte,
Regardez, je vous pri, ce bien que je vous porte :
Aprenez le moyen de recevoir plaisir
De vos jardins et champs, lors que tout à loisir
Esbatre vous irez, pour en prendre le fruict,
Sans craindre la Chenille, ou tout autre qui nuict :
Apprenez à guerir les maux qui tant vous minent
Les maux qui bien souvent par la mort se terminent." A.C.D.B.

Cet ouvrage en 4 Livres se présente comme un Manuel de jardinage destiné à ceux qui éprouveraient le désir de posséder un jardin.

Le Livre I qui a pour titre "*La manière de cultiver et entretenir les jardins avec leurs remèdes et secrets*" *commence par une sorte d'introduction générale où Mizauld rappelle quelles sont* l'objet et l'utilité d'un jardin, en faisant référence aux auteurs anciens qui ont écrit sur le sujet, comme Caton, Varron, Virgile, Columelle et Palladius. Celui qui désire posséder un jardin, résume-t-il, doit avoir les moyens financiers de faire face aux dépenses nécessaires à sa création, son aménagement, sa culture et son entretien, avoir la volonté d'y travailler, et enfin posséder les connaissances indispensables pour faire face à ces exigences. Quant à l'utilité d'un jardin, il la résume en ces quelques mots :

"Il faudra bâtir un jardin et l'entretenir, écrit-il, principalement pour l'usage et besoin qu'on en a pour vivre ; et après pour la santé, pour refaire les forces tant du corps que de l'esprit après qu'on a été malade… Finalement pour en recevoir plaisir en le voyant, et une douceur en sentant les bonnes odeurs, et surtout afin qu'il garnisse la table du maître et du jardinier"

Il dispense ensuite des conseils précis aux jardiniers pour créer une haie vive afin de protéger le jardin des voleurs, pour choisir le meilleur emplacement dans la propriété pour le créer, notamment le plus loin possible des étables, du fenil et du poulaillers qui risquent de polluer les cultures du jardin, la situation idéale étant une plaine en pente, alimentée en eau courante, où l'on pourra, à défaut creuser un puits ou aménager une citerne pour recueillir les eaux de pluie. Il rappelle en outre que la très bonne terre à jardiner ne doit pas être trop sèche en été, ni argileuse, ni areneuse (*i e* sableuse), ni aspre. Elle ne doit pas davantage être trop humide. Il précise également comment il faut fumer les terres pour améliorer leur rendement, en donnant son avis sur la qualité des différents fients (*i e* fumiers) qu'il est possible d'utiliser. Il conseille ensuite de créer d'abord un chemin spécialement aménagé pour pouvoir accéder facilement aux terres à ensemencer, et il expose ensuite comment les cultiver pour en obtenir les meilleurs rendements, protéger les semis des prédateurs divers, et il insiste sur l'utilité du sarclage et de l'arrosage des plantes en été. Il mentionne un certain nombre de remèdes utiles pour lutter contre les parasites et animaux divers qui renversent, gâtent et fouragent (*i e* arrachent, ravagent) les herbes, arbres et fruits, ainsi que divers moyens de protection contre la grêle, la foudre, la tempête la rouille, bruine, hasle et autres maux qui adviennent de l'air aux arbres et aux fruits et gâtent les fleurs et fruits.

Le Livre 2 est un catalogue des "herbes potagères, des racines bonnes à manger, des fruits cartilagineux bons à manger ainsi que des fleurs et plantes odorantes" dont la plupart ont des propriétés médicinales (5).

Le Livre 3 est entièrement consacré aux arbres fruitiers "qui viennent aux jardins dont il revient une grande commodité de vie humaine, ainsi que de leurs fruits tant ceux qui ont l'écorce tendre que ceux qui ont l'écorce dure." Après avoir prodigué un certain nombre de conseils sur la manière de les cultiver et de traiter leurs maladies, il propose une liste de ceux qui pourraient être présents dans son jardin (6).

Le Livre 4 complète le petit traité d'arboriculture fruitière esquissé dans le Livre précédent, par un exposé sur la manière d'enter les arbres de jardin suivi d'un exposé, sur "l'Anatomie des arbres ou recherche et distinction particulière des membres et parties de tout le corps de l'arbre". Il est suivi d'un "texte de remplissage" au dire de Mizaud lui-même, sur l'anatomie du corps humain !

Ce catalogue contient ainsi au total plus d'une soixantaine de plantes.

On remarquera que ce Traité du jardinage qui est à la fois un recueil de conseils applicables à toutes les plantes cultivées dans un jardin et un catalogue de celles-ci, ne contient aucun chapitre spécialement consacré aux plantes médicinales et à la création d'un jardin particulier où elles seraient rassemblées.

Cette lacune est comblée dans un second ouvrage édité également en 1578 sous le titre "Le jardin médicinal enrichi de plusieurs et divers remèdes et secrets composé par Antoine Mizauld de Montluçon en Bourbonnais, docteur en médecine, mis nouvellement en français par jean Lertout". (7)

Mizauld se doit d'expliquer à ses lecteurs en une longue Préface l'intérêt d'un tel jardin médicinal et pourquoi il s'est cru obligé de leur consacrer un ouvrage. Il y affirme tout d'abord :

"Afin que la posterité ne me puisse mettre au nombre de ces malheureux qui sont entachez du vice d'ingratitude, vice vrayment odieux à Dieu et aux hommes, toute ma vie, je me suis esvertué, que mes estudes, quoy qu'ils soyent petits et de peu d'estime, pour le moins ce qui peut estre de scavoir et de grace en moy, soit rapporté à l'usage et profit public : et que s'il y a quelque chose de bien en moy, que j'aye receu de la largesse de Dieu, de ceux qui m'ont precedé, et de ceux qui ont mieux estidié que moy, soit rapporté au commun profit. C'est donc à cela que je me suis addonné encore de franche volonté et courage, deliberé de poursuivre le reste de mes jours, s'il plaist à Dieu m'en faire la grace, quoy que ce soit avec perte de mes biens, et au prejudice de ma santé, laquelle me fait journellement de grands empeschemens." (p. 6).

Mais, modestement, il déclare ensuite que "ce mien labeur ne sera point trouvé nouveau par ceux qui auront leu, ou pour le moins entendu" avant de citer un certain nombre d'auteurs de l'Antiquité dont les ouvrages de médecine, de philosophie ou d'histoire naturelle sont des références à ses yeux, qu'il citera d'ailleurs souvent dans son livre.

Il est en effet conscient que son ouvrage s'adressera à un public limité, une minorité de gens aisés et cultivés susceptibles de pouvoir acquérir son ouvrage, voire de posséder une bibliothèque, et, de plus, intéressés par la culture des plantes médicinales sur une parcelle de leur propriété. En effet, une faible partie de la population sait lire et écrire en français, les langues régionales étant encore pratiquées par la majorité de la population. En outre, les livres sont encore rares et chers à son époque, bien que la découverte et le développement de l'imprimerie en ait facilité la publication.

Il rappelle d'abord que

"les Anciens ont apprivoisé et rendu domestiques les plantes et arbres qui auparavant étaient sauvages… et peu à peu les ont attirés comme si s'eussent esté chartiers envoyés du ciel és jardins des villes et villages, pres leurs maisons et habitations, afin qu'il ne les falut pas aller chercher si loin, tellement que par leur diligence et adresse, ils les ont rendues familières à jeunes et à vieux".

Il poursuit son propos en notant que

"Le Seigneur prevoyant que les hommes seroyent sujets à tomber en maladies (asçavoir à cause du péché contre lequel la sentence estoit prononcée) il commanda à la terre de produire les herbes, lesquelles serviroient, non seulement pour manger et pour nourriture, mais aussi pour remedier et subvenir aux maladies." (p. 25)

Il condamne ensuite, s'en référant à Pline, toute importation de drogues venant de loin, et s'élève avec vigueur contre les médecins modernes qui commencèrent à condamner et rejeter publiquement les remèdes et médecines que l'on prenait aux jardins et s'en moquer à gorge ouverte et qui, afin d'en abolir entièrement la mémoire, dressèrent des magasins et boutiques de drogues, desquelles ils tiroient un merveilleux profit. Après avoir affirmé que les remèdes étranges qu'il faut aller querir bien loin sont douteux et malfaisants alors que les ouvrages de nature sont simples, accomplis et parfaits, il conseille ainsi son lecteur :

> " Choisi en ton jardin ou en ton champ, des remedes qui te familiers et cogneus, qui soyent nais et nourris chez toy; desquels tes ancestres ont usé, qui sont approuvez par ceux de ton pays, creus en mesme climat, mesme aër, et mesme contrée que toy et ayans même naturelz desquels tu pourras estre prouveu et fourni toutes les fois que tu en auras affaire, tot frais et en leur vigueur, sans qu'il te faille troter bien loin, ni languir en les attendant. " (p. 20 et 21)

Seuls échappent à sa vindicte, les quelques remèdes étrangers éprouvés et les apothicaires consciencieux, charitables et éloignés de toute avarice. Et de terminer son propos en rappelant que "Dieu est l'Esculape céleste qui a créé les herbes et plantes de la terre sans lequel les médecines sont autant de venins.... afin que la postérité d'Adam eut de quoi se soulager en cette vie terrestre et de quoi se garantir des maladies." (p. 24 et 25)

Il ne manquera pas d'ailleurs d'accorder une large place au divin dans certains de ses propos. Ainsi, par exemple, dans sa notice sur l'olivier, où il explique l'absence de cet arbre dans sa région par l'admirable sagesse de Dieu en ces termes : "Nous n'avons pas cest heur, nous Septentrionaux d'avoir c'est arbre vrayement doré, en nos jardins et champs, et encore moins de recueillir son fruit en abondance, mais quoy ? Dieu par un conseil admirable régit ainsi ces choses, ne donnant pas tout à tous mais seulement ce qu'il cognoiy estre bon et expedient." (p. 293)

1. Son champ de recherches

Son traité se veut exclusivement réservé à la phytothérapie et au jardinage des végétaux aux propriétés thérapeutiques c'est-à-dire non seulement aux plantes traditionnellement considérées comme médicinales, mais aussi à un certain nombre de plantes alimentaires, d'arbres et d'arbustes fruitiers. A plusieurs reprises, Mizauld affirme que son livre se doit d'être un ouvrage de médecine et en aucun cas un traité de diététique, un recueil de recettes de cuisine, un manuel de grammaire, un dictionnaire étymologique ou un ouvrage religieux.

Ainsi quand il énumère les propriétés du fenouil, il s'abstient de donner toute recette pour le cuisiner : "ceci sent mieux sa cuisine que sa medecine, écrit-il, parquoy je suis content de n'en plus dire un mot." (p. 122)

Mais il ne s'en tient pas tujoujours à cette sage résololution. Ainsi, par exemple, Il ne peut s'empêcher d'écrire :

> "Je ne veux pas laisser en arriere (encores qu'il semble n'estre pas bien convenable à la matiere medicinale dont nous traitons) que la fleur et la semence

de l'Oural des jardins mis en un tonneau de vin, lorsque le vin bouillit encore, a fait que le vin a une telle bonté et saveur si plaisante." (p. 137),

Mais il doit lutter contre son fâcheux penchant naturel à déborder le cadre qu'il s'est fixé et il s'oblige explicitement et familièrement à le corriger à plusieurs reprises.

"Je ne suis pas icy pour traicter de la cuisine, écrit-il, mais seulement de la medecine, pourquoy je me veux arrester à traicter ce qu'apartient aux medecins, et laisser aux cuisiniers leur cuisine." (p 72),

Et plus loin, plus familièrement :

"Mais je me suis encore oublié à ce coup, que ce n'est pas de la cuisine que j'ay à traiter, mais de la medecine." (p. 76),

De même, constatant qu'il s'apprête à trop développer la façon de préparer les asperges :

"Je me heurte à la même pierre mélangeant cuisine et médecine". (p. 154),

ou derechef, quand il déclare qu'il faut abandonner aux Théologiens :

"les matieres Theologales" (sur l'origine divine des propriétés des plantes), aux grammairiens, les débats sur l'origine, l'étymologie des mots. "C'est à faire aux Grammairiens de s'amuser à ces choses, note-t-il, mais nous comme medecins, nous arresterons à descrire les remedes qu'on peut tirer de la Laictuë." (p. 31).

Mais il n'y parvient pas toujours. Ainsi par exemple, se laisse-t-il allé à décrire une préparation à base de limon destinée aux soins de beauté :

"Pour faire plaisir aux jeunes filles et jeunes femmes, qui prennent si grand plaisir de se faire blanches et belles, et en sont si soigneuses, je ne m'espargneray pas, ni ne leur refuseray point de leur enseigner ici une sorte de fard fort exquis, et digne de quelque Roine que ce soit." (p. 285)

2. Sa Méthodologie

On pourrait appliquer à Mizauld ce bref aveu que Varron note au début de son Economie rurale (*Res Rusticae* I, 1) "J'aurai chaque fois trois sortes de sources : ce que j'ai constaté moi-même en mes propriétés en les cultivant, ce que j'ai lu, ce que j'ai entendu dire aux gens compétents."

Il glisse d'ailleurs discrètement dans une de ses notices la méthode qu'il a suivie pour rédiger son ouvrage :

"Je revien donc à mon propos, asçavoir à traiter des remedes qu'on peut tirer et recevoir des Roses… en quoy je ne laisseray rien de de ce que j'ay leu dans les bons autheurs, ou que j'aye aprins de ceux qui l'ont experimenté, ou que j'aye observé moymesme." (p. 165)

Mizauld s'est en effet appuyé pour rédiger chacune des notices de son Jardin médicinal sur ses lectures, ses entretiens avec ses amis ou au hasard de ses rencontres ainsi que sur ses observations et sur ses propres expérimentations. On peut ajouter qu'il a le souci de transmettre non seulement ses connaissances, mais encore ses découvertes.

– 1. Lire

Les très nombreuses références qui accompagnent son propos témoignent de sa grande érudition. Ce sont d'abord des auteurs grecs et latins de l'Antiquité qui appartiennent à des genres littéraires très variés, médecins, botanistes, agronomes, mais aussi philosophes, poètes, historiens, voire encyclopédistes, qui ont consacré tout ou partie, voire seulement quelques lignes de leurs œuvres aux plantes médicinales. Il en cite un grand nombre, à l'appui de son propos, en donnant parfois le texte en latin, suivi de sa propre traduction en français. Les extraits d'œuvres écrites en vers occupent une place importante dans ses citations. (8)

Mais il avoue parfois qu'il n'a rien trouvé sur les propriétés d'une plante chez les Arabes, les Grecs et les Latins (p.182). Il ne manque pas d'exprimer à l'occasion, son appréciation sur ceux qu'il mentionne, les opposant parfois les uns aux autres quand ils divergent sur les vertus d'une plante, les critiquant aussi, comme par exemple, lorsqu'il remarque que Pythagore "s'est abusé quand il a jugé que la rue était dommageable aux yeux" (p.214) ou quand il reproche à Pline dans une notice consacrée au pêcher, de ne pas préciser de quelle douleur de teste, ni de quelle cause il s'agit de soigner. "Pline n'en dit mot, écrit-il, qui est assez coutumier de mettre en avant des remedes, sans rien spécifier", qu'il nuance toutefois en ajoutant "et pourtant il le faut lire avec prudence et bon avis." (p. 273)

Il relève aussi leur désaccord sur les propriétés d'une plante. Ainsi, par exemple sur celle de la menthe qui serait aphrodisiaque selon Dioscoride et anaphrodisiaque selon Aristote (p.126 -127) ou celle du basilic, bon à manger selon Dioscoride et Pline, et non comestible selon Galien et Paul d'Egine (p. 132) ou encore entre Pline et Dioscoride sur les propriétés des grenades (p. 287)

Il s'est aussi renseigné dans les ouvrages d'auteurs plus récents, médecins réputés ou encore philosophes, historiens, géographes, ou auteurs d'ouvrages sur l'agronomie et les jardins, voire la culture de certains végétaux (9). Il les cite en référence et ne manque pas de signaler leurs désaccords, comme, par exemple quand il cite l'opinion de Matthioli sur l'odeur des violettes (p.176).

Il se voit cependant parfois contraint d'avoir recours à eux quand il n'a recueilli aucune donnée sur les propriétés d'une plante chez les auteurs de l'Antiquité. Ainsi, avoue-t-il, par exemple :

> "Quant aux vertus et facultez de l'œillet, et aux remedes qu'on en peut tirer, encores que les anciens medicins et agriculteurs n'en ayent dit pas un mot, pour le moins que je sache : si suis-je deliberé d'en dire ce qu'André Mathiol en a escrit." (p. 181)

En revanche, il ne fait jamais preuve d'esprit critique sur ce qu'il rapporte. Il est vrai que la référence aux œuvres des auteurs anciens, notamment d'Hippocrate et de Galien, restaient encore à la base de l'enseignement, de la réflexion et de la pratique médicale de son temps. On ne peut cependant manquer d'être étonné par son absence de jugement personnel sur les croyances populaires qui sont souvent fondées sur la magie ou la superstition, et a fortiori par certaines histoires abracadabrantesques qu'il se plaît à incorporer dans ses notices.

– 2. Ecouter

Mizauld fait parfois état de ce que lui ont communiqué des personnes qu'il a rencontrées ou qu'il compte parmi ses amis proches. (9) "Je ne me taiseray point, écrit-il, de ce que j'ay entendu avoir esté experimenté" (p. 74). Il note ainsi, par exemple :

A l'appui de la croyance en la propriété des coings, il se réfère à "quelques miens amis m'ont asseuré qui se délectent à expérimenter les secrets de nature. " (p. 256)

De même, pour prévenir l'accès de fièvre, il rapporte "ce que plusieurs ont expérimenté, comme j'ay entendu." (p.225).

"Je diray pour la fin ce qu'un mien ami, homme bien versé, m'a fait entendre avoir esprrrouvé : Si une femme est au travail de l'enfant et qu'on luy face tenir une petite racine de Basilic, avec un tube de canne, elle enfantera soudain et sans douleur." (p. 135) ;

Il fait aussi allusion aux informations qu'il a recueillies d'un collègue dans ce passage :

"un medicin mien ami et familier me vint visiter familierement, comme c'est sa coustume, lequel ayant leu ce recit des facultez de la Soulcie, m'asseura avoir cogneu un Moine, qui guerissoit les fievres quartes, en baillant à boire devant l'acces, du vin blanc dans lequel on avoit broyé sept grains de Soulcie, reiterant ce breuvage par quelques jours." (p. 194)

Ou encore dans ces différentes citations :

"J'ay cogneu un certain personnage qui n'appliquoit autre remede pour la guarison des dissenteries des petits enfans, sinon celui-cy..." (p. 69) (Ozeille)

"un certain Espagnol, grand rechercheur des secrets de nature, m'a asseuré avoir souvent expérimenté" (il s'agit de l'emploi d'un verre de porreau broyé pour savoir si l'on pouvait ou non couper un membre." (p.81)

Ou encore que

"L'huile obtenue des fleurs de pescher est efficace pour soigner les accès de fièvre putride comme l'expérience l'a fait cognoistre, ce que je confesse franchement avoir apprins d'un certain medecin allemand" (p. 274)

"Un ou deux secrets des violettes qui m'ont été communiquez familierement depuis peu de temps par un medecin italien, lesquels neanmoins j'ay depuis leu en un ouvrage digne de foy" (p. 178) qui consiste à lier des violettes pilées sous le pied gauche si on a le pied droit blessé, et sous le pied droit si c'est le pied gauche qui a été blessé !)

Et il ajoute pour ceux qui seraient sceptiques sur l'efficacité d'un tel secret de nature :

"Ces choses, écrit-il, sont aisées à esprouver à ceux qui les voudront expérimenter, et qui seront curieux de tels secrets." (p.178)

"Je ne veux pas que qu'on me puisse dire, que j'ay oublié ni caché deux choses que mes amis mesmes m'ont rapportés, et qui ont été prouvees par eux par plusieurs experiences." (il s'agit de l'emploi de noix pour guérir la morsure d'un chien enragé et effacer les meurtrissures) (p. 310-311)

Mizauld apporte ainsi sa caution à ce qui lui a été rapporté, et entend par là même valoriser son propre ouvrage.

– 3. Expérimenter

Quand les avis divergent, voire s'opposent, sur les propriétés d'une plante, Mizauld rappelle que "l'expérience est la maitresse des choses douteuses" (p. 206). Aussi rapporte-t-il à l'occasion, quelques observations personnelles soit pour indiquer qu'il n'a pas expérimenté la recette qu'il a recueillie chez les auteurs qu'il cite, soit pour en confirmer l'efficacité en s'appuyant sur sa mise en pratique par lui-même. En voici quelques exemples :

"Quand mon age a commencé à deschoir, le mesme herbage (la laitue) m'a esté un bon remede contre les veilles et l'impuissance de dormir." (p. 37)

"Nous usons de la Laiteue en Esté plustost pour medicament que pour aliment, asçavoir pour rafreschir et humecter, car elle est froide est humide." (p.34)

"Les concombres, comme effrayés toutes les fois qu'il tonne, ils se tournent et deviennent secs : ce que j'ay cogneu par experience, en la presence de quelques miens amis, qui s'enquierent de la nature et secrets des choses, les voulans cognoitre par experience." (p. 149)

Et d'ajouter, familièrement, à l'intention de son lecteur :

"Peu s'en a falu que je n'aye ici laissé passer sans en dire mot, un grand secret souvent esprouvé par moy et par mes amis [suc de souci contre la fièvre pestilentielle], qui faisons estat d'experimenter les secrets de nature. (p. 194) (Grenade)

"Mais comme je suis oublieux, je laissois un secret souvent esprouvé par moy et par mes amis." (p. 290)

"Le jus de citron cuit dans de l'eau rose et du sucre" garantit de tout venin et contagion, ce qui a esté experimenté et approuvé par moy et par mes amis singuliers en temps de peste." (p. 282)

"Je puis bien affirmer, pour l'avoir bien expérimenté, que s'il s'engendre des vers dans une playe ou vicere, il ne faut sinon les saupoudrer avec de la poudre de Plantain sec, car cela les fera mourir." (p.226)

"Nous avons quelquefois veu des taupes en une nuict avoir gasté toute une Cardonniere et Artichaudiere à force de remuer terre et caver." (p. 155)

"Une opération admirable que nous avons experimenté une et deux fois, en des personnes deplorées." (p. 253) (Il s'agit d'une préparation de la pomme douce contre la pleurésie)

"Au reste j'ay apprins par l'experience certaine, et qui a esté esprouvé d'aucuns, que la Pariétaire verde.... servent grandement aux apostemes des mamelles des femmes." (p. 237-238)

Il rapporte aussi que l'eau du suc des limons "meslée parmi les syrops propres, sert de remede aux fievres aiguës et contagieuses, ce que nous avons heureusement experimenté souvent." (p.284-285)

Après avoir mentionné les propriétés d'un rameau de meurier pour arrêter les mois des femmes et même le sang qui coule d'une plaie, à condition qu'il n'ait pas touché terre, Mizauld invite son lecteur à les expérimenter lui-même :

"si quelcun le veut experimenter il sçaura s'il est vray ou non." (p.269)

De même, après avoir rappelé les propriétés du coudrier et des noisettes pour se protéger des serpents et des scorpions, il note à l'attention de son lecteur :

"ces deux choses sont bien aisées à expérimenter qui voudra pour en savoir la vérité." (p.319)

Il défend parfois ses propos, en rappelant qu'il a vérifié ce qu'il avance par ses propres expériences. Ainsi, par exemple, sur les propriétés qu'il attribue aux groseilliers contre de possibles détracteurs :

"Je scay bien que plusieurs tiennent que tout ceci doit estre entendu du fruict de l'Aubespin, ce que je ne veux pas nier opiniatrement, mais aussi je puis bien dire que ceci convient fort bien à nos Groiselles, comme je l'ay souvent experimenté." (p.159)

Mais il reconnaît parfois qu'il n'est pas encore en mesure d'expliquer ce qu'il a observé lui-même :

"C'est une chose admirable et digne d'estre remarquee, écrit-il, que les rats espient à grandes troupes les racines de Marjolaine (comme je l'ay souvent observé) comme si elle leur servoit de quelque remede souverain, et que pour cela ils la cerchassent : mais de scavoir dire pourquoy, et pour remede à quelle maladie, je confesse que je ne le scay pas encore." (p. 117-118)

4. Transmettre

Il se fait un devoir de transmettre à ses lecteurs ses connaissances sur les propriétés thérapeutiques des végétaux qu'il a conseillé de cultiver dans son Jardin Médecinal.

Mizauld livre d'abord à ses lecteurs, ce qu'il a pu recueillir dans ses lectures et auprès de ses confrères et amis, et il annone que le choix de ses citations sera le plus large possible. "En ce discours des remèdes tirés des jardins, écrit-il, je mesleray les choses plaisantes parmy celles qui ne le sont pas, et les choses fascheuses parmy les agreables. (p.194) En outre, à plusieurs reprises, il leur propose aussi des remèdes dont il a le secret et dont il garantit l'efficacité pour les avoir utilisés lui-même. Ainsi, par exemple,

> "Je ne veux point cacher un secret qui est connu de peu de gens, et que j'ay souvent expérimenté contre les fleurs blanches des femmes" (p. 39)

> "Je veux manifester un secret du Reffort que j'ay esprouvé et confirmé par plusieurs fois, contre la violence et la douleur de la gravelle.....J'ai refusé de l'enseigner à plusieurs qui estoyent contens de m'en donner bonne somme d'argent." (p. 105) Il ne se montre cependant pas totalement désintéressé. Il ajoute en effet : "je m'asseure que plusieurs me remercieront de leur avoir enseigné un si souverain remede, ou plustost m'envoyeront quelque bonne somme d'agent, ou pour le moins me feront quelque petit present. "

De même, il considère qu'il lui appartient d'inviter son lecteur à se montrer prudent au regard de certaines plantes. Ainsi, par exemple, il lui recommande de ne pas cultiver dans le Jardin Médicinal deux plantes, l'Espurge et le Tiquet, qu'il juge dangereuses mais auxquelles il a pourtant consacré une notice, C'est pour répondre favorablement aux sollicitations de ses amis, se justifie-t-il, car il ne l'avait pas envisagé quand il a commencé la rédaction de son livre. Aussi, n'est-il pas surprenant qu'il avoue désirer que ces plante "tant dangereuses fussent entierement arrachées des jardins, et que on print pas tant de peine, ni qu'on n'eust si grand soin de les cultiver." (p. 245)

Il conseille par ailleurs de "se garder de porter légèrement et sans considération, au nez ou à la bouche les herbes qu'on trouve és jardins" (p 112), en se référant à une bien curieuse histoire tirée de Boccace, qui rapporte la mort d'un couple dont le mari s'était frotté les gencives avec une feuille de sauge et la femme en avait respiré une autre, la plante ayant été contaminée par un crapaud. "On trouva, écrit-il, un crapaut fort grand et de couleur blafarde qui se logeait là-dessous [du plant de sauge], lequel par sa mauvaise haleine et par sa bave et pernicieuse haleine avoit infecté toute la plante", la rendant ainsi mortelle.

Il se montre prudent quand il juge qu'il n'est pas suffisamment assuré de la propriété d'une plante. Ainsi par exemple, sur celle qui était attribuée à la racine de Blanc d'eau qu'il ne connait pas : "il sera bien aisé de l'esprouver, quant à moy je ne l'ay pas encore essayé." (p.222)

Et quand il doute de la vertu d'une plante que lui a indiquée un de ses interlocuteurs, il invite alors son lecteur à la tester lui-même :

"Or, de dire si cela est vray ou non, j'ayme mieux en douter que de asseurer opiniatrement et temerairement ceux donc qui sont mariez le pourront esprouver » (la semence d'auronne "rend hardi au jeu d'amours" p. 205).

"Si on se frotte les mains avec son jus, on pourra apres manier les serpens sans crainte d'estre offensé, ce que je conseilerois de croire plustose que de l'éprouver" (p. 100)

On relèvera qu'exceptionnellement, il refuse de communiquer aux taverniers une recette qui porte sur l'emploi de la semence de poireau pour empêcher le vin d'aigrir. Mais ne faut-il pas voir dans une telle détermination, un témoignage de son caractère volontiers espiègle ?

"Nos taverniers, écrit-il, vraies pestes du vin qui costumièrement brouillent et falsifient ne sont pas dignes qu'on leur enseigne ces choses ni beaucoup d'autres plaisantes et utiles que nous avons recueilli en nostre traité des secrets et remèdes du vin" (p.82)

3. Originalité du Jardin Médicinal

– 1. Labondance des citations

Tout lecteur de l'ouvrage de Mizauld ne peut manquer d'être surpris par l'abondance des citations que ce dernier emprunte à de nombreux auteurs célèbres ou moins connus de l'Antiquité ou plus proches de lui. Il apparaît à première vue comme un recueil de citations qui porte sur un large éventail de sujets relatifs aux plantes. On y trouve notamment :

– des anecdotes historiques

Il rapporte l'histoire de Polion Romule, qui avait répondu à l'empereur Auguste qu'il devait d'avoir atteint son grand âge et conservé si longuement une telle vigueur de corps et d'esprit : par vin mielé au-dedans et huyle au dehors." (p.301)

Il évoque l'histoire du chevalier Mela "coupable d'avoir mesusé de la charge qu'il avoit des affaires de Tiberius se donna la mort en s'empoisonnant avec du jus de porreau." (p.77)

Il rappelle aussi que "Néron avoit accoustumé de manger de porreaux avec huyle, certains jours du mois pour s'embellit la voix." (p. 78), ou encore la guérison d'Auguste, atteint d'une longue et dangereuse maladie par le médecin Musa (p. 29)

Il justifie l'une des propriétés de l'huile d'olive en rapportant l'histoire d'Hannibal qui avait "commandé à tous ses soldats d'oindre leurs corps avec huile, pour se preserver des grandes froidures et gelées." (p.301)

Il rappelle que "Tibère qui craignoit extremement la foudre, faisoit mettre une coronne de laurier sur sa teste." pour s'en protéger. (p. 327)

Il évoque aussi l'histoire de la construction du temple de Sagunte (en Espagne) à la charpente imputrescible de genévrier, qui échappa à la destruction, lors de la prise de la ville par Hannibal (p. 336)

– des mythes propres à certaines plantes.

Il rapporte longuement la légende de Livia Drusila sur laquelle un aigle laissa choir une poule blanche qui portait en son bec un rameau de laurier, ainsi que les nombreuses pratiques qui se fondèrent par la suite sur ce "fait divers" sous l'empire romain. (p. 326)

Il évoque plus brièvement le mythe de Vénus qui avait caché Adonis sous une laitue. (p.39)

– de nombreuses croyances et pratiques superstitieuses et magiques. En voici quelques-unes parmi lesquelles celles qui relèvent :

– de la numérologie

"La laitue fait dormir si on met cinq fueilles, ou troys ou une, dessous le chevet, sans le seu du malade, mais il faut observer que les fueilles qui auront esté cuillies au bas de la tige, soyent tournees vers les pieds, et celles qui auront esté prinses au plus haut de la plante, soyent tournees vers la teste." (p. 32)

"la racine de la Bourrache" qui aura jetté trois tiges, pilée avec la semence, et cuite dans du vin est profitable contre fièvre tierce, et celle qui en aura jetté quatre profitera contre la fievre quarte." (p. 73)

"Aucuns pour amolir les escrouëlles, conseillent de porter de ces racines (d'Ozeille) pendues au col." (p.68)

"On tient qu'ayans mangé du Fenoil, les serpens laissent leur vieille peau, et renouvellent leur veuë : et de là on a prins argument d'estimer que le Fenoil pouvoit servir contre l'esblouissemntet la veuë des hommes." (p. 118)

"Plusieurs affirment que si un personnage porte de la Rue avec soy, il ne pourra estre offensé par les animaux venimeux." (p. 211)

– de la croyance en la contamination des plantes par les reptiles

"Chacun scait que le Basilic qui est une espece de serpent guette et espie les hommes et les autres animaux pour leur nuire : et qu'il infecte par son attouchement et par son souffle venimeux les fruits et les plantes." (p. 206)

– de la croyance à l'influence de la lune sur les plantes

"les concombres poussent és jardins, principalement en pleine lune." (p.149)

Selon Plutarque, "le seul Oignon ne se resent aucunement des dommages de la lune, et si a la force de croistre et descroitre du tout contraire à icelle : car lors que la lune s'en va et s'envieillit, c'est alors que l'Oignon reverdit et regerme et au contraire, lorsque la lune revient et rajeunit, l'Oignon seiche et flestrit." (p. 86)

– de la croyance aux haines entre végétaux

"il y a une grande contrariété entre le chou, la vigne et le vin." (p. 48)

"la grande convenance qui est entre la rue et le Figuier et au contraire la grande contrariété d'entre la Rue et la Ciguë." (p. 206) il en déduit qu'il est bon de planter des pieds de rue autour des plantes potagères pour les protéger

"la haine entre les Reffors, et la vigne est si mortelle, que s'ils sont plantez l'un pres de l'autre, il semble, à les voir, qu'ils se fuyent l'un l'autre, par une certaine inimitié naturelle." C'est pourquoi le reffort est efficace contre l'ivrognerie (p.304)

Il note quelques histoires quelque peu étonnantes qu'on lui a rapportées, sans qu'il s'interroge un seul instant sur leur vraisemblance, comme celle-ci : "une chose merveilleuse et digne d'estre remarquée, écrit-il, rapportée par jacques Holier, médecin excellent et qui a esté mon maistre" atteste avoir veu luy mesme asçavoir qu'un certain Italien, pour avoir souvent senti du Basilic, s'engendra un scorpion dans le cerveau, lequel apres l'avoir longuement et griesvement affligé de douleurs, le fit en fin mourir." (p.134-135)

– de la croyance aux Herbes de protection

"La Sauge doit avoir en un jardin toujours la Rue pour compagne, autrement, elle est en danger d'estre infectee par les serpents, crapaux et verdiers, dont ceux qui en mangent recevront grand dommage, car tel bestial s'aime fort auprès de ceste herbe." (p. 111)

"Si quelqu'un porte de l'Armoise avec soy, il ne pourra recevoir dommage d'aucun mauvais medicament, ni d'aucune beste, non pas mesme du Soleil." (p. 228)

"Si celui qui a à cheminer porte l'armoise avec soy, il ne sentira point de l'assitude". (p.229)

"Si on jette du Reffort sur un scopion, il mourra soudain." (p. 100)

"si quelqu'un a premierement mangé des Auls, il sera asseuré contre le venin des serpents et de tous autres animaux qui se trainent." (p.89)

"Plutarque dit davantage, qu'un scorpion n'entrera jamais en l'habitation où il y aura noisette pendue au plancher." (p. 319)

"On dit que la foudre ne touchera point aux maisons où il y aura des rameaux de Laurier." (p. 327)

"Anciennement en Athènes, on apprestoit aux accouchees des Chous au repas, lesquels on leur pendait au col pour préservatif." (p. 47)

"Ceux qui veulent cueillir la Rue se frottent les mains avec jus de ciguë pour empescher que la rue ne leur cause de mauvais ulceres aux mains." (p. 206)

Il juge crédible l'histoire d'un homme qui, ayant avalé une vipère alors qu'il dormait aux champs, "se guerit luy-mesme soudainement en mangeant des Auls" (p.90)

"Le basilic qui est une espèce de serpent infecte par son attouchement et par son souffle venimeux les fruits et les plantes... Il me semble que ceux là sont bien advisez qui plantent force Rue à l'entour des maisons champestres ...puisque par sa vertu et faculté elle resiste au venin." (p. 206)

– de la croyance aux plantes qui portent malheur :

"On dit qu'une femme estant accouchée celui qui tettera après qu'elle aura mangé de l'Ache, il deviendra épileptique." (p. 55)

– 2. Le choix de l'expression

Mizauld a choisi d'écrire son ouvrage avec le souci d'être à la portée de ses lecteurs, des gens aisés et cultivés, et non des confrères. Il se garde donc de toute digression qui ne pourrait intéresser que ces derniers et qui pourrait paraître pédant. L'expression est familière, parfois proche du dialogue avec son lecteur, voire de la confidence, ce qui ne veut pas dire qu'il néglige son texte. Il laisse d'ailleurs paraître dans la notice sur le Noyer, qu'il travaille son texte, le corrige et le complète éventuellement.

"Pendant que je m'employois à escrire ces choses sur la noix, et que je relisoys ce que j'en avoys deja escrit, comme je le suis accoustumé à y adjouster quelque chose, je suis d'aventure tombé en la lecture de l'Antidote de Mithridates..."(p.311)

Il prend même parfois son lecteur à témoin de ses défauts, ce qui est aussi un artifice pour rappeler tout le soin qu'il a apporté à ses recherches et à la rédaction de son ouvrage. En voici quelques exemples :

"Mais j'avois presque oublie, tant je suis oublieux" (p. 60),

"Je m'estois presque oblié de dire" (p. 177)

"Peu s'en a falu que ceci ne me soit oublié" (p. 253),

"Mais comme je suis oublieux, je laissois un secret souvent esprouvé par moy & par mes amis. Tu me demanderas : quel est ce secret ?" (p. 290).

"Mais je me suis encore oublié à ce coup, que ce n'est pas de la cuisine que j'ay à traiter, mais de la medecine." (p. 76)

"Il m'estoit presque eschapé de la mémoire, de dire, que les Figues bruslees corrigent les mules des talons et la tigne." (p.296)

"Mais je suis fort oublieux, peu s'en est fallu que je n'aye oublié ce que Plutarque n'a pas dissimulé ni caché." (p. 297)

"Peu s'en est failli que je n'ay oublié ce qu'on dit d'un laurier, qui estoit en Ponte, pres d'Heraclee." (p. 329)

"J'estoy sur le point de faire fin lorsqu'il m'est souvenu bien à propos..." (p. 285)

"J'estois sur la fin quand deux choses merveilleuses (œuvres toutefois de nature) me sont venues en mémoire, lesquelles ne m'ont pas semblé dignes d'estre oubliees ni cachees" (p. 296)

ou encore

"Peu s'en a falu que je n'aye ici laissé passer sans en dire mot, un grand secret souvent esprouvé par moy & par mes amis, qui faisons estat d'experimenter les secrets de nature" (p. 194)

"Ce que fait bien aussi l'Auronne, mais je l'avois oublié en traictant son histoire, de haste que j'avois de venir au reste, ce que est advenu par negligence, afin que je ne die pas par imprudence." (p. 220).

S'il s'efforce d'entretenir avec son lecteur des relations amicales, souvent sur le ton de la confidence, il peut lui arriver de l'interpeller avec une certaine véhémence. Mais le cas est rare. Ainsi à l'encontre des taverniers pour qu'ils ne trafiquent plus leurs vins et qu'ils suivent ses conseils sur l'emploie de l'orval afin d'en améliorer la qualité :

"Dressez hardiement les oreilles taverniers et vendeurs de vin, mais au moins je vous prie ne trompez plus personne par vos brouilleries et meslinges meschantes et nuisibles : au grand dommage et perte des ames et des corps, et qui devroyent estre punies de la teste, et principalement en ceste ville de Paris, qui est la premiere ville de France, en laquelle ce mal regne fort, duquel ceux qui y viennent pour estudier reçoivent un merveilleux dommage et incommodité." (p.137)

– 3. La relative brièveté des notices

Mizauld s'efforce généralement de faire en sorte qu'elles ne dépassent pas 4 ou 5 pages. Mais elles sont d'inégale importance et généralement accompagnées de brèves manchettes. Il n'oublie pas en effet qu'un ouvrage trop volumineux reviendrait trop cher à l'impression et conduirait à un prix de vente trop élevé. Aussi, dans certains cas, est-il conduit à abréger volontairement son propos.

"Or, c'est assez discouru des facultez et remedes de la Rue : que j'ay voulu traicter amplement au long, pource qu'elle est fort commune és jardins, et neanmoins elle est enrichie de beaucoup de vertus singulieres qui ne sont pas cogneuës de chacun, mais sont comme des merveilles, le discours dessus nous reserverons ailleurs afin que je ne sois trouvé trop long et sans pouvoir trouver le bout." (p. 215-216)

"Je laisse les autres remedes qu'on peut tirer de l'huyle d'Olive de peur que je ne soye trop long » (p. 302)

Toutefois, il lui arrive aussi d'en justifier la longueur. Ainsi, par exemple, lorsqu'il se rend compte que sa notice sur les roses risque de paraitre trop longue, il devance les critiques qui pourraient lui être faites :

"Que si quelqu'en se plaint de ce que je suis si long en ce discours, qu'il considere que je le fay à cause du populaire, qui ont leurs jardins et leurs cofres tous farcis de roses." (p. 166)

Ou encore lorsqu'il juge qu'on ne peut passer sous silence les trop nombreuses propriétés reconnues à une plante :

"Nous acheverons l'histoire [de l'absynthe] au discours de laquelle si nous nous sommes un peu eslargis, et avons esté un peu longs, qu'on en impute la faute à ce qu'une herbe si commune à tant de remèdes et si singuliers qu'on ne les peut pas tous reciter en brief." (p. 202-203)

– 4. De nécessaires compléments d'enquête

Mizauld juge que certaines de ses notices seraient trop longues s'il les continuait et renvoie son lecteur aux ouvrages qu'il a déjà publiés pour les compléter, notamment à ses propres recherches et observations décrites dans son "Traité des secrets des jardins"

"Tu trouveras d'autres secrets et remedes bien certains et esprouvez pour cela mesme en nostre traicté des secrets de nature*, et nos Centuries des choses memorables, qui seront bien tost achevées." (p. 226-227)

Il renvoie aussi au "traité que nous avons fait des secrets et remedes pour les vins".

Il invite parfois son lecteur à compléter par lui-même ses connaissances : "il te faut lire le second livre de nos secrets du jardin, et là tu trouveras chose qui te contentera." (p 97, Ail), (p.155, Artichaut)

Il complète parfois un ouvrage antérieur. Ainsi, par exemple, quand il avoue avoir oublié dans son Discours des secrets des jardins que les jardiniers avaient pu obtenir des Violiers aussi grands que des roses, en les replantant souvent. (p. 175)

Mais il lui arrive aussi d'estimer que ses notices sont insuffisamment documentées et il annonce qu'il comblera leurs lacunes dans un prochain livre qu'il envisage d'écrire.

"Nous escrirons plus amplement de ces choses en peu de jours." (p.264) (Prunier) rendre les prunes pulpeuses

"Il y a bien d'autres secrets medicinaux de cete plante, cogneux à bien peu de gens, lesquels avec plusieurs autres, jusques ici incogneus, nous produirons quelque jour en lumiere." (p.194) (Soulcie)

* Ce sont les connaissances cachées que Dieu a données sur la composition et les propriétés de ses créations.

Ou encore "L'huyle de Glay qui est fort bon et de grande vertu en plusieurs choses, comme nous dirons, Dieu aidant, quelque jour en un petit œuvre que nous déliberons faire des huyles qui se peuvent composer des herbes des jardins. (p. 190-191)

"Il reste beaucoup de secrets et merveilles des Roses, lesquels je te communiqueray quelque jour, avec plusieurs autres choses incogneues jusqu'à present, en nostre traité des secrets des choses medicinales." (p. 168)

"Nous reserverons le reste (de notre notice)" au traité ou nous parlerons des vins composezs et medicinaux." (p.139)

"Il y a plusieurs autres secrets excellents de ceste plante, qui sont encores cogneues à bien peu de gens, mais nous les reservons à publier, avec plusieurs autres, si seulement nous entendons qu'on aye prins plaisir à ceci." (p.135, Basilic)

"ces choses doivent estre reservees au traicté que nous voulons faire des secrets de Medicine. "(p. 198, Glay)

"comme nous l'avons desja remarqué en nostre traitcté des remedes et secrets contre la peste." (p. 207)

[sur certaines propriétés du Limon] "Nous en discourrons quelque jour plus amplement, quand l'opportunité et l'occasion s'en offrira, s'il plaist à Dieu nous en faire la grace." (p.286)

"Si quelqu'un desire d'en scavoir davantage [sur les propriétés de la chelidoine], qu'il lise nostre sa Chiliade des choses mémorables." (p. 232)

De quoi éveiller la curiosité du lecteur et commencer la promotion de ses futurs ouvrages

En revanche, il n'a pas cherché à compéter ses informations en enquêtant sur l'emploi des plantes en dehors du domaine médical. Il avait pourtant effleuré le sujet à plusieurs reprises. Ainsi par exemple, dans ces courts passages :

"On met à Paris en poignées et en petits faisseaux, les espics et sommitez qu'on a accoutumé de tondre et rogner de la Lavande, qu'on va vendant par la ville, en Esté à belles chartrees, et chevaux chargez, pour s'en servir à divers usages." (p. 140),

"Si on fait un chapeau de roses toutes fresches et recentes, et qu'on l'agence gentiment sur la teste, cela servira pour appaiser les douleurs d'icelle." (p. 162)

"La fleur de Passevelours seiche dans le four retient une couleur merveilleusement belle, pour faire festons et chapeaux en hyver, et se pourra bien garder ainsi beau et de couleur naisve, jusques à sept ans ou plus." (p. 192)

Parmi les utilisations du Genèvre, il note "On en apporte à Paris à belles batellées, pour s'en servir à divers usages, et puis les crocheteurs les vont criant par les rues à qui veut en acheter, l'ayant premierement mis en beaux petits fagots, desquels on fait du feu pour resjouir par sa chaleur et bonne odeur le corps et l'esprit." (p. 335)

Comme de nombreux médecins de son temps, il adopte au fil des pages la même attitude dans ses diagnostics et ses prescriptions qui repose sur une acceptation naïve, sans aucune critique et presque mystique des œuvres des auteurs anciens, Hippocrate et Galien, restés à la base de l'enseignement, de la réflexion et de la pratique médicale. Pour étayer ses propos, il se contente de citer de nombreux extraits d'auteurs anciens ou de son temps, sans remettre en question ni exprimer sa propre opinion sur le bienfondé de ses sources, quand bien même ce seraient des histoires parfaitement invraisemblables.....!

– 5. De regrettables lacunes

A la lecture de son Jardin Médicinal, on ne peut manquer d'être surpris par le peu de place que Mizauld accorde à la botanique. Les descriptions précises des plantes et de leurs différentes parties y sont exceptionnelles. Mizauld avait portant remarqué au début de la notice qu'il consacre aux roses qu'il fallait s'y astreindre, comme le conseillait d'ailleurs les Anciens :

> "Traitant des fleurs, j'ay voulu premierement traiter des facultez des Roses, et à bon droit comme il m'a semblé bon de remarquer en premier lieu leurs parties. Or les anciens nous en ont proposé six bien notables, et lesquelles il ne faut pas negliger à ceux qui font la medecine." (p. 160)

et Mizauld d'expliquer alors assez maladroitement et quelque peu confusément, la morphologie de la Rose :

> "En la feuille, ou si tu aimes mieux, en la fleur, écrit-il, se trouve deux parties, l'une est du costé qu'elles sont attachées au bouton, ou petit calice, laquelle est blanchastre, comme l'ongle : aussi l'appele on vulgairement l'Ongle des Roses : l'autre contient tout le reste de la fueille. Apres celles-ci suyvent deux autres parties, lesquelles sont au milieu de la Rose, comme petites semences de couleur jaune, attachees à des petits filamens, les petits grains sont une partie et les filamens l'autre. Les autres parties de la Rose sont contenues dans le bouton ou petit calice, asçavoir l'une au dessus, et l'autre au fond." (p. 161)

Mais il ne semble pas avoir suivi cette sage résolution, et l'on ne trouve guère dans son ouvrage de description correcte des végétaux qu'il a sélectionnés. Cette lacune s'explique sans doute par son manque d'intérêt pour la botanique. Sa biographie laisse d'ailleurs à penser qu'il a négligé toute étude approfondie des plantes, son intérêt le poussant à consacrer son temps non seulement à la médecine, mais aussi à d'autres domaines, comme l'astrologie et la météorologie. En outre, à la différence de son premier ouvrage sur le Jardinage, il n'a pas cru devoir donner - à quelques exceptions près - quelques conseils au jardinier pour qu'il réussisse la culture de chacune des plantes sélectionnées dans son Jardin médicinal comme, par exemple, sur la qualité souhaitable du sol qui lui convient, l'orientation de ce dernier, son exposition au soleil ou à l'ombre, ses besoins en engrais et en eau, avec la fréquence exigée des arrosages, sa sensibilité au gel, la distance à respecter entre les pieds lors de la plante.

Peut-être Mizauld a-t-il jugé que le lecteur curieux pourrait se reporter à son Livre sur le jardinage pour trouver de tels conseils qui figurent parfois dans certaines notices de celui-ci, consacrées aux plantes également présentes dans son Jardin médicinal.

Il est vrai qu'à la différence de Pierre de Crescens ou de Giambattista della Porta (10), il n'a jamais été propriétaire d'un domaine agricole, voire d'un jardin, ce qui lui aurait permis d'acquérir une certaine expérience pratique de la culture des plantes et d'en faire bénéficier ses lecteurs.

Un tel comportement est d'autant plus étonnant qu'à la fin du XVème siècle et dès le début du XVI ^ème^ siècle, on assiste à un intérêt grandissant pour la Botanique qui tend à s'émanciper progressivement de la médecine et à devenir une science d'observation et d'investigation autonome, bien que tous les botanistes de référence soient encore médecins. Il n'est donc guère surprenant qu'il ne cite aucun des principaux ouvrages de botanique publiés de son vivant, et auxquels il aurait pu avoir accès comme ceux de Ruel, de Brunfels, de Fuchs, de Tragus, ou encore de Cordus (11) qui s'imposeront rapidement, par leur rigueur, comme des livres de références et d'autorité. Leurs exposés sont d'ailleurs assez voisins les uns des autres, ce qui s'explique aisément, car ils suivent la même méthode d'observation et d'analyse. Les plus complets d'entre eux comme, par exemple, ceux de Fuchs, commencent généralement par une liste des différents noms donnés à la plante, notamment en latin, en grec et dans la propre langue de l'auteur, voire dans différentes langues européennes, ainsi que leur étymologie. Ils en distinguent parfois les différentes espèces, avant de décrire avec plus ou moins de précision ses différentes parties, les "Lieux" où elle pousse, c'est-à-dire son habitat (jardin, bois, terres incultes, en plaine ou en altitude, son exposition à l'ombre ou au soleil, son orientation...), le "Temps", c'est-à-dire l'époque, voire le mois de sa floraison et de la récolte de ses graines, son "Tempérament", c'est-à-dire ses qualités premières (chaudes, froides, sèches, humides) et son efficacité (en termes de degrés sur une échelle de quatre), ses "Vertus" et "Opérations", c'est-à-dire ses propriétés thérapeutiques selon Dioscoride, Pline Galien, Théophraste, parfois quelques autres, moins connus, ses "Nuisances", c'est-à-dire ses effets indésirables, toxiques et se terminent parfois par quelques annotations personnelles. En outre, leurs textes sont accompagnés de gravures des plantes qu'ils ont sélectionnées, dont la précision et l'exactitude ne fera que s'améliorer au fil des années. Ajoutons que certains contiennent de précieux index qui en facilitent grandement la consultation. Ainsi, par exemple, certains présentent un classement des plantes selon leurs qualités premières (Matthioli), d'autres (Fuchs), un répertoire des maladies avec le renvoi aux notices où sont mentionnées les plantes prescrites pour les soigner.

Loin d'être aussi complets et précis, les exposés de Mizauld, sont de nature à décevoir le lecteur attiré par son titre, d'autant qu'ils ne sont accompagnés d'aucune gravure pour les illustrer,

On peut aussi déceler son manque de curiosité pour la Botanique, en constatant l'absence dans son Jardin Médicinal de toute référence aux premiers jardins botaniques créés en Italie, où sont majoritairement cultivées la plupart des plantes qu'il y a sélectionnées alors qu'il en rédigeait les notices et qu'il entretenait des relations avec plusieurs médecins italiens qu'il cite à plusieurs reprises. (12)

4. L'organisation du jardin médicinal

– Le choix des plantes du Jardin médicinal.

Mizauld ne justifie pas son choix des végétaux qu'il y a sélectionnés. On y trouve à la fois des plantes alors considérées comme médicinales mais aussi des plantes alimentaires et des arbres fruitiers. Il juge en effet implicitement que ces dernières et les fruits de certains de ceux-ci ont des propriétés thérapeutiques, et que l'on peut dès lors se soigner ou conserver sa santé en les mangeant.

Pour chacun des végétaux qu'il a sélectionnés, il rappelle généralement son nom en latin, en grec, en français, parfois celui qui est employé dans certaines régions de France pour la désigner, ainsi que son étymologie et la signification de son nom, en explique éventuellement le surnom comme, par exemple, pour l'Auronne ou Garderobe, ou pour la Pensée ou Herbe de la Trinité. Mais, nous l'avons souligné plus haut, il n'accorde généralement aucune place à sa description précise.

Il en note les qualités, en se référant aux théories héritées de l'Antiquité sur leur nature ou tempérament (froide, chaude, humide ou sèche), leur efficacité (en termes de degrés sur une échelle de quatre) ainsi que leurs propriétés thérapeutiques. Il indique quelles sont les parties de la plante qui doivent être utilisées : racines, feuilles, fleurs, fruits, graines, tiges et écorces d'arbre.

Il précise si la plante doit être employée fraîche ou sèche, seule ou associée à d'autres substances, avec le souci que ses remèdes composés soient les moins complexes possibles.

Ses remèdes peuvent être des jus, des sucs, des infusions, des décoctions, des bouillons, des macérations, des confits, des huiles, des eaux ou encore des poudres, voire des vins préparés.

Il a recueilli la plupart des préparations qu'il recommande chez les auteurs qui lui servent de référence. Toutefois, il mentionne aussi quelques préparations qu'il a inventées et expérimentées lui-même.

La réalisation de ces préparations exige peu de matériel, le recours à un alambic est exceptionnel. Pour chacune d'elles, il précise souvent les modalités et le nombre de leurs prises, parfois les conditions particulières à respecter, l'heure de la journée où les prendre, l'état du malade ou des gestes précis à accomplir. Il nuance parfois aussi ses prescriptions pour prendre en compte l'état de santé du malade, à savoir s'il est d'un corps délicat ou au contraire d'un corps robuste et grossier (p. 209).

Il a conçu son ouvrage comme un manuel pratique contenant les prescriptions qu'il juge les plus efficaces pour traiter les maladies les plus courantes de son temps. Sa consultation n'est malheureusement pas facilitée car il s'est contenté d'inclure à la fin de son ouvrage un seul index des pages où les plantes sont citées et l'on ne peut que déplorer l'absence d'un index des maladies, renvoyant à tous les passages où il est fait appel à une plante précise pour la guérir.

Les remèdes qu'il prescrit portent sur les principales maladies qui sévissent à son époque, des plus bénignes aux plus redoutables comme la peste, la lèpre ou le feu Saint Antoine (*i e* l'ergotisme). On y peut remarquer aussi différentes recommandations destinées plus particulièrement, par exemple, à "rendre hardi au jeu de l'amour", à améliorer la fertilité des couples ou encore aux soins spécifiques à donner aux personnes plus fragiles comme les femmes, les "gens vieux et les enfants".

La réparttion des plantes

Après son vibrant plaidoyer dans sa Préface en faveur de la flore locale, de la phytothérapie, et de la création de jardins médicinaux, il propose un catalogue des plantes qu'il serait opportun d'y cultiver, Après en avoir donné la liste, il conclue "En somme, il y a des herbes et arbrisseaux cinquante-six, et d'arbres et leurs fruits vingt-quatre" soit 80 espèces végétales au total. Et le jardin où elles trouveront leur place est "departi en huit sillons*" et "chaque sillon est départi en quarreaux†".

– Le premier sillon traite de quelques herbes potagères ou Olera) qu'on "met en bouillons et potages pour leur donner goût, mais aussi celles qui pour être aisées à aprêter, servent de viande (i e tout aliment qui entretient la vie) journellement aux pauvres, soit en salade ou autrement" et est divisé en dix quarreaux ainsi composés : 1. la Laitue, 2. le Chou, 3. le Persil ou Ache des jardins, 4. le Pourpier, 5. la Bette, Porée ou Réparée, 6. la Blette ou Saune, 7. l'Ozeille ou Saliette, 8. les Espinars, 9. la Bourrache, 10. les Asperges.

– Le second sillon contient quelques racines bonnes à manger réparti en quatre quarreaux : 1. le Porreau, 2. l'Oignon, 3. l'Ail, 4. le Reffort ou Ravanet.

– Le troisième sillon traite de quelques herbes odoriférantes et est divisé en onze quarreaux : 1. la Sauge, 2. l'Hysope, 3. la Savorée ou Sarriette, 4. la

---

* Un sillon est une bande de terre longue et étroite, de forme rectangulaire, synonyme de planche, correspondant à une surface spécialisée affectée à la culture d'une seule espèce de plante.

† Un carreau, ou quarreau est une surface de forme carrée qui est une division du sillon affectée à la culture d'une seule espèce de plante.

Marjolaine, 5. le Fenoil, 6. la Menthe, 7.le Thym, 8 le Basilic, 9 l'Orval ou "Toute bonne", 10. le Rosmarin, 11. la Lavande.

– Le quatrième sillon contient quelques fruits des herbes et arbrisseaux, divisé en six quarreaux : 1. la Courge, 2. le Concombre, 3. les Poupons, Melons et Melopepons, 4. l'Artichaud ou Cardon des jardins, 5. les Fraises et Framboises, 6.le Groiselier.

– Le cinquième sillon traite de quelques fleurs tant odorantes que sans odeur, et est départi en neuf quarreaux : 1.les Roses, 2. le Lys des jardins, 3. les Violiers, 4. la Violette de Mars, 5. l'Œillet, des Jardins ou Giroflée, 6. les Pensées et les Marguerites ou Pasquettes, 7. le Glay ou Glayeul ou Flambe, 8. le Passevelours, 9. la Soulcie.

– Le sixième sillon descrit quelques herbes qui ne sont point bonnes à manger, divisé en onze quarreaux : 1. le Fort ou Alvine, 2. l'Auronne, 3. la Rue des Jardins, 4. L'Ortie 5. le Plantain 6. l'Armoise et la Tanée, 7. la Chélidoine ou Esclere, la grande 8. la Mercuriale 9. la Pariétaire, 10. la Malve et Guimauve, 11. le Lathiris ou petite Catapuce ou Espurge, et Tiquet ou Palmae Christi ou grande Catapuce

– Le septième sillon contient les arbres fruitiers divisé en treize quarreaux :

1. le Pommier, 2. le Poirier, 3. le Coignier, 4. le Prunier, 5. le Cerisier, 6. le Meurier, 7. le Peschier, 8. le Neflier et Sorbier, 9. le Citronnier, 10. les Orangiers et Limonniers, 11. le Grenadier, 12. les Figuiers, 13. l'Olivier.

– Le huitième sillon contient quelques arbres portans nois et bayes, divisé en huit quarreaux : 1. le Noyer, 2. l'Amandier, 3. le Pin, 4. l'Avellanier ou Coudrier, 5. le Chastaignier, 6. le Laurier, 7. le Genevre, 8. le Sureau ou Yeble."

– Le septième sillon contient les arbres fruitiers divisé en treize quarreaux : 1. le Pommier, 2. le Poirier, 3. le Coignier, 4. le Prunier, 5. le Cerisier, 6. le Meurier, 7. le Peschier, 8. le Neflier et Sorbier, 9. le Citronnier, 10. les Orangiers et Limonniers, 11. le Grenadier, 12. les Figuiers, 13. l'Olivier.

– Le huitième sillon contient quelques arbres portans nois et bayes, divisé en huit quarreaux : 1. le Noyer, 2. l'Amandier, 3. le Pin, 4. l'Avellanier ou Coudrier, 5. le Chastaignier, 6. le Laurier, 7. le Genevre, 8. le Sureau ou Yeble. "

Mizauld achève son catalogue des plantes qu'il recommande de cultiver dans son Jardin Médecinal par une longue Conclusion où il rappelle que son but a été de proposer des remèdes accessibles aux pauvres et une nouvelle médecine expurgée de toute tromperie et imposture.

> "Jusques ici nous avons traité autant brièvement qu'il a été possible, mais non pas si soigneusement que nous eussions bien désiré, les remèdes qu'on peut tirer des jardins et les facultés des plantes qu'y sont, avec la méthode et ordre le plus convenable et le plus clair qu'il a esté possible : nous contentant néanmoins d'enseigner et non pas enrichir par beau discours. Et notre principal but a esté de

pourveoir aux pauvres gens, tant de la ville que des champs, comme la charité chrestienne le nous commande : qui ne peuvent pas voir les médecins toutes les fois qu'ils voudraient bien : et qui n'ont pas le moyen d'acheter bien chèrement les drogues des apothicaires. Davantage j'ai bien voulu faire ouverture à ceux qui sont soigneux de la médecine, pour s'employer à dresser de tels jardins médicinaux à leurs patries et parents, selon la diversité des lieux, et les enrichir encore davantage s'il en a le moyen. S'ils se proposent ce but, ils donneront ordre et s'emploieront à ce que l'ancienne médecine et l'usage ancien de médiciner soit repurgé de toute tromperie et imposture, et remis en sa première splendeur comme de nouveau : de quoi la postérité recevra un grand et indicible profit." (p.348 à p. 349)

On remarquera que parmi toutes ces plantes qui sont répertoriées par Mizauld dans son Jardin Médicinal, seules quelques-unes sont sélectionnées par Olivier de Serres pour figurer dans son propre jardin médicinal.

Nous avons jugé intéressant de donner ci-dessous le texte in extenso des notices qui les concernent. (source : édition de 1578 numérisée par la BIUM (Bibliothèque Interuniversitaire de Médecine, Paris)). Ils offrent en effet l'intérêt de représenter des exemples de la manière bien particulière de rédiger propre à Mizauld, et de les comparer à celle d'Olivier de Serres. Ce sont les suivantes :

– L'Ortie

"De l'Ortie, et des remedes qu'on en peut tirer. Quarreau IIII. Pource qu'en plusieurs jardins, tant de la ville que des champs, il vient ordinairement une grande quantité d'herbes (si les jardiniers sont négligens de les arracher) qui ne sont pas seulement inutiles à mettre és potages mais mesme sont facheuses à la veuë, au toucher et au sentir : voila pourquoy je veux ici en traicter, entant qu'elles peuvent servir à la médecine, car elles ne laissent pas d'avoir de grandes facultez pour secourir le corps humain. Je commenceray doncques par l'ortie, laquelle a cela de particulier que sans avoir aucuns aiguillons ni espines, mais seulement un certain poil folet et certaine bourre, laquelle pique de telle façon et a une vertu tellement bruslante, que pour peu qu'on la touche, elle fait sortir de petites vescies semblables aux brusleures du feu. Je croy que les grammairiens Latins luy ont donné ce nom d'Urtica qui signifie bruslante et les Grecs luy ont donné le nom d'Acaliphe et de Cnide, voulans dire qu'il ne la faut point toucher ni manier, à cause de la douleur et démangeison qu'elle engendre par ce poil folet dont elle est revestue, quoy qu'il semble delié et mol. Mais ceste mordacité et aspreté (laquelle se peut guérir avec d'huyle seulement) ne se manifeste pas incontinent, mais à mesure qu'elle croist elle se montre : car au commencement du printemps, cette plante n'est pas trop mal plaisante au goust, mesmes aucuns en mangent, estimans que cela les preserve de maladie tout le reste de l'année. Nicandre affirme que la semence d'Ortie est du tout contraire à la Ciguë, aux potirons, à l'argunt vif, au Jusquiame, aux Serpens et Scorpions. Ses fueilles pilees et mises dans le nez, arrestent le sang qui en coule et sur tout sa racine ; ce que faict aussi son suc enduit sur le front. Phanias, médecin fort renommé entre les Grecs, a descrit les louanges de l'Ortie, et dit qu'elle est fort profitable si on la fait cuire parmy les viandes ou si on la confit. Avec un bien peu de sel elle aide à la morsure des chiens : cuite en huyle, elle faict suer ; cuite avec des Limaces ou coquilles elle lasche le ventre : avec ptisane, nettie la poitrine avec Thym ou Poliot, provoque les mois arrestez ; avec sel, arreste les ulceres rampantes. Mais l'aspreté et mordacité qu'elle a, fait retirer la Luette prolonge, la matrice qui est cheute, et le boyau des jeunes enfans quand il sort par le fondement, si seulement on les en touche : et si faict que les bestes à quatre pieds s'eschauffent à cercher le masle. Ce que le poëte Macer (que je nomme ordinairement le poëte herboriste) a bien sceu, aussi ne l'à-il pas oublié, disant.

Si on frotte la matrice ave fueilles d'Ortie

Soudain retournamont : la beste refroidie,

Qui ne veut nullement le masle suporter

Qu'on l'en frotte hardiment, pour nature eschauffer

Plusieurs disent qu'on pourra esveiller les Léthargiques, si on leur frotte les cuisses avec quelque Ortie bien forte et piquante et encore mieux le front. Dioscoride escrit et Galien consent à son dire, que les fueilles d'Ortie corrigent les Gangrènes, voire les chancres qu'on appelle malins. Outre ce elles guérissent les Escrouëlles, les ulcères sales, les apostumes et tumeurs et remettent les : deslouëures (*i e* dislocations luxations) les mêmes fueilles pilées avec vin et un peu de mirrhe et appliquees provoquent efficacement les mois : et avec Cerat, elles aident fort à la Rate. Prinses dans du bouillon elles irritent aucunement le ventre, à cause qu'elles le chatouillent et ont une certaine vertu detersive. La sauvage (que les Grecs appellent Agria et est nommée des François Ortie Grièche) beuë en vin, efface les tumeurs qui se viennent au visage, comme de ladrerie : ce qu'aucuns attribuent aussi à l'Ortie mauvaise et mordante : le suc de laquelle, comme on dit, provoque l'urine arrestee, rompt la pierre et si fait retirer l'Aluette prolongee pour quelque inflammation qui y est survenue. Aucuns estiment pouvoir faire sortir les choses qui sont plantées dans le corps, par le moyen de sa racine, y adjoustant seulement un petit de sel ; et avec ses fueilles, broyees avec graisse, dissiper et résoudre les Escrouëles : que si elles se viennent à suppurer, ils disent lors qu'elles sont complètes. Plusieurs broyent l'Ortie avec huyle vieil, et l'enduisent aux gouteux, et à ceux qui ont douleurs de jointures, pour lequel usage la racine pilée avec vin-aigre, est estimee fort profitable.

Sa semence avec miel sert fort à la colique

Et à la vieille toux si souvent on la boit ;

Au polmon refroidi et au ventre humide

et si fait uriner celui qui avec eau-miel la boit.

La mesme semence beuë semblablement en eau-miel au pois de deux oboles, qui font un Scrupule, fait qu'on vomit aisément apres souper : et beuë avec vin cuit remedie aux inflations de l'estomach : elle profite aussi à ceux qui respirent avec difficulté, si on la prend avec miel, car elle nettoye la poictrine. Elle est aussi bonne au mal de costé, si on la fricasse avec semence de Lin et Hysope. On fait un certain liniment composé de fueilles d'Ortie, d'huyle et de sel, lequel contregarde le corps de toutes froidures et frissons violentes, encores qu'elles procedent de la fièvre, si seulement on s'en oinct l'Espine, la plante des pieds et le poignet des mains. Il est bon aussi contre les ulceres causees de froidure et glace. J'ay cogneu plusieurs grands recercheurs des secrets de nature qui pour rabatre aucunement la grande chaleur du cœur, procédante de la fièvre, et pour la rafreschir, ils prenoyent le suc d'Ortie et en enduisoyent les artères, y adjoustant un peu d'onguent de Peuplier, que les apotichaires appelent Populeum. D'autres pour ce mesme effect, pilent seulement les fueilles d'Ortie et les appliquent sur le poignet, et sur les temples, avec un bien peu d'huyle de violat ou d'huyle de Pavot. J'avois presque oublié de dire que la vapeur procedante de la décoction des Orties, receuë par les narines, les ouvre et delivre de tout empeschement : Ce que faict bien aussi l'Auronne, mais je l'avois oublié en traictant son histoire, de haste que j'avois de venir au reste, ce qui est advenu par negligence, afin que je ne dise pas par imprudence. Les fueilles d'Ortie pilees et appliquees sur la matrice en forme d'emplastre, la font retourner en son lieu, si elle est sortie. La semence beuë avec vin cuit ouvre les suffocations de matrice : et le suc de ses fueilles avec un bien peu de myrrhe esmeut puissamment les mois. Au surplus il ne faut pas cacher que si quelqu'un a de l'apostume dans le corps (que les medicins appelent Empyique*) qu'il prenne un scrupule de semence d'Ortie réduite en poudre avec quelque sirop pectoral l'avalant peu à peu, il crachera aisément c'est humeur gluant et en sentira un merveilleux soulagement. Quant à l'Ortie qui ne pique point ; à cause de quoy on l'appele morte, plusieurs disent qu'elle a de singulieres vertus contre les escruëlles, les chancres et gangrenes. Ils enseignent aussi touchant la sauvage quelle a sa semence comme le Lin, que ceste semence est fort propre pour inciter et nettoyer la phlegme grosse et gluante comme colle, quand on craint de tomber en un Asthme ou grande difficulté d'aleine : car non seulement elle prepare l'humeur gluant qui empesche, mais aussi l'evacue particulierement, comme faict la semence de Carthame, prins au mesme pois. Voici pour le dernier, encores qu'il semble ne convenir gueres à la medecine. Les racines d'Ortie cuites avec la chair, la font cuire plus soudainement. Et la racine de Blanc-d'eau (*i e* nénuphar) mise dedans les pois qui cuisent, les fait tous sortir l'un apres l'autre, sans qu'il en reste pas un, comme si le pot mesme les chassoit. Il sera bien aisé de l'esprouver, quant à moy je ne l'ay pas encore essayé." (p. 216-224)

– Le Plantain

"Du plantain et des remedes qu'on en peut recevoir. S'ensuit maintenant le Plantain, lequel on trouve par tous les jardins les louanges duquel sont amplement recueillies par Thémison médicin, duquel Pline fait mention. Si quelqu'un prend ses fueilles après les avoir faites tremper en eau-miel, ou bien après les avoir broyées et pressees, deux heures devant l'acces, au pois de deux drachmes, il rendra les acces des fievres tierces beaucoup plus courts et plus aisez : ce que fera bien aussi le suc de sa racine trempee ou pilee : ou la racine mesme trempee en eau ferree. Aucuns baillent trois racine à boire en trois ciathes d'eau, ou comme dit Dioscoride, en trois ciathes moitié eau et moitié vin, à ceux

* Abcès purulent.

pour la fièvre tierce, et quatre racines et autant de ciathes d'eau et de vin à ceux qui ont la fièvre quarte. Les fueilles sont fort bonnes pour mettre sur les gouttes chaudes pour les rafreschir, et sur tout au commencement. Son suc guerit les ulceres de la bouche si on s'en lave, voire la fueille mesme appliquee ou sa racine mache, encores qu'il tumbe de la defluxion en la bouche. On donne le Plantain à ceux qui ne sentent point la viande, c'est-à-dire, qui n'en tirent point de nourriture (que les Grecs appelent Atrophous) à divers jours : et pourtant on tient qu'elle guérit la Pthise[*], si on la fait cuire en vin et qu'on la baille à boire. Il aide à ceux qui ont le haut mal, à ceux qui respirent avec difficulté, et sert de remède contre les Esscrouëlles si on y adjouste un peu de sel. Avec le Plantain on guerit les brusleures si on le mesle avec blanc d'œuf, de telle sorte qu'on ne s'appercevra pas de la cicatrice. Il arreste le sang qui coule d'une playe : et pilee, elle fait ouvrir les charbons. On la donne avec profit à ceux qui ont la disenterie et flux de ventre l'ayant premierement faitte cuire en vin aigre et sel : ou bien son suc avec Ris ou Froumentee : on le peut bien aussi clisterizer. Avec terre Cimolienne[†] et Ceruse, il sert de remède au feu sainct Anthoine, encores qu'il auroit desja occupé la moitié d'un homme, lequel mal on appele Zoster[‡], et s'il environne une fois un homme il le fait mourir. La semence pilée beuë en vin brusc et rude (pourveu qu'il n'y ait point de fièvre), arreste fort bien tous crachemens de sang, aucuns disent toutes evacuations et pertes de sang, soit par la bouche, par le ventre ou par la matrice : si fait bien aussi le suc des fueilles beu ou clystérizé, lequel aussi siringué dans les fistules, leur sert de singulier remede. On fait cuire le Plantain avec la Lentile de marais ; comme on fait la Bette, pour s'en servir contre l'hydropisie. Et si un homme est affligé de cette maladie que les médicins appelent Leucophlegmatia[§] que nous pouvons appeler mauvaise habitude, il lui faut faire user du Plantain bouilli, après toutesfois que le malade aura mangé du pain tout sec, de sorte que le Plantain se trouve comme au milieu de la viande. Les fueilles pilees ostent la douleur et l'enflure des deflouëvres, y adjoustant un peu de sel. Elles amoindrissent aussi les gros bords des ulcères et arrestent les ulcères corrosifs : bref, elles remedient à toutes sortes d'ulceres, principalement des femmes, des gens vieux et des enfants : mais si on les faict un peu amollir au feu, elles en seront meilleures : et pour le mesme usage on se pourra servir du suc avec Cerat : Lequel beu tout seul sert aux suffocations de la matrice et distilé dedans les oreilles sert aux douleurs d'icelles : et est bon pour mettre és colires qu'on fait pour les chassieux et pour ceux qui ont inflammation aux yeux. Il profite aussi contre les gencives sanglantes si on s'en lave la bouche : et mis és lieux naturels des femmes avec de laine, les garde de tomber en suffocation de matrice, arreste les fluxions dicelles, encores qu'elles soyent avec sang. La racine machee appaise la douleur des dents, si faict bien aussi si on se lave de la décoction d'icelle. Laquelle sert contre les ulceres de la vescie et contre les maladies des reins si on la prend, ensemble les fueilles, avec vin cuit. Aucuns disent que si quelqu'un attache une

[*] Pthise, synonyme de phtisie, tout état ou processus évoluant vers l'émaciation et la consomption, accompagnée d'épuisement des forces.

[†] Terre Cimolienne : espèce d'argile qui provient de l'île de Cimolis (Kimonos), proche de la Crète, utilisée principalement par les potiers.

[‡] Zoster : synonyme de zona maladie causée par le virus varicelle-zona.

[§] Leucophlegmatia : accumulation de liquide dans les tissus.

de ces racines avec un filet, et qu'il la porte pendue au col, cela dissipera les Escrouëlles et les tardera de croistre. Je reviens à parler des feuilles, lesquelles guerissent les ulceres vieux et inegaux, si on les met dessus : outre ce, elles consolident les fistules, et remedient à la morsure des chiens : et apropriees avec laine en forme de pessaire, elles purgent la matrice. Sa semence pilee et saupoudree sur les playes et ulceres, les guerit bien tost : Son suc donné à boire avec eau miel, deux heures devant l'acces de la fievre quarte, y aide fort, et si on le continue en fin la fera perdre, ce que plusieurs ont experimenté, comme j'ay entendu. Les fueilles du moindre Plantain pilees avec sel, et appliquees en façon de cataplasme, adoucissent peu à peu la douleur des nerfs et l'enfleure de la goute : l'emplâtre aussi composé de son suc, d'un blanc d'œuf et de Bol armenien* appliqué sur le front, arrreste le sang qui coule du nez : et le suc beu ou siringué dedans la matrice retient la trop grande abondance des mois.

Son suc guerit l'ulcere qui vient aupres des yeux

Si avec une laine molle on le met sur iceux

Et par neuf divers jours souvent on le rechange :

Que si par long chemin quelque douleur estrange

Vient aux pieds, dont souvent on est bien tormenté :

Le Plantain en vin rude te donnera santé.

Les fueilles ont une vertu admirable pour refroidir, nettoyer et desseicher, comme l'ont tesmoigné Dioscoride et Galien ; et pourtant on les enduit avec heureux succès sur les ulceres malins, et sur les tumeurs de la lepre : et si sont bonnes aux ulceres humides, et à ceux qui pour la grande abondance d'humeurs que s'y amasse sont malaisez à nettier. Je ne puis que je ne die que j'ay souvent experimenté une vertu singuliere du Plantain contre la contagion de peste, en quelque sorte qu'on le print : d'avantage je puis bien affirmer, pour l'avoir bien expérimenté que s'il s'engendre des vers dans une playe ou ulcere, il ne faut sinon les saupoudrer avec de la poudre de Plantain sec, car cela les fera mourir.Tu trouveras d'autres secrets et remedes bien certains et esprouvez pour cela mesme, en nostre traicté des secrets de nature et en nos Centuries des choses mémorables "qui seront bien tost achevées." (p. 222 - 227).

– La Chélidoine ou Esclere

"De la Chelidoine ou Esclere, et des remedes qu'on en peut tirer. Quarreau VII. (car c'est d'icelle que nous voulons parler principalement icy) croist en plusieurs murailles des jardins et és lieux umbrageux : on l'appelle communément en France Esclere pource qu'elle esclaircit la veuë et en chasse toute obscurité et esblouissement. Quant au nom de Chelidoine, elle l'a prins des hirondelles (que les Grecs appellent Chelidones) pour ce que, comme dit Théophraste, elle fleurit quand les hirondelles viennent, et quand elles s'en retournent, elle flestrit et se

* Bol armenien : argile rouge très fine, originaire d'Arménie, de Lesbos et d'autres régions d'Asie que l'on fait venir d'Orient, utilisé dans la composition de certains médicaments.

meurt. D'autres, comme Aristote et Pline affirment, que la vertu de ceste plante a esté cogneuë par le moyen des hirondelles, car elles font venir la veuë à leurs petits enfans, qui naissent aveugles, avec ceste herbe : que si les petits estans encores dans le nid on leur pique les yeux avec.une espingle, tellement qu'ils ayent la veuë perdue, ils la recouvreront par le moyen de ceste herbe que la mere apportera, et leur en touchera les yeux. Dioscoride dit, que quelques uns ont bien esté de cest advis : mais Cornelius Celsus tient cela pour une fable et pour un conte fait à plaisir, et dit que si la veuë de ces oyselets est blessée par quelque chose externe, qu'avec le temps elle retourne peu à peu à son premier estat, et se guerit de sorte qu'on attribue à la mere par le moyen de ceste herbe, ce qui se fait de soy-mesme ; de là on a recueilli que le sang des hirondelles sert de remede contre les blessures des yeux, par quelque cause externe, ne plus ne moins que celuy de palumbes et de pigeons, au defaut de celuy d'hirondelles. On tire un certain suc de la fleur de l'Esclere, lequel estant mis dans un pot bien net, avec de bon miel, on le fait cuire sur les cendres chaude, et s'en sert on pour oster l'esblouissement des yeux. Sa racine beuë avec Anis dans du vin blanc remédie à la jaunisse, et aux obstructions et opilations du foie et sert aux ulcères rampantes, si on l'applique dessus, voire à ceux qui sont envieillis et qui sont convertis en fistule : ce que Q. Serenus à confirmé par ces vers.

Si vieille playe en fistule se tourne

L'esclere et miel fort bon secours luy donne.

Je ne me taiseray pas ici de ce que plusieurs tiennent pour un grand secret : asçavoir que l'herbe de la grande Chelidoine portee dessous la plante du pied, guerit ceux qui ont la jaunisse comme on dit, mais il la faut porter nuit et jour et la changer souvent. Ils disent aussi que si on applique la mesme herbe sur les mamelles des femmes, qu'elle arrestera l'abondance des mois.et davantage que l'herbe pilee avec la racine, et bouillie avec huyle de Chamomille elle oste les trenchees de ventre et les douleurs de l'amarri : et la poudre de toute la plante, guerit les playes et ulcères. Les verruës tomberont et seicheront si on les frotte souvent avec suc de Chelidoine. Si quelqu'un desire d'en scavoir davantage, qu'il lise nostre Chiliade des choses mémorables. Mise sur les mammelles, elle arreste fort bien la trop grande abondance des mois : et desseiche tellement les ulcères que plusieurs s'en servent au lieu de Spodium[*] : mesme on l'applique sur les ulceres qu'on ne peut guerir avec graisse. Galien dit qu'elle a une vertu chaude et fort detersive, et que son suc est fort propre pour esclaircir la veuë ; principalement à ceux auxquels s'amasse sur la prunelle quelque chose d'espez, qui a besoin d'estre digeré et dissipé. Plusieurs sont d'advis de n'en guere user au-dedans, mais qu'il est plus commode d'en user au dehors, comme contre la gratelle et le mal S.main[†] des enfans et pour les remèdes des métaux dont les Alchimistes usent." (p. 232-235),

[*] Spodium : oxyde de zinc.
[†] Le mal Saint main : la gale des mains.

– La Mercuriale

"De la Mercuriale et des remedes qu'on en peut tirer. Quarreau VIII. Ceste herbe a retenu entre les François le nom mesme latin : et en fait on de deux sortes, asçavoir masle et femelle. La femelle a les fueilles plus blanchastres, et le masle les a chargees de couleur plus brune C'est merveille de ce qu'on dit de l'une et de l'autre, asçavoir que le mâle fait qu'on engendre un masle et la femelle fait aussi qu'on engendre une femelle, si incontinent après avoir conceu on boit leur suc avec vin cuit, et qu'on mange leurs fueilles cuittes avec huyle et sel ou bien crues avec vinaigre. Dioscoride est d'accord en cela avec avec Pline, sinon qu'il dit qu'il faut boire ce suc incontinent apres la purgation des mois et qu'il faut appliquer les fueilles pilées sur les parties servans à la génération : l'expérience y a adjouté ceci, asçavoir qu'un jour ou deux apres les purgations, il faut faire prendre à la femme ce suc par trois divers jours et le quatrième, apres que elle sera sortie du bain, avoir sa compagnie. Q. Serenus, medicin autant docte qu'ancien : discourant sur ceci tant de la conception que de l'enfantement, en a ainsi parlé en quelques vers, comme je les ay traduits :

Si le fruit des enfans, qu'on cerche au mariage

Et l'espoir de lignee plusieurs ans te deçoit

Par les Mercuriales grand profit on reçoit

Si ensemble on va coucher soudain apres l'usage

Hippocrate, comme le recite Pline, a fort magnifié l'une et l'autre Mercuriale pour l'usage des femmes, l'appliquant avec miel, ou huyle rosat, ou huyle de Glay ou huyle de Lis pour faire concepvoir, pour provoquer les mois et pour faire sortir l'arrière fais, et dit qu'il adviendra le mesme, si on la boit ou qu'on s'en bassine. Il distiloit aussi le suc dans les oreilles de ceux qui oyent dur et les oignoit avec vin vieil : il mettoit aussi les fueilles cuittes avec graisse fresche, à ceux qui avoyent difficulté d'uriner, l'appliquant sur la vescie Pour lascher le ventre, encores qu'il y ait de la fievre, on en prend une bonne poignee, et la fait cuire en deux sestiers d'eau jusques à ce qu'il n'en reste que la moitié : ou bien on boit le suc avec miel, y adjoustant seulement un petit de sel : ou bien on fait aussi cuire l'herbe avec de la Malve dans un bouillon de poulet, ce qui est bien meilleur. Dioscoride ordonne de la faire cuire dans le potage pour lascher le ventre : et dit que le bouillon purge l'humeur bilieux et les eaux par le bas. Le suc meslé avec vinaigre remedie aux maladies rampantes. La semence de l'une et l'autre Mercuriale, mise dans ce qu'on boit, ou cuite avec Alvine ou Chiches, guerit la jaunisse et les fueilles enduites ou son suc, ostent toutes sortes de verruës, nettoyent la poitrine, mais elles nuisent à l'estomach. Galien enseigne que chacun use de la Mercuriale, pour lascher le ventre et pour purger : que si l'on s'en veut servir en cataplasme, on trouvera qu'elle a une vertu digestive. L.Apulée Platonique donnait la semence broyee en vin cuit, à ceux qui avoyent le ventre dur et appliquoit les fueilles avec vin blanc à ceux qui avoyent des defluxions sur les yeux et à ceux ausquels les yeux larmoyent continuellement. Outre ce il distiloit le suc tiède dans les oreilles de ceux qu'y avoyent de l'eau qui y estoit entree." (p. 233-235)

– La Pariétaire

"De l'herbe appelee Parietaire et des remedes qu'on en peut tirer. Quarreau IX. Ceste herbe a prins son nom de Parietaire, des parois ou murailles où elle croist le plus souvent, encores qu'on en trouve bein aussi pres des hayes et parmi les vignes. On l'appelle aussi Helxine, pour ce que elle a des petites boulettes aspres et piquantes, par le moyen desquelles elle se prend et attache aux habillemens. D'autres la nomment Perdicium pource que les perdris en sont friandes et se veautrent volontiers sur icelle. Elle s'apele pareillement Urceolaris ou Vitreola parce qu'elle est fort propre pour nettoyer les cruches et verres. On tient que si les grives, pigeons et poulets mangent de ceste herbe, ils en sont degouttez un an entier On l'applique avec profit sur les gouttes avec suif de chèvre ou de bouc, et contre les rompures, cheutes, précipitations et renversemens de chariots, elle y sert divinement. Elle guérit les apostumes et inflammations et toutes brusleures. Son suc incorporé avec Ceruse, dissout les tumeurs qui viennent en la gorge, et les goittres qui ne font que commencer : fritte avec beurre frais, ou avec graisse de chapon fraische, et mise sur le ventre toute chaude en façon de cataplasme, appaise la violente douleur de la colique, mais il la faut changer souvent : comme aussi elle appaise les douleurs de la gravelle, et les cruels tormens de la pierre, si on prend son suc avec du vin blanc, et meslez avec d'huyle d'Amandres douces, on les mesle bien ensemble, puis on le boit. Elle guérit aussi les infammations de ces glandes qui sont à la racine de la langue que les medicins appelent Tonsilæ si on la mesle avec huyle rosat. Les fueilles, comme dit Dioscoride, ont vertu d'incrasser et refroidir et pourtant enduites, elles guérissent le feu saint Antoine, comme nous avons desja dit : et corrigent aucunement le mal qui vient au fondement qu'on appelle le mal saint Fiacre et tous ulcères qui rampent et s'eslargissent. Tant l'herbe que le suc : enduits ou gargarisez, profitent grandement aux maladies du gosier et distillé dans les oreilles enflambees avec huyle rosat, les soulage fort, et bien souvent les termine du tout. Elle a aussi une faculté détersive, comme on le peut aisément cognoistre és pots de verre qu'elle nettoye si bien : pareillement elle a quelque astriction, conjointe avec une humidité aucunement froide : par quoi elle guerit toutes inflammations, si on l'y met au commencement ou en l'augmentation et jusques à ce que la maladie soit arrestée. L.Apulée la faisoit cuire en eau : de laquelle il bassinoit la partie affligee de goutte, et quant à l'herbe ainsi cuitte, il la piloit avec graisse et la mettoit dessus avec un linge en façon de cataplasme. Au reste j'ay apprins par l'experience certaine, et qui a esté esprouvé d'aucuns que la Parietaire verde pilée avec pain, huyle de Lis, huyle Rosat, ou de Chamomile, et un peu chauffez servent grandement aux apostemes des mammelles des femmes." (p. 235-240)

– La Malve et Guimauve

"De la Malve et Guimauve, et des remedes qu'on en peut tirer. Quaareau X. Nous escrirons ici amplement et autant que touche la medecine de l'une et de l'autre Malve, asçavoir de celle des jardins et de la sauvage : car elles sont toutes deux fort en usage, aussi sont elles fort communes. Anciennement on la plantoit és jardins et s'en servoit-on pour mettre és pottages, et pour se nourrir, avec ce qu'elle tenoit le ventre lasche et mol, d'où est venu le nom Grec de Malachi et le nom Latin de Malva : ce que le poëte tesmoigne plaisamment, disant

Ma fermiere m'apportoit Malves pour lacher le ventre

Et l'autre poëte, comme nous l'avons desja remarqué, au commencement quand nous parlions de la Laictuë.

Phebe tu as la face d'un qui est dur de ventre

Mange donc de viande ou Laituë et Malve entre

C'est bien une chose admirable de ceste herbe, asçavoir que non seulement la fleur mais aussi la fueille (comme a escrit Theophraste) suit et remarque le soleil, encores qu'il soit caché et couvert de nuees : tellement que c'est comme une vraye marque et signal pour cognoistre où est le soleil : et à cause de ce on le nombre entre les herbes qui suyvent le soleil, comme nous en aurons adverti il n'y a pas longtemps, en notre traité des secrets de nature et ailleurs. Damageron qui est un auteur fort celebre entre les médicins et agriculteurs grecs a laissé par écrit à la posterité que le suc de la Malve est bon pour adoucir l'aspreté de la gorge : et qu'il corrige les cuisons[*] qui surviennent à la peau : Item qu'il aide à la fascherie des reins : et survient grandement aux irritations de la vescie. Si on la mange bouillie, elle esclaircit fort la voix ; et avec huyle et murete[†] de poisson, que les medecins appelent Garum, elle lasche le ventre. Je n'ay pas voulu oublier ni passer sous silence ce que Pierre Pena a escrit en son livre des plantes. Les medicins, dit-il, et les apotichaires plus experimentez de Venise, font des petites tablettes avec de la mucilage tiré de la racine de Guymauve, lesquels ils font endurcir les faisant cuire avec du sucre, mais il les faut tousjours remuer de peur qu'elles ne bruslent et se servent de ces tablettes contre les fluxions subtiles et deliees des poulmons : tous ne sont pas bien experts pour les bien faire à cause de la lenteur et viscosité qui est en mucilage. Les fueilles de Guymauve ou de Malve pilees avec une branche de Saulx font une emplastre qui empesche les inflammations de venir ou de croître, et si arreste le sang qui coule. Estant aussi pilee avec Oignons ou Pourreaux, elle guerit les picqueures des serpens, si on l'applique dessus. Son suc distilé dans les oreilles, appaise la douleur d'icelles ; et beu avec miel sert de remède à ceux qui ont douleur de foye : le mesme suc assiste à ceux qui sont affligez de haut mal : et sert de remede singulier aux graveleux et à ceux qui ont la sciatique. Si quelqu'un est oint avec suc de Malve sauvage et huyle, ou qu'il porte la plante avec soy, il n'a garde d'estre piqué des mouches guespes. Que s'il a été picqué depuis n'agueres, mesme que l'aiguillon y soit demeuré, le mesme suc servira de secours, ou l'huyle seul. Le bouillon de la Malve ou Guymauve bouillie beu, fait cesser les difficultez d'uriner et delivre la femme qui est au travail de l'enfantement. On a trouvé par experience, que piquer les dents qui font mal, avec la racine de la Malve qui n'a qu'une tige y sert beaucoup : pareillement qu'une femme delivre plus aisément si on luy met

[*] Cuisons : mot inusité, peut-être inflammations rouges sur la peau.

[†] Murete : maturité (ici : décomposition de chair de poisson).

des feuillesde Malve dessous : mais incontinent que elle sera delivree il les faudra oster, de peur que la matrice ne sorte aussi à quoy sert aussi si on leur fait prendre à jeun du suc avec du vin. Aucuns ont enseigné, que si les femmes prennent une poignee de fueilles avec huyle et vin, que cela les purgera suffisamment : Elle guérit aussi les escrouëlles, les parotides, oreillons, et enfleures de la gorge, y adjoutant un peu de salive humaine sans aucune playe. Aucuns attachent sa semence pilee, au bras de ceux qui ne peuvent contenir leur semence genitale. Xénocrates a bien remarqué ceci (pourvu que ce soit d'une vraie Malve n'ayant qu'une tige) qu'estant saupoudree sur les parties secrettes des femmes, cela leur acroist merveilleusement leur désir d'habiter avec le masle. Quoy qu'Olympias de Thebes die que les Malves font avorter, si on les met dans la matrice en forme de pessaire, avec graisse de canard, ce qu'il eust peut estre mieux vallu taire. Dioscoride dit que celle des jardins est meilleure à manger que la sauvage, mais qu'elle nuit à l'estomach : les tiges de laquelle comme elles sont aisées au ventre et aux entrailles, aussi sont elles fort propres pour la vescie. Sa semence cuitte dans du vin et de l'eau et un bien peu de vinaigre, profite grandement contre les piqueures et morsures des animaux venimeux, si on en boit une partie, et qu'on applique l'autre sur la partie blessee. Et aussi les fueilles toutes crues pilées avec huyle rosat aident grandement aux bruslures, comme aussi l'eau de leur décoction. Les fueilles avec pain s'appliquent avec utilité contre la véhémence des plaiyes. Le suc beu tout à part soy ou siringué avec huyle de Lis amollit la matrice. Je di davantage que la fomentation de la décoction de Malve ou Guymauve, oste les durtez de la matrice et ouvre ses conduits. Aucuns tiennent que sa racine portee, retient l'enfant conçeu au ventre, voire si elle touche la matrice : ce que plusieurs attribuent aussi à la Paritaire. Il y en a qui la pilent avec huyle rosat et l'appliquent chaudement contre la tumeur des mamelles. Elle a une singuliere vertu, comme nous avons dit contre toutes piqueures des mouches guespes, des mouches à miel et semblables. Si on la laisse pourrir dans l'urine, elle guérira la mauvaise rache[*] : elle guerira aussi les dartres et feux volages, et les petits ulcères qui viennent en la bouche des enfans, avec miel. Quintus Serenus semble attribuer à la decoction de sa racine une singuliere vertu contre les furfures[†] et peaux mortes qui tombent de la teste quand on se pigne, escrivant de cela fort proprement en ces vers comme s'ensuit.

La racine de Malve cuitte peut guerir bien seulement

L'abondance de peaux mortes qui tombent en se pignant

Ses fueilles pilees en huyle rosat et bouillies, profitent grandement au feu S. Antoine et aux brusleures, si on les enduit dessus. Et sa semence beuë en gros vin rouge, délivre de la phlegme, et de tous appétits de vomir : et clisterizee ou beuë aide grandement à ceux qui ont un désir continuel d'aller à selle sans y pouvoir rien faire. et aux dissenteries ; pareillement aux asthmatiques, et aux melancholiques, ausquels toutesfois, et comme aussi à ceux qui sont transportez de leurs sens, aux gravelleux, et à ceux qui sont travaillez d'inflation, et qui ont le col retiré vers les espaules sans se pouvoir plier (que les Grecs nomment

[*] Rache : teigne, affection du cuir cheveux.

[†] Furfures : écailles provenant d'une excoriation, d'une écorchure.

Opistotonos), le suc leur est beaucoup meilleur, soit qu'ils le boyvent ou qu'ils s'en enduisent. La racine de celle qui n'a qu'une tige sert de remede aux maladies des tétins, si on la lie avec laine noire et prinse avec laict en façon de breuvage, elle corrige la toux en peu de temps. Le bouillon de toute la plante racine et tout, est de grande efficace contre toutes choses venimeuses, si après l'avoir beu on le vomit. Hippocrates (selon que Pline l'a remarqué), faisoit boire le jus de la racine cuite, à ceux qui avoient receu plusieurs playes et estoyent alterez pour avoir perdu beaucoup de sang, de quoy ils recevoyent grand soulagement : il appliquoit aussi ladite racine avec miel et résine, sur les playes avec salutaire succes : comme il faisoit aussi aux deflouëures, contusions et meurtrisseures, et aux enfleures des muscles, et aux nerfs et jointures malades. Mais c'est merveille que l'eau dans laquelle on aura pilé la racine de Malve et laissé tremper quelque temps à l'aër, se prendra et caillera comme laict, ce que nous savons bien pouvoir servir à plusieurs choses, et tant plus fresches et recente elle est, tant meilleur elle est aussi. Je scay bien aussi que Théophraste attribue cela plutôt à la Guymauve que non pas à la Malve." (p. 238-244)

NOTES DU CHAPITRE 3

1. On trouvera un résumé de la vie de Mizauld et une liste de ses principaux ouvrages dans R. P. Niceron, "Antoine Mizauld", in *Mémoires pour servir à l'histoire des hommes illustres dans la république des lettres*, Paris, 1739, t. 40, p. 201-213.
2. On se limitera à ne citer ici que quelques-uns des principaux ouvrages que Mizauld a plus particulièrement consacrés aux plantes, à leur culture ainsi qu'à leurs propriétés curatives. Rédigés en latin, quelques-uns furent traduits en français.
   – *Secretorum agri enchiridion primum, hortorum curam, auxilia, secreta, & medica praesidia inventu prompta, ac paratu facilia, libris tribus pulcherrimis complectens*, Paris, 1560, chez F. Morellum.
   – *De hortensium arborum insitione opusculum, Eiusdem dendranatome, hoc est partium corporis arborei explicatio brevis, ubi de earundem nutritione*, Paris, 1560, chez F. Morellum.
   – *Nova et mira artificia comparandorum fructuum, olerum, radicum, uvarum, et oliorum hortensium qua corpus blande absque noxa purgent. Ad haec methodus perpulchra companendorum Vinorum, quae diversis morbis elementer succurant*, 1564, chez F. Morellum.
   – *Alexikepus, seu auxiliaris et medicus hortus, Rerum varium, et secretorum Remediorum accessione locupletatus*, Paris, 1564, chez F. Morellum.
   – *Dioclis Carystii medici, ab Hippocrate fama et aetate secundi, aurea ad Antigonum Regem Epistola, De morborum praesagiis, et eorumdem extemporaneis remediis. Adhaec Arnaldi a Villanova de salubri hortensium usu. Lutetiae,* Morellum, 1572. L'ouvrage est dédié à Pierre Séguier. Il s'agit de l'épître de Diocles Carystius adressée au roi Antigone sur les diagnostics de diverses maladies. Le texte est suivi d'un traité d'Arnauld de Villeneuve sur les plantes médicinales et leur usage.
   – *Artificiosa Methodus comparandorum Hortensium Fructuum, olerum, radicum, uvarum, vinorum, carnium et jusculorum, quae corpus clementer purgent*, Paris, 1575, chez F. Morellum. Il comprend deux parties. La première qui est un manuel de médecine naturelle, traite notamment de la vertu purgative de certaines plantes. La seconde est entièrement consacrée aux vins.
   – *Historia Hortensium Quatuor Opusculis methodicis contexta, quorum Primum, horturum curam, ornatum, et secreta quam plurima ostendit. Secundum insitionum*

artes proponit ; Tertium auxiliares et medicas hortensium facultates percurit, Quartum jucunda et beneficia medicamendorum hortensiumoerum, radicum, fructuum, uvarum, vinorum et carnium artificia explicat. 1577, Cologne, Ioannem Gymnicum
On pourrait ajouter à cette liste les *Centuriae XII*, ouvrage composé de 1200 aphorismes, qui contient notamment une première partie consacrée aux plantes et à leurs vertus (*De plantis, herbis, floribus, arboribus, fructibus & ligno*) paru Paris en 1581, ainsi que les nombreux aphorismes qui figurent dans ses Ephémérides (1546, 1555, 1560...), où ils prodiguent des conseils aux cultivateurs, accompagnant ses prévisions du temps et ses réflexions personnelles.

3. L'ouvrage écrit en latin est publié sous le titre *Hortorum Secreta, Cultus, et Auxilia, amoenae voluptatis, & inenarrabilis utilitatis abunde plena : reramque variarum accessione nunc primum aucta & illustrata*, paru à Paris en 1560, 1574 et 1575 chez F. Morellum. Sa traduction, largement complétée, en français est éditée en 1578. En outre, il lui a été ajouté un opuscule sur la greffe des arbres (*De hortensium arborum insitione*), un opuscule intitulé (*Dendranatome*) qui traite de l'anatomie des arbres et un opuscule (*De Hominis symmetria proportione et commensuratione*) sur l'anatomie du corps humain. En revanche, cet ouvrage n'inclut aucun conseil sur l'aménagement et la composition d'un jardin médicinal.
4. Selon le "Sommaire des Traités contenus dans ce Livre", celui-ci devrait comprendre 4 traités : "Le premier traicté, y est-il annoncé, discourt de la culture et embellissement des jardins, et de plusieurs gentils secrets d'iceux, le second enseigne l'art et dexterité d'enter en plusieurs façons, le troisième monstre les remedes et secours qu'on peut recevoir des plantes des jardins, le quatrieme propose de fort beaux artifices pour rendre les herbes des Jardins, les racines, fruicts, raisins, vins en chairs medicinales, sans qu'il soit besoin courir ailleurs, ni fascher l'estomach, ni le gosier d'autres drogues." L'ouvrage ne tient pas ces promesses et ne présente en fait que les deux premiers traités qui font l'objet des 3 premiers Livres.
5. Le Livtre 2 comprend 25 chapitres (p. 61 à 164) qui portent successivement sur : - les herbes potagères : la Laitue, le Chou, le Persil, la Bette le Pourpié et la Blete, l'Asperge, la Rue, l'Ozeille et Espinars, soit 10 plantes. - les racines bonnes à manger : le Porreau, les Aux, les Oignons, le Reffort, soit 4 plantes - les fruits cartilagineux bons à manger : les Citrouilles (et les Courdes), les Concombres, les Poupons et Melons, l'Artichault ou Chardon franc, soit 6 plantes. - les fleurs et plantes odorantes : les Roses, le Lis, les Violettes, le Basilic et le Passevelours, la Sauge, Romarin, Sarriette, Ysope et Fenoil, la Lavande, Mente, Thym et Soulci, les Œillets et la Marjolaine, les Marguerites et les Pensees, la Flamme, l'Alvine et l'Auronne, le Frezier, Framboisier et Groselier, soit 31 plantes.
6. Le Livre 3 est consacté aux arbres du jardin (p.165 à 290) : le Pommier, le Poirier, le Coignier, le Prunier, le Cerisier, le Meurier, le Pescher, le Meslier ou Néflier et le Sorbier, le Noyer, l'Amandier, le Grenadier, le Citronnier, l'Orangier et le Limonnier, le Figuier et l'Olivier, soit 17 arbres.
7. Cette édition du "Jardin Médicinal" sera publié, revue et complétée, en 1607 sous le titre *La Maison Champestre et Agriculture d'Elie Vinet Xaintongeois et Antoine Mizauld de Mollusson divisée en cinq parties" avec le Jardin médecinal et la façon d'user de la vertu des herbes et plantes pour s'en servir et promptement remédier aux maladies qui surviennent aux hommes et femmes éloignés des Médecins et Apothicaires, œuvre très nécessaire à toutes personnes qui résident aux champs*". Paris, chez Robert Foüet. Cette édition contient en outre un traité d'Elie Vinet* sur l'Arpentage.

---

* Elie Vinet (1509-1587) est un humaniste français, philologue, archéologue, professeur au Collège de Guyenne à Bordeaux, traducteur de différents œuvres latines, notamment d'Ausone et de Catulle. Il a sans doute relu et complété à l'occasion le texte de Mizauld. Un Epitome de la Maison rustique réunissant différents textes que Mizauld a consacrés aux

8. Biographies sommaires des principaux auteurs de l'Antiquité gréco-romaine cités par Mizauld. Nous avons indiqué entre parenthèses les principales notices du Jardin Médicinal où ils sont désignés.

– **Aetius de Capadoce**, ou Aetios d'Amida (en latin Aetius Amidenus, ou, en français, Aèce d'Amide), médecin grec de l'Antiquité tardive, auteur d'une vaste compilation des connaissances médicales de son époque, sous le titre "Iatrika" en seize livres. Il présente de nombreux extraits d'ouvrages de médecine rédigés notamment par Galien, Nicandre de Colophon pour les poisons), Dioscoride (pour les remèdes), Rufus d'Ephèse, Oribase, mais aussi de nombreuses observations cliniques personnelles. (Lathiris ou petite Catapuce, Menthe, Sauge Thym).

Androcides, médecin grec cité par Pline (H N, XIV, 58 et XVII, 240), inconnu par ailleurs, qui passait pour avoir écrit à Alexandre pour en réprimer l'intempérance et prescrit un remède contre l'ivresse consistant à mâcher du raifort (Chou).

Apicius, Marcus, Gavius, (vers 25 av. J-C.- 35 ap. J-C.), riche citoyen romain, rendu célèbre pour ses goûts raffinés, tout particulièrement en matière de gastronomie. il est cité par de nombreux auteurs, notamment par Athénée (Banquet des sophistes, VII, 294f), Pline (*H N*, XIX, 137, 143).Bien qu'il n'ait été l'auteur d'aucun ouvrage, on trouve, à partir du IVème siècle, publiés sous son nom, des "recueils de recettes de cuisine".

Apollodore de Lemnos ou Apollodoros, (IVème siècle av. J.-C), auteur d'ouvrages sur l'agriculture. Il est cité par Aristote, Varron qui en recommande la lecture ainsi que par Pline qui le mentionne parmi ses sources (Index des Livres VIII, X, XIV, XV, XVII et XVIII. Aucun de ses ouvrages ne nous est parvenu.

Apulée ou Lucius Apuleius platonicus, né vers 125 ap. J-C, à Madaure (Algérie) et mort probablement après 170 ap. J-C. Auteur du roman "*Les Métamorphoses*", également connu sous le nom de *L'Âne d'or*. Il est aussi l'auteur de poèmes, et de discours. Une grande partie de ses œuvres a été perdue. (Mercuriale, Ozeille, Pariétaire, Rue)

Apulée (Pseudo -) ou Sextus Apuleius Barbarus parfois appelé Apulée platonicien. (IVème siècle apr. J.-C.) passe pour être l'auteur d'un herbier (*Herbarius*) illustré en latin d'origine grecque. Il y est sommairement décrit 131 plantes avec l'indication de leur usage médical et leur mode d'emploi. Quelques notices relient certaines plantes à une divinité.

Aristophanes, Mizauld le présente comme un médecin "visitant un malade un jour d'été, qui cogneut incontinent qu'il avait mangé des figues à gouster". (Figuiers)

Aristote, cf note 6 du Chapitre 2. (Artichaut, Chélidoine ou Esclaire, Concombre, Menthe, Porreau, Rue.)

Athénée (IIème av. J.- C.- IIIème ap. J.-C.), auteur d'un important ouvrage intitulé "*Deipnosophistaï*" (Les Deipnosophistes), c'est-à-dire "le Banquet des sophistes" ou "le Banquet des hommes sages". Dans cet ouvrage, divisé en 15 livres, Athénée, relate à son interlocuteur, Timocrate, les propos qui se sont échangés lors d'un banquet (fictif) donné par le riche P. Livius Larensis, où les nombreux convives font assaut d'érudition et discutent des sujets les plus divers. Il y rapporte un grand nombre d'anecdotes, de légendes et de citations, qu'il a recueillies dans de nombreux ouvrages qu'il a sans doute pu consulter à Alexandrie. (Amandier, Chou, Citronnier, Concombre,)

Calimaque, poète grec alexandrin (vers 305-vers 240 av. J.-C.), auteur de nombreux ouvrages d'histoire, de grammaire et de littérature ainsi que de poèmes, parmi lesquels on compte des Hymnes et des Epigrammes dont une infime partie est parvenue jusqu'à nous. Mizauld le cite en évoquant le mythe d'Adonis et son interprétation par Athénée. (Laitue)

---

jardins et au jardinage, dont le traité du Jardin médicinal et les Secrets des jardins a paru en 1619 à Genève, chez Michelle Nicod.

Cassius Dionysius, ou Cassius Dionysius d'Utique né à Utique (Tunisie) en 99 av. J.-C, mort en 50 av. J.-C), auteur d'un traité sur l'agriculture, "*Les Géorgiques*". Il a traduit l'Encyclopédie agricole de Magon le Carthaginois, mais il a condensé en 20 volumes les 28 livres composant le texte original, qu'il a toutefois enrichi en y insérant de nombreuses précisions tirées d'ouvrages d'auteurs grecs. Il est notamment cité par Varron et Quintus Gargilius Martialis, qui font peut-être allusion à certains de ses propres ouvrages aujourd'hui perdus. (p. 325) (Laurier)

Castor Antonius. Jardinier romain qui fait l'admiration de Pline (*H N*, XXV, 9). Mizauld rappelle qu'il fut célèbre pour "avoir planté et nourri plusieurs herbes en son jardin par l'aide desquelles il parvint jusques à cent ans, ou plus, sans que sa santé fust en rien interessee, voire sans que sa mémoire ni ses forces fussent en rien afoiblies." (p. 11)

Caton, cf. note 8 du Chapitre 2. (Chou, Figuiers, Olivier).

Celse, ou Celsus, Aulus, Cornelius (vers 25 avant J.-C (?), mort vers 50 après J.-C (?). Sa vie ne nous est pas connue. Auteur d'une importante encyclopédie, intitulée "*De Artibus*" couvrant des domaines aussi variés que l'agriculture, l'art militaire, la rhétorique, la philosophie, la jurisprudence et la médecine. Seule la partie consacrée à la médecine nous est parvenue sous le titre *De Arte medica*, en huit livres. Bien qu'il ne soit pas médecin, il présente un récapitulatif des connaissances médicales de son temps ainsi que la référence à près de 250 plantes médicinales, prescrites comme remèdes. (Ache, Ail, Menthe, Persil, ou Porreau)

Cherias d'Athènes, auteur d'ouvrage sur l'agriculture, à une date indéterminée. Il est cité par Varron (*R R*, I, I), Columelle (*R R*, I, I) et par Pline dans les index de plusieurs livres de son Histoire Naturelle. (Artichaut)

Chrysippe de Cnide, Crysippus, (IVème siècle av. J.-C.), médecin grec, auteur de plusieurs œuvres aujourd'hui perdues. Quelques-uns de ses avis médicaux ont cependant été conservés par Galien qui le cite fréquemment, Mizauld note qu'il est médecin fort ancien (p. 132) et "qu'il a fait un volume à part (sur le chou), divisé par toutes les parties du corps humain" (p. 41) (Ache, Basilic, Chou, Courge, Persil)

Columelle, cf. note 13 du Chapitre 2. "Cet africain, écrit Mizauld, qui est un des agriculteurs grecs fort renommé". (p.296). (Figuiers, Laitue, Lauriers)

Damageron, médecin grec dont Mizauld dit qu'il "est un auteur fort célèbre entre les médecins et agriculteurs grecs, et qu'il a laissé par écrit à la postérité que le suc de mauve est bon pour adoucir l'âpreté de la gorge." (p. 239) (Malve). Il est cité par J B Porta dans son Villae. (p. 625).

Demetrius Sceptius, auteur inconnu par ailleurs auquel Mizauld attribue cet avertissement : "que ceux qui désirent avoir bonne voix se doivent garder de manger des figues" (p.292) (Figuiers).

Democrite, né à Abdère vers 460 - 457, mort entre 366 et 356 av. J.-C. Philosophe réputé pour sa grande culture Auteur de nombreux ouvrages aujourd'hui perdus, dont ne connait guère que les titres et ne subsistent que de rares fragments.

Démocrite, auteur des *Géorgiques grecques*. Il s'agit d'un traité sur l'agriculture écrit au IIIème siècle av. J-C qui fut attribué dès l'Antiquité au philosophe Démocrite d'Abdère, bien qu'il ait été probablement composé selon Columelle (*De Rustica* VII, V) par Bolos de Mendès en Égypte qui vécut vers 200 av. J-C, et appartenait peut-être à la secte des néopythagoriciens. On le trouve généralement cité sous le nom de Démocrite peut-être parce qu'il avait largement utilisé parmi ses sources les ouvrages de Démocrite, le philosophe qui vivait à Abdère au IVème siècle. Il est l'auteur de plusieurs livres dont l'un porte sur les sympathies et antipathies des animaux, des végétaux et des minéraux classées par ordre alphabétique, intitulé *Peri sumpatheiôn kai antipatheiôn*. (Ail, Menthe, Olivier)

Didymus, Didimus, ou Didyme, "qui fut un auteur grec, note Mizauld, qui a écrit de la chose rustique" (p.97). Il s'agit probablement de Didymos d'Alexandrie, médecin et agriculteur du IVème ou Vème siècle. Auteur, selon la Suida, d'un ouvrage sur l'agriculture intitulé *Georgika* en 15 Livres ainsi que d'un traité de médecine dont le titre était *Oktatomos* cité par Aetius (VI 15). Aucun de ces ouvrages ne nous est parvenu. (Ail)

Dioclès, médecin grec du IVème siècle av. J.-C., né à Carystos en Eubée. Auteur de nombreux ouvrages. Si nous connaissons les titres de quelques-uns d'entre eux par les citations qui en sont faites par différents auteurs qui lui sont postérieurs, aucun n'a été conservé et nous n'en possédons que des fragments. Parmi ces titres, on en relève deux, un Traité d'herboristerie et un traité sur les Légumes qui devaient être consacrés à la culture et aux propriétés des végétaux. Mizauld note "qu'il a écrit en son livre qu'il a fait des choses salubres" (p. 150) et qu'il est "fort renommé entre les agriculteurs grecs" (p. 319), (Poupons, Avelanier)

On conserve toutefois sous son nom, une lettre (*Epistolê prophylaktikê*), qu'il aurait adressée à un roi nommé Antigonos qui pourrait être Antigone le Borgne (381-301 av. J.-C.). Cette Épître dont l'authenticité est douteuse qui est consacrée au moyen de se conserver en bonne santé a fait l'objet de plusieurs traductions latines au cours du Moyen-Âge, avec de nombreuses variantes. Mizauld qui le cite (p.63) en a publié la traduction (cf. sup. note 2). (Ail, Bette, Avellanier, Noyer, Poupons).

Diodore ou Diodorus, médecin du Ier siècle av. J.-C. Il est l'auteur d'un ouvrage sur les Traitements empiriques (Empirica) cité par Pline (*H N,* XX 120). Il est également cité par Galien (X 143) parmi les médecins empiriques. (p. 134) (Basilic)

Dionisius ou Dionysius. il s'agit probablement de Cassius Dionysius d'Utique (Tunisie) (99 av. J.-C., mort en 50 av. J.-C.), médecin, auteur d'une traduction grecque de l'ouvrage sur l'agriculture écrit par le carthaginois Magon. Dionysius a réduit les 28 livres de ce dernier à 20 livres mais lui a ajouté de nombreux passages d'œuvres grecques traitant de l'agriculture. Son *De Agricultura* fut un ouvrage de référence longtemps après sa mort. Pline le cite à plusieurs reprises (*H N*, XX, 19, XXII 67.) et précise même qu'il aurait été l'auteur une pharmacopée illustrée comme celle de Krateuas et Metrodor (*H N*, XXV, 8) (Ache ou Persil, Laurier)

Diophanes de Nicée est mentionné par Varron (*R R*, I, 1) parmi les écrivains qui ont écrit sur sur l'agriculture. Il est l'auteur d'un extrait de la traduction grecque de Cassius Dionysius du traité Magon sur l'agriculture réduit à six livres, qu'il a dédié au roi Deiotarus (Varron *R R*, I, 1), 10). Mizauld note qu'il est l'auteur de Géorgiques grecques. (p. 301) (Olivier).

Dioscoride, cf. note 12 du Chapitre 2. (Ache, Ail, Amandier, Asperges, Avellanier, Basilic, Bourrache, Chastaignier, Fenoil, Figuier, Fort, Genevre, ou Glayeul ou Flambe, Fort ou Alvine, Grenadier, Menthe, Mercuriale, Neflier, Olivier, Ortie, Olivier, Ozeille, Persil, Plantain, Porreau, Prunier, Rue, Thym, Tiquet, Violette de Mars, Violier).

Diphilus, Diphilus Caristius, ou ortographié par erreur Diphnius, est un "médecin qui a traité de l'agriculture" (p. 61) ; "médecin fort excellent entre les grecs et bon agriculteur" écrit Mizauld (p.146) qui ajoute "il a été un médecin fort renommé quelque temps après Hippocrate, car il vivait du temps de Lysimachus qui était successeur d'Alexandre" en précisant qu'il s'agit de Diphilus Siphnius (p. 265). Celui-ci, qui vécut au début du IIIème siècle, originaire de l'île de Siphnius, fut le médecin personnel de Lysimaque, roi de Macédoine. Il est l'auteur d'un ouvrage de diététique aujourd'hui perdu, dont nous ne connaissons que des fragments cités par Athénée (II 51et 61, III, 74, VIII 355 et 357a). (Bette, Cerisier, Concombre, Courge, Noyer, Pommier, Poupons) Ne pas confondre avec Diphilos de Laodicée qui a écrit un commentaire sur la *Theriaka* de Nicandre, selon Athènée (VII 314 d)

Eubolus, médecin. Il est cité en référence par Varron (*De re rustica*, Livre I) ; aucune de ses œuvres ne nous est parvenue. (Figuier)

Florentinus, (IIIème siècle ap. J-C.), auteur du d'un ouvrage sur l'agriculture. Mizauld le cite à différentes occasions, notant qu'il est "un des premiers agriculteurs et médecins grecs (p. 100), un" fidèle interprète grec des matières qui concernent l'agriculture et la médecine" (p. 31) et faisant référence à "ses Georgiques grecques" (p.52) ainsi qu'à "ses

commentaires qu'il a fait de l'agriculture" (p. 98), "qui est un excellent auteur entre les grecs, qui a écrit de la chose rustique" (p. 123) "très diligent interprète de l'agriculture grecque" (p. 206). Cet ouvrage qui ne nous est pas parvenu, est cité dans les Geoponiques (IV, 8 et V, 14) (Laitue, Menthe, Persil, Reffort ou Ravanet, Rue)
Galien, cf. note 14 du Chapitre 2 (Ache, Ail, Amandier, Artichaut, Avellanier, Asperges, Basilic, Bette, Bourrache, Chastaignier, Chélidoine ou Esclaire, Chou, Concombre, Courge, Figuiers, Fort ou Alvine, Genevre, Laitue, Laurier, Lis, Mercuriale, Neflier, Oignon, Olivier, Ortie, Persil, Peschier, Pin, Plantain, Porreau, Prunier, Poirier, Poupons, Reffort ou Ravanet, Roses, Rue, Violiers).
Gargilius Martial, cf. note 15 du Chapitre 2 (noyer)
Gargilius Servius, écrivain latin de la première moitié du IIIème siècle ap. J.-C. auteur d'un ouvrage sur les jardins (*De hortis*), ainsi que d'un traité, Les Remèdes tirés des légumes et des fruits (*Medicinae ex holeribus et pomis*). D'importants fragments de ces deux ouvrages nous ont été transmis, notamment grâce aux citations et aux extraits qui figurent dans le *Medicina Plinii*,
Glaucias, (IIème ou IIIème siècle av. J.-C), médecin grec de l'école empirique, auteur de commentaires aujourd'hui disparus sur les œuvres d'Hippocrate, dont il avait rédigé un lexique. Il est cité par Pline (*H N,* XX, 263, XXI, 102, XXII, 98, XXIV, 142) (Artichaut)
Heraclite Tarentin ou Heraclide de Tarente (Ier siècle av. J.- C.), médecin célèbre pour ses recherches sur les remèdes. (Concombre, Noyer)
Hérodote (né vers 484 – mort vers 420 av. J.-C.) né à Halicarnasse, en Carie (Turquie), Il effectua de nombreux voyages (Égypte, Cyrénaïque, Phénicie, Syrie, Babylone, Macédoine), qui lui inspirèrent son œuvre majeure, Historía (*i e* "Recherche, Exploration", de Histôr" celui qui sait, qui connaît"), traduisible par L'Enquête. L'ouvrage comprend neuf Livres, portant chacun le nom d'une muse. Hérodote y donne une description des régions qu'il a visitées, ainsi que de nombreux renseignements d'ordre historique et ethnographique sur les particularités, les coutumes et les croyances des populations. Hérodote est considéré comme le "Père de l'Histoire". Mizauld le cite dans sa Préface, (p. 8)
Hesiode (VIIIème siècle av. J.-C.) Poète grec auteur de deux poèmes majeurs de la littérature grecque Les Travaux et les Jours dans lequel il prodigue des conseils moraux et pratiques à son frère Persès, et la Théogonie où il établit la généalogie des dieux et des héros de la mythologie grecque (p. 156) (Artichaut)
Hippocrate, cf. note 5 du Chapitre 2. (Ail, Artichaut, Bette, Blette ou Saune, Courge, Laitue, Mercuriale, Pin, Porreau, Reffort ou Ravanet, Soulcie).
Homère, aède grec auquel ont été attribués deux poèmes, l'Iliade qui narre la guerre de Troie et l'Odyssée qui décrit les péripéties de la navigation d'Ulysse pour regagner sa patrie, l'île d'Ithaque, après la fin de la guerre de Troie (p. 58 et.279) (Ache, Citronnier).Mizauld rappelle qu'il a appelé le qualificatifs "sentant le citron" aux habillements (mis dans les coffres) p.278
Horace (65-8 av. J - C) poète latin, auteur d'Odes, de Satires, et d'Epitres ainsi que d'un Art poétique ou Epitres aux Pisons. Mizauld évoque une lettre d'Horace à Soeva rappelant que les Rois prenaient plaisir à consommer des herbes potagères. (p. 30) (Laitue, Persil)
Leontinus, auteur grec qui "est un de ceux, note Mizauld, qui ont écrit sur l'agriculture" (p. 60). Aucun de ses ouvrages ne nous est parvenu. Il est cité à plusieurs reprises dans les Géoponiques. Inconnu par ailleurs (Pourpier)
Lucrèce, poète philosophe latin du Ier siècle av. J.-C. (peut-être 98-55), auteur d'un seul ouvrage en six parties, le *De rerum natura* (De la nature des choses), un long poème passionné qui décrit le monde selon les principes d'Épicure. Il y expose fidèlement la doctrine de celui-ci et la défend avec force. Outre l'exposé de ses conceptions de la religion, il y propose d'expliquer la nature et la forme des objets et du vivant par des combinaisons d'atomes. (Fort ou Alvine)

Macer Aemilius, poète didactique latin du Ier siècle av. J.-C. auteur de poèmes sur les oiseaux (*Ornithogonia*) et sur les remèdes aux morsures de serpents (*Theriaca*), inspiré de l'ouvrage de Nicandre de Colophon consacré aux Serpents dont le venin donne la mort, et des Simples qui guérissent de leur morsure. Ovide le cite dans son poème (Tristes, IV, 10, 43) Le poème en hexamètres intitulé *De Floridus* ou De *viribus (aut virtutibus) herbarum*, qui lui est attribué serait en réalitéfait l'œuvre d'Odo de Meung. Mizauld cite deux vers d'Aemilius Macer "poète et médecin expert" (p.90). Il lui attribue aussi deux vers sur les propriétés de la laitue (p. 32), et note au passage qu'il lui semble que ceux qui ont affirmé que Macer vivait à l'époque d'Auguste se trompent quand ils s'appuyent pour preuve sur deux vers d'Ovide qui cite Macer évoquant une herbe qui protège des serpents. (Ail, Chou, Laitue)

Maro, cf. Virgile, (p. 328) (Laurier)

Martial, Quintus Gargilius Martialis cf cf. note 15 du Chapitre 2. Mizauld en cite quelques vers (p. 35 et p. 37) et note qu'il a écrit un Traité de jardinage selon Servius Virgilianus (p.309) (Bette, Blette ou Saune, Laitue, Noyer)

Matron de Pitane (Éolie), poète grec de la fin du IVème siècle av. J.C., auteur de parodies dont il ne reste que quelques fragments, dont ceux d'un "Banquet attique" (*Deípnon Attikón*), cité par Athénée (IV, 13)." (Concombre).

Menandre, "médecin et agriculteur d'entre les Grecs" selon Mizauld (p.63). Varron en mentionne deux parmi ses références, l'un est Ménandre de Priène, l'autre, Ménandre d'Héraclée. (Ail, Bette, Blette ou Saune).

Mithridate VI, Eupator, roi du Pont, né en 135 av. J-C, mort en 63 ap. J.-C.) connu pour être à l'origine du concept de mithridatisation, qui consiste à consommer régulièrement de faibles doses de poison pour y accoutumer l'organisme et y développer une résistance. Il est cité par Pline (*H N*, XXV, 5-6) qui mentionne aussi son antidote (XXIX 24). Mizauld donne une composition de remède attribuée à Mithridate, appelée "Diateffaron de Mithridate" composée de "quelques feuilles de rue pris avant les repas avec une figue et des vieilles noix et un peu de sel, rabat la force des venins et rendra l'homme assuré des inconvéniens qui en pourraient survenir et si résistera au mauvais air et contagieux." Mizauld assure que lui-même et plusieurs autres l'ont heureusement éprouvé contre la peste (p.212) Il en cite une autre recette en se référant à Pline et Quintus Serenus (p.308) (Figuiers, Noyer, Rue).

Mnesitheus, médecin grec d'Athènes qui a probablement vécu au 4ème siècle av. J.-C., appartenant à l'école dogmatique de médecine, célèbre notamment pour sa classification des maladies. Auteur d'un ouvrage Sur le régime (*Peri Edestôn*). Il est plusieurs fois cité par Athénée (II, 54, 57, III, 80, 92, 96, 106, 121, VIII, 357) et par Galien (XIV 683, XI, 163, VI, 645 ainsi que par d'autres médecins comme Soranos d'Ephese ou Oribase ou encore par Pline (*H N*, XXI, 12). Mizauld note qu'il est l'auteur d'un ouvrage sur les aliments. (Amandier, Noyer)

Moschion, Muscio ou Mustio, auteur supposé d'un traité de gynécologie (Gaenecia), écrit en latin (vers 500 ap. J.-C.) et traduit en grec. Inconnu par ailleurs. Mizauld rappelle "que Moschion Grec" a écrit un livre tout entier de ses louanges sur le raiffort". (p.105) (Reffort ou Ravanet)

Musa, Antonius, médecin grec du Ier siècle av. J.-C., affranchi par l'empereur Auguste, qu'il aurait guéri d'une hépatite virale (?). Il est cité par Pline (*H N* XIX 128, XXIX, 6). Mizauld affirme que ce serait "par le moyen de la laitue". (pp. 29, 40) On lui attribua un ouvrage sur la bétoine (De Herba vettonica) où sont réunies les propriétés thérapeutiques qui étaient attribuées à cette plante à son époque. (Laitue, Œillet). Mizauld rappelle "qu'il y a un traité fort beau et proprement décrit que Anth. Musa médecin d'Auguste en a fait, qu'il a dédié à M.Agripa" (p. 182)

Nevius Cnaeus (275 av. J-C- 200 av. J.-C.), poète et dramaturge romain. De son œuvre, il ne nous est parvenu qu'une centaine de vers. Mizauld le cite avec Homère pour noter que ceux-ci ‘ "donnent aux habillements ce beau titre, sentant le citron". (p.278) (Citronnier)

Nicandre de Colophon, grammairien, poète et médecin grec du IIème siècle av. J.-C., auteur de nombreuses œuvres, tant en prose qu'en vers, dont seules deux ont été conservées, les Thériaques, un poème épique de 958 hexamètres, consacré aux blessures causées par les animaux venimeux, ainsi qu'à leur traitement et les Alexipharmaques, poème de 630 hexamètres, qui porte sur les poisons et leurs antidotes, mais où sont décrites de nombreuses espèces végétales et animales. On lui doit aussi des Géorgiques dont seuls quelques fragments nous sont parvenus et dont Virgile s'est sans doute inspiré. Mizauld le cite en référence. (p.217) (Ortie)

Olympias de Thèbes, sage-femme grecque qui a vécu au premier siècle avant notre ère Elle était aussi écrivain. Elle était renommée ses compétences médicales. Elle est citée par Pline (*H N*, XX, 226) (p. 241) (Malve)

Oribase, médecin grec, né à Pergame vers 325 ap. J.-C. mort à Byzance vers 403 ap. J-C.), Il accompagna Julien en Gaule en 355 ; celui-ci, devenu empereur le nomma questeur de Byzance. On lui doit une véritable encyclopédie médicale, (*Collectiones medicae*) composée de 70 Livres, il y a réuni l'essentiel des connaissances médicales anatomiques et physiologiques de son temps, ainsi que des aperçus sur les pratiques les plus efficaces dans les domaines de la thérapeutique et de la pharmacologie. Une grande partie de cet ouvrage ne nous est pas parvenue. Nous ne disposons plus guère que des livres 1-15, quelques extraits du livre 16, les livres 24-25, 43-50, ainsi que plusieurs fragments désignés comme libri incerti. Il en tira deux manuels d'un usage courant et plus pratique à consulter. Le premier intitulé *Sunopsis ad Eustathium* à l'attention de son fils Eustathios, médecin lui-même, contient neuf livres (trois consacrés aux médicaments et traitements, deux à l'hygiène et à l'alimentation, un aux fièvres, un aux affections externes, deux à la pathologie interne) eut un énorme succès, fut traduit en latin dès le VIIème siècle et largement répandu. Le second intitulé *Libri ad Eunapium* nommé aussi *Euporista* ou les Remèdes faciles à trouver, en quatre livres, est un manuel de vulgarisation, dont le but est d'aider les lecteurs profanes en cas d'urgence médicale. (p. 155) (Artichaut).

Ovide Publius Ovidius Naso, (né en 65 av. J.-C. mort en 18 av. J.-C.) auteur de nombreux poèmes (Odes, Epodes ou Iambes, Satires) Ses œuvres les plus connues sont notamment *L'Art d'aimer*, un poème astronomique (*les Phénomènes*), une *Epitre à Pison*, plus connue sous le titre d'*Art poétique*, un poème de 12 000 hexamètres dactyliques répartis en quinze Livres (*Les Métamorphoses*), reprenant les récits de la mythologie grecque et romaine, ainsi que *Les Tristes* et *Les Pontiques*, qui contiennent des confidences pleines de mélancolie, écrites sur la fin de sa vie, alors qu'il était exilé. Il serait aussi l'auteur de *Medicamina Faciei Femineae*, traitant de cosmétiques féminins (Laitue, Noyer),

Palladius Napolitanus, cf. note 16 du Chapitre 2. Mizauld le cite en référence (pp. 203, 278) (Rue, Citronnier).

Paul d'Égine, Paulus Ægineta, médecin grec du VIIème siècle, né dans l'île d'Égine, auteur de nombreux traités médicaux, dont il n'est resté que les Epitomes iatrikes biblia hepta (ou en latin *: De Re Medica Libri Septem*), essentiellement une compilation en sept livres de textes de médecins antiques. Sa source principale est Oribase. Il y traite d'Hygiène et de diététique, des différentes variétés de fièvres, des maladies classées selon leur localisation de la tête aux pieds, des poisons, des médicaments composés et des opérations chirurgicales. Son Livre VII est consacré aux propriétés des médicaments simples et composés parmi lesquels les substances végétales occupent la plus grande place. (pp.121, 190). (Basilic, Fenoil, Fort ou Alvine, Glay ou Glayeul ou Flambe).

Pausanias, (vers 115-180 ap. J.-C.) géographe et grand voyageur, auteur d'une Description de la Grèce ou *Périgenèse* en dix Livres Mizauld le mentionne dans sa Préface, au sujet du culte d'Esculape à Epidaure. (p. 8).

Paxamus, (IIème siècle av. J.-C.), auteur d'un ouvrage sur l'Agriculture (*Georgica*) en 2 Livres ainsi que d'un traité sur l'Art culinaire en 2 livres, classé par ordre alphabétique (*De re culinaria ordine alphabetico*). Il est cité par Athénée (IX, 376d) et (Columelle

XII, c 4). Nous ne possédons que des fragments de ses œuvres. Mizauld note qu'il est "un d'entre les grecs qui a traité d'agriculture" et fait référence à ses "Paradoxes rustiques" (p.44) (Chou)

Phaenias d'Eresus (375 av. J.-C-300 av. J.-C), philosophe péripatéticien et botaniste, disciple immédiat et commentateur d'Aristote, condisciple de Theophraste. Ses œuvres ne sont pas parvenues jusqu'à nous et nous ne les connaissons que par des fragments cités par d'autres auteurs. Ses écrits sur la logique et la science semblent avoir été des commentaires ou des suppléments aux travaux d'Aristote et de Théophraste. Dans son ouvrage sur les plantes est cité par Athénée (II, 54 f, 61f, III, 84d), il s'intéresse plus particulièrement aux soins qu'il faut apporter aux jardins et aux plantes. (p.150), (Poupons)

Phanias, Mizauld le cite comme un "médecin fort renommé entre les Grecs" (p. 217) (Ortie). **Phylotimos** de Cos ou Philotime (IIIème siècle av. J.-C.), médecin, élève de Praxagoras, auteur de différents ouvrages dont un "Livre sur les aliments" évoqué par Mizauld, (p.318). Seuls des fragments de ses écrits sont parvenus jusqu'à nous. Galien le cite à plusieurs reprises (*De usu partium* III, 3 et 12), *De alimentorum facultatibus* § 29), Athénée aussi (*Deipnospohistes,* II, 53 f) (p. 318) (Avellanier)

Pline l'Ancien, cf. note 11 du Chapitre 2. (Ache, Ail, Amandier, Asperges, Basilic, Bette, Porée ou Réparée, Blette ou Saune, Bourrache, Cerisier, Chastaignier, Chélidoine ou Esclaire, Chou, Citronnier, Concombre, Fenoil, Figuiers, Fort ou Alvine, Genevre, Grenadier, Laurier, Lis, Meurier, Noyer, Olivier, Orvalle, Persil, Peschier, Plantain, Pommier, Porreau, Pourpier, Reffort ou Ravanet, Roses, Rue, Sureau ou Yeble.)

Plinius secundus junior, *Medicina Plinii* (La médecine de Pline) ou *Breviarium Plinii* (L'abrégé de Pline) sont les noms usuels d'une compilation médicale latine de l'Antiquité tardive (IVème siècle ?), organisée en trois livres, donnant plus de 1000 recettes de remèdes médicaments ou de descriptions de traitements tirés dans leur grande majorité des Livres XX à XXXII l'Histoire naturelle de Pline l'Ancien. Son auteur n'est pas un médecin, mais se présente comme un grand voyageur qui doit se garder des charlatans trop nombreux dont on peut être victime. Les livres I et II, proposent des remèdes présentés, selon l'usage hérité de l'Antiquité, "*a capite ad calcem*" (de la tête aux pieds). Le livre III est consacré à ce qui peut affecter l'ensemble du corps (fièvres, maladies de peau, empoisonnements) ou n'importe quelle partie, comme les morsures d'animaux. Les recettes sont en général simples et peu précises. Nombreuses sont celles qui relèvent de la magie. L'ouvrage fut très répandu au Moyen-Age et nous en possédons différentes versions, plus ou moins détaillées. Au XVIème siècle également, on commença à appeler aussi l'auteur de la compilation Plinius Valerianus ("Pline Valérien"), (p. 63) (Bette)

Plistonicus ou Pleistonicus, médecin grec (IVème et IIIème siècles av. J.- C.), élève de Praxagoras, auteur d'un ouvrage sur l'anatomie, mentionné par Galien ainsi que par d'autres auteurs comme Athénée (II, 45d), Celsus (*De Med*., Praef.) et Pline (*H N* XX, 26, 122). Aucun de ses écrits n'est parvenu jusqu'à nous. (p. 101) (Reffort ou Ravanet)

Plutarque (vers 46 - vers 125 apr. J.- C.) auteur grec de nombreux ouvrages qui traitent des sujets les plus divers. Il est surtout connu pour ses Vies parallèles des hommes illustres qui rassemblent une cinquantaine de biographies, dont quarante-six sont présentées par paire, comparant des Grecs et des Romains célèbres. Ses Œuvres morales comprennent plus de deux cent trente traités consacrés à des sujets nombreux et variés dont soixante-dix-neuf seulement nous sont parvenus. On lui doit aussi des Dialogues pythiques et des Propos de table, sous forme de questions-réponses. (p.58 et p. 206) (Ache, Amandier, Avellanier, Coignier, Figuiers, Oignon, Persil, Rue.)

Porphyre. Mizauld le cite ainsi pour expliquer que le laurier est sacré à Apollon, plein de lumière et ardent "comme témoigne Porphire en son livre du sacrifice et de la magie, par quoi le laurier chasse le feu en pétillant et résiste manifestement aux foudres enflammées" (p. 324). (Laurier). Il s'agit probablement de Porphyre de Tyr, philosophe néoplatonicien (234 - v. 305 ap. J-C.).

Praxagoras de Cos, médecin grec de la famille des Asclépiades (2ème moitié du IVème siècle av. J.-C.) ; disciple d'Hippocrate de Cos. Il serait l'auteur de plusieurs ouvrages, aujourd'hui disparus, une Thérapeutique, Des symptômes, une Collection sur les maladies & leurs traitements, Des Maladies étrangères (Ail, Reffort ou Ravanet),
Pythagoras ou Pithagore. né aux environs de 569 (?) ou 606 (?) av. J.-C. à Samos, une île du sud-est de la mer Égée ; mort vers 495 av. J.-C. Philosophe et mathématicien, dont on ne connait la vie que par des citations d'auteurs, mais qui n'aurait écrit aucun ouvrage. Mizauld le cite plusieurs fois, ainsi que ceux qui se revendiquent de lui, les Pythagoriciens, et même le critique, en notant qu'il "s'est abusé sur les propriétés de la rue quand il a jugé qu'elle était dommageable aux yeux." (p. 214) (Laitue, Chou Figuiers, Rue).
Quintilius, Maximus et Condianus, deux frères vivant sous Marc Aurèle, auteurs d'un ouvrage consacré à l'agriculture, les Géorgiques, dont on ne connait que des fragments. Mizauld les cite ainsi ("*les Quintiliens*"), en déclarant : "Ce que j'ai lu autrefois dans les Georgiques des Quintiliens est bien mémorable". (p.148) (Concombre)
Quintus Gargilius Martialis, cf. note 15 du Chapitre 2
Quintus Serenus Sammonicus, érudit romain (fin du IIème siècle et au début du III^{ème}siècle de notre ère), auteur d'un poème didactique médical en latin "*De medicina præcepta*" composé de 1115 hexamètres dactyliques divisés en 64 chapitres. Dans sa Préface, il de donner des remèdes simples et peu coûteux afin d'éviter à ses lecteurs des dépenses auprès des professionnels. Il contient de nombreux remèdes populaires, empruntés à Pline l'Ancien, à Dioscoride, ainsi que diverses formules magiques, entre autres le célèbre Abracadabra, donné comme guérissant de la fièvre semi-tierce. Les traitements y sont présentés *a capite ad calcem* ("de la tête aux pieds"). A l'occasion, il fait état de son expérience des taitements qu'il propose. Le poème se termine par une description du fameux antidote de Mithridate VI Eupator du Pont. Cet ouvrage est proche de la *Medicina Plinii* (cf supra) et fut largement diffusé au Moyen Age.Mizauld note qu'il est "un fort ancien poète médecin" et un "excellent médecin (p. 34, 38, 56) (Ache, Asperges, Fenoil, Laitue, Menthe, Mercuriale, Noyer, Persil, Porreau, Reffort ou Ravanet, Sureau).
Rufus d'Éphèse, (né vers 80 ap. J.-C, mort vers 150 ap. J.-C.), médecin grec, auteur de nombreux ouvrages dont une grande partie est malheureusement perdue. Mizauld a pu consulter Des parties du corps humain (*De corporis humani appellationibus*). De la gonorrhée (*De venereis*).De la mélancolie (*De melancholia*), De la jaunisse (*De ictero*) destiné au profane ou encore à ceux qui n'ont pas de médecin à proximité. Il s'agit d'un manuel d'automédication pour les affections courantes avec des conseils de diététique préventive. Il a peut-être aussi eu connaissance de son poème en hexamètres sur la Botanique médicale. (p. 38) (Ail, Laitue).
Sabinus Tyro, auteur d'un traité d'horticulture intitulé "*Cepuricon*" consacré aux plantes potagères qui sont cultivées dans les jardins, dédié à Mécène, selon Pline (*H N*, XIX, 177), inconnu par ailleurs.
Servius Maurus ou Servius Honoratus, grammairien païen de la fin du IVème siècle, auteur d'un livre de commentaires sur Virgile, (*In tria Virgilii Opera Expositio*), dans lequel il fait référence à de nombreux ouvrages aujourd'hui disparus. Il contient en particulier de précieuses informations sur l'histoire, la religion, les croyances, les mythes, les antiquités et la langue de Rome, qui, sans l'apport de Servius, seraient définitivement perdues. Mizauld le rappelle ainsi en l'appelant "*Servius Virgilianus*" (p.309). (Noyer)
Sotion d'Alexandrie, doxographe et grammairien grec du IIIème siècle av. J.-C. auteur d'un traité de Jardinage de Gargile Martial d'agriculture qui ne nous est pas parvenu ; on ne connaît ses œuvres qu'indirectement, notamment par Athénée qui le cite dans ses Dipnosophistes (IV, 162, VIII, 336). Mizauld qui le désigne comme "un auteur ancien qui a écrit de l'agriculture et de la médecine (p.82) renvoie à l'occasion" au traité qu'il a

fait des "Préceptes d'agriculture" (p. 134) et précise que c'est "en grec". (p.81) et qu'il en a moult exemplaire (p. 97) (Ail, Basilic, Oignon, Porreau)

Suétone, Caius Suetonius Tranquillus (vers 69-70 apr. J.-C.- vers 130 apr. J.-C.), auteur de nombreux ouvrages dont la Vie des douze Césars qui rassemble les biographies de Jules César à Domitien. Auteur prolifique, il aurait écrit une encyclopédie d'histoire naturelle aujourd'hui perdue : "*Prata*" (Les Prairies) (p. 327) (Laurier)

Tarentin ou Tarentinus ; ce pourrait être Archytas de Tarente, mentionné par Varron (*Res.rust.* I, 1) et Columelle (*Res.rust.* I, 1) Mizauld note qu'il est un "auteur bien versé et expérimenté en l'agriculture et médecine". (p. 176), (Violette de Mars),

Thémison de Laodicée (Ier siècle av. J.-C.), médecin, disciple d'Asclépiadede Pruse en Bithynie, auteur de plusieurs ouvrages aujourd'hui disparus. Il est notamment cité par Pline (*H N*, XIV, 114, XXIX, 6, XXV, 58, 80) ainsi que par Celse (*De Arte medica*, Préface) (Plantain)

Théophraste, cf. note 7 du Chapitre 2. (Ache, Chou, Citronnier, Persil, Rue)

Theopompe de Clio ou Théopompe d'Athènes, poète, historien, et dramaturge grec du Vème siècle av. J.-C. Mizauld note qu'il est un "auteur bien véritable et fidèle" pour évoquer Clearchus, tyran d'Héraclée, sur le Pont Euxin, empoisonneur notoire. Inconnu par ailleurs. (p. 280 (Citronnier, Rue).

Varron, cf. note 9 du Chapitre 2 (Chou)

Virgile Maro, cf. note 10 du Chapitre 2. (Ail, Citronnier, Coignier, Laurier, Orangiers, Thym) Il peut aussi s'agir de Polydore Virgile, ou Polydore Vergil, ou Polydorus Vergilius, (1470-1555) lorsque Michauld le cite ainsi "Vergile (sic), philosophe et médecin exquis qui avait une grande connaissance des secrets de nature". (p. 90). Celui-ci est l'auteur d'un ouvrage encyclopédique (*De Rerum inventoribus libri VIII*) (1499, traduit en français en 1521) dont une partie est consacrée à l'agriculture.

Xenocrates d'Aphrodisias médecin grec du Ier siècle ap. J-C. Aucune de ses œuvres ne nous est parvenue. Il est cité par Galien (par ex. *De Simplicium. Médicamentorum. Tempéramenis, ac Facultatibus* Tome XI1. Vol. XII. p. 248 et 261), par Pline (*H N*, XX, 155, 218, 227) ainsi que par le Ps Apulée (93, 6), Pline le jeune, (90, 2), Serenus Sammonicus (920, 984). Mizauld le cite plusieurs fois. (Artichaut, Malve).

Zoroaste. Prophète iranien dont la date de naissance est incertaine (1er millénaire av. J.-C). Mizauld le cite en faisant référence à "ses observations grecques d'agriculture" (p.166). On ne peut savoir s'il s'agit d'un passage de l'une des versions de l'Avesta (ensemble des textes sacrés de la religion mazdéenne) ou d'un des nombreux ouvrages apocryphes qui lui furent attribués à l'époque hellénistique, parmi lesquels on trouve, entre autres, une œuvre, De la Nature ainsi que des fragments traitant des propriétés magiques des plantes et des pierres,. (Roses)

9. Auteurs postérieurs à l'Antiquité ou contemporains de Mizauld :

Albert qui est "à bon droit, surnommé le Grand", note Mizauld, cf. Chap. 2, note 26. (Peschier, Persil)

Albubater Abu Bakr al Hassan ibn al Hasib da al Khaseb, médecin et astrologue persan du IXème siècle. Auteur de différents ouvrages, notamment *De Nativitatibus* traduit en latin par Canonicus Salio en 1218, à Padoue et plusieurs fois réédité au cours du XVIème siècle. (Ache ou Persil)

Alexandre Benedictus ou Alessandro Benedetii, médecin italien (1452 -1512), auteur de différents ouvrages sur le traitement de la peste, notamment *De pestilenti febre liber unus* (1490) et *De observatione in pestilentia libellus* (1493). Mizauld "confesse franchement lui avoir prinz la recette d'un remède contre un accès de fièvre pestilentiale" (Soulcie).

Arnaud de Villeneuve ou Arnau de Vilanova (1238 - 1311 ou 1313), médecin, alchimiste, théologien et astrologue. Célèbre pour son érudition, il est l'auteur de nombreux ouvrages de théologie, d'alchimie, d'astrologie et de médecine, la plupart étant inspiré par celle-ci qu'il enseigna d'ailleurs à Montpellier (*Scholæ Salernilanæ Opuscuhim, De conservanda Juventule et de retardante Senecliite, Libellus de regimine* *senû et seniorum arnaldi de Villa nova*). Toutefois un grand nombre de ceux qui lui sont attribués sont apocryphes. (Rue)

Avenzoar Abou Merwan Ibn Zuhr, (Avenzoar, Abumeron, ibn-Zohr), (1074 ou 1091 ?- 1162), médecin qui est né et a exercé à Seville, auteur d'un traité de pratique médicale (le livre de la simplification des traitements et régimes), dont la traduction vers la fin du XIII ème siècle eut un grand retentissement. Il a eu pour disciple Averroes. (Fort ou Alvine)

Avicenne, cf. Chap.2 note 20. (Ache, Ail, Bette, Courge, Marjolaine, Persil, Rue)

Jean Boccace ou Giovanni Boccaccio (1313-1375) écrivain florentin, auteur d'un recueil de nouvelles, le *Décaméron*, qui eut un grand succès. (Sauge)

Antonio Musa Brasalova, ou Brassavolus, né à Ferrare en 1500, mort à Ferrare en 1555, médecin et professeur de médecine. Auteur de nombreux ouvrages, écrits en latin, dont plusieurs sont consacrés aux différents remèdes prescrits par les médecins (sirops, électuaires, poudres, trochisques, onguents, cataplasmes, emplatres, cerats, pilules...) ainsi qu'un remarquable traité de Botanique consacré plus particulièrement aux plantes médicinales : Examen omnium simplicium medicamentorum, uorum in officinis usus est (1536). Il crée un jardin botanique appelé jardin du Belvédère en 1536. On lui doit aussi des commentaires d'Hippocrate et de Galien. Mizauld note qu'il est "un médecin très docte et bien expert en la ville de Ferrare" (p. 276) (Néflier)

Jérôme Cardan (Gerolamo Cardano ou Girolamo Cardano ou Hieronymus Cardanus), 1501-1576), médecin, mathématicien, astrologue et philosophe. Reçu Maître ès Arts à Venise en 1524, docteur en médecine à Padoue en1526, il enseigne les mathématiques à Milan, puis parcourt l'Europe où il jouit d'une grande réputation, mais mène une vie aventureuse, jalonnée de scandales qui finit par le réduire à la pauvreté. Il professa à Bologne de 1562 à 1570, mais dut s'enfuir à Rome où il vécut jusqu'à la fin de sa vie, grâce aux bienfaits du pape Grégoire XII. Esprit original et haut en couleurs, il écrivit un nombre considérable d'ouvrages dont les plus célèbres sont le *De Subtilitate* et le *De Natura rerum.* Ce sont des sortes d'encyclopédies où il aborde les sujets les plus divers, mêlant savoir et superstition, sans grand souci de méthode. Selon lui, chaque chose possède une propriété secrète (une subtilité qui fait sa spécificité) que l'on peut découvrir par la méthode analogique, fondée sur l'observation des correspondances entre différents éléments de l'univers, comme les planètes et les couleurs ou les saveurs. Le Livre VIII du *De Subtilitate* est entièrement consacré aux plantes. Rappelons qu'il inventa un système de suspension qui porte son nom. (Orangiers et Limoniers, Grenadier)

Coena Baptista, (ou Fiera Giovani Baptista) (1465-1538) auteur de *De Coena sive Cibarorium virtutibus* (1494) ou *De herbarum virtutibus*. (Oignon)

Pierre Crescens ou Petrus Crescentius cf. Chap. 2. (Ail, Laurier, Porreau, Reffort ou Ravanet) Mizauld le cite plusieurs fois et note qu'il est "un agriculteur assez renommé" (p. 329)

Theodore Gaza (v 1400-v.1478) philosophe et grammairien grec, a traduit les traités de botanique de Théophraste et sans doute aussi le *Plantarum natura brevis descriptio* attribué à d'Aristote. Son nom a été donné à une plante (Gazania). (p. 57) (Ache ou Persil).

Eobanus Hessus ou Helius Eobanus Hessus, ou Eoban Hesse (1488 - e 1540), poète allemand de langue latine. Il est souvent cité par Mizauld sous l'expression "le poète herboriste". Il laissa un choix de ses poésies sous le titre : *Operum Helii Eobani Hessi, farragines duœ*, comprennent trois livres d'Héroïdes, à l'imitation de celles d'Ovide, dix-sept églogues, des Silves en 9 livres, une traduction des Idylles de Théocrite, une de l'Illiade. Quelques-unes de ses œuvres plus particulièrement consacrées aux plantes et à la médecine (*Bonae Valetudinis Conservandae Praecepta Ad Magnificum D. Georgium Strutiaden,... Medcinae Laus Ad Martinum Hunum. Coena Baptistae Fierae De Herbarum Virtutibus, & Ea Medicae Artis Parte, Quae in Victus Ratione Consistit. Item Polybus De Salubri Victus ratione privatorum, Ioanne Guinterio Andernaco Medico* *interprete. Aristotelis problemata, quae ad stirpium genus & oleracea pertinent.*). (Ail, Bette, Blette ou Saune Chou, Courge, Laitue, Porreau, Reffort ou Ravanet, Rue).

Geoponica ("Les Géoponiques") est le nom donné à une encyclopédie en vingt livres écrite en grec, consacrée à l'agriculture, l'horticulture, l'élevage, ou encore l'œnologie. L'histoire de son élaboration est assez complexe. La dernière version a été composée sur l'ordre de l'empereur byzantin Constantin VII Porphyrogénète (913-959) ; elle s'appuyait essentiellement d'un traité qui s'appelait Morceaux choisis sur l'agriculture de Cassianus Bassius, surnommé Scholasticus, agronome et écrivain grec mal connu du Vème siècle de notre ère, qui s'était lui-même inspiré d'une compilation (la Collection (*Synagoge*) des pratiques agricoles réalisée au IVème siècle par Vindonius Anatolius de Beyrouth.

Les Géoponiques ont été traduites d'abord en grec en 1539, à Bâle d'après un manuscrit qui porte comme auteur le nom de Constantin Cesar, l'empereur Constantin VII Porphyrogénète et en français dès 1543 par Antoine Pierre de Narbonne, sous le titre "*Les XX Livres de Constantin Cesar, ausquelz sont traictez les bons enseignemens d'Agricultur traduictz en Francoys par M. Anthoine Pierre, licentié en droict, chez Jehan et Enguilbert de Marnef.* "

Guillaume Gratarole, Guglielmo Grataroli ou Gratarolo ou Guilelmus Gratarolus (1516 -1568) médecin et alchimiste italien, Mizauld rappelle qu'il et l'auteur d'un livre sur la conservation de la santé (p. 51) (Chou)

Levinus Lemnius ou Levino Lemnio (1505-1568), médecin et astrologue néerlandais., auteur de *Occulta naturae miracula* (Les Miracles cachés de la nature). Mizauld note qu'il est "un médecin fort docte" (p.286) (Orangiers et Limoniers, Reffort ou Ravanet)

Macer Floridus cf chap. 2, note 23. Mizauld déclare l'appeler "le poète herboriste dans son livre (p. 82, 218). Il l'appelle aussi parfois "le poète qui a écrit sur les herbes" (p.53) (Ail, Bourrache, Chou, Fenoil, Fort ou Alvine, Hysope Menthe, Oignon, Ortie, Ozeille, Persil, Porreau, Pourpier, Rue, Sauge) Mizauld qui donne la traduction en français de plusieurs de ses vers note "qu'il a presque tout prins de mot à mot des Arabes". (p.196) Mizauld fait aussi référence à Macer, poète et médecin, "que plusieurs pensent avoir esté de mesme temps qu'Ovide… mais mal à propos ce me semble", sans davantage de précision. (p.32) il est aussi l'auteur de différents ouvrages portant sur la Médecine, les maladies, les remèdes et les vertus des simples, notamment *Epistolarum Medicinalium Libri Quinque* (1561), Opusculum de *Simplicium Medicamentorum Facultatibus* (1569), *Compendium de Plantis Omnibus una cum Earum Iconibus* (1571). Mais il doit surtout sa réputation pour la postérité à son ouvrage consacré aux *Commentarii in sex libros Pedacii Dioscoridis*, qui paraît en 1544, orné de 500 gravures. Il remporta un immense succès et sera suivi d'une soixantaine de versions, certaines présentant plus du double de gravures. Ouvrage de référence pour de nombreux botanistes de son époque, il a été traduit en français, en italien et en allemand et maintes fois réédité. Ses principaux ouvrages ont été réunis en un volume, *Opera omnia*. (Bâle, 1598) Mizauld note "qu'il est un médecin très docte et fort diligent" (p.176) ou encore "qu'il est très docte et très expert médecin en ses commentaires qu'il a fait sur de Dioscoride "(p.191) (Genevre, Laurier, Œillet des jardins ou Giroflée, Passevelours, Sauge Sureau ou Yeble, Violette de Mars)

Matthioli (parfois cité sous les noms de Mattioli, Matthiole, Matthiolus) Pietro Andrea (Pier Andrea, Petrus Andrea), médecin et botaniste italien, né à Sienne en 1501. Après ses études de médecine à Padoue, il exerce à Sienne, puis à Rome (entre 1521 et 1527), ensuite à Trente, auprès de l'archevêque Clesio pendant 14 ans, à Görtz pendant 12 ans, comme médecin de la ville. Médecin réputé, il fut appelé à Prague (en 1553) par l'empereur Ferdinand Ier pour devenir le médecin de son fils, l'archiduc Ferdinand. Il devint ensuite le médecin personnel de l'empereur Maximilien II. Il est mort de la peste à Trente en 1577. Il est aussi l'auteur de différents ouvrages portant sur la Médecine, les maladies, les remèdes et les vertus des simples, notamment *Epistolarum Medicinalium Libri Quinque* (1561), *Opusculum de Simplicium Medicamentorum Facultatibus* (1569),

Compendium de Plantis Omnibus una cum Earum Iconibus (1571), *De Plantis Epitome utilissima* (1586), un important catalogue illustré des principales plantes médicinales connues à son époque. Mais il doit surtout sa réputation pour la postérité à son ouvrage consacré aux *Commentarii in sex libros Pedacii Dioscoridis*, qui paraît en 1544, orné de 500 gravures. Il remporta un immense succès et sera suivi d'une soixantaine de versions, dont certaines enrichies de gravures supplémentaires (plus de mille dans les versions les plus récentes), Ouvrage de référence pour de nombreux botanistes de son époque, il fut traduit dans de nombreuses langues dont le français (par Antoine Pinet éditée en 1655, à Lyon, chez Claude Prost). Ses commentaires portent à la fois sur les identifications des plantes recensées par le médecin grec, mais aussi sur les propriétés qui leur étaient prêtées, aussi bien dans l'Antiquité qu'à son époque. A l'occasion, il fait état de ses propres recherches et de son expérience acquise en particulier lors de ses excursions botaniques ainsi que de ses échanges de plantes avec d'autres naturalistes, destinés à approfondir ses connaissances. Il y complète les descriptions des végétaux proposées par Dioscoride, en les précisant et il ajoute à l'inventaire de ce dernier un certain nombre de plantes que celui-ci n'avait pas mentionnées, mais qui lui paraissent dignes d'intérêt. Il ne manque pas de faire référence à différents auteurs de l'Antiquité, notamment Théophraste, Pline, Galien, mais aussi à des botanistes plus récents. Il lui arrive de contester, parfois avec vigueur, les identifications qu'ils ont parfois imprudemment proposées et il s'applique à démontrer pourquoi ceux-ci se sont lourdement trompés. Ses principaux ouvrages ont été réunis en un volume, Opera omnia. (Bâle, 1598). Mizauld note "qu'il est un médecin très docte et fort diligent" (p.176) ou encore "qu'il est très docte et très expert médecin en ses commentaires qu'il a fait sur de Dioscoride "(p.191) (Genevre, Laurier, Œillet des jardins ou Giroflée, Passevelours, Sauge Sureau ou Yeble, Violette de Mars)

Damascenus Mésué, ou Mosué ou Mezué. médecin arabe (Yuhanna-ibn-Masawaih) né vers 776 à Khouz, près de Ninive. Il dirigea la traduction en arabe de nombreux ouvrages grecs, persans et syriaques. Il est mort vers 855-857. Mais l'auteur que les ouvrages de la Renaissance désignent sous le nom de Heben Mésué ou Johannes Mésué et auquel ils font souvent référence est un autre personnage dont nous ignorons à peu près tout. Sous ce nom ont été publiés plusieurs ouvrages intitulés *De medicinis laxativis* ou *De simplicibus*, sur l'utilisation des purgatifs, *Grabadin* (*Antidotarium*), manuel d'apothicaire, et *Practica medicinarum particularium* (*liber de appropriatis*), manuel de thérapeutique. Sa première version en latin a été éditée par Clemens Palavinus. à Venise, en 1471, sous le titre De medicinis universalibus.Sous son nom fut publié un ensemble de compilations latines portant le titre d'*Opera medica*. Cet ouvrage connut un grand succès car on y trouvait rassemblés de manière commode les différents procédés thérapeutiques prescrits par les auteurs grecs et arabes. Il se présentait comme un manuel pratique donnant au cas par cas, le mode concret d'opérer. Mizauld juge que "Jean Mésué est un des plus excellents d'entre les Arabes" (p. 114) (Hysope, Fraises, Violette de Mars, Glay, Fort ou Alvine, Prunier, Roses, Thym, Tiquet).

Musa cf. Brassavola,

Pierre Penna (1535- 1620), médecin et botaniste, a publié à Londres, avec Mathias Lobel, un ouvrage intitulé *Stirpium adversaria nova* (1570). Mizauld le cite plusieurs fois en précisant que c'est "un médecin très docte et bien versé en la cognoisance des simples" (p.195), "un medecin très docte et bien disant" (p.182) "un médecin en Angleterre, homme docte et bien disant" (p. 310). Il note qu'il "a écrit un livre des plantes" et en cite un passage (p. 239) (Fraises, Hysope, Malve, Noyer, Pensées, Soulcie, peut-être Blette ou Saune p. 66 où il est ortograhié Pierre Sena).

Pontanus Jovinian (1426-1503) humaniste et poète italien, auteur notamment d'un poème didactique sur les orangers, *De hortis Hesperidum* (1501) ainsi que de poèmes élégiaques sur des sujets personnels, (Orangiers et Limoniers)

Psellus ou Michel Psellos, écrivain et philosophe byzantin, né en 1018 et mort en 1078 Psellos est un polygraphe : il a une ambition encyclopédique et est connu comme l'auteur de nombreux ouvrages portant sur des sujets les plus divers. (p.131) (Basilic)
Raffaello Maffei dit Volaterranus, Volterrano ou encore Raphaël de Volterra (1451-1522) humaniste, historien, encyclopédiste et théologien italien. De tous ses ouvrages le plus connu est intitulé *Commentarii rerum urbarum libri XXXVIII*, une encyclopédie divisée en trente-huit Livres. (Rome, 1506), (Ail)
Rhazès, ou Rhasis, Rasi, Abu Bakr Mohammed Ibn Zakariya Al-Razi ou Razi. Rhasis, (né vers 865 à Ravy, métropole proche de Téhéran., mort entre 925 et 935) savant iranien, médecin, alchimiste et philosophe, auteur de nombreux ouvrages. Après y avoir étudié la philosophie, les mathématiques, l'alchimie, l'astronomie et la musique, il se rend à Bagdad vers la fin du IX ème siècle, attiré par la réputation de brillant centre culturel dont jouit la ville ; il se tourne vers la médecine qu'il exercera jusqu'à la fin de sa vie. Auteur d'un grand nombre d'ouvrages parmi lesquels ceux qui sont consacrés à la médecine occupent une place importante. Ce sont les traductions latines de certains d'entre eux auxquelles font référence les médecins-botanistes de la Renaissance. Mizauld note qu'il a corrigé l'antidote de Mithridate (Glay, Noyer)
Salernitatus, cf chap 2, note 21 (Chou, Menthe, Rue)
Yuhanna ibn Sarabiyun ou **Jean Sérapion**, médecin arabe chrétien du IXème siècle, dont l'œuvre écrite en syriaque, a été conservée dans des traductions arabes et latines. Il est l'auteur d'un ouvrage en douze livres intitulé *le Grand Compendium* conservé en traduction arabe (Al-kunnāsh al-kabīr), et d'un autre en sept livres appelé *le Petit Compendium* (Al-kunnāsh al-ṣaghir), conservé dans deux traductions latines, une de Gérard de Crémone (XIIème siècle) intitulée *Practica Joannis Serapionis aliter breviarium nuncupata*, et une autre d'Andrea Alpago (XVIème siècle) (Ail)
Toutefois, l'ouvrage auquel font référence les médecins de la Renaissance n'est probablement pas celui-ci, mais une compilation, qui lui est faussement attribuée. Ce pseudo Serapion ou Serapion le jeune est l'auteur fictif d'un traité écrit en arabe par Ibn Wafid, probablement à Tolède au XI ème siècle et traduit de l'arabe en latin à la fin du XIIIème siècle, par Simon de Gènes sous le titre *Der Liber aggregatus in medicinis simplicibus*, qui se présente comme un recueil contenant les descriptions d'environ 460 remèdes d'origine végétale, animale et minérale classés d'après leurs qualités et leurs degrés, avec un certain nombre d'explications puisées chez les auteurs grecs et arabes.
Seith (Simeon) ou Sethi (Symeon), (vers 1035 - vers 1110), originaire d'Antioche, médecin philosophe scientifique, astrologue byzantin, auteur de plusieurs ouvrages, parmi lesquels un important traité sur les propriétés des aliments, une sorte de traité de diététique (*Suntagma kata stoicheiôn peri trophôn dunameôn*, traduit en latin *Syntagma de alimentorum facultatibus ou De cibarium facultate* [1ère éd.1538]), et aussi un ouvrage "Sur les choses de la nature" (*Conspectus rerum naturalium*) qui est un traité de sciences naturelles divisé en cinq livres. Le premier concerne la terre ; le second, les éléments ; le troisième, le ciel et les étoiles ; le quatrième, la matière, la forme, la nature et l'âme (perception sensorielle) ; le cinquième, la cause finale et la providence divine. L'œuvre est fortement influencée par la philosophie d'Aristote. Il est cité par Mizauld (p.258), (Coignier)
Suidas ou La Souda est une encyclopédie grecque de la fin du Xème siècle qui présente à la fois des définitions de mots rares en grec ancien et des formes grammaticales complexes. C'est aussi une encyclopédie commentant des biographies, des lieux ou des institutions. Le nom de l'ouvrage, la date de sa rédaction, l'identité de son ou de ses auteurs posent question. (Chou)
. On peut ajouter à cette liste quelques noms de médecins ou d'amis que Mizauld cite en référence. :
Gainier, Antoine, médecin de Pavie a écrit sur le traitement de la peste, (Ozeille) p. 70),
Gatinaria, Marco (1442 ?-1496) Médecin à Pavie, auteur de plusieurs ouvrages de médecine (notamment *De remedis morborum, De curis egritudinem particularium*)

Holier, jacques, "médecin excellent et qui a été mon maitre" (p. 134) (Basilic)
Langius, Jean, "très docte et bien expert médecin des Comtes Palatins" (p.156) (Artichaut)
Manard, Jean, "qui estoit un medicin fort renommé en la ville de Ferrare" (p. 267), auteur d'es Epistolæ medicinales, parues à Lyon en 1532 (Cerisier)
Mastalerus de Brisgovv, Gervais "allemand, homme docte et bien versé" (p. 49)
Volaterranus, Raffaello Maffei dit Volaterranus, Volterrano ou encore Raphaël de Volterra (1451 - 1522), humaniste, historien, encyclopédiste et théologien italien, auteur de nombreux ouvrages dont l'un des plus connu est une encyclopédie en trente-huit livres intitulée *Commentarii rerum urbarum libri XXXVIII,* publiée en latin à Rome en 1506 et à Paris en 1536 (p.89) (Ail)

10. **Giambattista della Porta** (en français : Jean-Baptiste de Porta), né à Vico Equense dans une famille aisée, vers 1535, (ou en 1540 ?) et mort à Naples en 1615. Elevé par un de ses oncles, il reçoit une solide formation et se montre très tôt doué pour les langues anciennes, les lettres et la philosophie. Il complète son éducation par différents voyages à travers l'Europe. A une extrême curiosité, il joint une vive imagination et se montre très jeune fasciné par le merveilleux, le miraculeux et l'insolite, faisant preuve d'une incroyable crédulité pour tout ce qu'il lit ou ce qu'on lui rapporte. Il est l'auteur d'un grand nombre d'ouvrages sur la magie naturelle, l'alchimie, l'astrologie, la physiognomie, la cryptographie, l'agriculture, l'art de mémoire, l'optique, la pneumatique, la géométrie ainsi que de pièces de théâtre.

Parmi eux, certains remportèrent un grand succès, notamment sa *Magia naturalis* qui fut traduit dans les plusieurs langues d'Europe et fut rééditée jusqu'à la fin du XVIIème siècle. Sa première édition en 1558 comprend quatre Livres, mais Porta la compléta et la corrigea ultérieurement. Sa dernière édition en 1589 en contient 20. Il s'agit en partie d'une vaste compilation qui témoigne de son érudition, où l'on trouve rassemblées, sans aucun ordre aussi bien des recettes pratiques que des procédés magiques qui relèvent des domaines les plus variés, dont certains sont d'une déconcertante naïveté. Les chapitres dans lesquelles il traite des propriétés des plantes sont assez nombreux dans les deux premiers Livres. Dans le Livre I, par exemple, on trouve des chapitres consacrés aux propriétés cachées de différentes plantes, à la sympathie ou à l'antipathie existant entre certains végétaux et aux relations que certains d'entre eux entretiennent avec le soleil et la lune, aux meilleurs moments pour récolter les simples ainsi que des conseils pour leurs préparations et leurs mélanges. Le Livre II porte plus particulièrement sur la pomologie, la cosmétique et la parfumerie et présente des procédés de préparation de "remèdes endormants" ainsi que sur les plantes aphrodisiaques et anaphrodisiaques.

On se limitera ici à ne mentionner que les trois ouvrages suivants où Porta s'est aussi plus particulièrement intéressé aux plantes : *Phytognomonica* (1588), qui se présente, pour l'essentiel comme un traité de botanique médicale dont la plus grande partie est consacrée aux signatures que portent les plantes pour manifester leurs propriétés thérapeutiques. Sur cet ouvrage, cf. notre *Flore médicale des signatures*, L'Harmattan, 2016, *De Distillationibus*, (1608) où il décrit les différents procédés de distillation et d'extraction des simples employés à son époque, *Villae* (1592), ouvrage d'économie rurale, dans lequel il a consigné de nombreux témoignages de l'expérience acquise dans la gestion de son domaine agricole situé aux environs de Naples où il séjournait souvent. Ce traité comprend 12 Livres (914 pages, hors Index). Le Livre I (*Domus*) est consacré aux l'agriculture, aux qualités et compétences du père de famille, de la fermière et du personnel employé, de l'organisation du domaine agricole, des critères du choix de son emplacement, de son organisation et de ses différents bâtiments. le Livre II (*Sylva cœdua*, 37 arbres) traite des arbres forestiers que l'on peut abattre, le Livre III (*Sylva glandaria*, 21 arbres) des arbres forestiers qui donnent des fruits, le Livre IV (Cultus et incitio) sur les greffes et les soins à apporter aux arbres, le Livre V (*Pomarium*) aux arbres fruitiers, 37 arbres), le Livre VI (*Olivarium*) aux oliveraies, le

Livre VII (*Vinea*) à la vigne, le Livre VIII (*Arbustum*) aux arbustes fruitiers, le Livre IX (*Hortus coronarius*) au jardin d'agrément, (composé de fleurs coronaires), 44 plantes), le Livre X (*Hortus olitorius*) au jardin potager, aux herbes condimentaires et aux plantes mellifères, 93 plantes), le Livre XI (*Seges*) aux champs cultivés, céréales et légumes 57 plantes) le Livre XII (*Pratum*) aux prairies. Porta ne se contente pas de mentionner près de 300 végétaux dans l'ensemble de son Traité. Il les décrit, précise les conditions climatiques et environnementales qui sont favorables à leur culture, et signale à l'occasion quelles sont les maladies qui les atteignent et les remèdes à utiliser pour les soigner. Il fait fréquemment de nombreuses références aux auteurs grecs et latins de l'Antiquité. Il note aussi les propriétés thérapeutiques de certaines des plantes qu'il a recensées, mais celles-ci sont relativement peu nombreuses et il n'a pas prévu de créer un jardin médicinal.

11. Principaux botanistes dont les œuvres ont été publiées du vivant de Mizauld et que celui-ci aurait pu consulter

Jean Ruel ou Jean de la Ruelle ou Jean du Ruel, né probablement en 1474 à Soissons et mort en 1537, médecin et botaniste. Auteur d'une traduction du traité de Dioscoride (*Pedacii Dioscoridis Anazarbei de Medicinali Materia*, 1516) illustré dans les éditions ultérieures, et d'un important ouvrage de Botanique (*De Natura stirpium libri tres*, 1536) où il présente un inventaire des connaissances botaniques acquises à son époque. Le Livre I est consacré à l'anatomie et à la biologie des plantes ainsi qu'aux arbres ; les Livres II et III aux plantes herbacées. S'il ne propose aucune méthode de classification des végétaux qu'il a étudiés. Il en donne une description morphologique, en utilisant un vocabulaire précis. Il ne manque pas de faire référence à Théophraste, Dioscoride et Pline. Un index permet une consultation de l'ouvrage.

Otto Brunfels (1470-1534) Botaniste et médecin originaire de Strasbourg, auteur de différents ouvrages de botanique dont un important traité en trois tomes intitulé *Herbarum vivae icones ad naturae imitationem summa cum diligentia et artificio effigiatae*, qui paraît en trois parties (en 1530, 1532 et 1536) à Strasbourg, est illustré par Hans Weiditz, probablement élève de Dürer.

Leonhard Fuchs, né à Memblingen (Bavière) en 1504, mort à Tubinguen en 1566. Médecin et botaniste, il fut professeur de médecine à l'Université d'Ingolstadt, puis de Tubinguen de 1535 jusqu'à sa mort. Il est l'auteur d'un grand nombre d'ouvrages, mais celui qui le rendit célèbre fut ses Commentaires remarquables à propos de l'histoire des plantes (*De historia stirpium commentarii insignes*, Bâle, 1542). Il y décrit plus de 400 espèces, accompagnées d'illustrations d'Albrecht Meyer (qui est l'auteur des dessins, gravés sur bois par Heinrich Füllmaurer). L'ouvrage, publié initialement en latin et en grec eut un immense succès ; il fut traduit en allemand dès 1543, puis dans différentes langues dont le français en 1549. Les plantes y sont présentées dans l'ordre alphabétique. Chacune des notices qui le composent, consacrée à un genre, est subdivisée en paragraphes qui traitent successivement des différents noms qui lui furent attribués, de ses différentes espèces, de leurs différences morphologiques, des milieux où elles se plaisent, des diverses propriétés que leur prêtent les anciens auteurs et des fonctions thérapeutiques en usage à son époque. Le fuchsia, découvert sur l'île de Saint-Domingue vers 1696, lui a été dédié par Charles Plumier.

Jérôme Bock., plus connu sous le nom de Hieronymus Tragus (i e Bouc) né à Heidesbach, (Palatinat), en 1498, mort à Hornbach en 1554. Pasteur luthérien et botaniste, auteur de plusieurs ouvrages de botanique dont le plus célèbre est (*New Kreütter Büch von Underscheide, Würckung und Namen der Kreuterso in Teutschen lander wächsen*), publié en 1539 à Strasbourg, qui remporta un grand succès. Cette édition, sans illustration, fut suivie de nombreuses autres où figurent 165 gravures sur bois de David Kandel (1520-1592) ou extraites des livres de Brunfels et de Fuchs. Les quelques 800 plantes qu'il présente ne sont pas présentées par ordre alphabétique, mais regroupées en des ensembles suivant qu'elles sont sauvages ou cultivées, que ce soient des arbres, des arbustes ou des herbes. Une traduction de l'ouvrage en latin (*Hieronymi*

Tragi De stirpium maxime earum quae in Germania nostra nascuntur) par Conrad Gesner fut publiée en 1552.
Cordus Valerius, né à Siemershsusen (Hesse) en1515, mort à Rome en 1544, médecin et botaniste, fils du médecin et poète Euricius Cordus (1486-1538). Ce dernier a traduit les poèmes de Nicandre et a publié un *Botanologicon seu colloquium de herbis*, qui est surtout consacré à la synonymie des noms des plantes. Valerius Cordus est l'auteur du *Dispensatorium sive Pharmacorum conficiendorum ratio* édité à Nuremberg en 1546, traduit en français en 1572, sous le titre *Le Guidon des Apothicaires*. Il parcourut l'Europe de 1540 à 1544 pour étudier in situ les plantes indigènes, afin de pouvoir en faire des descriptions plus exactes que celles des auteurs de l'Antiquité. Il n'eut pas le temps de publier ses observations. Mais ses manuscrits et ses herbiers furent recueillis et publiés (notamment sa traduction du Traité de Matière Médicale de Dioscoride (*Annotationes in Pedacii Dioscoridis de Materia medica libros V*) ainsi que son *Historiae Stirpium libri IV*) par le botaniste Conrad Gessner (1561).
12. Le premier jardin botanique italien fut probablement créé à Pise, sous l'impulsion de Luca Ghini (1490-1556), médecin et botaniste, professeur à l'Université de Bologne, en 1543, précédant, sans doute, ceux de Padoue, (1545), de Florence (1545) et de Bologne (1568). Ces jardins ont essentiellement pour but de permettre aux étudiants d'étudier tout au long de l'année, les principales plantes utilisées en médecine.

CHAPITRE 4

Le Jardin Médicinal de Charles Estienne et Jean Liebault

Charles Estienne, également connu sous le nom latin de Carolus Stephanus, est né en 1504 (?). Il appartient à la grande famille des imprimeurs parisiens du même nom. Avant de devenir lui-même imprimeur, il s'était consacré aux langues anciennes, puis à la médecine. En 1542, il devient Docteur Régent de la Faculté de Médecine de Paris et exerce la médecine jusqu'en 1550. Il reprend en 1550 la direction de l'imprimerie familiale, son frère Robert Estienne qui la dirigeait s'étant enfui à Genève pour se soustraire aux critiques et aux calomnies des théologiens de la Sorbonne. Confronté à de graves difficultés financières, il est incarcéré pour dettes au Châtelet en 1561, où il meurt en 1564. Il laisse une fille, Nicole, qui épousera Jean Liebault (1535-1596), médecin et agronome, originaire de Dijon.

Charles Estienne est l'auteur de nombreux ouvrages, édités en latin, dont plusieurs furent toutefois traduits en français (1). Parmi ceux-ci, on compte plusieurs traités consacrés à l'agriculture et aux jardins (2). Celui qu'il a édité en 1554, intitulé "*Praedium rusticum*", (3) où il a réuni et mis en ordre différents opuscules publiés précédemment (4), sera traduit en français et éditée en 1564, sous le titre :

L'Agriculture et maison rustique, de Charles Estienne, Docteur en Médecine "en laquelle est contenu tout ce qui peut être requis pour bâtir une maison champêtre, nourrir et médeciner bétail et volailles de toutes sortes, dresser jardins tant potager que parterres, gouverner mouches à miel, planter et enter toute sorte d'arbres fruitiers, entretenir les prés, viviers et étangs, labourer les terres à grains, façonner les vignes, planter bois de haute futaie et taillis, bâtir la Garenne, la Haironnière et le parc pour les bêtes sauvages."

Dans son Epître dédicatoire adressée à Monseigneur Maistre Thomas de Brageloigne, Conseiller du Roi, signé de Charles Etienne, celui-ci fait part de son enthousiasme pour le sujet qu'il a traité dans son livre :

"Entre toutes le sciences, qui se peuvent contempler et exercer les hommes, écrit-il, nulle ne me semble être, qui plus éveille l'esprit humain, qui ravisse plus les sens, qui engendre plus grande admiration des effets de nature, qui apporte plus grand plaisir et récréation à l'esprit las et travaillé, qui soit plus utile et nécessaire à la vie des hommes que l'Agriculture en laquelle non seulement nous voyons à l'œil, manions et traitons avec les mains, les œuvres de nature, mais qui plus est nous découvrons l'incompréhensible puissance et grandeur de Dieu, qui d'un petit pépin, graine noyau et même plante, fait naître herbes, arbres et fruits infinis."

Après avoir déclaré

"en quoi ne me pourrais assez émerveiller de la négligence, je ne sais si je dois dire fétardise et pusillanimité de gens de notre nation qui n'ont eu aucun soin d'illustrer notre agriculture française, mais se sont contentés de traduire Columelle, Constantin César et quelques autres auteurs en notre langue, comme si notre agriculture Française était pareille à celle que traite Columelle et Constantin César, car l'une est pour le pays d'Italie, l'autre pour la Grèce ; comme si notre France n'était fertile et affluente en toutes choses rustiques autant, voire plus que ne fut onques la Grèce et l'Italie et qu'elle ne méritât une particulière description de son agriculture aussi bien que l'Italie ou la Grèce, comme pareillement si nos esprits n'étaient autant féconds et dextres à parler et écrire que les Grecs ou Latins, et que notre langue ne fut pour le jourd'hui autant copieuse et féconde que fut onques celle des Grecs ou Latins."

Considérant que

"Notre pays est le plus copieux, abondant et fertile en toute chose venant de la terre et nécessaire pour la vie humaine que nul autre, joint que peu de choses se trouvent és pays étrangers, principalement quant aux plantes, qui ne soient maintenant apprivoisées et faites domestiques en notre région, par la diligence des notres. "

Et il écrit pour justifier l'originalité de son ouvrage qui est le premier à être écrit et consacré à l'Agriculture française :

"Je puis bien affirmer et sans jactance que je n'ai rien omis de tout ce qui peut être requis pour la perfection de l'agriculture Française : en quoi n'ai épargné ni ma peine ni frais aucun, car n'ayant auteur quelconque sur lequel me puisse ranger et prendre quelque exemplaire de mes desseins, ai été contraint de rustiquer et converser souventes fois et familièrement avec toutes sortes de gens rustiques, comme avec laboureurs, vignerons, chartiers, bouviers, âniers, muletiers, bergers, jardiniers, pêcheurs, chasseurs, oiseleurs, fauconniers, afin que je connusse les choses assurément et que ne fusse scripteur des choses ouïes et vues, comme font plusieurs de notre temps, mais plutôt auteur oculaire et quasi praticien de notre agriculture Française et maison rustique." (Nous avons transcrit le texte en françix moderne)

A la différence de Mizauld, Charles Etienne ne fera donc pas référence dans son ouvrage aux auteurs latins et grecs dont il aurait pu consulter les œuvres.

Il est difficile de savoir si l'on doit cette traduction à Etienne lui-même ou à son gendre Jean Liebault (5) qui s'emploiera, après la disparition de son beau-père, à publier sous son nom associé à celui d'Etienne, à partir de 1567 plusieurs éditions actualisées et considérablement augmentées de *L'Agriculture et maison rustique*. En effet, si l'on se fie, par exemple au texte de l'épitre dédicatoire au "très haut et puissant Seigneur Antoine de Crussol, duc d'Uzes, Comte de Crussol et de Tonnerre", (édition de 1570), la première traduction en français du Praedium rusticum, éditée en 1564, aurait été déjà été réalisée en grande partie par Liebault lui-même, bien que son nom n'y apparaisse pas. Ce dernier y reprend pour l'essentiel le texte de l'Epitre signé de Charles Etienne, mais y explique en outre qu'après la mort de Charles Estienne il n'y avait que des fragments inachevés de *l'Agriculture et la Maison rustique* qu'il lui a fallu compléter et assembler.

Liebault écrit :

> "Les Français, seuls entre tous, se sont montrés par trop négligents et pusillanimes en cette part, qui au lieu de décrire une agriculture propre pour leur pays, se sont contentés de traduire Columelle, Constantin César, Pierre de Crescent, sans considérer que tels auteurs ont traité une agriculture selon leur pays et contrée ; qu'ainsi ne soit, les termes dsquels ils usent et façon de labour qu'ils décrivent le montre assez. Seul entre les Français avait entrepris ce labeur louable (d'écrire un livre sur l'agriculture française) Maitre Charles Estienne, Docteur en médecine, homme certainement auquel rien n'était impossible, pour la bonté et félicité de son esprit (comme l'on peut voir par ses doctes écrits), mais la mort ennemie des bons esprits et bien public ne lui a donné le loisir de parachever ses desseins ; ainsi avait laissé entre ses plus chers écrits quelques fragments de l'agriculture, bien commencés, bien labourés et disposés d'un bon ordre qui promettaient six livres ; mais desquels toutefois les uns n'étaient encore commencés, les autres imparfaits, és autres plusieurs choses omises et mal limées. Iceux venus entre mes mains, me semblèrent dignes d'être mis en lumière, tant pour le bien public, que pour faire office d'ami envers l'auteur : me restait une seule doute de parachever le progrès du livre, à quoi m'employait d'autant plus hardiment que par colloques familiers et fréquentes communications avec lui durant sa vie, avait déjà entendu tous ses desseins. Par ainsi deux ans sont passés que j'ai fait imprimer et mettre en lumière l'Agriculture et maison rustique d'icelui, livre certainement tant prisé et bien reçu de tous que les étrangers, comme Flamands, Allemands, Anglais, quasi envieux de ce labeur, ont pris la peine de le translater en leur langue. Qui a été l'occasion principale, outre la prière de plusieurs de mes amis et bons Seigneurs, qui m'a induit de locupleter (i e enrichir) le livre et y ajouter une partie des choses dont l'intention de l'auteur était. En quoi certainement j'ai travaillé avec telle diligence, que je n'ai épargné ni ma peine, ni celle de mes amis ; car n'ayant autre exemplaire pour ranger mes desseins, que la seule délibération de l'auteur ; ai été contraint de rustiquer souvent et converser familièrement avec toutes sortes de gens bien entendus et expérimentés en Agriculture, même faisant recherche soigneuse és livres plus anciens de tout ce qui pouvait servir à notre sujet. "

En fait, *L'Agriculture et maison rustique*, n'est pas une simple traduction du Prædium rusticum. L'ouvrage est organisé en six Livres selon un plan rigoureux, alors que celui-ci était divisé en dix sections, juxtaposées les unes à la suite des autres, sans qu'on puisse déceler dans cette présentation un quelconque plan d'exposition.

Le texte de la Maison rustique publié en 1564 fut considérablement enrichi par Jean Liebault au fil des années et donna matière à de nombreuses éditions. Certaines éditons présentent des gravures, notamment de diverses formes d'alambics ainsi que des plans de parterres ; certaines incorporent même des opuscules spécialisés comme, par exemple, celle de 1596 un traité illustré de la chasse au loup.

Largement apprécié en France, l'ouvrage de Charles Estienne et Jean Liebault le fut aussi en Europe, où il fut traduit en allemand, en italien en anglais et en flamand. (6)

Parmi ces nombreuses rééditions, nous avons retenu d'analyser l'une de celles qu'aurait pu posséder et utiliser Olivier de Serres. Notre choix s'est porté sur l'édition de 1583. (Source : gallica.bnf.fr / Bibliothèque nationale de France). Liebault la présente ainsi dans son Avertissement au lecteur :

> "Je n'avais délibéré, ami Lecteur, plus revoir, ni augmenter notre maison Rustique, pour les éditions tant de fois par moi augmentées qui se sont imprimées par tous pays depuis dix-huit ans. Toutefois plusieurs occasions m'ont fait changer d'avis. L'une, que le temps apporte toujours quelque chose de nouveau, et que les esprits des hommes de ce temps sont si subtils et tant inventifs, que peu de choses se rencontrent de l'ancienneté, qui ne soient maintenant ou du tout changées, ou pour le moins mieux agencées, appropriées et plus embellies qu'auparavant... La seconde, que les étrangers qui ont traduit en leur langue notre œuvre depuis deux ans, semblent n'être contents de nos augmentations, mais en leur traduction se sont ingérés d'y ajouter quelque chose du leur, voulant par cela quasi nous accuser qu'étions demeurés manques et peu diligents chercheurs en choses nécessaires ; vrai est que leur augmentation est si légère et tant mal à propos qu'un chacun de bon jugement dira qu'ils ont voulu remplir du papier, non enrichir l'œuvre ; aussi certainement, je ne me sens en rien de raisonnable taxé par eux ; et cependant quoi que je leur sache fort bon gré de l'honneur qu'ils ont fait à mon livre de le traduire en leur langue, je veux bien qu'ils entendent que ni mon invention, ni ma plume leur cédera en quelque chose que ce soit. La troisième, que plusieurs Imprimeurs, stimulés plus de leur profit que de mon honneur, se sont avancés d'imprimer mon œuvre sous un nom supposé de l'Imprimeur et de la ville (témoin celui qui a mis par jean Courtois, à Luneville) en quoi je ne leur sais mauvais gré seulement du tort qu'ils font à mon Imprimeur, mais aussi du deshonneur que je reçois en leur ouvrage, d'autant que leurs caractères sont si laids, le papier si méchant et l'impression si mal correcte que mon livre y perd en peu de temps la réputation qu'il a acquise par toute l'Europe."

Dans cette édition, Liebault a considérablement enrichi celle de1564, en complétant certains passages et en y ajoutant notamment un long chapitre sur les remèdes que la fermière doit être en mesure d'utiliser pour traiter un certain nombre de maladies dont peuvent être atteints ses proches et le personnel de la Maison rustique, ainsi qu'un exposé détaillé sur les plantes médicinales qui doivent être cultivées sur une partie du jardin, qu'il appelle "Jardin médicinal". L'ouvrage compte alors sept Livres et se présente comme un manuel où sont exposées toutes les connaissances que doit posséder le propriétaire d'une Maison rustique.

Le premier Livre est composé de judicieux conseils pour bâtir une maison rustique dans les règles de l'art, construire les différents bâtiments qui la composent, et y organiser une exploitation agricole dont les différentes parties répondent aux pratiques d'une agriculture moderne, Il est complétés par un exposé sur le rôle et les responsabilités respectives du père de famille, propriétaire du domaine, du fermier et de la fermière, d'un calendrier biblique et des travaux agricoles ainsi que d'un répertoire des remèdes que la fermière doit savoir préparer et utiliser pour soigner les maladies les plus courantes et les plus faciles à diagnostiquer qui peuvent toucher aussi bien sa propre famille que le personnel du domaine. Il lui attribue ainsi un rôle plus important que celui qu'Etienne lui avait réservé. Celui-ci s'était contenté d'indiquer, sans s'étendre davantage, "qu'elle sache les médecines naturelles pour les siens et autres, quand mal leur viendra, même pour les vaches, pourceaux et volailles, car d'avoir le médecin à toutes heures, sans urgente nécessité, ce n'est pas le profit de la maison", Liebault a cru bon de compléter ainsi le texte de Charles Estienne :

> "Or les remèdes naturels desquels elle s'aidera à secourir ses gens en leurs maladies, pourront être tels ou semblables à ceux que mettrait par écrit en forme de receptaire rustique, laissant les autres plus exquis remèdes aux médecins des villes." (Chap.XII (imprimé VIII par erreur) p. 22)

Il est important en effet que tous les membres de sa propre famille, mais ceux du personnel du domaine soient en bonne santé pour pouvoir contribuer à la prospérité de l'exploitation agricole. En outre, il est de la responsabilité de la fermière de s'abstenir de toute dépense qui pourrait être évitée, comme celle, notamment, qu'entrainerait le recours à un médecin dont les consultations passaient pour être particulièrement onéreuses. Le Livre I présente donc un catalogue des affections courantes, répertoriées en partant de la tête jusqu'aux pieds (en suivant ainsi l'ordre retenu par les médecins de l'Antiquité), que la fermière devrait pouvoir traiter par elle-même, avec en regard la liste des remèdes qu'elle pourra administrer au malade (p.22 à 37). Parmi les différentes substances animales, minérales et végétales que Liebault cite pour préparer les remèdes qu'il recommande, les plantes occupent une place majeure. Liebault juge cependant son catalogue incomplet ou trop succinct et il invite la fermière à le compléter. "Si vous désirez être instruits de plusieurs autres remèdes prompts et faciles, écrit-il, voyez notre livre Latin Thesaurus sanitatis paratu facilis" (7). Olivier de Serres, à l'exemple de Liebault, consacrera, lui aussi, un chapitre entier à ce sujet. (cf. Chapitre 5). Le Livre I contient également des chapitres spécialement consacrés aux différents animaux élevés dans la propriété (vaches, volailles, pigeons) ainsi qu'aux fonctions de chacun des employés dans l'exploitation, (porcher, berger, chevrier, chartier, muletier), notamment aux soins (avec l'indication des remèdes) qu'ils doivent donner aux animaux dont ils ont la charge (porc, mouton, chèvre, chien, cheval, âne, mulet). Le Livre est illustré de deux planches anatomiques, l'une consacrée au bœuf (p.59), l'autre au cheval (p.78) avec l'indication de la localisation de leurs différentes maladies.

Le second Livre est consacré aux jardins, à leur agencement et aux plantes que l'on doit y cultiver. Il y est d'abord précisé que l'espace du domaine réservé aux différents jardins doit être entouré de haies vives destinées à les protéger. Liebault distingue d'abord le jardin potager, dressé à côté du parterre, ceint de treilles et berceaux[*], composé de planches[†] et de différentes couches[‡] (Chap. 1 à, 41, p. 85 à 109) ; vient ensuite le jardin des plantes médicinales (chap.42, p 109 à 122), puis le parterre qui est composé d'un jardin des herbes à fleurs ou à bouquets (Chap. 48 p. 132 à 135), et d'un jardin des herbes de bonne senteur (Chap. 52, p.135 à 142) organisés en planches et carreaux[§] particuliers.

Liebault donne pour chacun d'eux la liste des plantes qui doivent y être cultivées et ses conseils de culture. Il complète son propos par un exposé sur "la forme de disposer les plantes par compartiments[**] et par labyrinthes" accompagné de plusieurs plans proposés comme des modèles d'aménagement.

Ce Livre contient en outre un certain nombre de notices disparates sur des sujets variés comme la manière de confire les herbes potagères médicinales et odorantes, (p. 155), les arbres et arbrisseaux tant étrangers que domestiques plantés ou transplantés au parterre (p. 157 à 160), les herbes des berceaux du parterre (p.161 è 162), "les arbres et arbrisseaux tant étrangers que domestiques plantés ou semés par couche au parterre" (p.162 à 173), les différentes plantes cultivées dans "les deux jardins particuliers assis au bout du jardin potager et du parterre (la Garance, la Gaude ou Guesde ou Pastel, le Chardon à bonnetier ainsi que le Saffran) (p. 173 à 176), un complément de conseils sur la culture des légumes, un inventaire des remèdes pour soigner les plantes malades ou blessées (p. 177 à 178), et de longs

[*] Berceau : espèce de galerie faite de treillage et garnie de verdure.

[†] Planche : "espèce de compartiment qu'on fait dans les carrés de jardin plus ou moins longs que le terrain le permet, pour la largeur elle est toujours de trois, quatre ou de cinq pieds." (Liger, *Dictionnaire*)

[‡] Couche : espèce de planche faite avec du fumier et élevée d'un, de deux ou de trois pieds au dessus de la superficie de la terre, large de quatre à cinq et d'une longueur telle qu'il plait de la construire. (Liger, Dictionnaire)

[§] Carreau : planche oblongue d'un potager ; un carré est une division d'un compartiment.

[**] Compartiment : dessin composé de plusieurs figures diverses et disposées avec symétrie pour orner un parterre ; les compartiments peuvent être plantés d'herbes odorantes et à bouquets, être ou non entourés de bordures plantées.

développements sur les mouches à miel ou abeilles, les ruches et la production de miel. (Chap. 63 à 73, p.178 à 187)

Le troisième Livre est consacré au verger composé d'arbres à fruits, aux arbres à pépins plantés dans la pépinière et aux plantes à noyaux, accompagné de conseils de culture, notamment pour tailler correctement, pour enter selon différentes techniques, ou encore provigner* les sujets, planter ou semer pour avoir des fruits exquis, émonder et élaguer les arbres, ainsi que les médiciner, l'indication des mois conseillés pour réaliser ces travaux, les emplacements et la nature des sols à préférer selon les arbres ainsi que les espaces à respecter entre les arbres lors de leurs plantation. Le Livre contient en outre une série de notices détaillées sur un certain nombre d'arbres et leurs propriétés thérapeutiques, des conseils pour choisir la meilleure époque pour la récolte des fruits selon les arbres et pour conserver les fruits récoltés, un "discours sur la façon des vins fruitiers" (p. 231), les différentes confitures de fruits ainsi que celles d'huiles (p.239 à 266), la distillation de nombreuses espèces de plantes (eaux, liqueurs et huiles…), illustrée par des gravures de différents modèles d'alambics, ainsi que plusieurs chapitres sur l'élevage des vers à soie. (p. 276 à 278)

Le quatrième Livre est consacré à la prairie ou pré, sec ou humide, destinée au pâturage, à son entretien, aux différentes espèces de plantes que l'on y peut cultiver, suivi de chapitres spécialisés sur l'oseraie, la saulaie, l'ormaie, l'aulnaie, l'étang, la mare, la fosse à poisson ou viviers ainsi qu'aux différentes espèces de poissons qu'on y élève pour être consommés. (p. 278 à 286)

Le cinquième décrit l'arpentage et mesurage des terres (accompagné d'illustrations) et réunit de nombreux conseils de culture des terres labourables (amendements, labourages, ensemencements, hersages, moissonnages, battages des récoltes), des notices sur chacune des espèces de céréales à cultiver ainsi que sur un certain nombre de légumes, avec une brève indication de leurs propriétés, notamment des légumes secs, des notices techniques sur la meunerie, la boulangerie, la pâtisserie et la brasserie. (p. 287 à 321)

Le sixième Livre est dédié à la viticulture, et présente un catalogue des différents vins produits en France, où figure un jugement sur les qualités de chacun d'eux. (p.321 à 352)

Le septième Livre porte sur les garennes que l'on peut peupler de lapins ou connins, les bois avec l'indication des espèces d'arbres qu'il faut y planter et les plaisirs que provoque la possession d'un bois, les parcs à bêtes sauvages, la haironnerie (ou élevage de hérons) et la vènerie ou chasse, notamment au cerf, au sanglier, au lièvre, au lapin, au renard, aux oiseaux, et à la fauconnerie. (p. 352 à 394)

---

* Provigner par provain : opération consistant à utiliser une jeune pousse de plante qu'on couche en terre pour qu'elle y prenne racine.

L'ouvrage se termine par une Table des Matières citées - notamment des plantes -, et une Table des Maladies et des Remèdes, particulièrement utile pour la fermière qui devra dans l'urgence trouver les remèdes c'est-à-dire les plantes qu'il convient d'employer pour traiter les affections dont soufrent les malades du domaine.

La culture des plantes médicinales.

Liebault a noté au début de son ouvrage que parmi les nombreuses tâches qui incombent à la fermière, il y a celle de soigner ses proches et le personnel du domaine. Ainsi, lorsqu'il indique dans son Livre 2, comment organiser les différents jardins que l'on doit aménager dans le domaine, il note qu'il

> "Sera bon aussi pour les nécessités, (car à la fermière touche d'entendre plusieurs remèdes pour les maladies et il ne faut douter que n'ayons appris beaucoup de remèdes par les expériences et observations de telles sortes de femmes) esquarrir* sur le bas du jardin potager, près la muraille du clos fruitier, aucune planche pour les herbes médicinales." (Chap.4, p 89)

Si la fermière peut ainsi savoir utiliser certaines plantes cultivées dans différentes parties du domaine affectées aux jardins, c'est évidemment dans la partie basse du jardin potager qu'elle devra trouver celles auxquelles Liebault accorde sa préférence, bien qu'il n'ait pas justifié son choix (chapitre 42) (p. 109 à 122. Il se contente de noter en préambule de sa sélection qui porte sur plus de quatre-vingt végétaux :

> "Nous avons ci-devant dédié aucunes planches sur le bas du jardin potager, près la muraille du clos fruitier pour les herbes médicinales, desquelles nous voulons que la fermière aie la connaissance pour donner remède aux maladies de ses gens. Et pour regard ne sera trouvé étrange si nous touchons quelques mots de la culture d'aucunes plus usitées et familières aux femmes, laissant la plus ample et plus exacte description d'icelles à ceux qui en font profession : car l'intention de mon propos est d'enseigner au fermier et à la fermière de notre maison rustique, ce qui peut être nécessaire pour l'entretenement de sa maison et de sa famille."

Liebault donne en général, pour chacune des plantes qu'il a sélectionnées, quelques conseils aux jardiniers pour réussir leur culture avant de préciser quelles sont leurs propriétés thérapeutiques et leurs modes d'emploi. (cf. infra). On notera qu'il a ajouté à la suite de son "Jardin médicinal" un long "Discours sur la Nicotiane ou Petum masle, le Petum femelle" (p.123 à 129), ainsi qu'un Bref Discours sur la racine de Mecoacam. (p. 129 à 131). Mais si Liebault présente ici ces plantes pour leurs propriétés médicinales, elles ne figurent pas pour autant dans son jardin médicinal.

Le choix des plantes qui composent le jardin médicinal de Liebault peut sembler arbitraire. En effet, de nombreux végétaux qu'il a cités dans d'autres parties de son ouvrage possèdent également, selon lui, des propriétés

* Aménager un espace de forme carrée.

thérapeutiques qui sont loin d'être négligeables. Le catalogue des remèdes figurant au Livre I, qui doit être le manuel pratique des soins que la fermière peut être amenée à dispenser, en mentionne de nombreuses. Celles-ci sont précisées dans différents passages qui portent sur la composition d'autres jardins qui doivent être cultivés dans le domaine.

Ainsi, la plupart des plantes qui doivent être cultivées dans le jardin potager possèdent de telles propriétés. Liebault en donne une liste où elles sont présentées les unes à la suite des autres, sans que l'on puisse déceler quel critère particulier il a retenu pour les classer (8)

Liebault mentionne également les propriétés thérapeutiques de plusieurs plantes qu'il recommande de cultiver dans les deux jardins qui composent le parterre, le jardin aux bouquets et le jardin aux herbes de bonne senteur.

Le jardin aux bouquets est composé de 16 herbes et fleurs dédiées aux bouquets, chapeaux et couronnes, toutes, à l'exception d'une seule, la violette de Damas, possèdent des vertus médicinales, brièvement signalées (9)

Dans le second jardin consacré aux herbes de bonne senteur, Liebault signale succinctement les propriétés d'une quarantaine de plantes qui peuvent être utilisées comme remèdes (10)

Liebault s'est aussi attaché à mentionner les propriétés curatives de certains "arbres et arbrisseaux tant estrangers que domestiques" dont sont faits les berceaux (11)

Il relève aussi les propriétés thérapeutiques de certaines herbes des berceaux du parterre. (12)

Il note également les propriétés médicinales de plusieurs "arbres et arbrisseaux tant étrangers que domestiques "qui sont plantés ou semés par couche dans le parterre (13)

Il mentionne aussi dans son Livre III divers arbres fruitiers dont les fruits ont des propriétés thérapeutiques (14)

Il donne également dans son Livre IV, une liste d'une cinquantaine de plantes à semer ou à éviter de semer dans les prés (chapitre IV, p. 280), parmi lesquelles un certain nombre sont des plantes médicinales qu'il a déjà citées au Livre II.

Il nous paraît fort probable qu'Olivier de Serres ait pu consulter l'ouvrage de Liebault et s'en soit inspiré pour composer son propre jardin médecinal et rédiger ses notices consacrées aux plantes qui doivent y être cultivées. S'il avoue en effet connaître Liebault, il ne le cite qu'une seule fois (cf. Chap. 5). Mais force est de constater que son jardin médicinal est composé des mêmes plantes que celui de Liebault, à l'exception d'une seule (Palma Christi).

Toutefois, il l'a complété en y ajoutant :

– plusieurs plantes que Liebault propose de cultiver soit dans son jardin potager : Bourrache et Buglosse, soit dans son jardin des bonnes odeurs : Marrube, Avine ou Absinthe, Camomille. – ainsi que quelques plantes ignorées de Liebault dans son ouvrage : Sophia, Pied de veau, Peucedane, Cheveux de Vénus, Pisse-en-lit.

On trouvera ci-dessous les notices des plantes du "Jardin médicinal" de Liebault qui sont également présentes dans celui d'Olivier de Serres. Nous en avons conservé l'intégralité du texte et son orthographe. (Livre II, Chap. XLII)

– 1. **Maulves** (Malva spp L.)

"encores qu'elles viennent par tout, toutefois si on les veut semer, faire on le pourra plus commodement en Automne qu'en autre temps, à fin que leur croissance en longueur soit reprimee par la venue de l'hyver : car tant plus la maulve est petite, d'autant en est meilleure. Elles aiment terre grasse et humide, et demandent estre transplantees des qu'elles auront jetté quatre ou cinq feuilles ; combien que serait bien le meilleur de ne les point transplanter, car leur saveur en est meilleur : ains, à fin qu'elles ne fassent hautes et grandes tiges, dez qu'elles seront sorties hors de terre, faut mettre quelque petite tuile au milieu de leurs feuilles. Veulent être souvent sarclees et quand on les transplante, si on lie leurs feuilles par le bout, elles produiront une racine touffue. La racine de maulve, trempee en eau un jour entier, puis envelopee dans un papier et cuite sous les cendres et deseichee est un remede propre pour frotter les dents, les nettoyer et les descharger du limon crasseux y amassé, son jus beu jusques à demi-livre ou la decoction de ses racines et feuilles à quelque consistance espaisse, sert infiniment aux femmes qui sont en travail d'enfant. Elle est singuliere aussi à plusieurs choses, c'est pourquoi on l'appelle Omnimorbia."

– 2. **Guimaulves** (Althea officinalis L.).

"Les guimaulves demandent semblable culture que les maulves, par ce qu'elles sont de leur espèce et en toutes deux, principalement en la mauve, faut remarquer, comme chose miraculeuse que les fleurs et feuilles s'espanouissent à la venue du Soleil et se ferment au coucher, comme fait le souci. Toutes deux ont grande vertu d'amollir, aussi elles servent à lascher le ventre, principalement les petits tendrons des maulves, à appaiser les douleurs des reins, à faire pisser. Le jus mesle avec huile guarit les piqueures des guespes. Le jus mesle avec vin, aide aux femmes qui travaillent en couche. Leurs feuilles pileës avec feuilles de saule empeschent les inflammations. Cataplasme fait de leurs feuilles, oste les duretez de la matrice, & d'autres parties, principalement les maulves, si on y mesle l'huile rozat."

– 3. **Gentiane** (Gentiana lutea L.).

"Gentiane vient en lieu haut et bien aëré, qui soit ce neanmoins aquatique et accompagne de quelque ombrage. Ceste herbe, par son amertume, provoque les mois et urine retenue. L'eau distillee d'icelle, principalement de la racine, dans alambic de verre au bain de Marie guarit les fièvres qui sont causes d'obstruction de quelque partie noble : qui plus est, fait mourir les vers et nettoye toutes les taches de la face, si on les en lave souvent. Elle est souveraine contre l'inflammation des yeux. Sa racine est un present remede contre la peste, non seulement aux hommes, mais à toute sorte de beste : c'est un vray contrepoison contre les venins, et une sauvegarde contre toute pourriture à raison de quoi les Suisses mettent parmi leurs viandes, et mangeaille de leur bestail, de cette racine, afin d'estre contregardez en bonne santé. "

– 4. **Culrage** (Polygonum hydropiper L.)

"ainsi nommee à raison que ses feuilles appliquées au cul pour le déterger y font rage et des Latins Hydropiper, ou Persicaria, demande un terroir marecageux et plein d'eau, ou pour le moins bien humide ou souvent arrousé, et vient beaucoup plustost planté de racine, que semé. Elle est fort singulière en onguent pour les ulceres envieillies et fistules, mesmement és clystere pour les dysenteries ; les feuilles lavees en eau fraische et appliquees sur les plaies et ulceres, tant des hommes que des bestes appaisent soudainement les douleurs et les guarissent du tout, comme les enfleures ou escorchures sous la selle des chevaux foulez, en les renouvellant tous les jours et ne laissant pour cela de les chevaucher. Ou bien, prenez l'herbe toute recente, trempez-la en eau, et la lavez, frottez-en le lieu enflé ou escorché, puis mettez l'herbe en quelque lieu, où elle puisse bien tost se pourrir ou l'ensevelissez en quelque terre grasse et la couvrez d'une grosse pierre : aussi tost que l'herbe sera pourrie, aussi tost le mal sera guéri. Si vous l'espandez toute verte dedans les chalits (*i e* bois de lit), elle fait mourir les punaises. Vous préférerez la chair salée de pourceau de tous vers si vous l'environnez des feuilles de ceste herbe : son jus instillé dans les oreilles vermineuses fait mourir les vers. "

– 5. **Eufraise** (Euphrasia spp L., Euphrasia officinalis L.).

"demande une terre maigre et lieu ombrageux où toutefois l'humidité ne soit defaillante, tels que sont les prez et petites montaignes ; elle vient de racine, non de semence. Elle est de singuliere proprieté pour l'ombrage, larmes, cataracte, defluxions (*i e* ce qui coule) et debilité des yeux, tant appliquee que prise par la bouche, lon fait poudre de ses feuilles deseichees : laquelle prise souvent par la bouche avec un jaune d'œuf, ou seule, ou meslee parmi de laloë, et avalee avec eau de fenoil, ou de vervaine, conforte et aide merveilleusement les yeux malades : lon prise beaucoup pour cet effect, le vin auquel l'eufraise a trempé long temps, ou sa poudre usée avec vin, mais sa poudre seule ou sa décoction sans vin, est remede beaucoup plus asseuré que le vin d'eufraise, ainsi qu'avons expeuimenté, d'autant que le vin par ses vapeurs remplit le cerveau et esmeut (*i e* dompte, maitrise) les catarres, pour quoy éviter faudroit tremper le vin d'eau de fenouil, ou y mesler du succre. Arnault de Villeneufue affirme qu'à la longue il a guari un vieillard qui avoit desja perdu la veuë avec le frequent usage de ceste herbe tant vertes que seiches, tant en breuvage qu'au manger.".

– 6. **Vervaine** (Verbena officinalis L.).

"Vervaine, tant masle que femelle doit estre plantee de sa racine en terre humide, laquelle pour croistre plus belle demande estre transplantee en autre lieu de nature semblable. Outre l'aide que ceste herbe donne aux yeux malades, encores proffite-elle aux douleurs de teste et des dents, aux ulceres de la bouche : et principalement aux infections du cuir comme gratelles (*i e* gale légère), teigne, feu volant (i e, synonyme de feu volage, espèce de dartre), dartres, lèpre, mal-mort (?), mal de sain Main (*i e* espèce de gale), si on s'en sert en forme de bain, ou en fomentatin faicte avec fumeterre en eau et vinaigre.

– 7. Campane (Inula spp L., Inula helenium L.)

"autrement dit Aulnée ne doit estre semee, par ce que la semence n'a puissance de produire, plustost plantee par œilletons (*i e* rejetons qui poussent sur la racine) tirez doucement de sa racine, en terre fort avant labouree et fumee, non beaucoup humide, et toutefois ombrageuse. Il fait bon la planter au commencement de Fevrier, de trois pieds en trois pieds ; car elle jette grands feuillages, et ses racines s'estendent beaucoup, comme fait l'œil ou racine d'une canne. Le vin où sa racine a trempé l'espace de vingtquatre heures, est singulier pour la colique passion, comme avons dit au premier livre : le jus de sa racine est singulier pour conserver le teinct des femmes. Sa racine aussi sert en décoction pour resjouïr, à provoquer l'urine et les mois des femmes et en faire cracher ; mais en faut user par dedans lorsqu'elle est toute recente et verte, car quand elle est vieille cueillie et seiche, la faut appliquer par dehors, non prendre par la bouche. "

– 8. **Passerage** (Lepidium latifolium L.)

"qui a le goust de poivre et de sénevé, à raison de quoy est appellé des Latins Piperitis, doit être planté avant le premier de Mars, couppé et tondu comme les porreaux sectils (*i e* susceptible de se diviser), mais non si souvent : car apres le premier jour de Novembre, il ne doit estre couppé, de peur qu'il ne meure par les froidures. Il durera deux ans, pourvueu qu'il soit diligemment sarclé et fumé ; il dure en plusieurs lieux jusques à dix ans et ne le peut on facilemen détruire. La racine de Passerage pilee avec graisse de pourceau ou avec la racine de Campane et appliquee en forme de cataplasme sur la goutte sciatique la guarit du tout. Elle oste les grosses taches, lentilles et grosse farine du visage, en escorchant, mais telle escorcheure se guarit facilement avec onguent rosat.

– 9. **Esclere** (Chelidonium majus L.).

"Esclere grande vient en toute terre moyennant qu'il y ayt de l'ombre et veut estre semee en Février, et peut durer deux annees, moyennant que dez qu'elle aura jetté sa semence, on tranche sa tige à quatre doigts pres de sa racine. Le jus de ses fleurs, meslé avec miel ou laict de femme ou quelque chose qui tempere son acrimonie oste la taye des yeux, desseiche leurs cicatrices et ulceres, guérit les dartres, gratelles de teste et teigne des petits enfans. Les Alchimistes en font grand cas en leurs extractions de metaux. Lon dit que les meres des Arondelles rendent la veuë à leurs petits esborgnez en appliquant sur leurs yeux de la feuilles d'esclere ; lon dit aussi que la feuille de ceste herbe portee dans les souliers contre la plante nue des pieds, guarit la jaunisse ; appliquee sur les mamelles arreste l'abondance de laict ; pilee avec la racine en huile de camomille, eschauffee ou fricassee, appliquee sur le nombril, et petit ventre appaise les tranchées de ventre (*i e* coliques violentes) et douleur de matrice ; toute la plante deseichee et pulvérisee guarit les playes et ulceres, son jus instillé dedans une dent cavee ou pourrie la fait mourir et tomber : et fait choir les pourreaux (*i e* verrues). La petite Esclere, dite autrement herbe des escrouelles a raison qu'elle a vertu de guarir les esécrouëlles vient bien és lieux aquatiques, humides et ombrageux ; elle vient aussi és lieux secs, mais non pas si bien, encores qu'elle y acquiere une qualité plus acre ; tant ses feuilles que sa racine ont vertu de guarir les ulceres des escrouëlles et autres virulentes, les hemorrhoides, les chancres, les scirrhes, les porreaux et les tumeurs froides, par une vertu émolliente et discuttiente (*i e* résolutive) qu'elles ont. "

– 10. **Cabaret** (Asarum europaeum L.)

"demande terre maigre et seiche et où il y ayt grand ombrage, et veut estre plustost planté que semé. La racine de Cabaret deseichee et mise en poudre, est bonne à prendre le poids d'un escu avec vin blanc pour faire vomir : dont il guarit les fièvres quarte et tierce ; c'est pourquoy plusieurs pour guarir de la fièvre tierce et quarte, donnent à boire tous les jours ou de deux jours l'un un plein gobelet de la decoction faicte en vin de la racine de cabaret avec miel, y asjoustant canelle, macis, et autres telles épices, dont ils se purgent beaucoup, tantost par haut, tantost par bas : mesmement quand ils sentent venir l'accez, se font frotter l'espine et plante des pieds d'huyle chaude en laquelle ils auront faict tremper racines de cabaret en plein Soleil, puis s'en vont coucher ; par ce moyen le frisson est diminué et une grande sueur est excitee ; la decoction de cabaret profite aux gouttes sciatiques, son infusion en vin guarit les hydropiques et jaunisse ; son jus instillé au coing des yeux guarit la maille (i e tache) et esblouissement de la veuë ; les bonnes femmes appliquent des feuilles de cabaret sur les poignets pour chasser l'ardeur de la fièvre. Faut remarquer facultés quasi contraires és parties de ceste herbe : car la racine est vomitive et les feuilles aromatiques et agréables. "

– 11. **Valeriane** (Valeriana officinalis L.)

"vient fort bien en terre humide et bien fumee, et demande d'estre souvent arrosee, à fin qu'elle jette une tige fort haute. Les bonnes femmes ont accoustumé d'appliquer sur les poignets és fièvres ardentes des feuilles de valeriane, mais sans raison : car la valeriane augmente plustost la fievre par sa chaleur, que ne la diminue. Il vaut mieux en user és douleurs de costé, et pour provoquer l'urine, et les mois des femmes. Si vous baignez un plumaceau au jus de valériane et le mettez dedans quelque playe faite ou de sagette (*i e* flèche) ou de coup d'espee ou autrement, et appliquez le marc de l'herbe par dessus, vous ferez sortir hors le fer s'il y est demeuré et si guarirez la plaie. Les chats se délectent fort à manger de ceste herbe : sa decoction sert contre le venin et peste, proffite à la courte haleine (*i e* dypnée ou asthme) si on y mesle regalisse et raisins de damas."

– 12. **Angelique** (Angelica archangelica L. et Angelica silvestris L.)

"veut estre semee en terre bien labouree, souvent sarclee et médiocrement arrousee. Sa racine est souveraine contre la peste et toute sorte de poison. Quiconque en tiendra un petit morceau en sa bouche, ou qui boira au matin seulement deux doigts de vin en hyver, et eau rose où elle aura trempé, il ne pourra estre infecté de mauvais air toute la journee. Les Anglois usent des feuilles et racine de ceste herbe en saulce avec leur viande, d'autant qu'elle corrige les humeurs grossieres et l'haleine puante et aide beaucoup à la digestion. Les feuilles d'Angelique pillees avec autres feuilles de rhue et miel, appliquees en forme de cataplasme guarissent les morsures de chien enragé et les piqueures de serpent : mises sur la teste du febricitant, attirent à soy toute la chaleur de fievre : est bonne contre les sorceleries et enchantements. L'eau distillee d'Angelique est singuliere contre les faillances de cœur, morsures de bestes enragees, piqueures de bestes veneneuses, principalement contre la peste, si avec cette eau distillee lon mesle demie drachme de ceste racine en poudre et une drachme de theriaque, puis que le patient s'efforce à suer, plusieurs en ont este saulvés. Sa racine mise dedans la dent cave appaise sa douleur ; maschee rend rend bonne haleine et cache l'odeur de l'ail ou autre telle viande donnant mauvaise haleine. "

– 13. **Chardon benedict** (Cnicus benedictus L.)

"demande semblable culture que l'Angelique vray est qu'il veut estre semé au croissant de la Lune, non plus avant en terre que trois doigts. Il aime fort la compagnie du froment. Il ne sera point spineux si avant que le semer, vous mettez sa graine dedans une racine de laictue effeuillee ou si rompez le bout pointu de la graine contre une pierre, ainsi qu'avons dit aux artichauds. Chardon benedict n'a moindre vertu contre la peste, et toute sorte de poison que l'Angelique, soit pris par dedans ou appliqué par dehors. C'est la vertu mesme par laquelle il chasse les taupes et autres bestes nuisibles aux jardins, du lieu et terre où il est planté. Ceux qui ont la fievre quarte ou autres fievres, desquelles l'accez se commence par froid, ils sont guaris en prenant au matin trois onces de l'eau de chardon benict ou de sa decoction ou le poids d'un escu de sa semence pulverisee. Le mesme remede est bon pour les pleuresies et les petits enfants epileptiques. Si on la cuit en vin, sa decoction est bonne pour appaiser les douleurs des reins et coliques, pour faire mourir les vers et pour faire suer. Chardon benict, tant sec que verd, pris par dedans, ou appliqué par dehors, guarit les ulcères malins : aussi les Médecins commandent qu'on le mesle aux decoctions et breuvages des verolez (*i e* atteints de la variole). "

– 14. **Agripaulme** (Leonurus cardiaca L.)

"vient és lieux mal cultivez et raboteux, et ne demande aucun soing de culture ; toutefois elle est singulière pour les palpitations et faillances de cœur, à raison de quoy est appellee d'aucuns cardiaca : elle provoque aussi les mois des femmes, elle desopile et fait uriner, fait cracher, delivre les poulmons pleins de pituite, fait mourir les vers ; deseichee et mise en poudre, prise la quantité d'une cuilleree avec vin, ayde miraculeusement à accoucher les femmes qui sont en travail d'enfant. "

– 15. **Verge d'or** (Solidago virgaurea L.)

"veut estre seme en terre grasse, qui ne soit pas exposée à grand Soleil, mais à l'ombre de quelques arbres ou sommet de montagne ou autre telle. Elle a une vertu fort astringente et encore plus dessicative, par laquelle ainsi que la Consoulde, elle conglutine les playes, ulceres et fistules tant intérieures qu'extérieures, arreste les defluxions (*i e*, écoulements) reprime les dysenteries, guarit les ulceres de la bouche et les inflammations d'icelle. Qui plus est, elle est fort singuliere pour faire uriner et comminuer (*i e* broyer) le calcul. "

– 16. **Saxifrage** (Saxifraga spp L.)

"tant grande que petite demande terroir sec, croyeux, argileux, sablonneux, pierreux, et du tout fertile, et est semee des petits grains que l'on trouve adherents à ses racines. Elle fait uriner et si pousse hors la gravelle des reins et de la vessie, si on fait bouillir sa racine et graine en vin ; provoque aussi les mois aux femmes et l'arrièrefaix."

– 17. **Glouteron** (Arctium lappa L.).

"Le grand et petit Glouteron ou gleteron, appellé autrement Bardane et des Grecs Personata, n'a besoing de grande culture, car il vit tant de racine que de semence en terre maigre, seiche et non cultivee, ainsi que nous la voyons croistre sans aucun soin és fossez et parmi les chemins et voyes des champs. Les racines, graines et jus des feuilles du grand et petit Glouteron sont fort singulieres pour provoquer l'urine, rompre le calcul tant des reins que de la vessie et appaiser le flux dysenteric. Son jus se boit avec vin blanc, ou tout seul, sa graine pareillement, laquelle pour estre plus plaisante, on confit avec sucre. Ses feuilles, pilees avec un peu de sel, appliquees sur morsures et piqueure de serpent, de chien enragé, et d'autres bestes venimeuses sont fort souveraines ; les racines ou graine du petit glouteron pilees, mises sur les tumeurs froides et escrouëlles rebelles sont fort utiles. "

– 18. **Chausse trappe** (Centaurea calcitrapa L.)

"ainsi dit à raison qu'il se doit manier et tripper avec le pied, non avec la main, autrement appelle Chardon estoillé à raison qu'il a des testellettes (*i e* petites têtes) sur le haut de ses tiges, comme les autres chardons, atourees d'espines piquantes en forme d'estoiles : il vient en lieu mal cultivez, tant de sa racine que de sa semence. Lon prise fort sa graine pulverisee et beuë en vin pour provoq uer l'urine et pousser hors la gravelle, laquelle y est de si grande vertu que, par son fréquent usage fait pisser le pur sang quelquefois : la decoction de sa racine avec miel en façon d'hydromel, fait le pareil, toutesfois plus doucement et sans pissement de sang.

– 19. **Chardon de nostre Dame** (Silybum marianum Gaertn.)

"ou laict de nostre Dame parce qu'il a des taches blanches sur ses feuilles, autrement appelé Espine blanche ou Chardon argentin, ou artichaud sauvage ou chardon asinin à cause que les ânes se délectent fort d'en manger : il demande un terroir gras et bien labouré et semblable culture que la poiree ; vray est qu'il ne laisse devenir és lieux mal cultivez. Sa graine et racines ont quasi semblables vertus à désopiler (*i e* désobstruer), à provoquer l'urine, et comminuer (*i e* briser en petits morceaux) le calcul que le Chausse-trappe ; les Italiens usent de ses racines en salade à la façon des artichauds et les bonnes femmes en tirent le laict pour manger ; l'on fait une ptisane avec la racine de ce chardon mise en poudre, graine de fenouil, et peu de poyvre long, pour faire user aux nourrices qui ont défaut de laict ; l'eau distillée de ses feuilles est singuliere pour les douleurs de costé, beuë avec demie drachme de sa graine. "

– 20. **Argentine** (Potentilla anserina L.)

"ainsi nommée parce que ses feuilles sont argentees par derrière, aime un terroir humide et herbu, encor qu'il soit mal cultivé. Elle a une vertu excellente sur toutes autres herbes pour rompre la pierre, guarir les ulceres et playes malignes dedans le corps, arrester le flux dysentéric et dissoudre le sang caillé, prise en breuvage. Lon dit que si vous la mettez dedans un bassin à demi plein d'eau froide et que vous couvriez le bassin d'un autre bassin ou vaisseau ou couvercle s'amasseront plusieurs vapeurs en la cavité du couvercle, lesquelles se convertiront en eau, à la forme des eaux distillees. Telle eau distillee est fort bonne pour oster les taches, lentilles, macules et le hasle du Soleil en la face. "

– 21. **Herbe aux tigneux** (Petasites officinalis auct.)

"croist volontiers en lieux frais et humides, aussi la voyons coutumierement naistre pres des rivieres et ruisseaux. Sa racine par sa grande amertume et vertu desicative, est medecine singuliere contre la peste : car deseichee et mise en poudre, puis beuë avec du vin, chasse tout venin du cœur par la grande sueur qu'elle provoque ; aucuns pour cest effect, ostent l'escorce et le cœur de ceste racine, la font tremper en vinaigre, puis font breuvage de ce vinaigre, jus de rhue et theriaque pour prendre és fièvres pestilentes ; la poudre de ceste racine beuë avec vin est excellente pour les suffocations d'amarri (*i e* matrice) et tranchees de ventre : ceste poudre aussi fait mourir les vers, guarit les ulceres malings, la tigne, les mules au talon, le farcin (*i e* angioleucite) des chevaux, soit prise par dedans ou appliquee par dehors en son jus ou sa décoction. "

– 22. **Scabieuse** (Scabiosa spp L.)

"vient en mesme terroir que l'herbe aux tigneux, à sçavoir és bois, lieux non cultivez et principalement sablonneux. Elle est fort propre pour la toux et maladies des poumons ; aussi pour cest effect, lon en tire le jus, lon la pulvérise, ou on en fait decoction pour en user long temps ; aussi l'on fait conserve de sa fleur ; ses feuilles ou sa racine pilee et appliquee sur les gratelles, tigne, ou meslee avec huiles et onguents, y fait grand proffit, mesmement és anthrax et carboncles pestiferez lesquels si frottez avec le jus de scabieuse dedans trois heures, vous les trouverez esvanouïs ; le jus de scabieuse à la quantité de quatre onces beu avec une drachme de thériaque dez le premier jour, est singulier contre la peste, moyennant qu'au lict, on se fasse suer et que l'on itère souventefois ce breuvage ; le mesme remede sert aux morsures des bestes veneneuses, si outre cela vous appliquez sur la morsure les feuilles pilees de ceste herbe ; un liniment fait du jus de scabieuse, poudre de borax, autrement dit chrysocolle, et peu de camphre est singulier pour les dartres, gratelles, lentilles, et autres infections et ordures de la peau ; sur tout la décoction de scabieuse beuë l'espace de quarante jours, guarit entierement les dartres, fussent-elles de verole, ainsi que j'ai expérimenté plusieurs fois."

– 23. **Scolopendre** (Phyllitis scolopendrium (L) Newmann, Phyllitis sagittata (D C) Guinea & Heywood (= Scolopendrium hemionitis Schwartz)

"dite autrement langue de cerf veut estre plantee en terre pierreuse ou graveleuse, qui soit humectee de quelque ruisseau courant et en ce defaut doit estre souvent arrosee. Il ne faut jamais arracher sa racine, mais couper seulement ses feuilles ; car elle ne peut estre semée, d'autant qu'elle ne produit point de semence. Sa decoction faicte en vin blanc sert beaucoup à ceux qui ont dureté de rate et qui sont subjects à la fievre quarte. "

– 24. **Bétoine** (Stachis officinalis (L.) Trevisan (= Betonica officinalis L.)

"se delecte d'estre semee en terre humide et froide et aupres quelque muraille pour en avoir l'ombre, car elle n'ayme beaucoup les rayons du Soleil. Sa racine a vertus contraires aux feuilles et fleurs : car sa racine tormente l'estomac, et est fort mal plaisante à la bouche : ses feuilles et ses fleurs sont de fort bonne odeur et saveur aggreable. La décoction de Betoine faicte en vin blanc, appaise les douleurs de reins, rompt le calcul et guarit la jaunisse. Ses feuilles pilees et appliquées en forme de cataplasme, agglutinent subitement les plaiys de la teste. Cataplasme faict de ses feuilles avec graisse de porc fait suppurer les furoncles, et toute autre forme d'apostèmes ; ses feuilles pileas avec bien peu de sel guarissent les ulceres caves et chancreuses. Bref, ceste herbe a de si grandes et tant de vertus qu'elle a donné lieu au proverbe italien, Tu hai piu virtu, che non ha la betonica."

– 25. **Bugle** (Symphutum spp L., Symphutum tuberosum L.)

"veut estre planté en terre pierreuse, seiche et montueuse à raison de quoy les Latins l'appellent consolida petra ; elle ne demande grande culture. Ses feuilles et racines sont souveraines pour consolider les playes, tant exterieures qu'interieures, aussi, elle se met és potions vulneraires. C'est pourquoi lon dit communement que, Qui a du bugle et du sanicle, Fait au chirurgien la nique. "

– 26. **Pied de Lyon** (Alchemilla spp L.)

"vient en terre argileuse, grasse et rouge, et quelque peu humide, communement es prez situez en quelque lieu haut. Il a semblable vertu au Bugle et Sanicle, outre lesquelles, il oste la douleur et chaleur de toutes inflammations et ulceres. La mesme herbe pilee et mise sur les mammelles des femmes et pucelles, les fait dures et fermes. "

– 27. **Consyre** ou **grande Consoulde** (Symphytum officinalis L.)

"vient en lieu humide et a semblable vertu que le Bugle, à sçavoir de consolider les playes, qui est si grande en tous deux que si on met dedans un pot où cuit la chair, du Bugle ou de la grande Consoulde, les pieces de chair divisees s'uniront ensemble. La racine de grande Consoulde estant encore toute verte et recentement tiree de la terre, ratissee et estendue sur du cuir, ou sur un linge, appliquée en forme de cataplasme sur les lieux goutteux appaise soudainement la douleur de la goutte, chose experimentee. Icelle racine deseichee et mise en poudre, est bonne pour mettre à la bouillie des enfans qui ont le boyau avallé (*i e* descendu), mesme pour appaiser le flux de ventre. Cataplasme fait de racine de Consoulde grande avec farine de febves, appliqué sur le lieu où descend le boyau aux petits enfans, y est un souverain remède. "

– 28. **Sanicle** (Sanicula europaea L.)

"se demande en terre grasse, et où le Soleil ne batte pas beaucoup, vient de sa semence et de sa racine, et a semblable vertu que le bugle et consyre, principalement à restraindre les crachemens de sang, à la dysenterie et à consolider les playes interieures du corps, où l'on ne peut mettre tentes (*i e* rouleaux de charpie) ni onguent, si on fait breuvage exprimé du jus de sa racine et de ses feuilles, lesquelles maniees entre les doigts, ou mises sur la langue représentent un goust de myrrhe. "

– 29. **Germandrée d'eau** (Teucrium scordium L.)

"ou chamaraz, c'est ce que les Latins appellent scordium, vient assez facilement et sans grand soin de culture, moyennant qu'il soit planté par petits œilletons pris de son rameau et mis en terre humide car sur tout pour bien croistre, il demande d'estre planté en terre humide et être souvent arrousé. Il a semblable vertu que l'Angelique contre le poison et la peste : et outre cela sa décoction prise en breuvage par certains jours guarit les fièvres tierces, delivre les opilations (*i e* obstructions) de la ratte et fait uriner. "

– 30. **Pas d'asne** (Tussilago farfara L.)

"doit estre planté en lieu fort humide, et veut estre souvent arrousé ; qu'ainsi soit on la voit croistre fort belle és marais et rivages des eaux. Il croist à l'entour de sa racine une mousse blanchastre, laquelle si tu amasses et nettoyes diligemment puis l'enveloppes dans un linge avec bien peu de sel nitre, et la fais ainsi quelque peu cuire en lexive, et par après la mets seicher au Soleil, tu auras une mesche excellente pour faire du feu avec caillou et fusil ; car elle est tant facile à concevoir le feu qu'au premier coup de ton fusil elle s'allumera. Entre autres vertus, elle est singuliere pour confortter les poulmons et parties pectorales, soit que l'on en use en décoction, ou syrop, ou en forme de parfum receu par la bouche, ou autrement : principalement si on mesle quelques brins d'hysope et de figues ou syrop parmi sa décoction ; le grand pas d'asne, principalement sa racine, deseichee et pulvérisee et prise au poids de deux drachmes avec vin est singulier contre la peste, si on sue incontinent apres. Elle est bonne aussi à bailler aux chevaux qui sont tourmentez de vers ou ont courte haleine. "

– 31. **Carline** (Carlina spp L.)

"tant grande que petite, ainsi nommee quasi Caroline, à cause que ce chardon fut monstré divinement par un Ange à l'Empereur Charlemaigne, pour délivrer son exercice qui estoit persecuté d'une peste misérable. Elle demande estre semee et plantee en un terroir sec et pierreux, et où le Soleil de midi donne à plaisir. La racine de la grande Carline mise en poudre, prise le poids d'un escu est singuliere contre la peste, pour les foiblesses de cœur, pour la rétention d'urine, pour comminner le calcul, pour les douleurs de costé et pour les convulsions ; appliquee par dehors apres avoir trempé en vinaigre, proffite à la goutte sciatique. "

– 32. **Chardon à cent testes** (Eryngium campestre L.)

"dit des Latins Eryngium croist en terre mal cultivee, mal unie et seiche. Le vin où auront bouilli les racines de Chardon à cent testes provoque le flux menstruel et l'urine retenue, pousse hors le calcul et gravelle, proffite aux epileptiques, aux hydropiques, aux ictériques ; la décoction de sa racine est singuliere pour empescher l'yvrognerie ; l'eau distillee des tendrons de ses feuilles beuë tous les jours, voire le plus souvent que l'on pourra est merveilleuse pour ceux qui ont le corps infecté d'ulceres de verole, d'autant qu'elle conforte le foye ; cette eau mesme est fort utile pour les fièvres quartes et quotidianes ; sa racine rise soit en poudre, soit en décoction avec le bouillon des grenouilles dont on mange, ou au défaut de grenouilles avec bouillon d'oison, est un antidote contre les poisons du crapaut, verdier et herbes vénéneuses ; elle profite aussi aux maux de cœur avec décoction de buglosse ou de mélisse. "

– 33. **Branche ursine** (Acanthus spp L., notamment Acanthus spinosus L., Acanthus mollis L.)

"dite des Latins Acanthus, vient en lieux pierreux et humides, encore qu'elle veuille estre cultivee soingneusement, autrement, n'en attendez proffit. Sa racine et feuilles sont fort emollientes ; prises en breuvage, fait uriner ; appliquées en forme de cataplasme proffitent aux convulsions, torsions et contractions de ligaments. Lon en use heureusement és clysteres des hydropiques."

– 34. **Remors** ou **Mors de diable** (Succisa pratensis Moensch.)

"ainsi nommé parce qu'il semble que le milieu ou le cœur de sa racine soit rongee ou mordue de quelque diable, si tost qu'est plantee ou a parcreu (i e s'est développé, a grandi) en quelque lieu, comme si le diable estoit envieux du bien qu'elle apporte aux hommes par ses vertus incroyables ; il ne demande grande culture, terre grasse, ny beaucoup humide ; aussi le voyons croistre és montagne, buissons et lieux du tout steriles ; vray est qu'elle croist aussi és prez, non pas toutesfois beaucoup humides. Elle se trouve en grande abondance en la prairie de Verriere, bourgade près Paris. Sa racine et feuilles vertes pilees ensemble et appliquees sur les charbons et tumeurs pestilentes, les guérissent ; le vin où ils auront bouilli est beu avec heureuse issue contre la peste, contre les douleurs et suffocations d'amarri ; la poudre de sa racine est bonne contre les vers.".

– 35. **Quintefeuille** (Potentilla L., peut-être Potentilla reptans L.)

"ainsi appellee pour les cinq feuilles qu'elle porte demande un terroir bas, ombrageux et aquatique : elle vient aussi en lieu sec et sablonneux. La décoction de sa racine en gargarisme appaise la douleur des dents et guarit les ulceres de la bouche ; en clystere, arreste tous flux de ventre tant dysenterique que de sang ; en breuvage, est singuliere contre la jaunisse, opilation de foye, contre air pestilent et poison.".

– 36. **Tormentille** (Potentilla erecta (L) Räuschel (= Potentilla tormentilla Stokes)

"semblable en tige à la Quintefeuille, mais dissemblable en nombre de feuilles, d'autant qu'elle en a sept, demande mesme terroir que la quintefeuille, non toutefois tant aquatique ; nommee Tormentille par ce que la poudre ou décoction de sa racine appaise le torment et la rage de dents, outre cela, elle est sur tous autres remedes singuliere contre la peste, contre la furie de tous venins et poisons, arreste aussi tous flux de sang, soit crachement, ou menstrual ou de ventre, tous vomissemens et l'avortement, soit prise par la bouche, soit appliquee exterieurement, soit prise en substance, soit distillee. "

– 37. **Pervenche** (Vinca mjor L. et Vinca minor L.)

"demande un lieu ombrageux et humide, aussi la voyons croistre aux saussayes (i e lieux plantés de saules), hayes et bords des bois. Ses feuilles, tant en décoction qu'autrement, arrestent toutes sortes de flux, soit de ventre ou de crachement de sang, ou flux menstruel, mesme elles suppriment les fleurs blanches, apres les avoir purgees, nettoyees et evacuees ; qui plus est vous arresterez le flux de sang par le nez, si vous broyez ses feuilles et les mettez dedans le nez ou si vous en faites un collier à l'entour du col ou un chapeau sur la teste : ou si vous en mettez sous ou sus la langue ; de mesme façon vous supprimerez le flux menstrual et empescherez l'accouchement avant terme, si vous en appliquez contre l'aine. "

– 38. **Bistorte** (Polygonum bistorta L.)

"tant grande que petite demande un lieu humide aqueux et ombrageux, elle vient aux hautes montagnes. Leur racine arreste toute sorte de flux, principalement le flux menstrual, encores d'avantage le flux d'urine, si on la boit avec jus ou eau de plantain distillee. Elle arreste le flux de sang d'une playe, si on jette sur la playe saignante de sa poudre : supprime le vomissement bilieux, si vous la fricassez avec blanc d'œuf sur une tuile ardente et la mangez soudain. Elle est singuliere tant en substance, décoction que distillee contre tous les venins, mesme contre la peste, contre les vers des petits enfans, contre la rougeolle et petite vérole des enfans, contre le flux dysenteric, pour toute cheute, contre la douleur et défluxions sur les dents, si vous la mettez dans la dent cave, avec un peu d'alun et de pyrethre.".

– 39. **Pivoine** (Paeonia spp L., Paeonia officinalis L.)

"tant masle que femelle, demande estre plantee ou semee en terre seiche où le Soleil ayt entiere puissance. Sa graine ou sa racine cueillie au défaut de Lune, pendue au col et appliquee sur les poignets ou seule avec guy de chesne est preservatif fort singulier contre le mal S. Jean, à quoy toutefois le conseil ne te tant fier que tu n'attentes autre remède asseure-toy plustost qu'elle est singuliere aux morsures et piqueures veneneuses, tant prise par la bouche qu'appliquee ; trente grains de pivoine desnuez de leur écorce, pilez et redigez (*i e* réduits) en poudre, puis beus avec vin, font recouvrer la parole perdue. "

– 40. **Véronique** (Veronica officinalis L.)

"tant masle que femelle, veut être tant semee que plantee en mesme terre que la pivoine. Ceste herbe, principalement la femelle, est fort recommandable pour ses vertus : car le jus qui est exprimé de ses feuilles, ou l'eau qui en est distillee, guarit toutes sortes de playes tant recentes qu'inveterees, toutes sortes d'ulceres malings, chancres, tumeurs chaudes, gratelles et toutes infections du cuir : qui plus est le frequent usage tant du jus que de l'eau distillee de veronique, apporte parfaicte guarison aux ladres, de quoi nous avons amples tesmoignage d'un Roy de France qui en receut entier allegement. C'est aussi pour quoy ceste herbe est appellee herbe aux ladres. Lon en fait un baulme (comme nous le dirons au chapitre des baulmes 3. Livre) qui est singulier sur tous autres, à toutes sortes de playes et d'ulceres malings, mesmement pour la ladrerie (*i e* éléphantiasis) : qu'ainsi soit un certain personnage de nous congneu, ayant un ulcere virulent, en façon de Polypus, au nez, de la guarison duquel plusieurs tant médecins que chirurgiens fort excellents de ceste ville desperoyent totalement, iceluy fut guari miraculeusement par la seule application de ce baulme, et potions fréquentes de la decoction de feuilles de la Véronique femelle. Ceste herbe aussi est souveraine és clysteres pour les dysenteries : en breuvage, pour les fievres pestilentes, ulceres des poulmons et opilations de foye et de ratte. "

– 41. **Gremil** (Lithospermum officinale L.)

"c'est ce que lon appelle en Latin vulgaire Milium solis, lequel vient mieux semé que planté et ayme terre seiche, non labouree, pierreuse et bien aëree. Le jus de ses feuilles et sa graine pulverisee et beuë avec vin, a une vertu singuliere contre la gravelle et calcul et pour faire uriner ; rien n'est plus singulier pour la chaudepisse que de boire plusieurs matins le poids de deux drachmes de graine de grémil, demie drachme de ceterach, deux scrupules d'ambre, le tout pulvérisé, avec just de plantain ou de pourpier ou de laictue ; pareillemment deux drachmes de la graine de grémil avec laict de femme donnent aide merveilleuse aux femmes qui sont en travail d'enfant.".

– 42. **Mille-pertuis** (Hypericum spp L., notamment Hypericum perfoliatum L. Hypericum perforatum L.)

"demande semblable culture que le grémil, et cependant ne refuse pas la terre grasse et bien labourée. Le jus de ses feuilles et fleurs consolide les playes ; sa graine beuë avec vin blanc délivre de la fievre tierce. Ses fleurs et sommitez viennent principalement en usage pour faire baume à guarir les playes, tel qu'est celuy-cy : Prenez fruicts d'orme, fleurs de mille-pertuis, boutons de roses, mettez le tout ensemble dans une bouteille de voirre et l'exposez au Soleil jusques à tant que voyez que le tout soit tellement consommé qu'il semble estre pourri ; puis apres, passez le tout par un linge et le réservez pour l'usage. Voyez au Livre 3 de l'huile de Mille-pertuis. "

– 43. **Ive arthritique** (Ajuga iva Schreb.)

"aime terre seiche, sablonneuse et pierreuse et vient mieux plantee que semee. L'herbe entiere, bouillie en hydromel, guaeit la jaunisse, provoque les mois des femmes, fait uriner et est souveraine contre la goutte sciatique, tant prise en breuvage qu'appliquee sur la hanche, en forme de cataplasme, car toute l'herbe avec les fleurs et racines pulverisees et prise par la bouche l'espace de 40 jours avec demie once de terebenthine guarit entierement la goutte sciatique : la conserve faite de ses fleurs est bonne aux paralytiques : toute l'herbe cuite en vinaigre prise par la bouche aide infiniment à accoucher, voire d'un enfant mort au ventre de sa mère. "

44. **Aigremoine** (Agrimonia eupatoria L.)

"veut estre plantée en lieu pierreux et ne demande grande culture. Sa decoction desopile le foie et le renforcit, bouillie et beuë donne secours aux morsures des bestes venimeuses. Le jus d'aigremoine mesle parmi vinaigre et sel, en liniment, guarit la gratelle : l'aigremoine est bonne à la toux des brebis et chevaux poussifs. Le jus de decoction d'aigremoine avec fumeterre, faicte en laict clair, provoque l'urine, pousse les mois et guarit la gratelle et demangeaison de tout le corps dont est singulière au commencement de la ladrerie. La graine incorporee avec le jus d'aigremoine en forme de pilules, fait mourir les vers : le cerf vulneré (*i e* blessé) est guari si tost qu'il a mangé de ceste herbe."

– 45. **Bouillon blanc** (Verbascum thapsus L.)

"vient en toute terre, mieux toutefois en terre pierreuse et sablonneuse qu'autrement. Le bouillon blanc, tant feuilles, racines, fleurs que semence est singulier contre toute sorte de venims : singulier aussi pour remettre en son lieu le fondement cheut : aussi les bonnes femmes pour ce regard font un parfum avec semence et fleurs de bouillon, fleurs de camamille et mastich, le tout bien pulvérisé. Le jus exprimé de sa racine autant qu'elle jette sa tige, beu par quatre fois à la quantité d'un doigt avec hippocras ou malvaisie, au moment de l'accez de la fievre quarte, la chasse du tout. Le jus exprimé, tant de ses fleurs que de ses feuilles appliqué sur les verruques les nettoye totalement. Aussi les demoiselles, pour oster les rides et autres vices de la face ne trouvent meilleur remede que le jus tiré des fleurs de bouillon blanc. Ses feuilles pilees entre deux pierres et appliquees en forme de cataplasme sur le pied du cheval qui aura esté encloué, luy apportent un singulier et soudain allègement. L'eau distillee des fleurs estaint la rougeur et goutterose de la face, y adjoutant quelque peu de camphre, fait le pareil és erysipeles, gratelles, bruslures et autres infections du cuir : les fleurs de bouillon blanc avec un jaune d'œuf, mie de pain et feuilles de porreau, appliquez sur les hemorrhoïdes, les arrêtent du tout. Il croist à l'entour des feuilles du bouillon blanc une mousse blanchastre, laquelle est bonne pour faire mesche de fusil. "

– 46. **Mercuire** (Mercurialis annua L.)

"demande terroir de vignes, pour y estre semee et venir en grande abondance, sans grand soing de culture : toutesfois lon se doit donner garde de la semer és vigne, par ce que le vin que produiroit la vigne où auroit esté semee la mercuire retiendroit le goust de mercuire et seroit fort mal plaisant à boire. Le jus de mercuire beu, fait concevoir, provoque le mois aux femmes et les délivre de l'arrière faix. La décoction de mercuire lasche le ventre, soit pris par la bouche ou en clystere. Lon fait un miel du jus de mercuire avec la moitié du miel, qui est fort bon pour les clysteres laxatifs : le jus de mercuire oste les verruques : la graine de mercuire en decoction avec l'absynthe guarit les ictériques, son jus avec vinaigre deseiche les gratelles. "

– 47. **Millefeuille** (Achillea millefolium L.)

"vient en terre mediocrement grasse et humide. Sa decoction arreste toute sorte de flux, et principalement le rouge des femmes et celuy qui vient es play principalement sa feuille deseichee, mise en poudre, et beuë avec eau de consoude ou de plantain : sa feuille mise dans le nez arreste le flux de sang : mise en clystere arreste le flux de ventre dysenteric. Mille-feuille portant fleur blanche, pilee avec sa fleur et beuë avec son eau, distillee avec laict de chevre, oste la chaudepisse aux hommes et aux femmes les fleurs blanches.".

– 48. **Hieble** (Sambucus ebulus L.)

"vient mieux plantee que semee, et demande terre grasse, bien amendee et aucunement humide. Le jus exprimé des racines d'hieble, beu par certain temps, preserve des gouttes. La graine d'hieble bien lavee, beuë à la quantité d'une drachme, mise en poudre et trempee toute la nuict en vin, guarit l'hydropisie par ce qu'elle fait vider par bas, et vomir grande quantité d'eau : beuë aussi avec décoction d'Ive arthritique, appaise les douleurs des gouttes et de vérole. Lon en faict un onguent souverain pour addoucir les mesmes douleurs. Prenez jus de racines d'hieble, fleurs de seigle, beurre frais, esgale portion de chacun : meslez le tout, et faites consommer ensemble dans un pot de terre mis au four. De cest onguent frottez les parties dolentes : ou bien faites tremper en huile la fleur au Soleil avec axunge (*i e* graisse) humaine. On tire aussi par expression huile de ses pépins. "

– 49. **Reprinse** ou **Orpin** (Sedum telephium L. ssp purpureum Link.)

"croist le plus souvent en lieux humides et ombrageux : les villageois la plantent volontiers la nuict sainct Jean, dedans escuelles ou sur tranchoirs de bois, ou dedans quelque fente de muraille, son pied estant entouré d'argile, et la pendent, là où elle demeure long temps verte, et y croist et fleurit, l'arrousant par fois d'eau. Le jus ou décoction de ses feuilles, est un remede souverain pour consolider les playes, arrester le flux de sang : pour les playes et ulceres interieures, pour les crepatures et hargnes (*i e* différentes formes de hernies).

– 50. **Barbe de chèvre** (Filipendula ulmaria (L) Maxim.)

"vient fort bien en terre humide et ombrageuse et demande d'estre arrousee souvent, les Latins l'appellent Ulmaria par ce que ses feuilles sont semblables aux feuilles d'orme. Sa racine et feuilles mises en poudre guarissent les flux de ventre et de sang : l'eau distillee beuë, est singuliere pour les playes, tant exterieures qu'interieures. "

– 51. **Lierre terrestre** (Glechoma hederacea L.)

"vient aussi en lieu humide et ombrageux. La décoction de ses feuilles a grande vertu de desopiler le foye et la ratte, de provoquer l'urine, et les mois aux femmes : lon en fait un baulme fort excellent pour les coupures et playes recentes : mesmement pour les coliques, tant en clystere que prise en breuvage, en mettant les feuilles hachees menues dans une fiole de verre, bien estouppee (*i e* boucheée) de cire gommée et de fort parchemin, et laissant ladite fiole enterree en fien de cheval par l'espace de quarante jours. Son jus, avec rouillure d'airain est propre pour les fistules et ulceres caverneuses : sa decoction avec betoine, pimprenelle, piloselle, bistorte, queuë de cheval, tormentilles, choux rouges, dictame est singuliere pour les playes des parties nobles et interieures, si on en use souvent. "

– 52. **Langue de chien** (Cynoglossum officinale L.)

"vient facilement és lieux sablonneux et mal cultivez. Ses feuilles pilees et appliques sur les bruslures, et feu volage, les vieilles ulceres, playes et inflammations, sur les douleurs, sur les defluxions, sur les hemorroïdes proffitent grandement : lon en fait un onguent singulier pour les playes, du jus d'icelles, miel rosat, et terebentine pour arrester les catarres violents. "

– 53. **Langue de serpen**t (Ophioglossum vulgatum L.)

"demande sur tout lieu gras, bien cultivé et humide : elle croist aussi és prez, mais elle se perd incontinent. Ses feuilles pilees appliquees sur les brusleures, inflammations, crepatures et principalement sur les plaies et ulceres malings sont de merveilleux effect : lon fait un baume de ses feuilles pour tels effects, auquel aucuns ajoutent de la terebentine : le vin vermeil auquel la plante entiere aura trempe est propre pour arrester les defluxions sur les yeux. "

– 54. **Rieble** ou **Grateron** (Galium aparine L.)

"croist en toute sorte de terre et n'a besoing de grande culture. Lon en distille de l'eau, laquelle est fort singuliere contre la pleuresie et autres douleurs de costé, prise au commencement du mal, mesmement contre morsures et piqueures de bestes venimeuses, et pour esteindre l'ardeur des chancres. "

– 55. **Coquelicoq** (Papaver rhoeas L.)

"demande un terroir gras et bien labouré, tels que sont les terres à grain esquelles nous le voyons croistre fort beau et bien espanoï. Les fleurs de Coquelicoq, tant grand que petit, en decoction, ou en eau distillee ou en syrop ou en poudre le poids de demy escu sont singuliers remedes és pleuresies pour faire cracher."

– 56. **Fraxinelle** (Dictamnus albus L.)

"autrement appellé Dictame bastard, demande aussi un terroir gras et bien cultivé, avec ce un soing diligent de l'arroser et defendre de la froidure de l'air. Sa graine, racine, feuilles et fleurs, tant en poudre qu'en décoction fait uriner, rompt la pierre, provoque le flux menstrual, fait sortir hors l'enfant mort et l'arrièrefaix : mangé avec rhubarbe tue et pousse hors les vers : son jus appliqué par dehors tire hors les espines et eschardes. "

– 57. **Crespinette** (Polygonum persicaria L. ?)

"c'est une troisième espèce de Renoüee, dite en Latin Polygonum, laquelle se trouve principalement à Villeneufue la Guyard, bourgade près de Sens et crost au bord des vignes, et champs mal labourez, principalement quand l'année est humide : lon en a trouvé aussi depuis quelques années à Montmartre pres Paris : donc si tu en veux planter, choisis luy un tel terroir. Entre ses vertus plus principales, l'eau qui en est distillee est souveraine pour difficulté d'urine, ainsi que j'ai expérimenté plusieurs fois."

– 58. **Seau de Salomon** (Polygonatum spp L.)

"ou Signet de Salomon, doit estre planté en terre seiche et haut eslevee. Sa racine toute nouvelle pilee, ou le jus d'icelle efface toutes lentilles, taches, meurtrissures (provenans pour estre haslé, battu, tombé ou heurté) soit en la face ou autre partie du corps : lon en distille de l'eau qui est fort propre aux fards des femmes. "

– 59. **Serpentaire** grande et petite (Dracunculus vulgaris Schott. = Arum dracunculus L.)

"Serpentaire grande doit estre plantee és lieux ombrageux et de bonne terre : la petite Serpentaire demande terroir humide et aquatique, pres la fontaine du jardin. Leurs racines bouillies ou rosties, et meslees avec miel, puis lechees profitent à la courte haleine, toux difficile et crachements à peine : d'autant qu'elles couppent, meurissent, et consument les humeurs grosses et visqueuses, mises en poudre et meslees avec miel guarissent les ulceres malings et corrosifs, principalement les polypus, leurs feuilles espandues par dessus les fromages, les empeschent de se gaster et pourrir. "

– 60. 61. **Ortie** piquante et morte (Urtica spp L., Urtica dioica L., Urtica urens L.) et (Lamium album L.)

"n'est besoing de la semer ny planter, car elle vient aux jardins plus que l'on ne veut : toutesfois elle n'a défaut de grande vertu, tant la grecque que la morte. Les feuilles et principalement les racines de l'Ortie morte, pilees et mises sur le nez arrestent le flux de sang par le nez : autant en fait leur jus frotté au front. Les feuilles de l'Ortie grecque pilees avec un peu de myrrhe, appliquees sur le nombril en forme de cataplasme, ont grande vertu pour provoquer les mois des femmes. Leur jus beu par certain temps, fait uriner et rompt le calcul. Liniment preparé avec feuilles d'ortie, sel et huile, defend les parties du corps de toute froidure et frisson, tant grand soit il, si lon en frotte l'espine du dos, la plante des pieds, et les poignets ; mesme le jus d'ortie meslé avec bien peu de l'onguent de populeon (*i e*, onguent formé de bourgeons de peupliers et d'axunge) appliqué sur les poignets appaise la grande ardeur de la fievre : autant en font les feuilles onguent formé de bourgeons de peupliers et d'axunge) pilees et meslees avec huile violat, ou de pavot appliquees sur les poignets. La vapeur de la décoction de la graine d'ortie delivre les opilations des nazeaux. Ceux qui ont la toux avec grand rallement ne pourroyent trouver meilleur remede pour cracher abondamment que de prendre avec quelque sirop eou decoction pectorale, le poids de demy escu de la graine d'ortie subtilement pulverisee. Faut encore observer ceste vertu en l'ortie, si on la met au pot où cuit la chair, elle fera que la chair en sera plustost cuitte. "

– 62. **Herbe aux Pouilleux** (Delphinum staphysagria L.)

"doit estre semee en lieu mediocrement sec et ombrageux. Sa graine machee et tenuë dans la bouche attire par sa chaleur grande quantité d'humiditez : pilee et meslee avec huile, chasse les poulx de la teste, et autres parties du corps, guarit les gratelles : trempee en vinaigre et tenuë en la bouche, appaise la douleur des dents."

– 63. **Plantain** (Plantago spp L.) (Plantago major L.) (Plantago media L.) (Plantago lanceolata L.).

"Il ne faut beaucoup soucier de semer le grand, petit et moyen Plantain, car il croist par tout : toutefois il doit estre prisé pour ses vertus. Le jus exprimé des feuilles ou des racines de Plantain beu deux heures avant l'accez, à la quantité de deux doigts allege les fievres tierces. Les feuilles de plantain pilees avec blanc d'œuf guarissent les brusleures. Emplastre faict de jus de plantain, blanc d'œuf, et bol arméne appliqué sur le front restraint le flux de sang par le nez. "

– 64. **Queuë de cheval** (Equisetum arvense L.)

"tant grande que petite, demande lieu fort humide, comme prez quelque estang ou bien quelque lieu ombrageux. Sa decoction en vin ou eau estanche le flux de sang, et tous autres flux, soit dysenterie ou autre tel : son jus mis dedans le nez estanche le sang qui en coule, et mis avec un pessaire à la nature des femmes arreste le flux d'icelle. "

– 65. **Parietaire** (Parietaria officinalis L.)

"ne demande aucun soin ni culture : car elle croist de soy-mesme pres les murailles. Cataplasme faict de pariétaire et de graisse de bouc ou de chevre, est singulier remede pour les gouttes et cheutes. Les feuilles de parietaire fricassees avec beurre frais ou graisse de chppon, mises en forme de cataplasme sur le ventre appaisent la colique. Le jus meslé en pareille quantité avec vin blanc, et huile d'amandes douces recemment faicte allege les douleurs et tourmens de la pierre. Cataplasme faict de parietaire verte, pilee avec mie de pain, huile de lis, rosat ou camamille résout les apostumes qui surviennent aux mamelles : elle est propre pour les clysteres remollitifs (i e adoucissants, lénitifs) et bains détersifs. "

– 66. **Bourse à Pasteur** (Capella bursa pastoris Moench.)

"vient en toute terre, principalement és masures et pres les murailles. La décoction de ceste herbe en eau de pluye avec plantain et bol armene beuë quelques matinees ou prise en clysteres arreste les flux dysentériques : appaise aussi les crachements de sang : un bain, preparé d'une decoction de ses feuilles retient le flux excessif des mois. Son jus consolide les playes recentes et instillé dedans les oreilles deseiche leurs ulceres : ses feuilles pillees et appliquees en forme de cataplasme esteinct les inflammations et feux volants : ses feuilles mangees arrestent toute sorte de flux de sang ; inserees dans le nez, mesme tenues en la main, estanchent le flux de sang par le nez. "

– 67. **Pain de pourceau** (Cyclamen purpurascens Mill.)

"demande un terroir ombrageux sous quelque ombre ou buisson, qui soit toutefois bien gras et bien labouré pour nourrir sa racine, qui est pleine, grosse, solide et quasi semblable à la rave : la forest d'Orleans est peuplee de ceste herbe. C'est une chose esmerveillable que le jus de la racine de pain de pourceau attiré par le nez purge le cerveau et son eau distillee, attiree aussi par le nez, estanche soudain le flux de sang : la mesme eau, beuë à la quantité de six onces avec une once de succre arreste soudain le sang découlant de la poitrine ou du ventricule ou du foie : et consolide les vaisseaux si quelques-uns y sont rompus, ce que j'ay moy-meseme expérimenté ; son jus bu au poids de deux drachmes avec oxymel, lasche le ventre, et delivre les oppilations du foye et de la rate, à raison de quoy il est singulier pour les hydropiques et icteriques, mais il y faut mesler un peu de mastich ou de muscade ou de rheubarbe pour corriger sa vehemence : il est incroyable quelle allegeance donne aux coliques et autres telles tranchees son jus quand on le mesle és clysteres, de combien aussi il sert és onguents, liniments et cataplasmes que l'on ordonne pour les durtez et tumeurs de rate et de foie : si vous faites tremper les racines hachees menu en huile rosat ou camamille ou d'amendes douces, puis bouillir, y ajoustant quelque peu de vin, en fin les exprimerez : telle huile, instillee de deux ou trois gouttes dedans les oreilles, guarit les bruits d'oreille et surdité, principalement si par-dessus les oreilles vous appliquez le marc de ses racines au soir allant au lit : ou bien hachez menu ses racines, pilez-les avec pesches et amandes ameres, faites le tout tremper en eau de vie, puis l'exprimez : instillez quelques gouttes de ce qui sera exprimé dedans les oreilles ; cela est souverain pour les bruits d'oreilles et surdité. "

– 68. **Bacinet** (Ranunculus spp L.)

"autrement dit des Français pied de courbin ou pied de coq, des Grecs Batrachium, des Latins Ranunculus, encores que soit de six espèces, toutes ce néanmoins demandent quelque lieu humide, et marescageux où les grenouilles se delectent, lesquelles aussi se plaisent et voltigent à l'entour de ceste herbe : vray que l'une plus et l'autre moins demande les lieux humides : car le bassinet qui a double fleur non pas beaucoup jaune et aucunes fois rougastre et qui se monstre seulement en Automne non en autre temps, ne peut croistre en lieu fort humide :

comme aux prés secs et terres moites ; au contraire celui qui porte simple fleur de couleur jaune et doree, ne peut venir qu'en quelque prairie aquatique, et pres de l'eau dormante.

Ces deux espèces viennent principalement en usage de medecine : celle qui a la fleur jeune et simple porte une racine garnie de plusieurs filaments entre lesquels sont deux plus insignes et plus grands que les autres, lesquels appliquez sur le poignet ont une vertu singuliere pour chasser la fiebvre tant quarte que tierce : ou bien selon l'expérience des bonnes matrones, prenez ces deux principales racines, appliquez les au poignet senestre ou au dedans et contre le poulce senestre si c'est un homme qui ait la fiebvre ou bien au poignet dextre ou au-dedans et contre le poulce dextre si c'est une femme qui ait la fiebvre : liez ces deux racines d'une bande de linge assez estroictement et l'y laissez neuf jours entiers sans le mouvoir.

L'autre qui a fleur double non pas beaucoup jaune porte une racine bulbeuse, blanchastre de goust fort acre : celle cy tant de ses feuilles, et principalement de sa racine appliquee sur quelque partie est autant caustique que le fien de pigeon ou gravelee, voire le plus violent cautere qui se trouve, car encores que vous mettiez entre la chair et ceste herbe un linge en cinq ou six doubles, elle ne laissera de brusler profondement jusques à la chair : c'est l'herbe de laquelle trempee en sang de dragon, les gueux malheureux et meschants se frottent les bras, jambes et cuisses pour se les exulcerer afin qu'ils puissent esmouvoir le peuple à compassion pour tirer plus grande aulmosne : c'est l'herbe que Sylvius appellle pied de courbin, laquelle est prise tant à la peste et au carboncle (i e charbon, tumeur rouge). Prenez, dit-il, pourpied ou bacinet ou pas de loup et des médecins Batrachion, Ranunculus, pes corvi, ayant la racine semblable à un petit oignon plat : ceste racine, ou seule, si elle est assez grosse, ou deux ou trois petites, pilees et mises sur le poulce de la main du costé de la peste sous l'aixelle ou sur le pouce du costé de l'aisne où est la peste, et luy laisser vingt-quatre heures, elle fait vessies, par lesquelles crevees de soy mesme, se vuide de matière de la peste tirée par une vene commune aux deux parties : mais à cause que ceste racine est trop forte, faut mettre entre icelle et le poulce, quatre ou cinq doubles de drapeau neuf et fort ou six ou sept de drapeau delié ou usé et le couvrir et lier ; et puis guariras l'ulcere du poulce par moyeux (*i e* jaunes) d'œufs et beurre frais battus ensemble, avec petit d'herbe consolde moyenne pillee, ou petit d'aloë lavé. Et si n'en pouvez avoir de la recente, la seiche y est bonne, mais ne faut tant de double entre deux : ceste opération se fait tost, et certainement sans saignee et autre vacuation. "

– 69. **Arreste beuf** (Ononis spinosa subs antiquorum L.)

"dite pour ce qu'elle retient par sa racine et rameaux fort plantureux les bœufs tirans la charrue, moleste aussi aux moissonneurs et faucheurs de prés allant pieds nuds, lesquels elle picque lourdement de ses bouts picquants : est aussi appellee du vulgaire bougrande : elle vient et croist en toute terre, soit prairie, labouree, seiche, cultivee ou non cultivee.

Le laboureur a en grande abomination ceste herbe, de laquelle il ne peut aucunement desenger (*i e* débarrasser) ses terre : sa racine est singuliere tant en poudre, qu'en decoction qu'en eau distillee (moyennant qu'avant la distiller on la face tremper en vin de malvoisie à double poids de la racine) pour faire uriner, provoquer les mois aux femmes, désopiler la rate et le foye : sur tout pour comminuer en poudre et pousser hors le calcul, mesmement pour consumer la carnosité engendree dans la vessie et conduit de la verge. Sa poudre se doit prendre avec vin blanc. Lon fait aussi un rappé de cette racine durant les vendanges avec du moult et raisins blancs mis dans un tonneau, y adjoustant quelque quantité des cerises de coquerelles. "

– 70. **Dictame** ou **Diptam** (Origanum dictamnus L.)

"Le Diptam de ce pays vient en un terroir sec, pierreux et exposé au Soleil. Sa racine est fort recommandable contre les poisons et venins, vers des petits enfans, et maladies froides de matrice : prise par la bouche, en decoction, ou en poudre dans du vin le poids de deux drachmes, ou appliquee, ou employee en parfum, provoque les mois aux femmes, fait sortir l'arrière faix et l'enfant mort et pousse hors le calcul des reins : surtout est profitable aux vérulez pour en prendre tous les matins longue espace de temps le poids d'une drachme avec décoction de gayac : proffitable aussi contre la peste, en quelque sorte qu'on en puisse user. "

– 71. **Germandrée** ou **petit chesne** (Teucrium chamaedrys L.)

"C'est ce que les Latins appellent Chamædris, quasi petit chesne, à raison qu'a ses feuilles semblables au chesne, ne demande point autre terroir ni culture que le Dictame. Ceste herbe est appelée chassfievre parce que sa decoction beuë au matin quelque espace de temps chasse et termine les fievres tierces : ses feuilles en salade mangee au matin à jeun contregardent de l'air et contagion pestilente avec non moins de vertu que le scordium duquel nous avons parlé devant. Sa decoction est singuliere pour la jaunisse, usee avec longue espace de temps, pour l'épilepsie, douleurs de teste et autres maladies de cerveau, pour les vers."

– 72. **Herbe du Turc** (Herniaria L. peut-être Herniaria glabra L.)

"autrement appellee hermole, vient en terre sablonneuse, seiche et non cultivee : aussi lon en trouve grande quantité au bois de Bolongne prez Paris. Ceste herbe redigee (*i e* réduite) en poudre et beuë avec vin provoque l'urine retenue et comminue le calcul des reins et de la vessie, si longue espace de temps lon en prend le poids d'une drachme. Fallopius, grand Chirurgien italien, afferme en avoir guary une infinité de personnes de la hergne (*i e* hernie), en breuvage fort longtemps continué. "

– 73. **Piloselle** (Hieracium pilosella L.)

"Vous ferez croistre la piloselle en terre, en même terre que l'herbe du Turc. Elle a une vertu fort astringente : c'est pourquoy les bergers n'ont garde d'en mener paistre leurs brebis és champs où il y a quantité de Piloselle par ce qu'elle leur constipe et endurcit le ventre, qui leur apporte le plus souvent occasion de mort : aussi les médecins ont coutume de se servir des feuilles de ceste herbe és flux dysenteric et de matrice, même pour consolider les playes tant intérieures qu'exterieures, crachements de sang et boyau avallé. "

– 74. **Chien dent**, (Agropirum repens L., Cynodon dactylon Pers.)

"sans le planter ou semer vient trop plus que l'on ne veut és jardins et terres à grains bien grasses. Lon se sert en medecine de la racine de ceste herbe pour rafraischir et deseicher mediocrement, et ce neanmoins, pour desopiler et ouvrir, pousser et rompre les calculs : vray est que la semence deseiche d'avantage, ains astraint aucunement (*i e* sans être astringent). "

– 75. **Scrofulaire** (Scrofularia L., peut-être Scrofularia nodosa L.)

"croist és lieux humides, aquatiques et marescageux. De sa racine cueillie en Automne et bien nettoiee, pillee avec beurre frais, le tout enfermé dedans un vaisseau de terre plombé bien estouppé, et iceluy vaisseau mis en quelque lieu moicte et laissé reposer l'espace de quinze ou vingt jours, puis que le beurre soit fondu et liquéfié sur un feu lent, enfin passé : l'on en faict un onguent fort singulier pour frotter et oindre avec heureuse yssue les escrouelles et hemorroïdes ; telle racine est environnée de petits nœuds ayant la forme d'hemorroides et escrouelles.".

– 76. **Palme Christ** (Ricinus communis L.).

"vient sans grande peine és jardin, et estant semé vient plus que l'on ne veut. Sa graine purge beaucoup les hydropiques, si on leur en baille avec laict clair, vray est qu'on en peut user sans faire tort à l'estomac, s'il n'est hauy (i e brûlé) et fricasse, mesmement mesle parmy graine d'anis et fenoil : au reste propre à planter aux jardins pour faire mourir et chasser les taulpes. "

– 77. **Fougère** (Dryopteris filix mas (L) Schott. (= Polystichum filix mas Roth.) et Pteridium aquilinum (L) Kuhn (= Pteris aquilina L.).

"Ceste herbe est de deux espèces, masle et femelle ; le masle est appellé proprement des Français esmonde-real, la femelle fugere ou fougere : toutes deux viennent en toute terre, principalement moicte. L'un ne l'autre ne porte semence aucune, ainsi que disent les autheurs : toutefois lon a expérimenté que le masle en porte qui est adherante au derrière de ses feuilles, si menu toutesfois qu'à grande peine le peut on veoir, et qui ne peut estre recongnu, cueilly ny amassé qu'à la fin de Juillet, qui est le temps de sa maturité : pour l'amasser faut coupper les feuilles pres de la racine, les pendre en la maison, puis estendre sous les dites feuilles quelque linge blanc ou papier net : je sçay bien que la populasse croit et afferme que ceste semence ne se peut amasser que la nuict de la veille sainct Jean d'esté, encores avec grandes ceremonies et paroles obmurmurees entre les dents, qui ayent vertu de chasser les diables, qui ont la garde de la semence, mais tour cela est fabuleux. Sa decoction est propre pour provoquer les mois aux femmes, pousser hors l'enfant mort, faire mourir les vers : aucuns s'en servent pour consolider la playe du boyau avallé, principalement la fougère femelle. "

– 78. **Numulaire** (Lysimachia nummularia L.)

"ainsi appelée des Français à cause que ses feuilles ressemblent à petits deniers, ne demande grande culture, sinon un terroir moite.Toute l'herbe, soit en decoction ou poudre, principalement distillee par alambic est fort singuliere pour le boyau avallé. "

– 79. **Herbe aux puces** (Plantago arenaria Waldst et Kit = Plantago psylum L.).

"Ceste herbe est appellee des Latins psyllum, demande le terroir bien gras, bien fumé et bien amendé, autrement n'en attendez proffit aucun. Sa graine preparee en forme de mucilage dans le vinaigre esteint le feu volant et dartres : appliqué sur la tete ou feont appaise la douleur : oste aussi la rougeur des yeux appliqué sur iceux. Son eau distillee sert infiniment aux douleurs des yeux, de deux ou trois instillee dedans.".

– 80. **Fumeterre** (Fumaria officinalis L.)

"Ceste herbe demande un lieu bien gras, bien fumé et bien labouré : aussi nous la voyons croistre abondamment és vignes et terres à fourment et orges. Elle est fort singuliere de sa feuille en decoction pour desopiler le foye, et nettoyer des humeurs adultes : c'est aussi pourquoy les medecins la conseillent avec le mesgue de laict (i e petit lait) és grateleux, farcineux, elephantiques. Son jus est fort propre pour nettoyer les yeux chassieux. "

– 81. **Senesson** (Senecio vulgaris L.)

"vient en toute terre et sans grand soing : aussi nous le voyons crostre pres les murailles et sur les murs des villes : il est vert toute l'annee et fleurit quasi tous les mois ; c'est pourquoy les Italiens l'appellent *fiori d'agni mese.* Aucuns pensent que le senesson distillé est fort singulier pour les fleurs blanches des femmes, mais ne les croyez avant qu'en ayez fait expérience, car j'ay observé par usage frequent que ceste herbe, soit en decoction ou autrement, provoque les mois des femmes.

– 82. **Aristolochie** (Aristolochia spp L., Aristolochia ronda L. et Aristolochia longa L.)

"tant longue que ronde doivent estre plantees en terroir gras et fertile, tel que celui où le froment est semé et les oliviers plantez. Leurs racines, entre autres vertus quasi infinies, esmeuvent les mois des femmes, purgent les poumons, font cracher, guarissent la toux et provoquent l'urine. Qui plus est, si on boit l'urine ou l'autre racine et principalement la ronde mise en poudre, avec poyvre et myrrhe, elle pousse hors l'arrierefaix, l'enfant mort, et toutes autres superfluitez amassees en la matrice : elle fait le pareil si on l'applique en forme de pessaire.".

– 83. **Centaurée** (Erythrea centaurium Pers.)

"ou fiel de terre tant grande que petite, demande terre bien grasse, bien fertile, et bien labouree, en laquelle encores que soit telle, ne provient sans grand soing du jardinier. Leur racine en decoction, jus et poudre, provoque les mois aux femmes, fait uriner, pousse hors l'enfant mort, purge les humeurs phlegmatiques, qui causent la goutte sciatique, désopile le foye, et la ratte, fait mourir les vers, proffite aux paralysies, convulsions, et maladies de nerfs, esclaircit la veuë, et en oste tout brouillarts, principalement le jus instillé dans les yeux, consolide les plaies recentes et cicatrise les ulceres envieillis et malings. "

– 84. **Chevrefeuille** (Lonicera caprifolium L.)

"ne demande grande culture, car il croist par tout et en telle terre qu'on veut, vray est qu'il se désire fort pres des genests, des hayes et sur le bord des champs. Le fruict de chevrefeuille beu avec vin l'espace de quarante jours, désopile la ratte endurcie, purge les urines avec telle force que le dixième jour l'urine devient toute sanglante, ayde aux femmes qui sont en travail d'enfant : ses feuilles en decoction, ou distillees guarissent playes et ulceres sordides, effacent les taches et cicatrices du corps et de la face. "

– 85. **Mouron** (Anagallis arvensis L. spp Anagallis phoenica Scop. et Anagallis arvensis L. spp Anagallis caerulea Schreber)

"Le mouron à fleurs rouges et bleuës demande une terre humide et ombrageuse, aussi le voyons croistre à l'ombre des hayes et buissons. Le mouron à fleurs rouges, pilé et appliqué sur les yeux, ou son jus instillé dedans, oste les inflammations, obscurité, et ulceres des yeux : guarit les inflammations des parties honteuses : le mouron bleu cuict avec sel et eau est fort propre pour guarir les gratelles et cirons (*i e* pustules) des mains, si on les y lave souvent. "

NOTES DU CHAPITRE 4

1. On trouvera une liste de 32 de ses ouvrages dans Jean Pierre Niceron, *Mémoires pour servir à l'histoire des hommes illustres dans la république des lettres. Avec un catalogue raisonné de leurs ouvrages* Tome 36. p 259 à 270 ainsi que dans Louis-Gabriel Michaud, *Biographie universelle ancienne et moderne* : histoire par ordre alphabétique de la vie publique et privée de tous les hommes avec la collaboration de plus de 300 savants et littérateurs français ou étrangers, Tome 13 p.111.
2. Les principaux sont :
   – *Seminarium, et Plantarium fructiferarum praesertim arborum quae post hortos conseri solent, Denuo auctum & locupletatum. Huic accessit alter libellus de conserendis arboribus in seminario : deque iis in plantarium transserendis atque inserendis*, 1536 consacré aux semences et pépinières d'arbres fruitiers qui doivent être réunis derrière les jardins ; il est complété par un petit ouvrage sur la plantation d'arbres à partir de semences, les enter (greffer).
   – *Vinetum, in quo varia vitium, vuarum, vinorum, antiqua,* 1537, consacré à la viticulture et aux vins de l'Antiquité.
   – *Arbustum, fonticulus, spinetum*, 1538, consacré aux bois, ruisseaux, buissons épineux.
   – *De re hortensi libellus, vulgaria herbarum, florum, ac fructicum qui in hortis conseri solent, nomina Latinis vocibus effere docens ex probatis autoribus. In puerorum gratium atq (ue) utilitatem*, 1539 consacré aux jardins aux plantes, fleurs et arbres fruitiers qui doivent y être cultivés., avec l'indication de leurs noms latins.
   – *De Latinis et graecis nominibus arborum, fruticum herbarum, piscium et avium Liber,* 1544, qui est un lexique des noms grecs et latins donnés aux végétaux, aux poissons et aux volatiles avec leurs correspondants en français.
   – *De nutrimentis, ad baillyum*, (1550 consacré aux aliments.
3. *Praedium rusticum, In Quo Cuiusuis Soli vel Culti vel Inculti Platarum Vocabula ac Descriptiones, Earumque Conseredarum atque Excolendarum Instrumenta suo Ordine Describuntur*, Paris, 1554. Il comprend dix chapitres : *Hortus* (le jardin, notamment le jardin potager ou jardin de ménage (*Hortus olitorius*) où l'on cultive des légumes), *Seminarium* (consacré aux semences), *Vinetum* (vignobles et aux vins), *Ager* (champ), *Pratum* (pré, prairie), *Lacus* (lac), *Arundinetum* (roselière), *Sylus* (bois, forêt), Frutetum (jardin fruitier), Collis (coteau, colline). L'expression *Praedium rusticum* est employée par Ciceron pour distinguer dans un héritage, propriété urbaine et propriété rurale (*Pro Roscio Amerino*, 42). Ce titre pourrait avoir été retenu en référence au *Praedium* décrit chez Caton, au chapitre 1 de son *De Agricultura.* Ce même titre fut également choisi par le jésuite Jacques Vanière (1664-1739) pour son poème, composé de 16 Livres écrits en latin et composé de 1200 hexamètres où il chante les travaux et les plaisirs de la campagne. Destiné aux propriétaires de "maisons rustiques", son ouvrage n'a pas pour objet de leur enseigner les techniques d'une exploitation agricole, mais de leur inspirer le goût de la campagne et le respect des paysans. Publié pour la première fois à Paris 1682, il fut traduit en français en 1756 par Bertrand d'Halouvry ainsi que par Antoine Le Camus.
4. Dans son *Praedium Rusticum*, publié en 1554, Charles Estienne a rassemblé plusieurs de ses monographies sur la botanique et l'agriculture : *De re hortensis libellus* (1535), *Seminarium et plantarium fructiferarum, praesertim arborum* (1536), *Vinetum* (1537), *Sylua, fonticulum, spinetum* (1538) et *Pratum, lacus, arundinetum* (1543).
5. **Jean Liebault**, médecin, né à Dijon en1535, mort à Paris en 1596. Il est surtout connu pour avoir traduit en français et complété le *Praedium rusticum*, traité agronomique écrit en latin par son beau-père, Charles Etienne, et l'avoir publié sous le titre *L'Agriculture et la maison rustique*. Il est également l'auteur de de plusieurs ouvrages de médecine : l'un est publié sous le titre *Quatre Livres des Secrets de Medecine et de la Philosophie Chymique, esquels sont descrits plusieurs remèdes singuliers pour toutes les maladies tant internes qu'externes du corps humain* (1575), un autre dont le titre est

Thesaurus sanitatis pirtitu facilis. sêlectas ex ariis auctoribus (1577), inspiré d'un ouvrage du naturaliste suisse Conrad Gesner, *Thesaurus De remediis secretis*, une édition des commentaires de Jacques Houllier, doyen de la faculté de Médecine de Paris sur les Aphorismes d'Hippocrate (*Scholia in Jac. Hallerii commetitaria in libr. 1 Aphorismorutn Hippocratis* (1579), deux ouvrages sur les maladies des femmes, intitulés respectivement Trois livres appartenant aux infirmitez et maladies des femmes (1582) (qui fut réédité en 1585 et 1587 sous le titre *Thrésor des remèdes secrets pour les maladies des femmes* et *De cosmetica seu ornalîi et decoratione*, traduit en français sous ce titre : *Trois livres de l'embellissement et ornement du corps humain* (1582), peut-être inspirés des travaux d'un médecin Italien de son époque, nommé Giovanni Marinello.

6. Les différentes éditions de l'ouvrage de Liebault ne doivent pas être confondues avec un traité, en deux volumes, paru en 1700 à Amsterdam sur le même sujet sous le titre *Oeconomie générale de la campagne*, ou *Nouvelle maison rustique*. L'auteur en est **Louis Liger**, agronome, né à Auxerre (Yonne) en 1658 et mort à Guerchy (Yonne) en 1717. Il se défend dans sa Préface d'avoir plagié celui de Charles Etienne et de Jean Liebault et vante l'originalité de son Traité. On remarquera que celui-ci ne contient aucun chapitre sur le jardin médicinal. L'ouvrage fut plusieurs fois réédité du vivant de Liger, puis mis à jour et complété à sa mort par Jean François Bastien. Louis Liger est également l'auteur de plusieurs ouvrages, dont un *Dictionnaire général des termes propres à l'agriculture, avec leurs définitions et étymologies, pour servir d'instruction à ceux qui souhaiteront se rendre habiles en cet Art* (1703), réimprimé plusieurs fois, du *Jardinier fleuriste ou culture universelle des fleurs, arbres, arbustes et arbrisseaux servant à l'embellissement des Jardins* (1704), de *La Culture parfaite des jardins fruitiers et potagers, du Nouveau théâtre d'agriculture et ménage des champs,* (1712), d'un *Dictionnaire pratique du bon ménager de campagne et de ville...* (1715), édition considérablement augmentée en 1751 par l'écrivain La Chesnaye des Bois sous le titre *Dictionnaire universel d'agriculture et de jardinage.*
   Jean François Bastien, né en 1747 à Paris et mort en 1824. On lui doit de nombreux ouvrages parmi lesquels certains portent sur la botanique et l'agronomie, notamment : *L'Année du jardinage* (1799), *Calendrier du jardinier, ou Journal de son travail distribué par chaque mois de l'année* (1806), *Nouveau manuel du jardinier* (1807), *La Flore jardinière* (1809), Le *Dictionnaire botanique et pharmaceutique, contenant les principales propriétés des minéraux, des végétaux et des animaux, avec les préparations de pharmacie, internes et externes, les plus usitées en médecine et en chirurgie, par une société de médecins, de pharmaciens et de naturalistes, orné de XVII grandes planches* (2 volumes, 1817). Il poursuivît la publication de *La Nouvelle Maison rustique, ou Économie rurale pratique et générale de tous les biens de campagne*, mais "entièrement refondue et considérablement augmentée et mise en ordre". L'agronome De La Bretonnerie (1720-1795) participa également à la mise à jour et à l'enrichissement de cet ouvrage, notamment son édition de 1790. On notera, par exemple, que l'édition de 1798 (en 3 Tomes), contient un chapitre répertoriant et expliquant tous les termes du jardinage (Tome 2, Chapitre 2) et un chapitre consacré au Jardin des simples "où on ne mettra que des herbes médicinales "qui doivent être classées et rangées avec ordre dans les planches du jardin". (Tome 3, 4ème Partie, Chapitre 1). Après avoir défini les 21 propriétés thérapeutiques que peuvent posséder les plantes, l'auteur présente quelques 380 courtes notices classées par ordre alphabétique, consacrées chacune à une plante, un arbre ou un arbuste alors reconnu pour posséder des propriétés médicinales. Ce chapitre est complété par 3 planches de 32 gravures représentant chacune, une des plantes recensée dans celui-ci. Ce Livre contient aussi un chapitre sur la distillation des plantes (Tome 3, 6ème Partie, Chapitres 1 à 5) et un chapitre sur "l'Apothicairerie ou pharmacie particulière" consacré à la préparation des différentes catégories de remèdes (Tome 3, 6ème Partie, Livre 2, Chap. 1)

Parmi les ouvrages les plus connus qui portent le titre de Maison rustique, on notera : *L'Agronome, ou la Maison Rustique, mise en forme de Dictionnaire portatif à l'usage du cultivateur. Contenant l'Ancienne et Nouvelle Agriculture, et toutes les connoissances nécessaires pour augmenter son bien et conserver sa santé.* 1770 (en 4 volumes), dont l'auteur est Pons Augustin Alletz (1703 -1785), également auteur de l'ouvrage intitulé *L'Agronome ou le Dictionnaire portatif du Cultivateur, contenant toutes les connaissances nécessaires pour gouverner les biens de campagne et les faire valoir utilement, pour soutenir ses droits, conserver sa santé et rendre gracieuse la vie champêtre...*, 1760, (en 2 volumes). Ces deux ouvrages se présentent sous forme d'articles classés par ordre alphabétique. Il est également l'auteur du *Bon Jardinier, Almanach pour l'Année 1755.* L'ouvrage se présente sous la forme d'un petit livre (7x12 cm) de 168 pages, qui fait suite à une brochure publiée antérieurement sous le titre *Almanach du bon jardinier.* L'ouvrage connut un grand succès et fut repris, largement complété et mis à jour au fil des rééditions qui en compta plus de 150, jusqu'à la fin du XX ème siècle. La dernière édition (1992), en trois volumes, est la 153 ème. Quant à *La Maison Rustique du XIXème siècle*, il s'agit d'un ouvrage collectif où s'associent de nombreux agronomes et praticiens paru en 5 volumes entre 1834 et 1845, présenté comme une encyclopédie du jardinage qui servira de référence et de modèle pendant de nombreuses années à toutes les encyclopédies de jardinages.

7. Le *Thesaurus sanitatis paratu facilis* est destiné à la diffusion du savoir médical : Liebault a en effet rassemblé des textes épars de différents auteurs pour former ce vademecum du médecin de campagne : Hippocrate. *De Diaeta* ; Jacques Dubois. *De victu facili pauperum scholasticorum libellus* ; Jacques Dubois. *De duro ac parco victu libellus* ; Jacques Dubois. *Consilium adversus famem & victuum penuriam* ; Petri Hispani. *Thesaurus pauperum* ; Jacques Dubois. *De peste* ; Auger Ferrier. *De morbo gallico* ; Eucharius Roeslin. *Therapia recens natorum,* et la *Therapia pauperum* de Jean Le Bon qui a un titre séparé. Un seul est de lui : De *praecavendis curandisque venenis commmentarius.*
8. Les plantes du Jardin potager sont les suivantes : Choux, Laitue, Endive, Scarole, Laceron et Cicorée, Artichaud, Ozeille et Pimprenelle, Corne de cerf, Trique ou Trippe-madame, Percepierre ou Christe marine, Soucy, Bettes et Poirée, Blettes, Blistres ou Poirée rouge, Arroches, Bourrache et Buglose , Porreaux, Pourceline ou Pourpier, Oignons, Ciboules et Civots, Ails, Eschalotte ou Appetis, Persil, Roquette et Targon (ou estragon), Ache, Cerfueil, Coq et Sanemonde, Asperges, Cresson de cailler et alenois et Berle, Saffran, Naveaux et Navets, Raves, Raiforts, Panis, Pastenades, Carottes, Chervis, Senevé et Pavot, Concombres, Courges, Melons et Pompons, Fraises. (Livre II, Chap. 41, p. 91 à 109).
9. Les plantes du Jardin des herbes à fleurs ou à bouquets sont les suivantes :
Violette de Mars, Violiers ou Giroflées blanche, jaunes et rouges, Marguerites, Passe-velours ou Amaranthus, Ancholies, Œillets de Provence, de Rosette et d'Inde appelé Veltonica, Ocelus ou Caryophyllon, Violettes de Damas, Barbe de bouc, Violette de Marie, Grand muguet, ou Ephemeron ou Lilium convallium, Lys destang ou Nénuphar, Hyacinthe ou Vaciet, Narcisse, Flambes, ou Gladiolus ou Glay, Lys, Menues Pensées ou Herbes de la Trinité ou Violettes d'Automne. (Livre II, Chapitre 48, p. 132 à 135).
10. Les plantes du Jardin des herbes de bonne senteur sont les suivantes : Basilic, Rhue, Menthe, Calament ou Menstrate, Thym, Thymbre, Origan ou Marjolaine bâtarde, Hysope, Sarriette, Coriandre, Sauge, Piment ou Botrys, **Marrube**, Alvine ou **Absinthe romaine** ou pontique, marine et vulgaire, Auronne, Rosmarin, Jasmin, Serpolet, Pouliot, Aneth, Anis, Ammi, Carvi, Cumin, Fenouil, Marjolaine, Armoise, Tenaisie, Matricaire ou Espargoutte, Herbe aux chats, une espèce de Calament, Stechas, Lavande, Toutebonne ou Orvalle, Nielle, Melisse, **Camomille**, Melilot, Pommes d'amour ou Mala insana ou Melongena, Mandragore, Pomme dorée. (Livre II, Chapitre 52, p. 135 à 142)

11. Les Arbres et arbrisseau tant estrangers que domestiques plantés ou transplantés au Parterre. "Premièrement de ceux dont sont faits les berceaux" sont les suivants :
Cyprès, Rosier, Bouys, Genest, Cèdre, Savinier, Genevre et Suzeau, Rosmarin et Josmin, **Lierre**, Troësne, Cyprès, Rosier, Bouys, Genest, Cedre, Savinier, Genevre, Sureau, Rosmarin et Josmin, **Lierre***, Troesne, (Chapitre 54, p. 157 à 160)
12. Les herbes des berceaux du parterre sont les suivantes :
Coulevrée, Concombres et Courges, Houblon, Pommes de merveilles ou Vinicella, Momordica, Balsamica, Pois de merveilles, Coquerelles ou Halicacabum ou Alkekengi. (Livre II, Chap. 55, p 160 à 162)
13. Les arbres et arbrisseaux tant étrangers que domestiques "qui sont plantés ou semés par couches ou vaisseaux au Parterre" sont les suivants : Laurier, Meurte, Myrtil, Brusc ou Housson, Tamarisc, Baguenausier, Caprier, Agnus castus, Carrouge, ou Carobe, Palmier, Pin, Figuier, **Olivier**†, Pistaches, Citronniers, Limoniers, Orangers, Grenadiers, Plane, ou Platanus, Alisier, Lentisque, Terebinthe, (Livre II, Chapitre 56, p. 162 à 173).
14. Le verger est composé des arbres et arbustes suivants :
Amandier, Pescher, Abricotier, Noisiller ou Coudre ou Noisetier, Cerisier, Guinier Heaume et Merisier, Coingnier, Orange, Poncille, Citron, Limon, Pomme d'Adam, Figuier, Pommier, Poirier, Nefflier, Meurier, Avant-pescher, Noyer, **Olivier**, Dattier Palmier, Chastaignier, Pin, Prunier, Grenadier, Cormier, Cornillier, Guindolier ou Jujubier, Laurier. (Livre III, Chap. 21 à 43) (p. 208 à 224)

---

* Le lierre figure dans le jardin medecinal d'Olivier de Serres.
† L'olivier figure dans le jardin medecinal d'Olivier de Serres.

CHAPITRE 5

Le Jardin medecinal d'Olivier de Serres

Olivier de Serres, (né en 1539, mort en 1619) est surtout connu pour avoir écrit un important traité, le *Théâtre d'Agriculture et mesnage des champs*, paru en 1600, et maintes fois réédité, qui lui valut d'être généralement considéré comme le père de l'agronomie française.

Né à Villeneuve-de-Berg (Ardèche) dans une famille aisée de commerçants drapiers protestants, Olivier de Serres put ainsi bénéficier de l'enseignement d'un précepteur auprès duquel il acquit les bases de sa culture fondée notamment sur la connaissance du grec et du latin et la lecture des Anciens qu'il compléta par de nombreux voyages en France, en Italie, en Allemagne et en Suisse, ce qui lui permettra, à l'occasion, de citer des exemples précis à l'appui de ses propos.

En 1557, Olivier de Serres acquiert dans les environs de Villeneuve-de-Berg à un propriétaire désargenté, une propriété d'une centaine d'hectares et, l'année suivante, une maison fortifiée. À 19 ans, il devient ainsi "Seigneur du Pradel". En 1571, il achètera "la juridiction du Pradel", ce qui lui conferera le droit de rendre justice sur ses terres. En 1559, il épouse Marguerite d'Arcons (ou d'Harcours), dont il aura sept enfants. Olivier de Serres fait du Pradel une ferme modèle qui sera le théâtre de nombreuses expérimentations pratiques dont le but est d'améliorer des techniques agricoles. Il restaure la demeure, recrute un métayer, nettoie et amende les terres, amène l'eau par un canal d'irrigation d'un kilomètre. Son but est de faire partager son savoir, tant aux paysans pour leur permettre d'obtenir de meilleures récoltes, qu'aux propriétaires pour qu'ils sachent faire fructifier leurs domaines et en tirer le meilleur profit possible. Il fut le promoteur de la culture du murier en France, nécessaire à la nourriture des vers à soie, afin de pouvoir produire de la soie localement. On lui doit aussi l'introduction en France de différentes plantes cultivées, comme la garance, le houblon et le maïs.

Durant les troubles provoqués par la Réforme, il fit preuve de son calvinisme militant, notamment en 1561, où il se chargea de la recherche et de l'installation d'un pasteur à Villeneuve-de-Berg, ainsi qu'en 1562 lorsqu'il participa à la saisie et à la vente des objets sacrés appartenant à l'Eglise de cette ville, et aussi en 1571 quand celle-ci fut prise par les huguenots qui y massacrèrent une partie de ses défenseurs ainsi qu'une trentaine de prêtres réunis en synode paroissial.

Olivier de Serres se rendit trois fois à Paris en 1598, 1603 et 1604 à la fois pour obtenir du Roi Henri IV (qui ne le reçut pas) le règlement d'une somme d'argent que ce dernier avait promis de verser à son frère Jean de Serres, historiographe de France, mort en 1598 et aussi pour y rencontrer l'éditeur de son *Théâtre d'Agriculture* qu'il avait alors terminé d'écrire. En février 1599, un chapitre de l'ouvrage est publié sous le titre "*La cueillette de la soye par la nourriture des vers qui la font ; échantillon du Théâtre d'Agriculture d'Olivier de Serres, seigneur du Pradel*", précédant l'édition de son intégralité le 1er juillet 1600.

Bien qu'il fût constamment préoccupé par le souci de rentabiliser son exploitation agricole, il fut loin de faire fortune. Une telle vigilance ne le conduit-elle pas d'ailleurs à conseiller à ses lecteurs de "tascher de rendre le salaire des serviteurs le plus petit qu'on pourra " ? (Lieu Premier, Chap. VI, p. 41). Ce qui n'a rien d'étonnant de sa part, car il apparaît en effet assez pingre à différentes occasions, comme il le manifeste notamment dans plusieurs passages de son Livre de raison ou dans certaines dispositions de son testament à l'égard de ses héritiers. Il meurt dans sa propriété du Pradel en 1619. Les bâtiments de celle-ci furent rasés en 1628, sur l'ordre donné par Richelieu aux troupes royales. Sanction tardive du cardinal à l'activisme protestant d'Olivier de Serres, poussé parfois à extrême ?

Les éditions du *Théâtre d'agriculture et Mesnage des champs*

L'ouvrage a fait l'objet de huit éditions ou réimpressions du vivant de l'auteur et on en compte 19 rééditions entre 1600 et 1675, dont plusieurs à Genève qui sont autant de témoignages du protestantisme actif d'Olivier de Serres. À la suite de la révocation de l'Édit de Nantes, il ne sera plus réédité pendant près d'un siècle et il faudra attendre le Directoire pour que, sous l'impulsion de Pierre Bénézech et surtout de François de Neufchâteau, l'ouvrage soit enfin réédité. La publication reprend à Paris à partir de 1802. L'édition de 1804 est réalisée grâce au concours de la Société d'agriculture. François de Neufchâteau en rédige la préface et la biographie de l'auteur ; figurent également de nombreuses notes de la part de plusieurs agronomes de l'époque (Jean-Antoine Chaptal, Jacques Philippe Martin Cels, Louis Cotte, Nicolas Deyeux, Louis d'Ussieux, Jean-Baptiste Huzard, Charles Philibert de Lasteyrie, Guillaume-Antoine Olivier, Antoine Parmentier, Henri-Alexandre Tessier et Victor Yvart, A de Candolle). L'abbé Grégoire y ajoute un "*État de l'agriculture en Europe au seizième siècle*". (1)

Le double titre donné à son ouvrage par Olivier de Serres en annonce le contenu. Par "*Théâtre d'agriculture*", il faut entendre recueil, florilège, anthologie des procédés techniques les plus remarquables alors employés en agriculture. Quant à l'expression "*Mesnage des champs*", elle dévoile le cœur même de son propos, consacré à l'économie domestique, l'ordre et la dépense de la maison des champs. Rappelons que le mot "*Mesnage*" vient de l'ancien français *maisnée*, *mesnie* (*i e* famille), issu du latin populaire "*mensionata*", dérivé du latin classique "*mancio*" (*i e* maison). D'après le glossaire accompagnant la 23ème édition, il faut reconnaître au fil du texte, plusieurs sens donnés par Olivier de Serres à ce *Mesnage*, comme : gouvernement, administration, gestion, conduite, manutention des affaires de la maison, culture et façons des terres ; le *Gouvernement domestique* signifiant tout ce qui concerne la dépense et l'entretien d'une famille. Quant au *Mesnager*, il désigne à la fois le propriétaire du domaine et le chef de famille.

L'objet du livre

Dans sa préface, Olivier de Serres expose l'objet de son ouvrage et en donne un résumé. Il y confesse qu'après avoir lu les ouvrages d'agriculture tant anciens que modernes, il lui a semblé de son devoir de communiquer au public les fruits de l'expérience qu'il a acquise en tant que propriéaire terrien et exploitant agricole.

"Mon intention, écrit-il, est de monstrer, si je peux, bresvement et clairement, tout ce qu'on doit connoistre et faire pour bien cultiver La Terre, et ce pour commodément vivre avec sa famille, selon le naturel des lieux, auxquels l'on s'habituë. "

Il rappelle que

"Dieu veut que nous nous contentions des lieux qu'il nous a donnés, il est raisonnable que les prenans comme de sa main, tels qu'ils sont, nous nous en servions le mieux qu'il nous sera possible ; taschant par artifice et diligence à suppleer au defaut ce qui leur manque. Mon but est de persuader au bon Père-de-famille, de se plaire en sa terre, se contenter de ses naturelles facultés, et n'en abhorrer et rejetter les incommodités, avec tant de mespris et desdain, qu'il laisse en leur occasion, de s'efforcer de la rendre avec le temps, par son industrie, et continuelle diligence, ou plus fructueuse ou moins incommode... Qu'il se console, donques, en la providence de Dieu, qui a distribué à chacun ce qu'il cognoist lui estre necessaire ; mesme pour ce regard, imposé à l'homme, à cause de son peché, ceste juste peine, De cultiver la terre en la sueur de son visage : lui faisant neantmoins, par sa benediction et suivant ses promesses, savourer le fruict de son travail, en la jouissance des biens terrestres. "

"donques nostre mesnager se souviendra qu'il est en Terre, et se resolvant de cultiver la Terre, pour y vivre avec les siens, prendra cette belle Science pour adresse de son travail. "

Cette Science (*i e* l'Agriculture) plus utile que difficile, pourveu qu'ele soit entenduë par ses principes, appliquée avec Raison, conduite par Experience, et pratiquee par Diligence, car c'est la sommaire description de son usage ; SCIENCE, EXPERIENCE, DILIGENCE (sic), dont le fondement est la benediction de Dieu, laquelle nous devons croire estre, comme la Quintessence et l'ame de nostre Mesnager, et prendre pour la principale devise de nostre Maison ceste belle maxime : SANS DIEU RIEN NE PEUT PROFITER (sic). "

La structure du Livre

Le livre est divisé en huit Lieux (c'est-à-dire en 8 parties). Olivier de Serres y traite tous les sujets que doit maitriser le propriétaire d'un domaine agricole et pour chacun d'eux, il lui prodigue de judicieux conseils qu'il a tirés de ses lectures, des leçons qu'il a pu tirer de ses voyages, de l'observation des travaux des paysans locaux et de sa propre expérience. Il présente brièvement chacun de ces 8 Lieux dans sa Préface.

Le premier Lieu est consacré aux critères de choix d'un domaine agricole (qualités du sol, exposition, orientation...), à l'agencement des différents bâtiments (logis du propriétaire, granges, étables, écuries,..), aux connaissances que doit posséder le propriétaire (techniques, morales, de gestionnaire, sélection du personnel) ainsi que son épouse, la mère de famille.

Le second Lieu porte sur le labourage, les différentes sortes de fumiers, de semences, les espèces de froment, les semailles, les moissons, la conservation et la vente des blés.

Le troisième Lieu se présente comme un traité de viticulture, et inclue des conseils pour la fabrication de différentes boissons.

Le quatrième Lieu est constitué de conseils pratiques sur l'élevage du bétail (bovins, chevaux, ânes, moutons et brebis, boucs et chèvres, pourceaux et truies), y compris les chiens.

Le cinquième est un exposé des différents moyens dont peut disposer le Menasger pour "pourvoir sa maison pour le vivre ordinaire" (poulailler, pigeonnier, étang poissoneux, ruchier), et pour se vêtir (culture du murier et élevage des vers à soie).

Le sixième Lieu est un exposé détaillé sur les différents jardins qui peuvent être créés sur le domaine : jardin potager, bouquetier, médicinal et fruitier, ainsi qu'un traité d'arboriculture et quelques notices spécialisées sur la culture du safran, du lin, du chanvre, et de différents végétaux utiles à la fabrication de meubles et à la confection d'habits.

Le septième Lieu est un exposé sur la gestion de l'eau dans le domaine et l'exploitation des espaces boisés du domaine.

Le huitième Lieu est consacré au choix et à la préparation des aliments à partir des productions du domaine, à l'aménagement du logis de son propriétaire et à l'habillement de sa famille, aux soins à apporter aux malades présents sur l'exploitation. Une large part de ces fonctions incombant à la fermière ou mère de famille.

Quelles sont ses sources ?

On peut schématiquement en distinguer plusieurs qui se laissent deviner à la lecture de son ouvrage.

– 1. Ce sont d'abord des sources littéraires.

Olivier de Serres a bénéficié de l'enseignement d'un précepteur particulier. C'est un homme cultivé, mais il n'a suivi aucune formation spécialisée, ni celle d'un médecin, ni celle d'un botaniste, ni à fortiori celle d'un agronome. Ne semblant pas avoir davantage été initié à l'étude des végétaux, il se devait sans doute de consulter quelques ouvrages de référence pour rédiger les notices de chacune des plantes présentes dans son jardin medecinal. Sur les nombreux sujets qu'il traite dans son livre, il sera donc largement tributaire des données qu'il sera à même de recueillir dans ceux qu'il aura eu la possibilité d'acquérir ou de consulter chez des amis. Malheureusement, on ignore lesquels, car, à la différence de Mizauld ou de Liebault, il ne cite pratiquement jamais ses références. On en est donc réduit à des hypothèses, Mais on peut supposer que leur nombre dût être assez limité. En effet, ces ouvrages dont la diffusion était alors encore restreinte étaient d'un prix élevé. Aussi, Olivier de Serres, qui était regardant à toute dépense, ne peut guère en avoir acquis que quelques-uns. Il est impossible d'en juger, sa bibliothèque ayant sans doute été détruite en 1628 avec les bâtiments du Pradel.

– Ce sont d'abord des auteurs de l'Antiquité gréco-romaine, notamment les agronomes latins Caton, Varron, Columelle et Palladius, mais aussi les médecins Dioscoride et Galien aunsi que les botanistes Theophraste et Pline. Mais il semble peu probable qu'il ait eu accès à autant de références que Mizauld. (cf. Chap. 3, note 8)

– Ce sont peut-être aussi des auteurs postérieurs à l'Antiquité, dont les ouvrages sont consacrés aux plantes et à leurs vertus thérapeutiques, dont nous avons mentionné quelque-uns aux chapitres précédents.

– Ce sont également des auteurs plus proches de son époque, voir contemporains. Certains portent sur l'agriculture et sont plutôt destinés à des exploitants agricoles (2) d'autres sur les plantes médicinales et réservés plus particulièrement aux médecins qui sont aussi alors généralement des botanistes (3).

Les plus complets de ces ouvrages sont organisées selon le même schéma. Ils sont composés de notices consacrées chacune à une plante, composées de paragraphes dont chacun porte sur un critère qui permet d'identifier celle-ci :

– les noms donnés à la plante en différentes langues, non seulement en grec et en latin, mais aussi dans différents pays européens. Certains auteurs, comme Daléchamps, par exemple, ajoutent à la fin de leur ouvrage des Index ou Tables des noms des plantes en plusieurs langues, française, latine, grecque, arabique, italienne, espagnole, allemande, flamande, bohémienne, et anglaise. Quelques-uns signalent aussi quelques noms vernaculaires utilisés dans certaines régions d'Europe. Ils notent parfois également les habitudes de certains apothicaires qui désignent la même plante sous un nom qui leur est propre. Mais en dépit de leurs efforts de clarification, il apparait une certain confusion dans de nombreuses notices, notamment quand il s'agit de savoir quelle est la plante que mentionnent les auteurs anciens qui servent de référence, un même nom pouvant désigner des plantes fort différentes alors qu'une plante pouvait être nommée par plusieurs noms. Il s'ensuit de longs débats entre botanistes pour savoir quelle est la plante décrite par les uns et les autres, et tout un chacun, proposant sa propre hypothèse, ne manque pas de relever à l'occasion, les erreurs d'identification de ses collègues, dessins des différentes espèces de plantes qu'ils ont proposées à l'appui, On peut relever de nombreux exemples de ces différends entre botanistes chez Jacques Daléchamps ou chez Pierandrea Matthioli. Olivier de Serres restera totalement étranger à ce genre de débat.

– la liste des différentes espèces d'une même plante avec une brève indication des détails caractéristiques qui permettent de les distinguer les unes des autres, comme la couleur, les particularités de certaines de leurs parties telles que la racine, la tige ou la fleur, l'odeur qu'elles dégagent, le goût de leurs feuilles ou de leurs fruits.

– la forme de chaque espèce, en donnant leurs descriptions détaillées avec l'emploi d'un vocabulaire botanique précis.

– les lieux où se rencontre la plante, c'est-à-dire son habitat quand elle n'est pas cultivée, caractérisé par la nature du sol, sa sécheresse ou son humidité, son exposition par rapport au soleil et aux points cardinaux, son altitude.

– le temps, c'est-à-dire la saison de l'année où la plante s'épanouit, les mois de floraison

– le tempérament. Chaque plante étant caractérisée par ses qualités premières : chaude, froide, sèche, humide, généralement précisées par leur degré, c'est-à-dire l'efficacité de la qualité, voire des qualités, qui lui est reconnue. Quelques auteurs évoquent parfois aussi le goût et l'odeur de la plante.

– les vertus, c'est-à-dire les propriétés thérapeutiques attribuées à la plante. Tous les auteurs se réfèrent aux ouvrages des médecins et botanistes de l'Antiquité, et tout particulièrement à Dioscoride, Pline et Galien. Certains mentionnent également des auteurs moins connus, ainsi que des médecins arabes, notamment Avicenne, Razès, ou Mésué, Mais ils ne portent généralement aucun jugement critique sur ce qu'ils rapportent. En outre, ils ne font que rarement référence à leurs expériences personnelles,

Certains présentent également un répertoire alphabétique des maladies énumérées de la tête aux pieds et donnent, pour chacune d'elles, la liste des plantes qui sont efficaces pour les traiter et les guérir.

Olivier de Serres adopte ce schéma dans l'exposé qu'il consacre à chacune des plantes de son jardin medecinal. Mais il se montre beaucoup plus succinct. Ses descriptions des plantes sont généralement absentes de ses notices. Par ailleurs, il ne justifie pas ses choix des plantes qu'il recommande de cultiver dans ce jardin. Bien d'autres pourtant très utilisées de son temps n'y sont pas présentes. Enfin, n'étant pas médecin, il n'a aucune expérience personnelle sur la pertinence des propriétés qu'il attribue aux plantes de son jardin, et s'en remet donc aux auteurs dont il a lu les ouvrages. Mais il ne les cite jamais, à deux ou trois exceptions près (4). Les responsables de l'édition de 1805 le feront remarquer à plusieurs reprises.

– 2. Des informations recueillies au cours de ses voyages.

Olivier de Serres fait référence à certains jardins botaniques qui ont été créés à son époque, notamment à Florence, Pise, Padouë, Gênes, et aussi dans d'autres pays européens, comme par exempl e à Leiden aux Pays-Bas créé en 1577, par Charles de L'Escluses (dit Clusius) (6 ème Lieu, Chap. XII) (5). Il est probable qu'il en a visité certains autres. Mais il ne le précise pas.

Olivier de Serres semble les prendre comme modèle de jardin médicinal, mais il paraît oublier que ces jardins n'ont pas été créés pour mettre des remèdes à la disposition des médecins et des apothicaires, a fortiori de propriétaires de domaines agricoles pour se soigner, mais d'abord dans un but pédagogique, à l'intention des étudiants en médecine.

Olivier de Serres fait par ailleurs référence à des jardins qu'il a pu visiter en France ou dont il a entendu parler. Il note "qu'avec admiration, plusieurs excellens jardins de plaisir se voient disposés en ce Royaume. Mesmement que le Roi fait dresser en ses Roiales maisons de Fontainebleau, Sainct Germain en Laïe, des Tuileries, de Monceaux, Blois, etc" (p. 579). Il se montre particulièrement séduit par celui que Richer de Belleval a conçu et créé à Montpellier, dont la conception lui servira probablement de modèle. (6)

Il a probablement visité aussi, lors de ses déplacements à Paris, le Jardin des Tuileries qui suscite son admiration, et il ne manque pas de faire l'éloge de son concepteur, notant qu'au dresser duquel, M. Claude Molet, Jardinier de sa Majesté, a fait preuve de sa dexterité" (p. 582). Mais il s'agit d'un jardin d'agrément, et en aucun cas, d'un jardin médicinal (7)

Peut-être y a-t-il aussi visité d'autres jardins. On compte en effet alors à Paris plusieurs jardins d'agrément qui appartiennent au Roi ainsi qu'à des propriétaires aisés. Ils sont composés de fleurs, de plantes de bonne odeur, d'arbres, de légumes, de plantes aromatiques, mais aussi de différents simples recommandés par les médecins. Il en est aussi d'autres qui sont plus particulièrement spécialisés dans la culture de plantes rares ou de plantes médicinales (8) Certains sont renommés, car leurs propriétaires sont des médecins ou des apothicaires, mais aussi des botanistes érudits.

– 3. Des résultats d'enquêtes auprès des paysans locaux.

Olivier de Serres a probablement complété les données recueillies dans les différents ouvrages qu'il a consultés en s'informant auprès des exploitants agricoles et aussi des paysans sur leurs pratiques, mais sans doute également sur les remèdes populaires que ceux-ci utilisaient pour soigner leurs affections les plus courantes.

– 4. Des observations rendant compte d'expérimentations personnelles.

Si Olivier de Serres fait référence à la connaissance de l'agronomie et des pratiques agricoles exposée dans les livres ainsi qu'au savoir des paysans, il souligne toute l'importance qu'il faut accorder à l'expérience personnelle acquise dans l'exploitation d'un domaine agricole. Il en est lui-même témoin, Il est vrai qu'il a pris possession du Pradel alors qu'il était jeune et qu'il en a dirigé l'exploitation durant de longues années avant de se lancer dans la publication de son ouvrage.

Son long séjour au Pradel lui fit sans doute prendre conscience que la vie imposée au Mesnager était une vie en totale autarcie et qu'il était notamment impératif pour celui-ci de savoir prévenir et traiter les maladies bénignes les plus courantes susceptibles non seulement de le toucher lui-même, mais aussi les siens et le personnel employé sur son domaine. Il remarque en effet que le médecin et l'apothicaire résident dans une ville généralement éloignée du domaine, et sont donc difficiles à contacter. Mais il recommande toutefois d'avoir seulement recours à eux dans les cas où il s'avère impossible de diagnostiquer de quelle affection souffre le malade ou quand les remèdes proposés sont insuffisants pour le guérir, d'autant que leurs consultations représentent une dépense qui est loin d'être négligeable.

Il aborde la question dans sa Préface en évoquant deux impératifs qui s'imposent au Mesnager :

– d'une part disposer sur le domaine des plantes médicinales qui constituent l'essentiel des remèdes qu'il prescrit, c'est-à-dire en aménageant un jardin qui leur soit exclusivement réservé, un jardin medecinal. "Au sixiesme Lieu, écrit-il, afin de lui donner avec la necessaire commodité, l'honneste plaisir, je lui dresserai des Jardins, desquels il tirera, comme d'une source vive, des Herbes, des Fleurs, des Fruits et des Simples ou Herbes-medecinales. "

– D'autre part, mettre à la portée de la femme du Mesnager, la "mère de famille" les remèdes auxquels elle pourra avoir recours pour soigner les affections les plus courantes dont elles soufre elle-même, mais aussi les membres de sa famille ainsi que le personnel employé sur le domaine. En effet, si Olivier de Serres a bien donné la liste plantes qui doivent être cultivées dans le jardin médecinal et a noté les propriétés curatives de chacune d'elles, il n'a pas précisé alors comment les employer. Il comble cette lacune en lui consacrant un chapitre entier, qui se présente comme un répertoire des affections les plus courantes qui peuvent toucher les personnes présentes sur le domaine. Il en annonce ainsi le contenu dans sa Préface "Au huictiesme et Dernier Lieu, je lui baillerai des Remedes bien expérimentés, pour se secourir et les siens en l'occurrence des maladies : comme estant chose infiniment incommode et perilleuse aux champs de n'avoir prompt soulagement, à tant d'inconvenients qui souventes fois et inopinément surviennent en attendant plus amples remèdes du docte Médecin, la ncessité y escheant. "

On notera qu'il n'a jamais fait allusion dans son livre à la vie des moines, qui, depuis bien longtemps avant lui, retirés dans leurs abbayes, dont l'idéal de vie était précisément la vie en autarcie, à l'écart du monde, avaient prévus de parer à l'occurrence des maladies, par la création d'un jardin consacré aux plantes médicinales et l'élaboration de recettes de remèdes pour soigner ceux d'entre eux qui seraient malades.

I. Un Jardin Medecinal

Pourquoi un tel jardin ?

Pour Olivier de Serres, il est souhaitable que le père de famille crée sur son domaine un jardin spécialisé dans la culture d'un certain nombre de plantes aux propriétés thérapeutiques alors reconnues, afin qu'il puisse en disposer sans avoir à aller se les procurer chez l'apothicaire le plus proche, voire chez un paysan du voisinage.

Il écrit au début du chapitre consacré au jardin médecinal :

> "Entre les beautés du mesnage, les plantes et herbes medecinales paroissent, tenans honorable reng au jardin ; à l'honneur du noble pesre-de-famille, qui ajouste au vivre des hommes le moien de les maintenir en santé et les delivrer de maladie. Telle vertueuse affection, est profitable au public, dautant que par icelle, nous sont domestiquees des simpes et herbes estrangeres, rares et exquises, de grande utilité et service, incogneuës de nos Ancestres. Plusieurs Princes et Republiques, ont dressé des Jardins Medecinaux, avec grande despences, pour metre en evidence, à l'utilité commune, des profitables remedes. A Florence, Pise, Padouë, Gennes, et autres divers endroits de l'Italie, et ailleurs se voient des beaux Jardins Medecinaux dressés avec beucoup de soin au contentement de tous ceux qui les voient : et encore plus, de ceux qui oportunément ont esté secourus des profitables remedes qu'ils produisent. Desquelles choses, estant incité notre père-de-famille, se dressera un Jardin medecinal, afin que sa maison ne soit despourveuë d'aucune commodité, recouvrable en sa terre et en son aer.
>
> La matiere de ce Jardin-ci est tant riche, qu'il est impossible de la representer entierement, à cause de l'infinie quantité de semences, racines, herbes, arbustes dont il est composé : n'estant mesmes entré en la cognoissance de l'homme, tout ce qui peut le rendre recommandable. Parce que de jour à l'autre, paroissent de

nouvelles plantes estrangeres, voire des domestiques (incongnues par nous le temps passé) paroissent pour y estre logées. De tous lesquels utiles ornemens, nostre père-de-famille ne se peinera d'ajencer son Jardin Medecinal, puisque les plus doctes et curieux personnages n'ont penetré au fons de cest abysme, estans continuellement en telle perquisition. Ains se contentra de dresser un jardin, où soient eslevees les plantes Medecinales, qu'avec modérés soins et dépense, il pourra recouvrer et entretenir : à ce qu'au besoin, il les treuve assemblees, comme dans un magazin, et qu'à l'occurrence des maladies, de lui et des siens, la mere de famille les emploie, en attendant plus de secours du docte Medecin en la nécéssité, à l'exemple de plusieurs Dames et Damoiselles, qui avec beaucoup de loüange, ont la cognoissance des vertus des herbes et simples, dont elles secourent oportunément leurs familles et les pauvres. Et telle provision, sera treuvée à propos par le Medecin, quand arrivé à la maison des champs, son apoticaire n'aura la peine d'aller loin, cercher les simples dans la campaigne, ains ne fera que les cueillir au Jardin, pour ses remedes." (VIème Lieu, Chap. XIV, p 598)

Nous avons vu dans les chapitres précédents, que d'autres auteurs avaient, avant lui, considéré qu'il était indispensable d'aménager un jardin médicinal dans un domaine agricole et en ont décrit la composition. Mais aucun d'eux n'en possédait un et n'avait donc aucune expérience pratique de la culture des plantes qu'ils recommandaient d'y cultiver. Il est vraisemblable qu'Olivier de Serres a eu connaissance de leurs ouvrages et l'on peut assez aisément observer qu'il leur a fait des emprunts plus ou moins importants, notamment à Liebault, mais il est probable qu'il a dû compléter leurs données par les enseignements de son expérience personnelle, en tant qu'exploitant d'un domaine agricole, et tout particulièrement d'un jardin médicinal, bien qu'il n'y fasse jamais allusion.

Le concept de Jardin Medecinal

La proposition de créer un jardin spécialement dédié à la culture des plantes médicinales est-elle pertinente ?

A l'évidence, un tel jardin ne pourra, faute de place, accueillir qu'un nombre limité de plantes aux vertus thérapeutiques, et le mesnager devra se résigner à en cultiver beaucoup d'autres, ayant également de telles vertus, dans les autres jardins de son domaine. Olivier de Serres en cite d'ailleurs quelques-unes dans son jardin potager où il distingue le jardin potager d'hiver (9) et celui d'été (10), le jardin bouquetier qui contient des arbustes (11), des herbes de bonne senteur (12) ainsi que des fleurs (13). Il en mentionne aussi quelques autres parmi les herbes et fleurs pour bordures et compartiments (14) ainsi que parmi les végétaux du jardin fruitier ou verger (15) ou encore dans les prairies où Olivier de Serres recommande de les laisser pousser librement.

Le commentateur de cette partie de l'ouvrage d'Olivier de Serres va même jusqu'à en contester l'utilité. (Édition de 1805, Tome II, Chap. XIV, note 115, p. 477). Elle est signée "De" (pour Nicolas Deyeux (1745-1837), chimiste et pharmacien, membre de l'Académie des Sciences et de l'Académie de Médecine).

"La disposition d'un jardin destiné à cultiver des plantes médicinales, écrit-il, telle que l'auteur la propose, ne seroit certainement pas celle qu'il conviendrait d'adopter aujourd'hui, elle n'est pas assez commode, elle présente même des inconvenients, dont il est facile de s'apercevoir, pour peu qu'on y fasse attention."

Il remarque ainsi que beaucoup des plantes qu'Olivier de Serres recommande de cultiver dans son jardin medecinal ont des propriétés parfaitement analogues et peuvent être substituées les unes aux autres, que certaines n'ont aucune propriété thérapeutique et d'autres parfaitement inutiles, ce qui sera exposé plus loin, dans les commentaires des notices portant sur chacune des plantes de ce jardin. Ses observations, dont certaines ne manquent pas de pertinence, le conduisent même à en déconseiller la réalisation.

"Quelques plates-bandes bien dressées et placées les unes à côté des autres, écrit-il, suffisent toujours pour contenir les plantes médicinales, dont on a besoin dans une campagne ; d'ailleurs, on sait que les plantes usuelles sont d'autant plus pourvues de propriétés, qu'elles croissent sans culture, dans des terrains qui leur sont propres, et dans des expositions qui leur conviennent ; c'est donc dans ces endroits qu'il faut les aller chercher, et il est bien rare que dans un rayon de deux ou trois myriamètres (quatre à six lieues) on ne trouve pas celles dont on est dans le cas de faire usage. Dans une terre où on veut tirer parti de tout, et où, par conséquent, économie la plus sévère sur toutes les dépenses doit se faire remarquer, un jardin botanique ne peut jamais être qu'une affaire de luxe, qui dans le cas supposé, est toujours deplacée, et cela avec dautant plus de raison, que l'entretien de ce jardin doit coûter beaucoup, et exiger une surveillance continuelle, dont on ne peut jamais être indemnisé par les petits avantages qu'il procure. A la rigueur, ...on pourroit en élever quelques-une en même temps que les plantes potagères, et dans les mêmes carrés. La culture des premières se faisant comme celle des secondes, il n'y auroit aucun frais de plus à faire, et on auroit pas besoin d'avoir un terrain destiné à un usage particulier, comme celui que l'auteur demande...Toutes croissent très bien dans ces endroits [comme thym, marjolaine, lavande, absynthe, germandrée], on les a avec profusion, elles offrent un coup d'œil agréable, elles retiennent les terres, elles parfument l'air, elles procurent aux abeilles l'occasion de récolter une grande quantité de miel ; enfin elles ne gênent, en aucune manière, la culture des plantes potagères qui les avoisinent. Quant aux autres plantes médicinales, qui par leur nature particulière ne pourroient pas être placées comme celles dont on vient de parler, on leur assigneroit des endroits qu'on croiroit leur mieux convenir ; et, comme le nombre de ces plantes ne doit jamais être très considérable, on conçoit que, sans frais, et sans perte de terrain, on suffiroit facilement aux besoins. "

Et de conclure :

"En restreignant le nombre des plantes médicinales à une vingtaine au plus, on auroit à-peu-près toutes celles qui seroient nécessaires ; et on voit déjà que pour un si petit nombre, il ne faut pas faire esprès un jardin médicinal."

Olivier de Serres consacre deux chapitres à son Jardin Medecinal, l'un à son ordonnance, l'autre à sa fourniture.

1. L'ordonnance du Jardin Medecinal (Chapitre XIV)

Il note d'bord à la fin du chapitre XIII, consacré à "*l'Emploi des herbes et fleurs pour bordures et Compartiments*" que l'on pourra aménager sur le domaine "un compartiment qui est un bar-long pouvant servir pour jardin entier : voire et pour potager, parceque ses vuïdes sont capables, à cause de leur largeur, de recevoir des herbes de mesnage, qui seront bordees de celles de plaisir, dont toutes ensembles se rendront de plaisante utilité. Aussi y peut dresser au milieu, un petit Jardin Medecinal carré, dont le modèle se treuvera ci-après." (p 595)

Il en présente une variante : "De ce compartiment bar-long, se pourra dresser un jardin entier : et comme le precedent, servira en potagerie pour la capacité de ses vuïdes, que pour ornement, l'on bordera avec herbes de plaisir. De mesme son milieu, à y eslever un petit jardin Medecinal, mais rond, à la manière ci-après." (p 596). Mais il n'en précise pas quelles sont les plantes qui pourraient y être cultivées. Il juge sans doute que ce petit jardin ne saurait être qu'un pis-aller pour celui qui ne pourrait créer un véritable jardin medecinal auquel il consacre deux chapitres entiers.

Olivier de Serres souhaitant "recevoir et nourrir" dans ce jardin un grand nombre de plantes, il remarque qu'il y en a tant de sortes diverses en qualité et naturels, "il est nécessaire d'en préparer le fonds, par tel ordre, que toutes s'y maintiennent sans contrainte". Il appartiendra donc au Mesnager de surmonter une telle difficulté en suppléant par artifice au défaut de situation. Un lieu plat, tel qu'il est communément choisi pour un jardin, ne saurait convenir pour un Jardin Medecinal, car celui-ci est composé de plantes de divers et différents naturels. Il faudra donc lui dresser un parterre de divers et différents aspects, et l'aménager de manière tant diverse que chaque plante y puisse commodément se loger et se nourrir, le Ciel et la Terre lui étant favorable. (p 599)

Olivier de Serres admet que "la réalisation d'un tel jardin capble de recevoir et nourrir toutes sortes de plantes medecinales, domestiques et estrangeres ; et qu'à telles commodités soient ajoustés les beaux promenoirs, il est necessaire d'y faire grande depense, laquelle les seuls Princes et grands-Seigneurs entreprendront ; non nostre pere de famille, qui se dressera un petit jardin medecinal : duquel il prendra ici le modelle, rapportant la chose du petit au grand, et racourcissant le dessein selon le lieu et la despense qu'il y voudra emploier." (p. 599)

Comment surmonter la difficulté et répondre à une telle exigence ?

Olivier s'en explique et c'est toute l'originalité du Jardin medecinal qu'il propose. "L'artifice en sera une Montaignete relevee de terre portee, laquelle composee d'argile et de sablon, engraissee par fumiers." Ainsi, chacune des plantes qui y sera cultivée pourra bénéficier d'un sol approprié, "chacune selon son particulier naturel" ; en outre l'intérêt de la montagnette "touche le solage", c'est-à-dire l'exposition au soleil, car "elle fournit les quatre aspects du Ciel" : les plantes chaudes seront posees à l'aspect du Midi, à l'abri de la Bize, les froides à celui du Septentrion, les temperees de l'Orient et l'Occident. Les humides en lieu arrousé par le moien de la fontaine sourdant au coupeau (*i e* sommet en pointe) de la Montagnette, les seches, en lieu sec, laissé sans arrousement".

Il propose deux plans pour aménager un tel jardin, l'un de forme ronde, l'autre en carré.

– Un jardin medecinal dont la montaignete sera ronde.

Olivier précise que "celle-ci sera de la grandeur en diametre et hauteur comme l'on voudra, au sommet de laquelle, on montera en la tournoiant dehors par un grand chemin semblable à celui qu'on remarque paint, en la Tour de Babel[*]... Le grand chemin sera large de quinze pieds, l'on en prendra quatre pour les jardinets, où seront logees les herbes joignans le terrain : resteront onze pieds de passage et promenoir." (p. 600)

Jugeant qu'il est très difficile de représenter ce jardin par le seul discours, il en a dressé un plan précédé de cette notice :

> "Ihcnographie ou plan du jardin medicinal rond contenant en diamètre quarante cinq toises[†]. La place vuide du milieu, en laquelle l'on entre par quatre allées posées aux quatre aspects du Ciel, est de vingt toises, où se fera un cabinet rond, porté par des pilastres ou sans iceux, si on le prend petit, en cela n'y aiant aucune sujection ; restent douze toises et demie de chacun costé, faisant les deux vingt toises pour le terrain et logis des herbes ; sur lequel l'on monte, tournoiant en volute l'entour de la Montaignete, de la main gauche à la droite, jusques au sommet ; où se treuve la place ronde, de ladite mesure de vingt toises. Les chemins sont de quize pieds de large, dont les quatre prins pour les Jardinets, restent onze de passage et promenoir, comme a esté dit." (p. 601)

Cette planche est suivie d'une autre sous le titre "Corps de ce jardin relevé en Schenographie ou perspective" (*i e* plan en élévation)

> "Il monte jusques à la hauteur de six toises, par six retours de la Montaignete, dont le chemin l'environnant est porté par une muraille, comme banc, haute de huit pieds. L'espesseur de la muraille ne diminue aucunement le chemin, parce qu'on marche sur icelle, dont le chemin reste de onze pieds pour l'allée, joignant lequel les Jardinets de quatre pieds de large sont dressés pour les herbes, comme

[*] Il compare aussi au Phare d'Alexandrie et à la Tour Magne à Nîmes.

[†] La toise est une unité de longueur correspondant toujours à six pieds français, soit deux verges ou une aune et demie, soit 1,949 m.

a esté dit. Le chemin en tournoiant en rond la Montaignete, porte finalement à la place ronde estant au sommet d'icelle. Elle est environnee de parabandes et accoudoirs sur des balustres qui toutefois ne se peuvent discerner à cause de la petitesse du pourtrait. Au milieu de la place sourd la fontaine, pour les arrousemens des herbes qui desirent l'eau." (p 602)

– Un jardin medecinal dont la montaignete sera carrée.

Olivier de Serres le décrit rapidement ainsi dans la notice qui précède son dessin :

"Ichnographie ou plan du jardin médicinal carré, contenant en chacune face, cinquante toises outre les quatre perrons, un à chaque angle, servans de premiere montee, qui saillent en hors, quatre toises. L'interieur est vuïde par le bas, pour servir à tenir en hyver, des Orangers et autres arbres precieux....Il y a deux allees au travers du terrain pour issuë vers le Septentrion et Occident, dont les portes sont tenuës closes en Hyver. Les perrons marqués, B, servent de montée au premier replat marqué, C, lequel et les autres aussi, ont chacun de largeur quinze pieds, dont les quatre servent de Jardinets pour loger les herbes joignans les murailles ; les onze restans, sont donnés pour promenoir environnans le corps du Jardin à niveau, sans nulle pente. Desquels replats ou allees, il y en a cinq, montans de l'un à l'autre par des escaliers aux angles, marqués, D. Le dernier replat porte à la place carrée, qui est audessus de la montaignete, icelle place estant de vingt-cinq toises en tous sens : au milieu de laquelle y a une fontaine pour arrouser les herbes du jardin, aians besoin d'eau. La place pourra estre complantée de pins, ou sapins, ou d'autres arbres de montaigne." (p 603 à 605)

Ce dessin est suivi d'un relevé en schenographie ou perspective. Dans la notice qui précède la gravure, il est précisé que "ce jardin contient comme cinq estages, qui sont les chemins environnans la montaignete, soustenus par des murailles, chacune haute de huit pieds, hormis la première au rés de chaussée qui est de trois toises."

2. La composition ou "fourniture du jardin médicinal"

Au début du Chapitre XV, Olivier de Serres rappelle que les modèles de jardins médecinaux qu'il a présentés au chapitre précédent, peuvent être rendus plus modérés "en racourcissant le dessein, le mesurant au petit pied à la proportion des moiens." Il invite le Mesnager qui souhaiterait créer un jardin medecinal sur son domaine à s'inspirer "du jardin medecinal qui par commandement du Roi, a esté dressé de nouveau à Montpelier, par M. Richier de Beleval, Medecin du Roi et professeur Anatomique et Botanique en l'Université de ladite ville, lequel il a heureusement mis en si bon estat, qu'aiant avec frés modérés, accomodé le lieu à tel usage, divers en sa situation, il l'a finalement rempli de simples et herbes Medecinales de toutes sortes, domestiques et estrangeres, recherchees et prés et loin en si grande abondance, que sa docte curiosité, et grande diligence, meritent beaucoup de loüange, pour le profit qui en revient au public."

PLAN et PERSPECTIVE du JARDIN MEDECINAL ROND

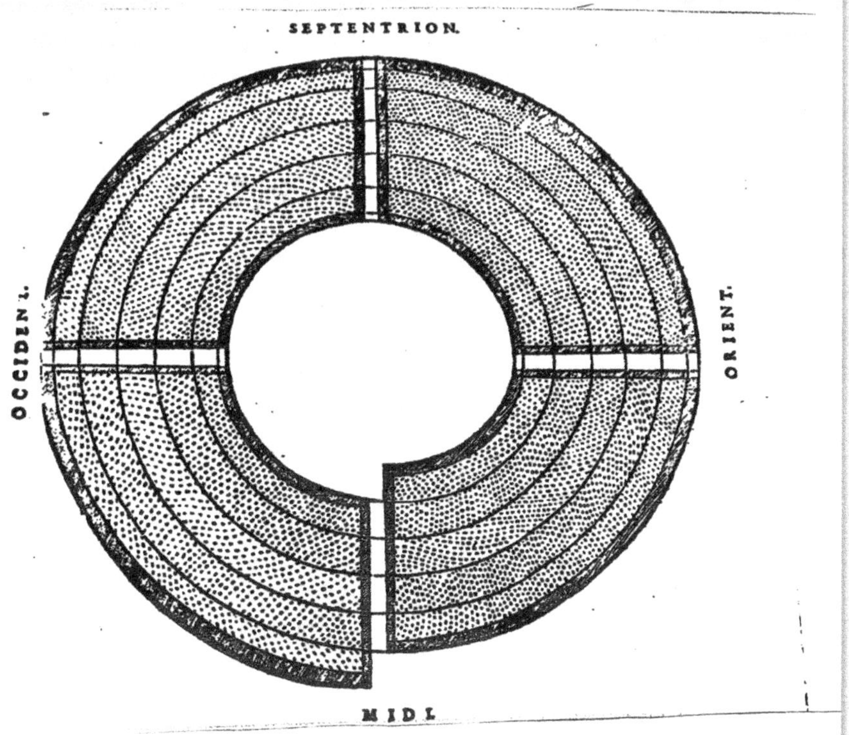

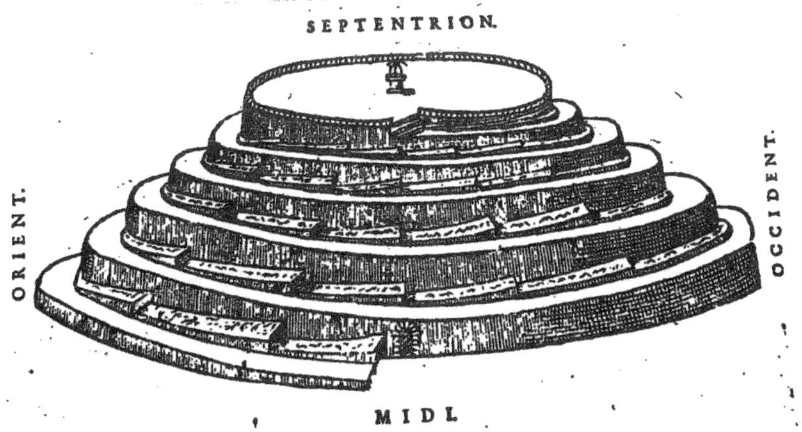

PERSPECTIVE du JARDIN MEDICINAL CARRÉ

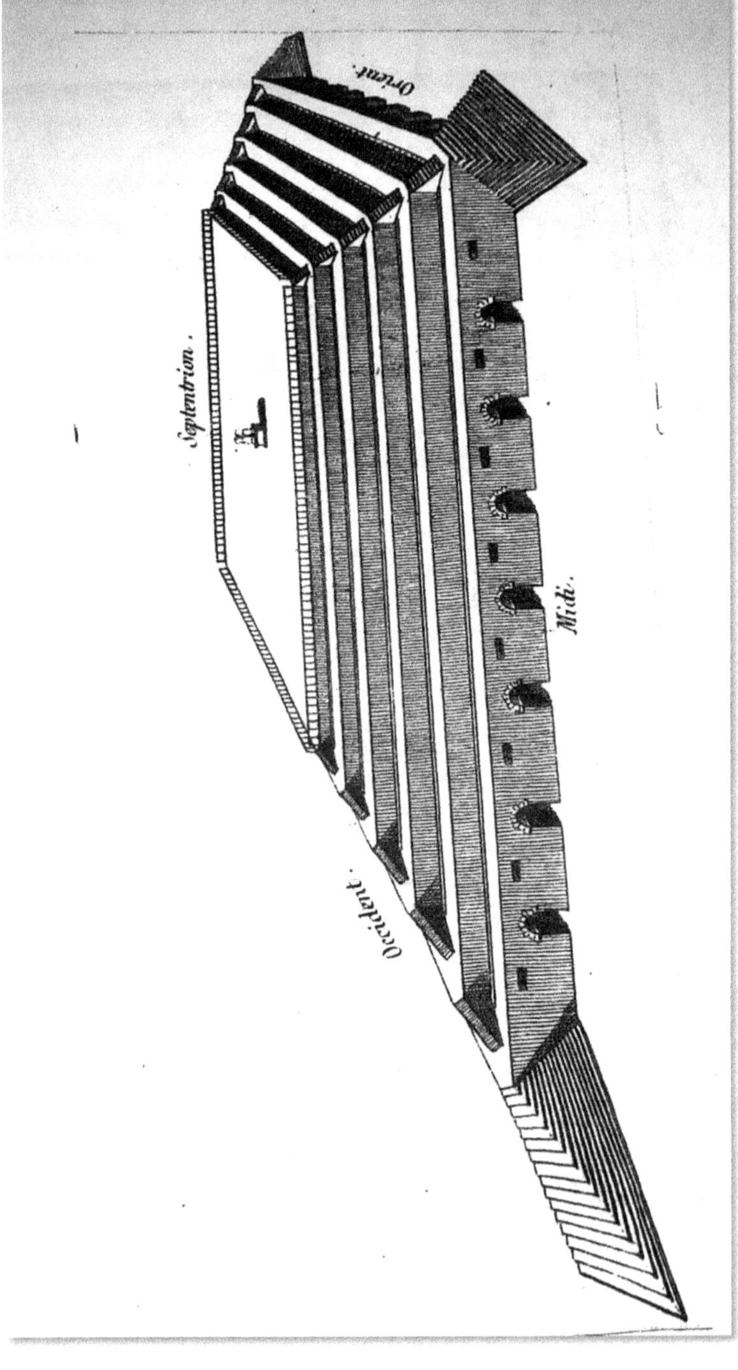

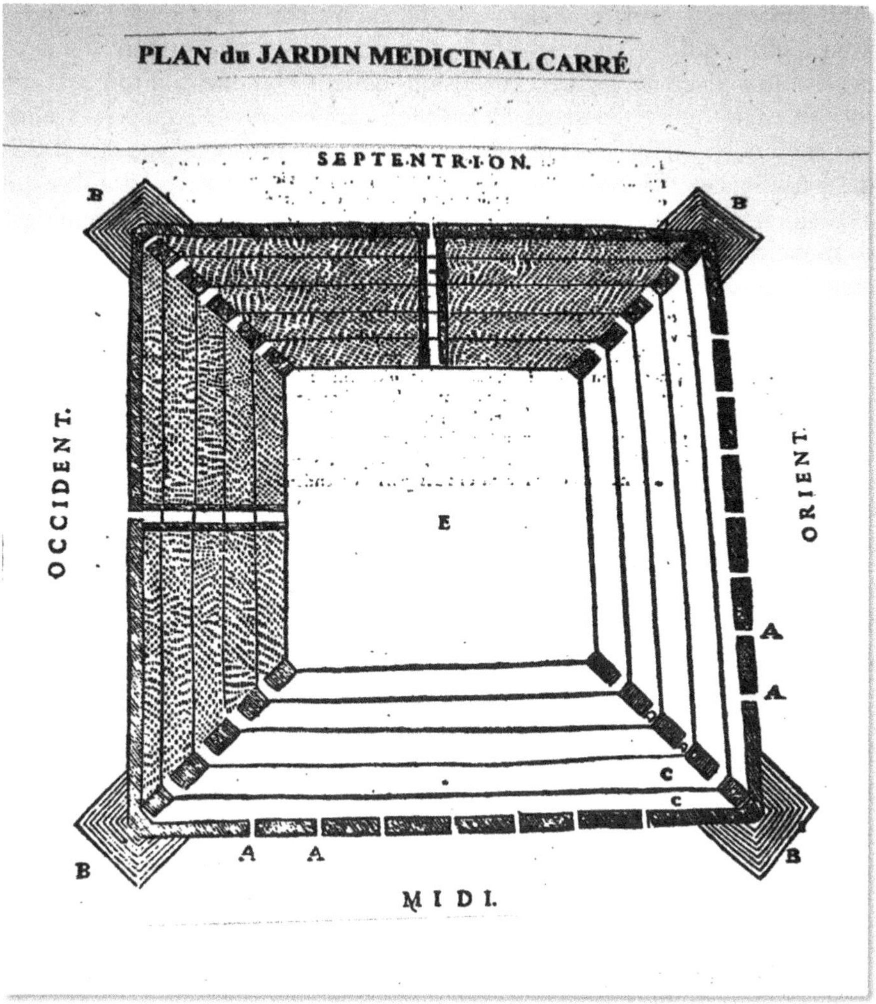
PLAN du JARDIN MEDICINAL CARRÉ
SEPTENTRION.
OCCIDENT.
ORIENT.
MIDI.
B
B
B
B
A
A
A
A
C
C
E

Il propose alors de meubler le jardin médicinal "des Simples et herbes Medecinales qu'il a enrolllees et qu'on peut aisement recouvrer "tout en laissant une place pour y loger celles qui de jour à l'autre pourront venir de nouveau à nostre cognoissance, de païs loingtains, rares et exquises, et autres servant à nostre intention". Il précise en outre que pour chacune des plantes qu'il a choisie, il a noté l'aspect du Ciel qu'elle désire, c'est-à-dire son exposition, le moment de les élever ainsi que ses propriétés Et il n'oublie pas de rappeler qu'il y a là "grande matière à remercier Dieu, du soin qu'il a des hommes : pour la conservation de la vie desquels, et pour les delivrer de maladie, il leur a donné infinies herbes et plantes, dont les admirables vertus ravissent l'entendement humain."

3. Les lacunes

Les chapitres qu'Olivier de Serres a consacrés à l'ordonance et à la composition du jardin medecinal présentent un certain nombre de lacunes qui portent d'une part sur l'aménagement de la montaignette, d'autre part sur les plantes qui doivent y être cultivées.

1. La montaignete

La description qu'Olivier de Serres donne de son sol est très sommaire ; il indique seulement que sa montaignete artificielle sera "composee d'argile et de sablon, engraissee par fumiers". Rappelons sommairement que l'on caractérise un sol par

– sa nature physique, composée de substances minérales, qui peut être argileuse, siliceuse (sableuse), calcaire, humifère (humus = matières organiques décomposées), ou franche c'est-à-dire composée d'un équilibre des quatre autres éléments.

– sa composition chimique dont les principaux éléments peuvent être regroupés en éléments majeurs (Azote, Acide phosphorique, Potasse), éléments secondaires (Calcium, Magnésium, Soufre), éléments mineurs ou oligo-élements (Bore, Fer, Zinc, Manganèse)

– son acidité qui s'évalue par son PH (Potentiel en ions Hydrogène) qui est de 4,5 à 7 pour un sol acide, 7, pour un sol neutre et entre 7 et 8 pour un sol alcalin.ou basique.

On ne saurait critiquer Olivier de Serres d'avoir ignoré l'importance de la composition chimique et de l'acidité du sol, celle-ci ne devant être prise en considération que bien plus tard, à la suite des découvertes et des progrès de la chimie.

En revanche, on peut lui reprocher de ne pas avoir mentionné systématiquement la nature physique souhaitable pour chacune des plantes qu'il a choisi d'y cultiver, et d'avoir omis de signaler qu'il fallait modifier en conséquence le sol de l'emplacement où elle doit être implantée, par des amendements, afin de compenser les substances minérales et organiques qui font défaut. Il a également passé sous silence qu'il fallait veiller à maintenir la fertilité du sol de chacune des plantes cultivées, par des apports réguliers d'engrais. En effet les substances chimiques s'épuisent progressivement dans le sol, absorbées par les plantes elles-mêmes et lessivées par les eaux de pluies ; et les substances organiques (les différentes sortes de fumier qu'il a d'ailleurs décrite au Chapitre 3 du 2ème Lieu) disparaissent progressivement aussi par désagrégation. On remarquera aussi que, s'il a bien tenu compte de l'exposition la mieux adaptée à chacune des différentes plantes qui composent le jardin medecinal pour les répartir au mieux entre les quatre faces de la montaignete, orientées selon les quatre points cardinaux, il n'a pas donné de précision sur la rusticité de chacune d'elles, c'est-à-dire, sa capacité de résistance, en particulier au froid, aux vents, à la sécheresse, au plein soleil.

2. Les plantes du jardin medecinal

Olivier de Serres a retenu 95 espèces de plantes différentes pour composer son jardin medecinal. Mais il ne justifie pas son choix et n'explique nulle part quels sont les critères qu'il a retenus pour opérer sa sélection.

Il n'en donne aucune description, ce qui ne manque pas de poser question, notamment à son époque où les botanistes qui étudient les ouvrages des auteurs de l'Antiquité classique consacrés aux végétaux, constatent qu'un même mot grec ou latin peut désigner des plantes différentes et qu'une plante peut être désignée par plusieurs mots différents. Il pose ainsi la question de l'exacte identification de la plante qu'il a sélectionnée. En l'absence d'une description, fut-ce-t-elle-même sommaire, de chaque plante, la mère de famille sera bien en peine de faire la différence, dans certains cas, entre une plante médicinale et une plante toxique, ce qui peut avoir de graves conséquences...

On notera qu'il n'a pas précisé où l'on pouvait se procurer les plantes qu'il a sélectionnées et s'il fallait les accueillir dans le jardin en procédant par ensemencement de graines ou transplantation de jeunes sujets. Faut-il aller les prélever dans la nature, mais comment les y identifier, alors qu'il ne les a pas décrites ?

Quant à leur culture, il reste muet sur un cartain nombre de sujets : ainsi, par exemple, il ne donne aucune indication sur leur durée de vie (vivace ou annuelle), leurs parasites et leurs maladies, et dans ce cas, quels sont les soins à leur donner.

Il ne renseigne généralement pas davantage sur les parties de la plante à récolter, la date de leur récolte, la durée d'efficacité de leurs propriétés, notamment celle des graines.

D'une façon générale, son exposé est impersonnel. Il ne fait aucune allusion à son expérience et ne donne jamais de compte- rendu de ses propres observations.

Quant à l'emploi des plantes du jardin, il n'en dit mot et il faut aller les rechercher dans les notices du au Chapitre V du VIIIème Lieu.

Catalogue des plantes qui composent le Jardin medecinal

On trouvera ci-dessous pour chacune des plantes du Jardin medecinal, le texte d'Olivier de Serres *in extenso* de l'édition de 1600, que nous avons complété par

– La note de commentaires publiée dans l'édition de 1804-1805.

– Le texte des "Remèdes aux maladies des personnes" conseillés par Olivier de Serres dans son recueil de remèdes (VIIIème Lieu, Chap.V), où la plante est utilisée.

– Une description de la plante selon les ouvrages modernes de botanique cités en Bibliographie.

– Un bref rappel des conseils de culture de la plante selon les traités récents de jardinage cités en Bibliographie et les différents sites spécialisés du Web.

– Les références aux passages consacrés à la plante dans les ouvrages des médecins et botanistes de l'époque d'Olivier de Serres que celui-ci aurait pu consulter. Ces ouvrages ont été numérisés et peuvent être consultés sur le site Gallica-BnF de la Bibliothèque Nationale de France ou le site BIUM de la Bibliothèque Interuniversitaire de Médecine de Paris.

En revanche, nous n'avons donné aucune information sur les propriétés actuellement reconnues à la plante par les instances scientifiques internationales. On se reportera sur ce sujet aux références recommandées dans notre Bibliographie.

I. Première partie du Jardin medecinal : Les Simples de l'Orient

Olivier de Serres en mentionne 25. Ce sont :

– 1. **Angélique** (Angelica archangelica L. et Angelica silvestris L.) (Apiacées) :

> "Tel nom a esté donné à ceste plante, à cause des vertus qu'elle a contre les venims. S'en treuve deux sortes, l'une sauvage, l'autre domestique. La sauvage croist par les lieux moites et la domestique se sème devant et après l'Hyver, en Jardin cultivé et arrousé en la secheresse. Ceste herbe contrarie à toutes infections. Est tres-utile en temps de peste, tenant en la bouche de sa racine ; et à ce que cela soit agreablement, on la confit avec succre au sec, corrigeant par ce moyen la sauvagine de son goust. Guerit les morsures des serpens et chiens enragés. Fait cracher les humeurs superflues, nettoiant l'estomach. L'eau qui en est distillee, sert aux choses susdites, et à tenir la personne joieusement. Ses fueilles appliquees au front, chassent le mal de teste." (VIème Lieu, Chap. XV, p. 606)

Le texte de ce chapitre a fait l'objet de deux notes dans l'édition de 1805. Dans la première, son auteur, non désigné, précise :

"L'angélique sauvage (angelica sylvestris) est très-inférieure à l'angélique archangélique (angelica archangelica) : la racine de celle-ci est aromatique, tonique, et stomachique ; mais on n'a plus maintenant aucune confiance en ce médicament pour prévenir la peste, et pour guérir les morsures des serpens et des chiens enragés. En général, les Anciens ont attribué ces propriétés à toutes les plantes aromatiques et fortement toniques, et on retrouve encore cette opinion chez les peuples sauvages : elle peut avoir quelque fondement ; car on sait bien que l'atonie est une circonstance qui dispose le corps à recevoir les impressions contagieuses ; mais il faut convenir en même temps que l'utilité de ces prétendus antidotes est au moins extrêmement exagérée. Les jeunes tiges de l'angélique servent d'aliment habituel en Laponie et chez nous on les confit au sucre ; peut-être cette plante mériteroit-elle d'être cultivée comme le céleri." (Tome 2, p 478, Chap. XV, note 117)

Dans la seconde, signée de Parmentier, il est précisé : "Les tendres rejetons de cette plante coupés au mois de Floréal (Mai) sont confits à Niort, et y forment une branche de commerce assez renommée, sous le nom de conserve d'angélique ; le céleri ne seroit pas moins susceptible de présenter le même avantage sur nos tables, si on lui appliquoit le même procédé. La graine de ces deux plantes, et de beaucoup d'autres de la famille des ombellifères, recouverte de sucre, c'est-à-dire mises en dragées, est même plus agréable que celle de l'anis, dont on prépare de si grandes quantité à Verdun." (Tome 2, VIIIème Lieu, Chapitre V, p 825, note 69)

Olivier de Serres cite aussi plusieurs fois l'angélique dans la composition de différents remèdes destinés au traitement des maladies des personnes, mais sans qu'elle y joue un rôle majeur. Ainsi, par exemple :

– "Pour faire sentir bon l'Haleine, n'estant mauvaise, au-paravant, écrit-il, faudra laver la bouche au matin avec eau de canelle, et y en tenir quelque peu de temps, ou d'imperiale, ou de theriaque, et aprés mascher par fois, des racines d'imperatoire, ou d'iris de Florence, ou 'angélique, ou de mastich." (VIIIème Lieu, Chap.V, p. 903)

– pour traiter la stérilité des femmes, il propose d'avoir recours à un sirop composé de nombreuses plantes dont 2 drachmes d'angélique pilée dans du vin blanc. (p. 936)

– Parmi les nombreuses prescriptions de remèdes pour lutter contre la peste, il propose une "eau restaurative et refrigerante contre toutes fièvres malignes et pestilentiales" dans la composition de laquelle figure une demie once de racines d'angélique." Il ajoute que "Les racines d'angelique et de la enula-campana, sont remedes servans beaucoup en cest endroit : l'on tiendra à la bouche, de l'une ou de l'autre, de la grosseur d'un pois ciche, trempés en Hyver dans du vin, et en Esté dans de l'eau roze, et pour en rendre l'usage plus plaisant, l'on confira ces racines au sec avec sucre." (VIIIème Lieu, Chap.V, p 947)

– Il mentionne aussi l'emploi des racines d'Angélique dans la composition de confitures, mais sans en préciser les vertus médicinales : "De mesme, écrit-il, emploie-l'on plusieurs racines d'herbes medecinales, comme Buglosse, Cichoree, Angelica, Campane, et semblables qui avec les propriétés qu'elles ont pour la santé, se laissent manger appareillees en Confiture." (VIIIème Lieu, chapitre 2, p. 868)

Le coin du jardinier d'aujourd'hui

Etymologie du nom de la plante.

L'Angélique (appelée "*Angelica*" ou "plante de l'ange", et aussi "*Archangelica*" ou "plante de l'archange") doit son nom à l'archange Raphael qui aurait révélé à un ermite qu'elle avait d'efficaces propriétés contre la peste ; elle était également appelée Racine ou Herbe du Saint Esprit, à la Renaissance.

Description sommaire de la plante.

Plante bisannuelle dont la taille peut atteindre de 1 à 2 m de haut. Toute la plante dégage un parfum aromatique. Elle meurt la troisième année et doit donc alors être remplacée. Sa grosse racine ou rhizome est charnue, ronde, brun grisâtre à l'extérieur, blanche à l'intérieur, d'où partent de nombreuses radicelles puissantes. Les deux premières années, la plante n'est reconnaissable que par ses grandes feuilles radicales, en rosette, d'un beau vert. Elles se fanent à l'automne, tombent et sont remplacées au printemps. Ce n'est généralement que la 3ème année qu'apparaît la tige qui se ramifie au tiers supérieur sur laquelle s'engainent des feuilles caulinaires, dont le limbe est bipenné avec des folioles très découpées, ovales, lancéolées, en nombre variable, le segment terminal étant trilobé. Leur gros pétiole cylindrique, très charnu, creux, est long de 50 à 60 cm, souvent rouge violacé, et peut, parfois, être confondu avec une tige. Cette tige herbacée qui, partant de la souche, peut atteindre une hauteur de plus de 2 m, est glabre, vert glauque ou violacé, épaisse, cylindrique, cannelée, creuse, recouverte d'une enveloppe filamenteuse. Elle se termine par une grande ombelle composée d'ombellules hémisphériques. Les fleurs, d'un jaune verdâtre, qui apparaissent en juillet-août sont à 5 pétales, 5 sépales et 5 étamines. Les fruits sont des diakènes, oblongs, d'un blanc jaunâtre, composés de 2 éléments plats avec des ailettes favorisant leur dispersion par le vent. La plante monte en graines la 3 ème année.

Culture de la plante.

La culture de l'angélique demande un sol léger et riche en matière organique, argilo-calcaire profond, humifère et frais, au PH indifférent. La multiplication se fait uniquement à partir des graines. On sème en juin de préférence en pépinière les fruits qui viennent de mûrir, par petites pincées éloignées de 15 cm, qu'on recouvre de terreau. La semence lève au terme de six semaines, à condition d'avoir été suffisamment humidifiée. On met en place les plants issus de pépinière, au début de l'automne, à mi-ombre, à 2-3 cm de profondeur, à 80 cm de distance entre chaque pied, sur des rangées écartées de 1,25 m, On peut aussi semer de décembre à février et repiquer en juillet-août. L'angélique demande des sarclages et des binages fréquents ainsi que des arrosages suivis, indispensables par temps sec, car elle ne supporte pas la sécheresse

Récolte : La récolte des pétioles ou bâtons ou côtes, privés de leurs feuilles pour être destinés à la confiserie, se fait surtout en 2 ème année, de mai à septembre, au moment où leur parfum est le plus dense, quand ils sont bien charnus et longs de 50 cm ; la récolte des tiges et des feuilles s'effectue lors de celle des bâtons et celle des petites feuilles en septembre-octobre. La récolte des feuilles entières se fait la 2ème année avant la floraison, sur des pieds qui ne montent pas en graines ; celle des racines en hiver, avant que la plante ne monte en graines ; les meilleurs sont celles des plantes d'un an où l'on a pris ni tige ni feuille ni graine. Les fruits sont récoltés au fur et à mesure de leur maturité.

Parties utilisées : bâton en confiserie ; fruits en liquoristerie, racines et feuilles en herboristerie.

Propriétés thérapeutiques selon les auteurs contemporains d'Olivier de Serres

La plante est inconnue des auteurs de l'Antiquité gréco-latine.

L'Angélique fait l'objet de commentaires plus ou moins détaillés dans des ouvrages de Botanique du XVIème siècle, qu'Olivier de Serres aurait pu consulter. Les notices les plus complètes se trouvent dans : *les Commentarii in sex libros Pedacii Dioscoridis* (1572) (Chap. CXI, s v Myrrhis, p 619) de Pierandrea Matthioli (1501-1577), le *De Historia Stirpium* (1543, édit fr. Histoire des plantes, 1550, Chap.XLIII, s v Angelique, p 94) de Leonart Fuchs (1501-1566*), l'Historia generalis plantarum* (1587, en latin, trad. fr.1615, Tome1, s v Angelique, p. 623) de Jacques Daléchamps (1513 - 1588), *l'Histoire des plantes*, (1557) (Chap. XCIII, s v Angelique p. 207) de Rembert Dodoens (1517-1585).

Cf aussi Liebault (*La Maison rustique*, édition de 1583, Livre II, Chap. 42 p.111, s v Angélique, et Livre III, Chap. LXVIII, p 260, Manière de distiller l'eau d'angélique pour traiter le haut mal). (Cf supra, Chap. 4, Plante n° 12).

– 2. **Valériane** (Valeriana officinalis L.) (Valerianacées = Caprifoliacées) :

"se delecte en bonne terre bien labouree et fumee, aussi arrousee. L'on s'en engeance plus facilement par plant enraciné que par semence, laquelle sera emploiee, defaillant le plant. Le Printemps et l'Automne en sont les saisons : moiennant lequel traictement, s'en montera hautement en tige, comme l'on désire en ceste plante. Est propre contre la douleur de costé, à provoquer les urines et les fleurs des femmes. Le goust de ceste herbe est agreable aux chats, la mangeans avec appetit." (6ème Lieu, Chap. XV, p. 607)

Note de l'édition de 1805 : "La valériane officinale (valeriana officinalis) est un des médicamens indigènes les plus actifs : sa racine, séchée, réduite en poudre, a produit des effets marqués pour guérir l'épilepsie ; Tissot va même jusqu'à regarder comme incurable toute épilepsie qui a résisté à ce remède. Il a été aussi employé avec quelque succès dans les maladies analogues, telles que l'hystérie, la danse de Saint-Vit, et même la paralysie : il offre cependant quelques anomalies qui tiennent sans doute moins à la qualité du remède qu'à la variété même des maladies nerveuses. Quelques praticiens l'ont substitué au quinquina dans les fièvres intermittentes, et ce remède indigène mérite de fixer de nouveau, sous ce rapport, l'attention des médecins de campagne. On peut suppléer la valériane officinale, par la valeriana Phu, la valeriana Celtica, etc." (Tome 2, p 478, Chap. XV, note n°117)

Olivier de Serres mentionne la valériane dans la composition de plusieurs remèdes :

– pour provoquer les menstrues, dans la compostion d'une décoction en vin blanc avec de nombreuses autres plantes. (8ème Lieu, Chap. V, p 931-932),

– contre la stérilité des femmes, dans la composition d'une décoction composée d'une vingtaine de plantes réduites en poudre et enfermées dans des sachets destinés à être jetés dans l'eau du bain que devra prendre la femme stérile. (8ème Lieu, Chap. V, p. 935)

Il cite aussi la valériane dans la longue liste d'herbes nécessaires à la mère de famille pour obtenir par distillation une eau aux vertus thérapeutiques, sans autre précision. (VIIIème Lieu, Chap. IV, p. 890)

Le coin du jardinier d'aujourd'hui

Etymologie du nom de la plante.

Le mot valériane est inconnu des auteurs de l'Antiquité grecque et latine. Pline et Dioscoride ne font mention que de deux espèces de valériane sous des noms différents qui peuvent désigner le nard celtique ou la valériane phu. Ainsi Pline mentionne le nard celtique (Valeriana celtica L) (*H N*, 12, 45 et 135) et la plante appelée *phu* ou *nardum agrion* (Valeriana phu L) (*H N*, 12, 45 et 21, 136). Et Dioscoride consacre une notice au nard celtique (*M M*, 1, 8) et à la valeriane Phu (*M M*, 1, 11). Quant à la grande valériane (Valeriana officinalis L), elle ne semble avoir été connue en France qu'au X ème siècle. C'est aujourd'hui celle qui est surtout utilisée en pharmacie.

La plante doit son nom au latin "*valere*", "être en bonne santé", "être efficace" ou de "*Valeriana*", région de Pannonie, entre Danube et Drau où cette plante avait la réputation d'être particulièrement répandue. Elle était aussi désignée par les expressions Herbe aux chats, Herbe à la femme battue, Herbe aux coupures, Herbe de St Georges, Herbe à la meurtrie, Guérit tout.

Description sommaire de la plante.

La grande Valériane est une plante vivace herbacée dont la taille varie de 0,70 à 1,70 m. elle se plaît dans les décombres, les fossés, les talus, en bordure des ruisseaux, les lieux abandonnés, frais et humides, riches en humus, de préférence en milieux calcaires, aussi bien à l'ombre qu'au soleil. La souche, vivace, courte et fibreuse est faite d'un grand nombre de racines filiformes, dégageant une odeur forte, comparée souvent à celle de l'urine de chat. De cette souche part une tige creuse, cylindrique, cannelée, pubescente, ramifiée dans sa partie supérieure. Les feuilles qui sont groupées en rosette à la base de la tige, sont sans stipule et à court pétiole, celles qui sont insérées le long de la tige sont sessiles : toutes sont légèrement velues sur la face inférieure, profondément divisées en 7 à 21 segments plus ou moins dentés ou denticulés. Les fleurs, blanches ou rosées, odorantes, petites et irrégulières, composées de 5 pétales et 3 étamines, sont réunies en cymes à l'extrémité de la tige, chacune d'elles naissant à l'aisselle de petites bractées ; elles s'épanouissent de mai à août. Elle ne fleurit que la deuxième année. Le fruit est un akène ovale, surmonté d'une aigrette plumeuse.

Culture de la plante.

La valériane préfère les sols légers, frais, humides, riches en humus perméables, profonds, de préférence à mi-ombre.

Plantation et Multiplication. On peut procéder

– soit par semis des graines, parvenues à maturité et préalablement stratifiées, en pépinière de plein air au printemps (mai) ; le sol doit être maintenu humide pendant l'été et l'automne afin de faciliter la germination et le développement de la plante ; les plants commencent à se développer au printemps suivant ; en août ils ont une taille suffisante pour être transplantés à leur place définitive à l'automne.

– soit par division des touffes pratiquée à l'automne sur des pieds mères de plus d'un an. On les divise en tronçons munis de racines et pourvus chacun d'un bourgeon bien constitué. Les pieds mères fournissent 10 à 20 plants chacun. On plante les jeunes pieds entiers au printemps (mai)

La plantation se fait en lignes distantes de 60 à 80 cm et à 30 cm d'espacement sur la ligne. Une fois en place, la valériane ne demande que peu d'entretien et d'arrosage ; binages et sarclages sont toutefois recommandés. Elle se ressème facilement toute seule.

Récolte

Parties utilisées : on récolte les graines avant leur maturité complète en juillet-août, et les racines en automne ; elles sont alors lavées et mises à sécher sur des claies dans un endroit aéré et abrité.

Propriétés thérapeutiques selon les auteurs contemporains d'Olivier de Serres

La valériane fait également l'objet de commentaires plus ou moins détaillés sur son emploi chez plusieurs auteurs d'ouvrage de Botanique du XVIème siècle qu'Olivier de Serres aurait pu consulter, notamment ceux-ci : les *Commentarii in sex libros Pedacii Dioscoridis* (1572) (Chap.X, s v Phu ou grande Valériane, p 31) de Pierandrea Matthioli (1501-1577), *l'Histoire des plantes* (1550, édit fr.Chap.CCCXXIX, s v Valerienne, p 580) de Leonart Fuchs (1501-1566), *l'Historia generalis plantarum* (1586, trad.1615 Tome 1, Livre VIII, Chap. XXIII, s v Valeriane grande p 805 et Livre IX, Chap. XXX, s v Valeriane sauvage ou Phu sylvestre, p.910) de Jacques Daléchamps (1513 -1588), le *Stirpium Herbariae Pemptades sex* (1557) (Liv. III, Chap. XVII, s v Valeriane, p 229) de Rembert Dodoens (1517-1585),

Cf aussi Liebault (*La Maison rustique* (édition de 1583, Livre II, Chap. 42, p.111, s v Valeriane), (Cf. supra, Chap. 4, Plante n°11.

– 3. **Pain de pourceau**, (Cyclamen purpurascens Mill.) (Primulacées) :

> "Ceste herbe est ainsi ditte, parce que les pourceaux se paissent de ses racines, les fouïllans dans terre avec affection, pour le goust qui leur en agree. En Latin est diversement nommee Rapum, Tuber, Umbilicus terrœ. Elle demande terre grasse et humide, bien labouree, afin de nourrir ses grosses racines ressemblans à la rue. La grande chaleur nuit à ceste plante, c'est pourquoi elle cherche les ombrages et perd ses feuilles au mois d'Aoust. Le jus de ceste herbe sert contre la colique : contre l'hydropisie : purge le cerveau : lasche le ventre : esclaircit la veuë : ouvre les hemorroïdes : arreste le siège lasche et pendant : désopile le foie et la rate. Son eau est bonne contre les venims et poisons : contre le flux de sang. Sa racine trempee en huile rozat et icelui instillée dans l'oreille en petite quantité, guerit la surdité : et aussi les ulceres vieilles, et des oreilles et des autres parties du corps. La decoction de sa racine beuë, provoque les mois aux femmes : oste les taches du visage causees par le Soleil : fait revenir le poil és lieux pellés de la teste." (6ème Lieu, Chap.XV, p. 607)

Note de l'édition de 1805 : "Pain de pourceau (cyclamen Europœun). Cette racine est entièrement hors d'usage ; elle purge avec violence, et n'est pas entièrement sans danger. Tout ce qu'en dit Olivier de Serres est au moins exagéré." (Tome 2, p. 478)

Olivier de Serres ne recommande guère d'employer cette plante à la Mère de famille. Il la mentionne toutefois pour traiter les maux de tête de cause froide : "Prendre par le nés, écrit-il, du jus de l'herbe de pain de pourceau : ou de la niele, dite poivrete, trempee en vinaigre et poudre de piretre, pour faire esternuer." (8ème Lieu, Chap. V, p 895),

Il recommande aussi "l'eau distillée de la racine de pain de pourceau, attirée par le Nés pour estancher le sang qui désordonnément flue par le Nés." (8 ème Lieu, Chap. V, p.900)

Le coin du jardinier d'aujourd'hui

Etymologie du nom de la plante.

Son nom vient du grec "*kyklos*" ("*cyclus*" en latin) qui désigne un cercle, en référence à la forme de ses feuilles et à leur disposition en cercle.

Cyclamen purpurascens Mill., le Cyclamen pourpre est aussi appelé Cyclamen d'Europe, Cyclamen des Alpes ou encore Violette des Alpes, Il est également désigné par les expressions "Pain-de-pourceau", "Marron-de-cochon", "Rave de terre", par allusion à son tubercule brun. Et en latin par les mots Cyclaminus, Rapum, Tuber, Umbillicus terrae, Panis porcinus, Arthamita.

Description sommaire de la plante.

Le Cyclamen pourpre est une plante vivace à racine tubéreuse, originaire des forêts des versants calcaires des montagnes continentales d'Europe centrale et méridionale. Ce tubercule est globuleux ou déprimé et porte des racines adventives, latérales ou en dessous, peu nombreuses, ainsi que des bourgeons donnant naissance aux parties aériennes. Les feuilles, toutes radicales, longuement pétiolées, sont épaisses et coriaces, à petites dents obtuses ; leur face supérieure est plus ou moins marbrée, leur face inférieure est généralement rouge ou violacée. Elles ont une forme de cœur ou de rein. Son feuillage est persistant, tandis que les autres cyclamens perdent leurs feuilles en été. D'une croissance moyenne, la plante mesure 10 à 15 cm de haut et son port est érigé et étalé. Les fleurs odorantes, solitaires, penchées, ont un long pédoncule enroulé souvent en spirale après la floraison qui a lieu de juin à octobre. Calice à 5 divisions, très aiguës. Corolle rose ou violette, soudée à la base en tube plus court ou aussi long que le calice ; les 5 lobes retroussés ont 4 à 5 fois la longueur du tube de la corolle ; 5 étamines insérées dans la partie inférieure de la corolle et opposées aux pétales. Le fruit est une capsule globuleuse à 5 valves portant de nombreuses graines.

Culture de la plante.

Le sol doit être riche, calcaire et bien drainé. Le pH doit être basique à très légèrement acide. L'exposition doit être mi-ombragée.

Il y a peu d'entretien à prévoir. Ses exigences en eau sont peu importantes.

Le Cyclamen des Alpes est très rustique et tolère des températures hivernales de l'ordre de -25°C.

Le Cyclamen pupurascens se reproduit naturellement par semis spontanés, lentement, en tapis.

Ce cyclamen n'est pas facile à cultiver en pleine terre dans les régions à basse altitude. Il ne supporte pas la division. La seule méthode manuelle de multiplication est le semis. Dès que les graines sont mures, ou en avril-mai, on sème en pots que l'on hiverne à l'automne, sous châssis ; au printemps suivant, on procède au repiquage sous châssis en pépinière ; et l'on met en place la 2 ème ou la 3 ème année ; Il faudra compter environ 3 mois pour voir apparaître les premières pousses. La floraison ne se manifestera que la 4 ème année.

On peut aussi transplanter des plants "en vert", c'est-à-dire en cours de végétation, en pot après la floraison, avant mise en place ultérieure, ou encore planter des tubercules au milieu de l'été, en les enterrant à 10 ou 15 cm de profondeur, les "yeux" sur la face supérieure, légèrement hors sol.

Il faut supprimer régulièrement les fleurs et les feuilles fanées et arroser modérément et seulement en cas de sécheresse prolongée, car l'excès d'eau peut provoquer le pourrissement de la plante.

Parties utilisées : seul le tubercule, toxique pour l'homme et pour les animaux, était récolté pour être employé en médecine.

Propriétés thérapeutiques selon les auteurs contemporains d'Olivier de Serres

Cette plante fait l'objet de commentaires plus ou moins détaillés chez plusieurs auteurs d'ouvrage de Botanique du XVIème siècle, qu'Olivier de Serres aurait pu consulter, notamment ceux-ci : les *Commentarii in sex libros Pedacii Dioscoridis* (1572) (s v Pain de pourceau, p 347) de Pierandrea Matthioli (1501-1577), l'*Histoire des plantes* (1550, édit fr., Chap. CLXXII, v Pain de Pourceau, p 316), de Leonart Fuchs (1501-1566), l'*Historia generalis plantarum* (1586, trad.1615 Tome 2, Livre XV, Chap. XXVII, s v Pain de Porceau, p. 471) de Jacques Daléchamps (1513 -1588), le *Stirpium Herbariae Pemptades sex* (1567, Liv. III, Chap. XI, s v p 222) de Rembert Dodoens (1517-1585).

Cf aussi Liebault. (*La Maison rustique* cf. supra, Chap. 4, Plante n° 67)

– 4. **Queue de cheval** ou **Aspresla** (Equisetum arvense L.) (Equisétacées). La prêle appartient au groupe des Ptéridophytes (Cryptogames vasculaires) :

> "a prins ce nom à cause que son herbe ressemble aucunement le poil de la queuë d'un cheval. Aucuns nomment ceste herbe, Aspresssa, pour sa grande aspreté et rudesse du manier, dont les ouvrierss imagers, peigners, et autres faisans choses delicates, se servent pour polir leur ouvrage l'en frottant. Il y en a de deux espèces, l'une plus grande que l'autre. Toutes deux demandent terre grasse et marescageuse, sans se soucier de culture. Son jus, mis dans le nés, estanche le sang qui en sort : de mesme fait des menstrues des femmes, mis en pessaire. Sa decoction faite en eau ou vin, guerit la dissenterie : provoque l'urine. Ses fueilles broiees, appliquees sur les plaies, les consolide tres bien. Son herbe et sa racine soulagent ceux qui sont travaillés de la toux." (6ème Lieu, Chap. XV, p. 607)

Note de l'édition de 1805 : "Queue de cheval (equisetum arvense). Elle est hors d'usage, et ses propriétés sont encore mal connues." (Tome 2, p. 479)

Il ne cite guère cette plante parmi les remèdes dont doit disposer la mère de famille que

– pour "remettre le boyau avalé, mal tres douloureux et tres importun appelé La Hargne (i e traiter une descente d'organe), "le patient boira en vin rouge une decoction de l'herbe de queue de cheval." (8ème Lieu, Chapitre V, p 931)

– pour arrêter les fleurs des femmes (8ème Lieu, Chapitre V, p 933). Cf. infra, plante n° 22, Plantain.

Le coin du jardinier d'aujourd'hui

Etymologie du nom de la plante.

La plante doit son nom d'Asprela, Asprelle, au latin "*asper*" qui signifie : "râpeux, rude, âpre, rêche". Elle est aussi désignée par le mot Presle ou Prelle et les expressions Queue-de-cheval, Queue-de-rat ou Queue-de-renard, et en latin Cauda equina, Cauda caballina, Hippuris, Equiseta, Equina.

Description sommaire de la plante.

La prêle est une plante herbacée vivace sans fleur pérenne, qui se plaît sur les terres siliceuses, humides, sur les talus, au bord des chemins, dans les champs à l'abandon. Elle résiste à des températures jusqu'à -15° C. Elle est généralement considérée comme une mauvaise herbe des jardins humides, car elle est envahissante. Son rhizome profond émet deux sortes de tiges aériennes ; les unes sont fertiles, les autres stériles.

Les premières qui apparaissent au début du printemps sont dépourvues de chlorophylle, rougeâtres, simples, non ramifiées, entourées à intervalles réguliers de gaines évasées. Ces tiges sporifères, de 10 à 25 cm de long, se terminent par un épi jaune-brun oblong de 2 à 4 cm de long sur 6 à 10 mm de large formé de verticilles de petites écailles très rapprochées en forme d'écussons peltés portant à leur face inférieure 5 à 12 sporanges pendants s'ouvrant par une fente longitudinale. Elles disparaissent en été, après la production de spores appelées à se disperser par le vent, lorsqu'elles seront sèches. Celles-ci, en germant donneront des prothalles sexués mâles et femelles différents. Les tiges stériles, qui apparaissent après les,premières, en été, sont grêles, vertes, creuses, robustes, dressées, striées de profonds sillons, longues de 20 à 50 cm, voire 1 mètre, articulées, portant à chaque nœud une gaine membraneuse dentée de couleur sombre au-dessous de laquelle partent des rameaux verticillés, rudes au toucher, articulés, à section quadrangulaire, Les feuilles sont réduites à de petites écailles et se trouvent au niveau de l'articulation des rameaux.

Culture de la plante : la prêle peut être plantée sous des expositions à l'ombre, mi-ombre ou ensoleillée, sous réserve qu'il y règne une certaine humidité. Peu exigeante, la prêle s'adapte à toutes les terres de jardin humides, mais de préférence acides.

Plantation : celle-ci peut s'effectuer de préférence entre septembre et fin novembre ou entre mars et fin avril, quand les réserves hivernales sont constituées et qu'il ne fait pas trop froid. Il faut enterrer les racines de quelques centimètres, laisser un espace de 30 à 40 cm entre chaque plant et arroser. La prêle demande ensuite peu d'entretien. Plante cryptogame, la prêle ne fleurit pas et ne donne pas de graines. La multiplication se fait par division des rhizomes.

Récolte : on coupe les tiges stériles avec les feuilles de préférence de la fin du printemps à la fin de l'été. On les sèche ensuite au soleil ou au four.

Parties utilisées : les seules parties utilisées sont les tiges stériles.

Propriétés thérapeutiques selon les auteurs contemporains d'Olivier de Serres

La queue de cheval, fait également l'objet de commentaires plus ou moins détaillés chez plusieurs auteurs d'ouvrage de Botanique du XVIème siècle qu'Olivier de Serres aurait pu consulter, notamment ceux-ci : les *Commentarii in sex libros Pedacii Dioscoridis* (1572) (Chap. XLII, s v Queue de cheval, p 556) de Pierandrea Matthioli (1501-1577), l'*Histoire des plantes* (1550, édit fr. Chap. CXXII, s v Queue de cheval, p.224) de Leonart Fuchs (1501-1566), l'*Historia generalis plantarum* (1586, trad.fr.1615 Tome 1, Livre IX, Chap. LII, s v De la prelle, p 934) de Jacques Daléchamps (1513 -1588), le *Stirpium Herbariae Pemptades* sex (1557, Chap. LXVI, s v Queuë de cheval, p 75) de Rembert Dodoens (1517-1585).

Cf aussi Liebault (*La Maison rustique* (édition de 1583 Livre II, Chap. XLII, p.118), (cf. supra. Chap. 4, plante n° 64).

– 5. **Argentine** (Potentilla anserina L.) (Rosacées) :

> "Les fueilles de ceste herbe sont comme argentees en leur renvers, d'où est venu le nom de la plante. Elle souffre plus aisément la negligence du Jardinier, que la maigreur de la terre : pour laquelle cause, se loge naturellement és prés herbus, gras et humides, d'où la plante se retirera au Printemps, pour la loger au Jardin Medecinal. Sa décoction prinse par la bouche, sert contre la dissenterie : à rompre la pierre : à guerir les ulceres estans dans le corps. Et son eau, à nettoier la face et les mains." (6ème Lieu, Chapitre XV, p. 607)

Note de l'édition de 1805 : "Argentine. Cette plante est un peu astringente, et n'est presque plus en usage ; on peut cependant l'employer dans les cas de diarrhées ou de foiblesses d'intestin : sa prétendue propriété contre la pierre est aussi idéale que celle de toutes les autres plantes auxquelles on l'a attribuée, ce que je dis ici une fois pour toutes." (Tome 2, p. 479)

Olivier de Serres ne cite pas cette plante parmi les remèdes dont doit disposer la mère de famille. (8ème Lieu, Chapitre V)

Le coin du jardinier d'aujourd'hui

Etymologie du nom de la plante.

Elle doit son nom au latin "*potens*" qui signifie "puissant", en référence à l'efficacité des propriétés thérapeutiques qu'on lui attribuait et au latin "*anser*" qui signifie "oie", peut-être en raison de la similitude des feuilles avec des pattes d'oie, ou parce que l'on croyait que cette plante était particulièrement appréciée par celle-ci.

Description sommaire de la plante

La "potentille des oies" est une plante vivace qui se plaît sur les sols riches en azote, au bord des chemins, des champs et des terres incultes, des mares et des rivières. Ses racines sont grêles, chevelues, brunâtres. Ses tiges rampantes se propagent à la surface du sol par des stolons pouvant atteindre jusqu'à 1 m de long. Elles portent de grandes feuilles allongées divisées en 15 à 25 folioles inégales et finement dentelées, disposées de part et d'autre du pétiole ; leur face supérieure est verte tandis que leur face inférieure est argentée, d'où le nom parfois donné à la plante ; ses grandes fleurs jaunes à 5 pétales et nombreuses étamines, mesurent jusqu'à 3 cm de diamètre ; chacune, isolée, se trouve à l'extrémité d'un long pédoncule qui s'est développé à l'aisselle d'une feuille ; elles sont visibles de mai à septembre. Le fruit est un akène ovoïde.

Culture de la plante

Cette plante demande une exposition à un emplacement ensoleillé, un sol sableux, caillouteux, sec au PH acide.

Plantation de février à mai ou en octobre-novembre, en laissant un espace de 50 cm entre chaque plant. Multiplication par semis ou par division ou par bouturage.

Récolte : septembre à novembre.

Parties utilisées : les sommités fleuries de la plante, séchées à l'ombre dans un endroit abrité et aéré.

Propriétés thérapeutiques selon les auteurs contemporains d'Olivier de Serres

L'Argentine fait également l'objet de commentaires plus ou moins détaillés chez plusieurs auteurs d'ouvrage de Botanique du XVIème siècle qu'Olivier de Serres aurait pu consulter, notamment ceux-ci : les *Commentarii in sex libros Pedacii Dioscoridis* (1572) Livre. IV, Chap.XXXVII, s v Agrimoine, p.553) de Pierandrea Matthioli (1501-1577), l'*Histoire des plantes* (1550, édit fr.Chap. CCXXXVII, s v Tanaisie sauvage, p 425) de Leonart Fuchs (1501-1566), l'*Historia generalis plantarum* (1586, trad.fr.1615 Tome 1, Livre IX, Chap. XLVI, s v De l'Argentine, p 929) de Jacques Daléchamps (1513 -1588), le Stirpium Herbariae Pemptades sex (1557), Chap LVIII, s v Tanasie sauvage, p 65) de Rembert Dodoens. (1517-1585).

Cf aussi Liebault (*La Maison rustique* (édition de 1583, Livre II, Chap. 42, p.112) (cf. supra. Chap.4, plante n° 20).

– 6. **Dent-de-chien** (Agropyrum repens P.B. = Elymus repens L, petit chiendent, et Cynodon dactylon Pers., gros chiendent) (Poacées) :

> "En Latin Gramen, l'appellation prinse à gradiendo, dautant que ceste plante, pour sa fecondité, avance tous-jours comme en marchant, prenant racine par tous ses nœuds seulement en touchant terre. Ne vient qu'en bon fonds, bien cultivé : mais aussi y estant une fois logee, l'on ne l'en peut des-engeancer, les bons Jardins et vignobles en estans importunés. La decoction de ses racines bouïllies en eau, rafraichit les febricitans : chasse la vermine des enfans : desopile : fait uriner, rompt le calcul." (6ème Lieu, Chapitre XV, p. 608)

Note de l'édition de 1805 : "Chiendent. On emploie pour faire les tisanes de chiendent les racines du triticum repens*, et du panicum dactylon† ; peut-être les racines de toutes les graminées vivaces pourroient elles servir au même usage ?"

L'auteur de cette note renvoie pour davantage d'explication à un article publié dans le Tome1 p 485 où est longuement exposée la recette de la fabrication de la bière de chiendent, obtenue à partir de ses racines (Tome 2, p. 479)

Olivier de Serres ne la mentionne guère parmi les remèdes dont doit disposer la mère de famille. Il conseille toutefois son eau comme diurétique à ceux qui souffrent de la difficulté d'uriner : "Boire au matin de l'eau de gramen ou chien-dent, dans laquelle aurés dissout fruit de coquerelles, ressemblant à petites cerises : ou de la decoction de la racine de raves, faite en vin blanc." (8ème Lieu chapitre V, p. 926)

Le coin du jardinier d'aujourd'hui

Etymologie du nom de la plante.

Le nom vernaculaire de chiendent ou dent de chien fait référence aux feuilles pointues de la plante ou, chez certaines espèces, au rhizome qui porte de fins bourgeons blancs, aigus et recourbés, qui peuvent évoquer des canines de chiens.

---

* Triticum repens =.Agropyrum repens.

† Panicum dactylon = Cynodon dactylon.

Le mot gramen (du grec "grastis", fourrage vert), désigne un certain nombre de plantes herbacées qui ont en commun de pousser dans les prairies.

On appelle chiendent ou dent de chien plusieurs espèces de plantes herbacées de la famille des Poacées.

Il peut s'agir notamment du petit chiendent, appelé aussi chiendent rampant, chiendent officinal, chiendent commun ou encore "blé rampant" (Agropyrum repens P B (du grec "*agros*" champ et "*pyros*" froment) (= Elymus repens (L) Gould) (du grec "*elymos*", "millet") et du gros chiendent ou chiendent pied de poule (Cynodon dactylon (L) Pers) (du mot grec "*kuôn*" au génitif "*kunos*", "chien" et "*odous*", "dent").

On a toutefois donné également le nom de Dent de chien ou "satyrion rouge" à une plante toute différente qui est une Liliacées (Erythronium dens canis), également à cause de la forme de son bulbe et de la couleur rouge de ses fleurs.

Description sommaire de la plante.

Le petit chiendent, ou chiendent officinal est une plante herbacée vivace de 30 à 120 cm ; adventice, colonisatrice des jardins et des champs cultivés, grâce à son rhizome, qui a un diamètre de 2 à 3 cm, à section circulaire, parfois anguleuse, de couleur blanche à jaune pâle, se terminant par une pointe dure, rampant dans le sol entre 8 et 15 cm de profondeur. Ce rhizome développe une grande quantité de tiges souterraines, formant ainsi un réseau dense dans le sol, qui étouffe progressivement les plantes voisines, cultivées ou non, ce qui le rend particulièrement difficile à extirper.

Ses tiges ou chaumes qui sont dressées, non en touffes, raides, lisses, avec quelques feuilles étroites, dressées, jointes, se ramifiant à la base, peuvent atteindre de 20 à 150 cm de haut. Ses feuilles, engainantes, et espacées, insérées sur des nœuds renflés, sont alternes, plates, minces, un peu rudes en dessus, à face supérieure velue, et face inférieure glabre, au bord rugueux, allongées, larges de 3 à 10 mm, longues de 30 cm à nervures peu saillantes, fines distantes les unes des autres, vert terne, parfois vert grisâtre, souvent tordues vers le tiers supérieur. L'inflorescence est un épi comprimé L'inflorescence est un épi linéaire, érigé ou retombant, aplati, allongé de 5 à 20 cm de long et étroit composé d'épillets assez espacés, sessiles disposés sur deux rangs, en alternance sur l'axe, de couleur verte à vert glauque. Les épillets comprennent de 3 à 7 fleurs opposées par leur côté à l'axe de l'inflorescence. La floraison a lieu de juin à septembre

Le fruit est un fruit sec indéhiscent allongé et ovale à gaine adhérente à la paroi interne du fruit (caryopse)

Culture de la plante

Le chiendent est indifférent à l'exposition et à la nature du sol.

Plantation et Multiplication : par fragmentation des rhizomes, chaque fragment donnant naissance à des boutures qui deviendront rapidement de nouveaux pieds de la plante. Ceux-ci fixent le sol, évitant l'érosion mais il faut veiller à limiter leur expansion en réduisant régulièrement la taille de leur rhizome.

Récolte : tout l'été ou à l'occasion des labours en automne.

Parties utilisées : les racines séchées à un endroit aéré et sec.

Propriétés thérapeutiques selon les auteurs contemporains d'Olivier de Serres

Le chiendent fait également l'objet de commentaires plus ou moins détaillés chez plusieurs auteurs d'ouvrage de Botanique du XVIème siècle qu'Olivier de Serres aurait pu consulter, notamment ceux-ci : les *Commentarii in sex libros Pedacii Dioscoridis* (1572 Livre IV, Chap XXVIII s v Grame ou Dent de chien, p. 544) de Pierandrea Matthioli (1501-1577), l'*Histoire des plantes* (1550, édit fr. Chap. XLVIII, p. 101) de Leonart Fuchs (1501-1566), l'*Historia generalis plantarum* (1586, Tome I, Livre IV, Chap XXVII à XXX, s v Grame, p 352 à 365) de Jacques Dalechamps (1513 -1588), le *Stirpium Herbariae Pemptades sex* (1567, Livre IV, Chap XLIV, s v Gramen, p 345) de Rembert Dodoens (1517-1585).

Cf aussi Liebault (*La Maison rustique* (édition de 1583, Livre II, Chap.42, p.117) (cf. supra. Chap. 4, plante n° 74).

– 7. **Sophia** (Descurainia sophia (L.) Webb, ex Prantl. = Sisumbrium sophia L.) (Brassicacées) :

> "Sophia ou Teletrium s'esleve en terre seche avec peu de culture, par semence ou plan enraciné. Sa graine pulverisee prinse en vin, est singuliere contre toutes evacuations desordonnees de sang, soit du nés, de la bouche ou d'ailleurs, mesmes contre la dissenterie. lasche le ventre. Fait porter gaiement les enfans aux femmes." (6 ème Lieu, Chapitre XV, p. 608)

Note de l'édition de 1805 : "Talictron des boutiques (sisymbrium Sophia). Cette herbe, autrefois vantée, est aujourd'hui inusitée ; elle est astringente, et nullement laxative, comme le dit Olivier de Serres." (Tome 2, p. 479)

Olivier de Serres mentionne cette plante parmi les remèdes dont doit disposer la mère de famille pour "servir à la dissenterie, au flux menstrual, et pour arrester le sang des plaies : "La graine pulvérisee de Sophia, autrement Thalietrum, prinse le poids d'un escu, ou avec un œuf, ou avec du potage, ou avec du vin. Sert, en outre, à lascher le ventre, et aux femmes enceintes, à leur faire gaiement porter les enfans." (8 ème Lieu, Chap. V, p. 901)

Mais il prescrit aussi, paradoxalement, d'utiliser cette plante, parmi bien d'autres remèdes pour arrêter la dissenterie : "Prendra au matin de la graine en poudre, de Sophia, ditte aussi Thalietrum, une drachme, ou avec un œuf, ou du bouillon, ou du vin." (8ème Lieu, Chap. V, p. 928).

Le coin du jardinier d'aujourd'hui

Etymologie du nom de la plante.

Le terme Descurainia vient de François Descourain, pharmacien et botaniste français (1658-1740).

L'épithète spécifique *sophia* vient du grec "*sophía*" qui signifie "dextérité, habileté, sagesse".

Sisumbrium sophia L.ou Erysimum officinale est aussi appelée, Herbe de Sainte Sophie, Sisymbre, Sagesse. Sagesse des chirurgiens (Sophia chirurgorum), Herbe aux chantres. Moutarde des haies, Velar, Tortelle, Thalictrum, Thalictron. Mais le mot "*erysimum*" (du grec "erusô", "protéger, sauver") désigne plusieurs plantes différentes chez les auteurs grecs et latins. Comme, par exemple, chez Théophraste, (*H P*, IX, 10), Dioscoride (*M M*, II, 158) ou Pline (*H N*, XXII, 158).

Description sommaire de la plante.

C'est une plante annuelle ou bisannuelle qui se plaît sur des sols limoneux, humifères, les lieux incultes, au bord de chemins. Sa tige est dressée rameuse, de 0,2 à 1 mètre de haut, et ses nombreux rameaux, très étalés, portent des feuilles pétiolées, pubescentes, profondément divisées, de couleur vert de gris. Ses fleurs, qui sont très petites, jaune pâle, réunies en grappe, apparaissent d'avril à septembre. Leurs pétales sont en moyenne de 2 mm de longueur et d'1mm de largeur. Les sépales sont souvent plus courts que les pétales. Les fruits sont des siliques, cylindriques, linéaire, un peu bosselé, très étroits, redressés sur leurs pédoncules et plus ou moins arqués, présentant trois nervures principales sur chaque valve. Les graines disposées dans chaque loge sur une seule série renferment chacune un embryon de 2 cotylédons plus longs que larges.

Culture de la plante.

Plantation : par semis en rangs continus avec des interlignes de 60 à 80 cm. La levée a lieu dans les quinze jours

Multiplication : Cette plante se multiplie par semis superficiel en place de fin mars à début avril ou de juillet à fin août.

Récolte : Les parties aériennes doivent être récoltées en pleine floraison, au mois d'août pour les semis de printemps.

Parties utilisées : la plante entière et la graine.

Propriétés thérapeutiques selon les auteurs contemporains d'Olivier de Serres

Cette plante fait également l'objet de commentaires plus ou moins détaillés chez plusieurs auteurs d'ouvrage de Botanique du XVIème siècle qu'Olivier de Serres aurait pu consulter, notamment ceux-ci : l'*Histoire des plantes* (1550, édit fr. Chap. XCVI, s v Velar ou Tortelle, p. 181) de Leonart Fuchs (1501-1566), l'*Historia generalis plantarum* (1586, Tome I, Livre V, Chap XLIII, s v pTortelle ou Erysimon ; p. 556) de Jacques Daléchamps

(1513 -1588), le *Stirpium Herbariae Pemptades* sex (1567, Livre V, Chap. LXIII, s v De Irio, p 438) de Rembert Dodoens (1517-1585).

– 8. **Pisse-en Lict** (Taraxacum dens leonis Desf.) (Composées) :

> "autrement, Œil de bœuf, pour la ressemblance que ses fleurs ont avec l'œil de tel animal : ressemblent aussi à celles de la Camomille, mais sont plus grandes. Ceste herbe, croist d'elle-mesme à l'entour des maisons. S'edifie par semence et par plant enraciné au Printemps ou en l'Automne. Les fleurs de ceste plante, prinses en bruvage, sont bonnes contre la jaunisse. En cataplasme, resolvent les durtés. La décoction de ses feuilles en eau, beuë, fait uriner. Le mesme font les bouïllies en huile, appliquees chaudement sur le petit ventre." (6ème Lieu, Chapitre XV, p. 608)

Note de l'édition de 1805 : "Pisse-en-lict (leontodon taraxacum). La véritable utilité de cette herbe, c'est que son suc est employé en bouillon dans les maladies de la peau, on l'emploie aussi dans la jaunisse, mais c'est le suc de l'herbe et non de la fleur : au reste, on donne maintenant le nom d'œil de bœuf au buphtalmum aquaticum." (Tome 2, p. 479)

Cette plante ne figure pas parmi les remèdes dont doit disposer la mère de famille (8ème Lieu chap. V).

Le coin du jardinier d'aujourd'hui

Etymologie du nom de la plante.

Rappelons que l'on appelle sous le nom vernaculaire "pissenlit" diverses plantes à tige généralement creuse, aux feuilles dentées et dont l'inflorescence est un capitule plat et jaune, généralement à fleurons ligulés.

Le mot "Pissenlit" utilisé pour désigner cette plante fait référence aux propriétés diurétiques qui lui étaient reconnues. La couleur jaune du capitule n'évoque-t-elle pas aussi celle de l'urine, selon la Théorie des Signatures ? L'expression dent-de-lion lui a été attribuée, à cause de la forme des feuilles dont les découpures sont longues ou aiguës comme des dents. De nombreux autres noms vernaculaires ont également été utilisés pour la nommer, comme, entre autres, Couronne de moine (par allusion au réceptacle floral nu après la dispersion des akènes), Groin de porc, Salade de taupe, Fausse chicorée, Laitue de chien…

Le mot "*Taraxacum*" provient peut-être du grec ancien "*táraxis*", qui désignait une inflammation de l'œil (le latex du pissenlit passait en effet pour calmer les irritations oculaires) et "*akeomai*", "guérir". Il pourrait aussi provenir de l'arabe "tharakhchakon".

Description sommaire de la plante.

Le pissenlit recommandé par Olivier de Serres est vraisemblablement le pissenlit commun. Il s'agit d'une plante herbacée vivace de 5 à 30 cm environ de hauteur très fréquemment présente dans les champs, les bois, sur le bord des chemins.

Sa souche se termine par une racine pivotante qui peut atteindre 30 cm de long et 20 mm de diamètre. Elle est gris brunâtre à l'extérieur, blanchâtre à l'intérieur, laisse s'écouler un latex abondant, quand on la tranche. De son rhizome court et épais partent des tiges florifères simples, creuses. Ses feuilles, toutes radicales, disposées en rosette étalée sur le sol, sont oblongues, étroites, glabres, dépourvues de pétiole, lancéolées, profondément divisées, roncinées, avec des dents souvent recourbées vers le bas, en crochets inégalement découpées, plus ou moins dressées, avec un lobe terminal, plus grand, dont la pointe est obtuse. Leur nervure centrale est proéminente et souvent de couleur rouge. Du centre de la rosette de feuilles partent des pédoncules floraux, jaunâtres, creux, d e 6 à 30 cm de hauteur couchés puis redressés, partant directement du collet. Les fleurs, réunies en gros capitules de à 5 cm de diamètre sont d'un jaune éclatant. Elles s'ouvrent et se ferment selon les variations de l'atmosphère ou l'intensité de la lumière solaire. L'involucre est composé de deux rangées de nombreuses bractées linéaires inégales. Chaque fleur comprend un calice qui est réduit à une touffe de poils entourant une corolle de 5 pétales soudés et rejetés sur le côté en un ligule. Les 5 étamines sont soudées en un long tube et entourent le pistil à un stigmate bifide. La floraison se produit d'avril à octobre. Les fruits sont des akènes grisâtres, très petits, portant de petites écailles, à 10 côtes hérissées de pointes, se prolongeant par un rostre conique et supportant au bout d'un long fil blanc une aigrette blanche ou pappus à soies simples disposées en rangée. Chaque akène renferme une seule graine dont l'embryon est pourvu de deux cotylédons foliacés.A maturité, l'ensemble des akènes avec les aigrettes forme une boule légère dont les différents composants se dispersent sous l'action du vent. Toutes les parties du pissenlit, notamment les racines, laissent échapper un suc blanchâtre, le latex, lorsqu'on les coupe.

Culture de la plante.

La culture du pissenlit se fait de préférence plutôt dans un sol frais et humifère mais aussi dans toute bonne terre de jardin. Il préfère un climat tempéré et une exposition ensoleillée.

Plantation et multiplication

La multiplication se fait principalement par semis en place, de mars à juin, en lignes distantes de 20 à 30 cm et de 10-15 cm sur le rang, enterré à environ un centimètre de profondeur.

On peut aussi semer en pépinière, et repiquer le plant environ 45 jours, après avoir coupé les feuilles et les racines d'1/3 pour favoriser la reprise. Pendant la culture, il faut biner, sarcler et arroser le cas échéant. En automne, il est conseillé de butter les pieds de pissenlit en place, après avoir coupé leurs feuilles à 1 cm ou 2 cm au-dessus du collet, en gardant le coeur, puis de les recouvrir d'environ 20 cm de terre. La plante étant épuisante pour le sol, on peut laisser les plants 2 ans en place, mais il est nécessaire de les remplacer tous les 3 à 4 ans.

Récolte : La cueillette des fleurs et des racines se fait dès le départ de la végétation en mars, mais de préférence en mai-juin. A la floraison, les feuilles deviennent coriaces. A sécher au soleil.

Propriétés thérapeutiques selon les auteurs contemporains d'Olivier de Serres

Une grande confusion règne entre les auteurs sur l'identification de cette plante qu'ls nomment par des mots différents, lesquels peuvent de surcroît désigner aussi d'autres plantes.

Pour Fuchs, il s'agit de l'œil de bœuf ou Buphtalmon, (*Histoire des plantes* (1550, édit fr. Chap. LII,, p 109) ; pour d'autres, comme Rembert Dodoens ce serait une des deux sortes de Condrilla (*Stirpium Herbariae Pemptades sex* (1557, Chap.XVI, s v Condrilla, p 392). Lobel (1538-1616), note qu'on l'appelle aussi Chondrilla, Dent de Lyon et "urinaria herba" (*Plantarum Stirpium Historia* (1576, p 84).

– 9. **Numilaire** (Lysimachia nummularia L.) (Primulacées = Myrcinacées)

> "d'elle-mesme s'engeance en lieu bas et aquatique, sans aucune culture. Neantmoins l'on la transplantera par rejettons enracinés et par semence avec, comme viendra mieux à propos. Ceste herbe est ainsi appellee, à raison que ses feuilles ressemblent à deniers en Latin dits, Nummi. L'eau qui en est distillée est singuliere pour retirer le boiau avalé : aux dissenteries : aux vomissements de sang : aux fleurs des femmes, à ces maux estans propres, sa décoction et la poudre de ses fueilles et racines dessechees. Les fueilles et fleurs broiees dessechent et resserrent aussi, conglutinans et consolidans toutes ulceres." (6ème Lieu, Chapitre XV, p. 608)

Note de l'édition de 1805 : "Numilaire (lysimachia nummularia). Elle est hors d'usage." (Tome 2, p. 479)

Cette plante ne figure pas parmi les remèdes dont doit disposer la mère de famille (8ème Lieu chap. V).

A ne pas confondre avec la lysimachie qui est également répertoriée par Olivier de Serres pour être cultivée dans son jardin medecinal (cf. infra (plante n°51, Lysimachie)

Le coin du jardinier d'aujourd'hui

Etymologie du nom de la plante.

Le mot Nummulaire vient du latin "*nummulus*", monnaie en référence à ses feuilles de forme ronde comme une pièce de monnaie. On l'appelle d'ailleurs aussi Monnoyère, Herbe aux écus ou aussi Salicaria,

Description sommaire de la plante.

C'est une plante vivace, d'une hauteur de 0,50 à 1,50 cm, qui se plaît sur les sols détrempés, les fossés, les prairies marécageuses, dans les forêts humides.

Ses tiges rampantes, anguleuses, sans poils, peuvent mesurer jusqu'à 70 cm de long ; sur elles se développent des racines adventives près de l'insertion des feuilles ; celles-ci, à pétiole court, sont opposées, ovales, arrondies, sans poils.

A leur aisselle naissent de courts pédoncules portant des fleurs jaunes en forme d'étoile : calice à 5 divisions, profondément séparées, corolle jaune à 5 lobes mesurant, une fois épanouie, de 1,5 à 2,5 cm de largeur ; elles apparaissent entre juin et août.

Le fruit est une capsule renfermant de nombreuses graines. La plante se multiplie par ses tiges souterraines.

Culture de la plante.

Demande un sol humide, un emplacement ensoleillé ou mi-ombragé. La multiplication se fait par éclats au printemps ou à l'automne. 6 à 10 pieds au m^2. Parties utilisées : la plante entière.

Propriétés thérapeutiques selon les auteurs contemporains d'Olivier de Serres

Peu de botanistes de l'époque d'Olivier de Serres accordent dans leurs ouvrages, une place à la numulaire, parmi les différentes espèces de lysimachia. Chez eux, celle qu'ils nomment "lysimaque jaune "pourrait peut-être désigner la numulaire.

On trouvera toutefois une notice détaillée sur la numulaire dans l'*Historia generalis plantarum* (1586, trad.1615 Tome I, Chap XLIV, s v Numularia, p 925) de Jacques Daléchamps (1513 -1588),

Cf aussi Liebault (*La Maison rustique* (édition de 1583, Livre II Chap. 42, p.120) (cf. supra. Chap. 4, plante n° 78).

– 10. **Bouillon-Blanc** (Verbascum thapsus L.) (Scrophulariacées) :

> "La terre sabloneuse et pierreuse, est celle où ceste herbe se delecte le plus, bien qu'elle s'esleve assés facilement en autre endroit. De plu sieurs sortes de Bouïllon y a-t-il, qu'on esleve par graine la semant au Printemps. Les racines de ceste her0be, pilees et beuës avec du vin, arrestent le flux de ventre. La decoction de toute la plante sert contre la vieille toux : sparmes : douleurs de dents : venims. L'eau qui est distillee de ses fleurs, oste la goutte-roze de la face : gratelles : marques de bruslure. Ses fleurs appliquees sur les hemorroïdes avec jaune d'œuf, les arrestent. Le jus de l'herbe et des fleurs, exprimé, appliqué sur les verrues, les esteint et fait perdre : chasse la fievre quarte." (6ème Lieu, Chap. XV, p. 608)

Note de l'édition de 1805 : "Bouillon blanc (verbascum thapsus). L'usage de cette plante se continue, quoiqu'on n'ait pas encore des notions bien précises sur son utilité ; ses fleurs paroissent anodynes, ses feuilles sont employées tantôt comme cataplasme émolient pour résoudre les tumeurs, tantôt pour arrêter les diarrhées : la réunion de ces deux propriétés, presque contradictoires, peut inspirer du doute sur leur véritable influence. "(Tome 2, p. 479)

Olivier de Serres mentionne l'emploi du Bouillon blanc dans différentes formules de remèdes qu'il recommande à la mère de famille pour soigner sa famille et le personnel employé sur le domaine :

– pour "le mal de côté, venant le plus souvent de froid, fait qu'on lui oppose choses chaudes". Ainsi : "L'eau de sauge, armoise, aluine, mente, tenaise, verbaine, bouïllon-blanc, autant de l'une que de l'autre, distillee au bain-de-marie, est tres-bonne, donnee tous les matins un couple d'onces, à celui qui est tourmenté de mal de costé." (8ème Lieu Chap. V, p 912).

– pour les hémorroïdes : "Par sus tout autre remede, profite aux Hemorroïdes, soient elles internes ou externes, cataplasme fait de bouïllon-blanc, en Latin dit verbascum, et de trifolium Hemorroïdale, ces herbes pilees ensemble y meslant du beurre frés." (8ème Lieu, Chap. V, p 930) et si "fluans par trop, pour en arrester le sang coulant desordonnément, seront emploiées en fomentation les fleurs de bouillon blanc, ou la fueille de hannebane, avec moieux d'œufs." (id, p. 930)

– "Pour remettre le Boïau avalé mal tres-douloureux et tres-importun appellé, La Hargne (i e la hernie), le moien est, de se parfumer le bas, estant assis sur une chaire persee..., ou à la fumee de semence et fleur de bouïllon blanc, et fleurs de camomille, avec mastic." (8 ème Lieu, Chap. V, p. 931

– pour arrêter les fleurs de femmes, il recommande "les linimens appliqués sur les reins, lombes et aines avec l'onguent Comitissœ ou d'autres onguens que l'on pourra composer de bolarmene, sang-de-dragon, gomme Arabic, dragacant, semences de rozes rouges, incorporés avec huile rozat et de murte : ou avec la mucilage de la graine de psilium, extraite en jus de bouïllon blanc, ou jus d'ortie morte." (8 ème Lieu, Chap. V, p 933).

– pour les rougeurs du visage qui procede de diverses causes, et toutes de sang intemperé : "Lavés le visage, soir et matin, écrit-il, avec eau de bouïllon-blanc distillee au bain-de-marie, en laquelle aurés trempé un peu de camphre. Ou avec eau composee de sucs de pourpier, de plantain, de verjus de grain, de pommes de chesne, de chacun six onces ; eau de douze blancs d'œufs, de farine d'orge demie livre, de semence de pavot une once, tout cela distillé ensemble." (8 ème Lieu, Chap. V, p. 965 et p. 966)

– pour combattre la couperose : (8ème Lieu, Chap. V, p 967) cf. infra plante n° 34 Scrofulaire.

– contre les verrues : "Tout d'une venue, les Verrues seront ostees des mains, pour les delivrer de tel enlaidissement. Le jus exprimé des fueilles et fleurs du bouïllon-blanc, distillee au bain-de-marie fait mourir les verrues. Le jus des fueilles de grande serpentaire, les fait fondre." (8ème Lieu, Chap. V, p 976)

Le coin du jardinier d'aujourd'hui

Etymologie du nom de la plante.

Verbascum : mot dont l'étymologie est inconnue. On a toutefois proposé que le mot "*barbascum*", "barbu" aurait donné "*verbascum*" ou que le mot "*uerpa*", "pénis" en référence à sa tige dressée ; le mot "Bouillon" fait référence à son emploi courant et l'adjectif "blanc" à celle de la couleur du duvet qui couvre ses feuilles. La plante est aussi appelée Herbe de Saint Fiacre et Molène. Herbe de saint Fiacre, Cierge de Notre-Dame, Fleur de grand chandelier, Bonhomme, Oreille de saint Cloud, Queue de loup ou encore Herba luminaria.

Description sommaire de la plante.

Plante herbacée bisannuelle, robuste, à revêtement cotonneux épais, commune dans les lieux secs et incultes, au bord des champs. Préfère les sols profonds, meubles, légers, riches en humus et frais. Elle atteint une hauteur de 2 m lors de sa floraison qui ne se produit que la 2ème année. Sa grosse racine, blanchâtre, est pivotante. Sa tige est dressée, droite, tomenteuse, raide et arrondie, parfois rameuse. Elle porte dans sa partie supérieure des feuilles caulinaires, alternes, sessiles, molles, épaisses, lancéolées, vert jaunâtre, légèrement crénelées et velues tandis que sur la partie inférieure, elles sont en rosette, grandes, oblongues, rétrécies en pétioles. Les fleurs odorantes, jaunes d'or, sont disposées en long épi dressé, chacune d'elles à corolle jaune rosacée comprenant un calice à 5 divisions profondes entourant une corolle irrégulière composée de 5 pétales, soudés à leur base en un tube court, puis fortement étalés en roue et à 5 étamines dont trois courtes couvertes de poils laineux, blancs ou jaunâtres et deux longues, glabres. Elles s'épanouissent de juin à août. Le fruit est une capsule à deux valves comprenant de très petites graines oblongues.

Culture de la plante.

La plante a une préférence pour les endroits ensoleillés, les terrains secs, pauvres, caillouteux, bien drainé.

Plantation : plutôt par semis soit en pépinière sur couche ou sous châssis, en février-mars et repiquage en mai-juin, mais aussi directement en place, en pleine terre, en mai-juin sur un sol labouré et fumé en hiver, en ligne, en respectant un espace de 80 cm entre les plants.

La plante nécessite très peu d'entretien.

Récolte : les feuilles avant la floraison, les fleurs à leur complet épanouissement (juillet-septembre). Parties employées : les fleurs et les feuilles.

Propriétés thérapeutiques selon les auteurs contemporains d'Olivier de Serres

Cette plante fait également l'objet de commentaires plus ou moins détaillés chez plusieurs auteurs d'ouvrage de Botanique du XVIème siècle qu'Olivier de Serres aurait pu consulter, notamment ceux-ci : l'*Herbarum vivae eicones* (Tome 2, 1536, s v Verbascum, p 237), d'Otto Brunfels (1488-1534), les *Commentarii in sex libros Pedacii Dioscoridis* (1572) Livre IV, Chap. XCIX, s v Bouillon, p. 608) de Pierandrea Matthioli (1501-1577), l'*Histoire des plantes* (1550)s v Bouillon, édit fr. Chap. CCCXXVII, s v Bouillon, p. 574) de Leonart Fuchs (1501-1566), le *Stirpium Herbariae Pemptades sex* (1557, Chap. LXXIX s v Bouillon, p. 90,) de Rembert Dodoens (1517-1585).

Cf aussi Liebault (*La Maison rustique* (édition de 1583, Livre II, Chap. 42, p.116) (cf. supra. Chap. 4, plante n° 45).

– 11. **Centaurée** (centaurium erythrea Raf. = Centaurium umbellatum Gilibert) (Gentianacées) :

> "Ceste herbe a prins son nom de Chyron Centaure, qui en fut gueri de la blesseure qu'il avoit receuë en un pied, par une flesche empoisonnee qui lui tomba dessus, maniant les armes de Herculés son hoste. Elle est aussi appellee, fiel de terre, pour sa grande amertume. Ne vient qu'avec beaucoup de culture et bon traitement, requerant d'estre logee en terre bien fertile. Et par semence et par plant enraciné l'esleverés, ainsi qu'il conviendra mieux à propos. Ceste herbe fraischement cueillie, pilee et appliquee sur grandes plaies, les referme et toutes vieilles ulceres en sont consolidees. Sa poudre a vertu d'amollir vieilles durtés, et guerir malignes ulceres. Sa décoction est bonne aux rheumes et fluxions. Provoque les fleurs des femmes : fait sortir du ventre l'enfant mort : purge les humeurs phlegmatiques causans la sciatique : fait uriner, esclaircit la veuë : tuë les vers : profite aux paralysies et convulsions." (6ème Lieu, Chap. XV, p. 609)

Note de l'édition de 1805 : "Centaurée (gentiana centaurium). Les seules propriétés constatées de cette plante, et celles dont Olivier de Serres ne fait pas mention, sont d'être stomachique, et même fébrifuge ; elle peut ainsi supléer à la gentiane de montagne (gentiana lutea) : on doit préférer dans ce but, la racine et l'herbe, aux sommités fleuries que cueillent la plupart des herboristes." (Tome 2, p. 479)

Olivier de Serres recommande à la mère de famille d'employer cette plante :

– contre les vers des oreilles : "Y sont propres : aussi les jus de capres, d'absythe, de calaminthe, de chamaëdris, de centauree, de l'escorce de noier ou de celle des noix vertes, seuls ou assemblés." (8 ème Lieu, Chap. V, p 901)

– pour traiter la "surdité envieillie" et non la naturelle pour laquelle il déclare qu'il n'y a aucun remède, Olivier de Serres recommande la préparation suivante ; "Prenés sauge, mente, hyssope, rosmarin, armoise, calament, camomille, mille-fueille, herbe de saint-Ian, alvine, auronne, centaurée, de chacune une poignee : mettés bouïllir toutes ces herbes ensemble dans vin blanc, jusques à la consomption du tiers, que le patient à son coucher, en reçoive la vapeur dans l'Oreille par un entonnoir, et incontinent aprés, instille dedans, de l'huile suivant* ; puis la bouche avec du cotton musqué." (8ème Lieu, Chap.V, p 902).

– contre la peste (8ème Lieu, Chap. V, p 948) cf. infra, plante n° 37. Absinthe.

– pour arrêter le cours excessif des menstrues : une fomentation composée de nombreuses plantes dont "des fleurs de centaurée et de mauve, de chacune, une poignée." (8ème Lieu, Chap. V, p. 933),

– contre la teigne (8ème Lieu, Chap. V, p. 962) cf. infra, plante n°29. Fumeterre.

Le coin du jardinier d'aujourd'hui

Etymologie du nom de la plante.

Centaurée : en référence au Centaure ; elle est aussi appelée Herbe à la fièvre, Fiel de la terre, Gentianelle, Herbe au Centaure.

Description sommaire de la plante

La petite centaurée est une plante herbacée annuelle qui se plaît dans les clairières des bois et dans les prés, sur des sols calcaires, argileux ou marneux. Sa racine est blanchâtre, ligneuse Sa tige est grêle, lisse, dressée, quadrangulaire, de 50-70 cm de haut, ramifiée dans sa partie supérieure. Ses feuilles radicales sont ovales, aiguës, atténuées en pétioles courts et disposées en rosette ; ses feuilles caulinaires, sessiles et opposées, lancéolées, sont plus étroites. Ses fleurs, qui apparaissent de juin-septembre, sont roses, petites, disposées en corymbes denses au sommet des ramifications. Elles ont un calice tubuleux, persistant, à 5 sépales aigus, soudés sur la moitié de leur longueur, entourant une corolle à 5 pétales, soudés en long tube, plus ou moins étalés au-dessus de ce dernier, s'évasant ensuite et se divisant en 5 lobes ; sur la gorge de la corolle s'insèrent 5 étamines dont les anthères s'enroulent en spirale après la fécondation. Le fruit est une capsule allongée renfermant de nombreuses graines très-fines en fin de floraison, dispersées par le vent.

Culture de la plante.

Cette espèce de centaurée ne semble pas cultivée de nos jours. On peut toutefois la multiplier par semis sous des châssis ou en pleine terre.

Récolte : cette plante se récolte en juillet et août, époque de sa plus grande vigueur florale. Parties utilisées : les sommités fleuries.

* Il s'agit d'une huile composée "d'huile d'olive vieil, huile de pourreaux, huile d'amandes douces, jus de rue, malvoisie, de poudre de spica nardi, coloquinte, castoreum, mastich et dont la préparation, décrite minutieusement par Olivier de Serres, paraît relativement complexe.

Propriétés thérapeutiques selon les auteurs contemporains d'Olivier de Serres

La centaurée fait également l'objet de commentaires plus ou moins détaillés chez plusieurs auteurs d'ouvrage de Botanique du XVIème siècle qu'Olivier de Serres aurait pu consulter, notamment ceux-ci : l'*Herbarum vivae eicones* (1536) Tome 2, Chap XXXI, s v De Centaurio, p. 268, Tome 3, s v Centaurea, p 125), d'Otto Brunfels (1488-1534), les *Commentarii in sex libros Pedacii Dioscoridis* (1572), Livre III, Chap VI s v grande centaurée p 381et Chap.VII, s v petite centaurée, p.382) de Pierandrea Matthioli (1501-1577), l'*Histoire des plantes* (1550), édit fr. Chap. CXLVI, s v Centauree petite ou Fiel de terre, p 271) de Leonart Fuchs (1501-1566), *l'Historia generalis plantarum* (1586, trad.1615 Tome II, Livre XI, Chap XXXIX, p. 177) de Jacques Daléchamps (1513 -1588), le *Stirpium Herbariae Pemptades sex* (1557, Partie III, Chap IX, s v Centaurée, p. 219.) de Rembert Dodoens (1517-1585).

Cf aussi Liebault (*La Maison rustique* (édition de 1583, Livre II, Chap. 42, p.121) (cf. supra. Chap. 4, plante n° 83).

Cf aussi supra Crescens, Chap. 3, Les jardins de Crescens Chap.33.

– 12. **Sanicle** (Sanicula europaea) (Apiacées) :

> "L'on s'engeance de ceste herbe, par graine, la semant au Printemps : demande bonne terre et bonne culture. Restreint la dissenterie et le crachement de sang : consolide les plaies." (6ème Lieu, Chap. XV, p. 610)

Cette plante n'a fait l'objet d'aucune note dans l'édition de 1805.

Cette plante ne figure pas parmi les remèdes dont doit disposer la mère de famille (8 ^{ème} Lieu chap. V).

Le coin du jardinier d'aujourd'hui

Etymologie du nom de la plante.

Le nom latin de la Sanicle d'Europe, "*sanicula*", a pour étymologie "*saner*" qui signifie "guérir" ; elle doit son surnom "Herbe de Saint-Laurent" au martyr chrétien qui aurait été brûlé sur un gril par les Romains au IIIème siècle. Sa réputation de plante aux propriétés cicatrisantes efficaces lui vaut ce distique :

> "Qui a la bugle et la sanicle, fait au chirurgien la nique".

On l'appelle aussi Herbe aux charpentiers. Herbe aux vaches.

Description sommaire de la plante.

C'est une plante herbacée vivace, glabre, de taille moyenne (15-50 cm), qui se plaît dans les sous-bois herbacés, ombreux et humides, riches en humus et au sous-sol calcaire jusqu'à 1 700 mètres d'altitude. Son rhizome est court, épais, noueux, de couleur noire, avec de nombreuses radicelles. Sa souche est courte et d'aspect fibreux et ses tiges ne mesurent guère plus de 10 cm. Elles sont simples, dressées, grêles, striées, presque nues, portant des feuilles luisantes, vert foncé. Ses feuilles radicales sont larges de 6 à 10 cm, en forme de rein, ou pentagonales, longuement pétiolées disposées en rosette, divisées en 3 à 5 segments bi ou trilobés ; les caulinaires (une ou deux) sont petites et presque sessiles de forme palmée, elles sont profondément divisées. A l'extrémité des tiges, Les fleurs blanches ou rosées, sessiles, sont réunies en petits capitules globuleux et disposées en ombelles irrégulières à l'aspect globuleux aux 3 à 5 rayons inégaux, accompagnés d'un involucre composé de 2 à 4 folioles incisées. Ces fleurs s'épanouissent de juin à septembre. Ses fruits sont des diakènes, globuleux couverts d'aiguillons crochus, qui s'accrochent ainsi momentanément aux animaux, ce qui permet une large dissémination.

Culture de la plante.

Semer les graines de préférence à mi-ombre en place en un sol argilo-limoneux ou sablonneux à calcaire. On peut aussi diviser les rosettes pour les transplanter. La plante n'est pas envahissante et s'étoffe lentement.

Récolte et parties utilisées : les feuilles récoltées à la belle saison.

Propriétés thérapeutiques selon les auteurs contemporains d'Olivier de Serres

Cette plante fait également l'objet de commentaires plus ou moins détaillés chez plusieurs auteurs d'ouvrage de Botanique du XVIème siècle qu'Olivier de Serres aurait pu consulter, notamment ceux-ci : l'*Herbarum vivae eicones* (1532, Tome 1, s v Sanicula, p. 81) d'Otto Brunfels (1488-1534), les *Commentarii in sex libros Pedacii Dioscoridis* (1572) Livre IV, Chap. IX, s v Symphutum petraeum, p. 528 et Chap. XXXVIII, s v Quintefeuille, p. 553) de Pierandrea Matthioli (1501-1577) l'*Histoire des plantes* (1550, édit fr. Chap. CCLXI, p. 458) de Leonart Fuchs (1501-1566), l'*Historia generalis plantarum* (1586), trad.1615, Tome II, Chap. XXX, p. 161) de Jacques Dalechamps (1513 -1588), le *Stirpium Herbariae Pemptades sex* (1557), Ière Partie, Chap XCV, s v Sanicle, p 106) de Rembert Dodoens (1517-1585).

Cf aussi Liebault (*La Maison rustique* (édition de 1583, Livre II, Chap. 42, p.113) (cf supra Chap.4, plante n° 28).

– 13 **Mille-Fueille** (Achillea millefolium L.) (Astéracées) :

> "s'accroist gaiement en bon fonds, plus humide que sec, non cultivé, comme prairie, d'où l'on en tire la plante pour la loger au jardin après les froidures. A cause de l'abondance de ses petites feuilles, qui sont sans nombre, elle est ainsi nommée : et par les Grecs Stratiotes c'est-à-dire, Militaire, à cause qu'elle guerit toutes plaies faites par le fer : donques estant fort utile en une armee. Ceste herbe rejoint avec beaucoup d'efficace les nerfs des bœufs, couppés par la charruë en

labourant. Est bonne contre la dissenterie : contre toute excessive evacuation de sang, du nés, de la bouche, des menstrues des femmes, guerit la chaude-pisse aux hommes, et les fleurs blanches aux femmes.avenant qu'on s'en serve pour estancher le sang fluant du nés, l'herbe sera fourree dans le nés, le tronc couppé près la racine, le premier : et desirant le provoquer, ce sera par le contraire, car la pointe de l'herbe sera là emploiee. La diverse application d'icelle produisant effets divers. La poudre de ceste herbe dessechee est très bonne contre la vieille toux." (6ème Lieu, Chapitre 15, p. 610)

Note de l'édition de 1805 : "Mille-fueille (achillea millefolium). Cette herbe a quelque utilité comme astringente ; mais il faut reléguer parmi les contes de vieilles femmes la diversité de son action, selon qu'on l'applique par le haut ou le bas de la tige.", (Tome 2, p. 479)

Olivier de Serres recommande à la mère de famille d'employer le millefeuille :

– pour arrêter les saignements de nez, car : "l'herbe de mille-fueeille mise dans le Nés, en provoque la saignee, icelle estant quelque fois necessaire, pour descharger le cerveau" (8 ème Lieu, Chap., p. 901) et il a ajouté cette précision dans l'édition de 1617 : "Mais c'est en la fourrant dans le Nés, la poicte la première : car le contraire avient, lors que c'est le tronc qu'on y met le premier." (8 ème Lieu, Chap. V p. 815)

– pour traiter la "surdité envieillie" et non la naturelle pour laquelle il déclare qu'il n'y a aucun remède "(8ème Lieu, Chap. V, p 902) cf infra, plante n° 92, Camomille.

– pour apaiser les douleurs des dents : "Tenir entre les dents, note-t-il, des racines de mille-fueille ou de celles d'aigremoine." (8ème Lieu Chap. V, p 904)

– pour faire concevoir toute femme, "qu'elle soit grasse, cholérique et de long temps sterile" : il lui faut prendre un breuvage dont la préparation est complexe et composée de nombreuses plantes parmi lesquelles une poignée de millefeuille. (8ème Lieu Chap. V, p 936)

Le coin du jardinier d'aujourd'hui

Etymologie du nom de la plante.

Elle doit son nom d'Achillea en référence à Achille qui aurait appris du centaure Chiron les propriétés thérapeutiques notamment hémostatiques de cette plante. Il s'en serait servi pour panser ses blessures au cours de la guerre de Troie. On l'appelle millefolium (*i e* millefeuille) à cause de ses nombreuses feuilles ou des nombreuses découpures de celles-ci. Elle est aussi appelée Herbe au charpentier, Saigne nez, Herbe aux militaires, Herbe à la coupure,

Description sommaire de la plante.

Plante herbacée, vivace, aromatique, dont la hauteur est de 40 à 120 cm. Son rhizome est noir, donnant de nombreuses petites racines rampantes, fusiformes, blanchâtres. La souche porte une tige droite, raide et presque ligneuse sillonnée de 2 mm de diamètre, de 50 à 80 cm de hauteur, ou des tiges généralement en groupe peu dense, à port dressé, peu ramifiées avec des poils laineux, courts et blanchâtres. Les feuilles, vert foncé, alternes, plus longues que larges (de 2 à 15 cm de longueur pour une largeur de 0,6 à 3 cm), aux deux faces pubescentes, deux à trois fois pennées, sont découpées en segments étroits et très fin (37 à 51 divisions principales situées sur des plans différents dans les feuilles moyennes). Elles sont plus longues et pétiolées à la base, plus courte et sessile au sommet. Les fleurs, blanches ou parfois roses, odorantes, sont groupées en petits capitules de 2 à 5 mm de large, eux-mêmes réunis en corymbes serrés, au sommet des tiges. Chaque fleur est entourée d'un involucre ovoïde formé de bractées poilues, ovales avec une extrémité obtuse. Le capitule contient généralement 5 fleurons ligulés, ne comprenant que des organes reproducteurs femelles, de 2 ou 3 mm de long, blanc ou parfois rose. Ils entourent 10 à 30 fleurons tubulaires hermaphrodites, de couleur jaune clair. Chacun des fleurons présente un ovaire infère, dont le style est terminé par un stigmate bifide. La floraison s'étale de juin à octobre. Le fruit est un akène oblong, aplati, dépourvu de soies, enfermant une petite graine de 2 mm de diamètre.

Culture de la plante.

L'Achillée se plaît sur un sol ordinaire, calcaire et argileux, plutôt sec, exposé au soleil.

On peut procéder soit par plantation des plants élevés en pépinière tout au long de l'année, en rangs espacés de 50 cm, à 20 cm d'intervalle, soit par semis en ligne, en place généralement au printemps, à partir d'avril. La plante ne nécessite que peu d'entretien. Toutefois, la plante doit être taillée ; il est conseillé de rabattre les touffes à ras en fin d'hiver.

Les parties utilisées sont les feuilles et les sommités fleuries.

Propriétés thérapeutiques selon les auteurs contemporains d'Olivier de Serres

Cette plante fait également l'objet de commentaires plus ou moins détaillés chez plusieurs auteurs d'ouvrage de Botanique du XVIème siècle qu'Olivier de Serres aurait pu consulter, notamment ceux-ci : L'*Herbarum vivae eicones* (1536), Tome 3, s v Millefolium, p 170 sq) d'Otto Brunfels (1488-1534), les *Commentarii in sex libros Pedacii Dioscoridis* (1572), Livre IV, Chap. XXXII, s v Achillea, p. 548 et Chap. XCVIII, s v Millefeuille, p. 607) de Pierandrea Matthioli (1501-1577), l'*Histoire des plantes* (1550, édit fr. Chap. CCLXXVII, p. 494) de Leonart Fuchs (1501-1566), l'*Historia generalis plantarum* (1586), trad.1615, Tome I, Livre VI, Chap. XXXVII, s v Millefueille, p. 662 et Chap. XXXVIII, s v Achillea, p. 665) de Jacques Daléchamps (1513 -1588), le *Stirpium Herbariae*

Pemptades sex (1567), Chap. C, s v Mllefeuille, p 109) de Rembert Dodoens (1517-1585),

C f. aussi Liebault (*La Maison rustique* (édition de 1583, Livre II, Chap.42, p.116) (cf. supra. Chap. 4, plante n° 47).

– 14. **Reprinse** ou **Orpin** (Sedum telephium L. ssp purpureum Link.) Hylotelephium telephium (Crassulacées) :

> "Ceste herbe est aussi appellee, Telephium, et Brassula major et minor. Elle croist facilement par tout où l'on desire la loger, jusques aux fentes et crevasses des murailles, mais vient plus grande prés des eaux, qu'en lieu sec et aride. Là donques nous la logerons au Printemps par semence, à faute de plante. Arreste le flux de sang : consolide les plaies, mesme les ulceres intérieures. Elle est aussi un souverain et singulier remede, pour ceux qui sont tourmentés de hergne (hernie) ou descente de boïau." (6ème Lieu, Chap.XV, p. 610)

Note de l'édition de 1805 : "Reprinse (sedum telephium). Elle est hors d'usage. On assure que ses feuilles fraîches, froissées et macérées au vinaigre, sont un bon remède aux cors des pieds." (Tome 2, p. 479)

Olivier de Serres n'en conseille pas l'emploi à la mère de famille.

Le coin du jardinier d'aujourd'hui

Etymologie du nom de la plante.

L'étymologie de son nom est incertaine. Pour les uns "*sedum*" pourrait provenir du verbe latin "*sedere*", s'asseoir, à cause de la forme étalée de la plante sur la terre ou les rochers. Pour d'autres, "*sedum*" viendrait du verbe latin "*sedare*", apaiser, en rappel de la propriété des feuilles pour calmer les fièvres.

On l'appelle aussi Herbe à la coupure, Grassette, Herbe au charpentier.

Orpin est un abrégé du mot Orpiment, sulfure d'arsenic et le mot Reprise a été donné à la plante à cause des vertus vulnéraires qu'on lui attribuait.

Quant au mot Telephium, il pourrait faire référence à Telephius, un des fils d'Hercule, dont les blessures auraient été guéries par Achille avec cette plante.

Culture de la plante.

On plante les orpins au printemps ou à l'automne à un emplacement ensoleillé, entre 4 et 10 au m^2, sur un sol alcalin, drainé, sec, léger, sablonneux.

L'orpin se multiplie par bouturage des rameaux ou des feuilles. Il peut aussi être semé au printemps. On peut aussi diviser les touffes au printemps ou à l'automne. L'orpin demande peu d'entretien. Il supporte la sécheresse.

Récolte entre avril et septembre Paries utilisées : toute la plante, mais surtout les feuilles.

Propriétés thérapeutiques selon les auteurs contemporains d'Olivier de Serres

Cette plante fait également l'objet de commentaires plus ou moins détaillés chez plusieurs auteurs d'ouvrage de Botanique du XVIème siècle qu'Olivier de Serres aurait pu consulter, notamment ceux-ci : les *Commentarii in sex libros Pedacii Dioscoridis* (1572), Livre II, Chap. CLXXXI, p. 370, s v Telephium) de Pierandrea Matthioli (1501-1577), l'*Histoire des plantes* (1550), édit fr. Chap. CCCIX, p.547) s v Chicotrin) de Leonart Fuchs (1501-1566), l'*Historia generalis plantarum* (1586), trad.1615, Tome II, Livre XI, Chap.LIII, s v Orpin, p. 204-206) de Jacques Daléchamps (1513 -1588), le *Stirpium Herbariae Pemptades sex* (1557), Chap. XXVI, s v Chicotrin ou Orpin, p 30), de Rembert Dodoens (1517-1585).

Cf. aussi Liebault (*La Maison rustique* (édition de 1583, Livre II, Chap. 42, p.116) (cf. supra. Chap. 4, plante n° 49).

– 15. **Chardon-Nostre Dame** ou **Chardon-argentin** ou **Espine blanche** (Silybum Marianum Gaertn) (Asteracées) :

> "est appellé en Latin, Bedegaris. Il demande bonne et grasse terre. Par semence l'on l'esleve au Jardin, la jettant en terre au Printemps. Sa decoction est bonne contre la douleur des dents : contre mal d'estomach : crachement de sang, colique passion : mal et flux de ventre." (6ème Lieu, Chap. XV, p. 610)

Note de l'édition de 1805 : "Chardon-Nostre-Dame, plus connu sous le nom de chardon marie (carduus marianus)." (Tome 2, p. 479)

Olivier de Serres en fait mention plusieurs fois dans le répertoire des conseils qu'il prodigue à la mère de famille :

– pour provoquer les mois des femmes : "la décoction en vin blanc vieil, de valeriane, flambes, cabaret, pouliot, garence, souchet, dictame, auromne, escorce de la racine de meurier, savine, ortie, chardon-bénit, treffle, nielle." (8ème Lieu, Chapitre 5, p 931)

– pour faire abonder en lait les nourrices : "A cela parviendra la nourrice, par fréquent usage du bouïllon, dans lequel on aura cuit du grain d'orge, avec un peu de semence de fenoüil." mais aussi "boira en vin ou bouïllon, de la poudre de la racine dessechee de chardon nostre-dame avec poivre et fenoüil." (8ème Lieu, Chap. XV, p 940)

– pour la guérison de la fièvre continue : "Sera donné à boire au malade, quatre onces d'eau de bouts de chesne : ou autant de celle de chardon bénit." (8ème Lieu, Chapitre 5, p 942)

– contre la peste, il prescrit une eau dont la préparation est relativement complexe et que la mère de famille aura sans doute quelque peine à réaliser : "l'eau, dite par excellence, eau contre la peste, est singulière, laquelle composerés ainsi : Prenés au mois de Juin, chardon-bénit, pimprenelle, scabieuse, souchet, autant de l'une que de l'autre : fleurs de buglosse, rozes rouges : herbes d'ozeille et de morsus diaboli, au double des autres : mettés le tout tremper en vin blanc, et eau roze, durant dix ou douze heures, puis retirés de là, faites-le distiller au bain-de-de marie, y ajoustant demi once de bolarmene pour chacune livre d'herbes. L'eau qui en sortira sera serrée dans une phiole, et sur une pinte d'icelle eau, l'on mettra demie once de sandal citrin en poudre, et une drachme de saffran, puis la phiole sera exposée un mois au Soleil d'Esté. Elle sert de preservatif, et de cure ; l'on en donne à boire trois doigts en un verre au malade incontinent qu'il se sent frappé, y ajoustant à chacune prise, un peu de succre et de canelle, pour la rendre tant plus facile." (8ème Lieu, Chapitre 5, p 947)

Le coin du jardinier d'aujourd'hui

Etymologie du nom de la plante.

Le Chardon Notre Dame (Silybum Marianum Gaertn) de "si", contraction de "*sitos*", "aliment, nourriture", et "*lepos*", "enveloppe" et "*Marianum*" en référence à une légende selon laquelle les trainées blanches sur la feuille proviendraient d'une goutte de lait de la Vierge Marie. On l'appelle aussi Chardon Marie, Silybe Marie, Lait de Notre Dame, Chardon argenté, Chardon marbré, Epine blanche.

A ne pas confondre avec le Chardon bénit (Cnicus benidictus L) de "*Cnicus*" qui vient du grec "*knekos*" pour désigner "un chardon" et de "*benedictus*", composé des mots latins "*bene*" et "*dictus*" signifiant "dire du bien". Le sens de "bénir" n'interviendra qu'à l'époque post-classique, en raison des propriétés thérapeutiques efficaces qui lui étaient attribuées. On l'appelle aussi Centaurée bénite, Safran sauvage.

Description sommaire de la plante.

Plante bisannuelle, robuste, de grande taille, dépassant le plus souvent 1 m, se plaît dans les lieux secs et ensoleillés, en sol pauvre, souvent acide. La racine est pivotante, longue, épaisse, fibreuse. La tige est cylindrique, robuste, souvent rameuse. Ses grandes feuilles alternes sans stipule sont vert pâle brillantes, pennatilobées et ondulées, et sont bordées de dents épineuses dures à pointe jaune très acérée. Celles de la base sont pétiolées, en rosette, très grandes (jusqu'à 40 cm). Les supérieures sont plus petites et plus étroites, engainantes. Toutes présentent sur leur face inférieure de nombreuses nervures blanches, donnant l'impression que la feuille est maculée de lait. La floraison se produit d'avril à juillet. Les capitules de fleurs jaunes, souvent solitaires, à l'extrémité de la tige principale, peuvent aussi être groupés en racèmes. Ils sont entourés de grandes bractées recourbées, à extrémité très acérée, chaque bractée ayant elle-même un pourtour de petites épines. Les pétales sont soudés à la base en un tube allongé qui se divise en 5 dents fleurons, tous tubulés et à cinq lobes. Les fruits sont des akènes luisants et comprimés, noirs ou marbrés de jaune, à peu près cylindriques mesurant environ 1 cm surmontés d'une aigrette denticulée en anneau à leur base. Ils ressemblent à des graines de tournesol.

Culture de la plante.

Les semis de chardon-Marie se font en place au printemps en procédant à un éclaircissage pour les espacer de 50 cm. On peut aussi procéder aux semis en serre froide en mars, et les repiquer en godets jusqu'à leur plantation définitive en extérieur en avril.

On récolte les graines à la fin de la floraison. Parties utilisées de la plante : les feuilles.

Propriétés thérapeutiques selon les auteurs contemporains d'Olivier de Serres

Cette plante fait également l'objet de commentaires plus ou moins détaillés chez plusieurs auteurs d'ouvrage de Botanique du XVIème siècle qu'Olivier de Serres aurait pu consulter, notamment ceux-ci : les *Commentarii in sex libros Pedacii Dioscoridis* (1572, Livre III, Chap. XIX, s v Blanche epine, p. 392), de Pierandrea Matthioli (1501-1577), l'*Histoire des plantes* (1550, édit fr. Chap.XVI, s v Chardon Notre Dame, p. 39) de Leonart Fuchs (1501-1566), l'*Historia generalis plantarum* (1586), trad.1615 Tome II, Chap. XXII, p. 353) de Jacques Daléchamps (1513 - 1588), le *Stirpium Herbariae Pemptades sex* (1567), Livre IV, Chap. LXIII, s v Chardon Notre Dame, p 360), de Rembert Dodoens (1517-1585),

Cf. aussi Liebault (*La Maison rustique* (édition de 1583, Livre II, Chap.42, p.112) (cf supra Chap. 4, plante n° 19).

– 16. **Crespinete** (Polygonum aviculare L.) (Polygonacées) :

> "Espece de Renouee ditte, Polygonon, croist par tout lieu non cultivé, toutesfois mieux en terre humide que seche, y estant planté par racine et apres entretenu par labourage. Profite à ceux qui crachent le sang : qui difficilement urinent et goute à goute : qui ont flux de ventre : qui ont douleur d'oreille, guerissant leurs ulceres et dessechant la matiere boüeuse qui s'y engendre. Aussi est bonne ceste herbe contre les influxions et inflammations : la dissenterie, et autres évacuations." (6ème Lieu, Chap XV, p. 610)

Note de l'édition de 1805 : "Crespinette (polygonum aviculare). Elle est un peu astringente, mais tout-à-fait hors d'usage." (Tome 2, p. 479)

Olivier de Serres ne mentionne guère l'emploi de cette plante dans le chapitre qu'il a consacré aux remèdes dont la mère de famille pourra utiliser pour soigner les siens. Il la cite toutefois :

– pour traiter la difficulté d'uriner, causée par des calculs graveleux : "boire au matin de l'eau distillee au bain-de-marie, de l'herbe de crespinette en Latin dicte, polygonum." (8ème Lieu, Chap.V, p 926),

Le coin du jardinier d'aujourd'hui

Etymologie du nom de la plante.

Polygonum vient du grec "*polu*", "nombreux" et "*gonos*" "genou", à cause de ses nombreuses tiges noueuses ; aviculare vient du latin "*avicula*", "petit oiseau", car ses graines sont recherchées par les petits oiseaux. Crespinette est un nom vernaculaire qui signifie "couvert de crêpe, crépu".

On la désigne par de nombreux noms : Renouée des oiseaux, Trainasse, Herbe à cochon, Tire Goret, Herbe aux panaris, Herbe de Saint Innocent…

Description sommaire de la plante.

La Renouée des oiseaux est très fréquente dans les endroits incultes, sur les bords des chemins, les interstices de toutes sortes. C'est une plante herbacée annuelle glabre, très polymorphe, glabre ou pubérulent. Elle préfère le plein soleil ou la mi-ombre et est indifférente au type de sol. Sa racine principale qui est pivotante, et peut atteindre 30 à 60 cm de profondeur est très difficile à extirper. Elle présente une tige ramifiée, glabre et striée qui est couchée ou partiellement dressée et mesure de 10 à 70 cm de longueur. Et aussi de nombreuses tiges grêles, plus ou moins feuillées jusqu'au sommet, noueuses, très souvent étalées au sol, ce qui vaut à la plante les noms de trainasse ou herbe aux cents nœuds. Les feuilles sont à pétioles courts, ovales, allongées, colorées de vert à gris verdâtre et mesurent de 1,8 à 5,5 cm de longueur et de 8 à 1,8 cm de largeur, elliptiques ou lancéolées, planes, finement veinées en dessous et se terminent en pointe. Elles sont alternes sur la tige. Une petite gaine scarieuse, membraneuse, est présente aux nœuds entourant la tige et la base des pétioles. La floraison s'étale de mai à novembre. Elles sont disposées sur un court pédicelle et ont 5 sépales. Le fruit est un akène brun pâle à brun foncé, mesurant de 1,5 à 4 mm de longueur. Il est de forme ovée à triangulaire, terne, marqué de fines stries longitudinales, et ne renferme qu'une seule graine.

Culture de la plante.

Cette espèce de centaurée ne semble pas cultivée de nos jours. Parties utilisées : La plante entière. Récolte : Cette plante se récolte pendant toute la pérode de floraison, de juin à octobre.

Propriétés thérapeutiques selon les auteurs contemporains d'Olivier de Serres

Cette plante fait également l'objet de commentaires plus ou moins détaillés chez plusieurs auteurs d'ouvrage de Botanique du XVIème siècle qu'Olivier de Serres aurait pu consulter, notamment ceux-ci : les *Commentarii in sex libros Pedacii Dioscoridis* (1572), Livre IV, Chap. IV, s v Renouee, p. 523) de Pierandrea Matthioli (1501-1577), l'*Histoire des plantes* (1550, édit fr. Chap.CCXXXV, s v Renouee, p. 421) de Leonart Fuchs (1501-1566), l'*Historia generalis plantarum* (1586), trad.1615, Tome I, Livre IX, Chap. LIII, Renouée femelle, p. 937) de Jacques Daléchamps

(1513 -1588), le *Stirpium Herbariae Pemptades sex* (1567), Première Partie, Chap. LXV, s v Renouée, p.74) de Rembert Dodoens (1517-1585),

Cf. aussi Liebault (*La Maison rustique* (édition de 1583, Livre II, Chap.42, p.117) (cf. supra. Chap. 4, plante n° 57).

Cf infra sur les autres espèces de Renouée, Plante n° 26

17. **Consire** ou **grande Consoulde** (Symphytum officinalis L.) (Boraginacées) :

> "est plante de terroir humide. Tel nous le choisirons, l'y semant au Printemps, par faute de plant enraciné. Par d'aucuns est appellee, Pasquete, dautant que communément elle fleurit vers Pasques. Suivant l'étymologie de son nom, ceste herbe a vertu de consolider les plaies. En cataplasme, appaise la douleur des gouttes. La poudre de sa racine, remet le boiau avalé des enfans et appaise leur fleux de ventre." (6ème Lieu, Chap. XV, p. 611)

Note de l'édition de 1805 : "Consire (symphytum officinale)" (Tome 2, p. 479)

Olivier de Serres cite cette plante à différentes reprises dans le chapitre consacré aux remèdes que la mère de famille pourra utiliser pour soigner les siens :

– pour le mal de la bouche, les ulceres sont gueries, lavant la Bouche avec la decoction des herbes de piloselle, de consoulde, et de verge d'or." (8ème Lieu, Chap.V, p 902)

– pour soigner le "cracher-de-sang, il note qu'"est bonne la poudre de l'ambre, avec la decoction de consoulde." (8ème Lieu, Chap. V, p 911)

Il ajoute plus loin que pour le soulagement des phtysiques, "il est bon à boire chaque matin estant à jeun, un plein verre d'eau distillee au bain-de-marie ces herbes ensemble, c'est assavoir, de pas-d'asne, consolide* grande, capilli-veneris, hyssope, autant de l'une que de l'autre, avec des limaçons ou escargots, deschargés de leurs coques, et bien lavés." (8ème Lieu, Chap.V, p 911)

– "pour obvier aux trenchées tourmentans la femme qui a enfanté de nouveau" (8ème Lieu, Chap.V, p 939) cf. infra plante n°92. Camomille.

– contre la Goutte : "Prenés, sauge sauvage, scabieuse, consolde petite, hieble, racines et fueille, le tout boüillira longuement ensemble en vin, et aprés en avoir coulé la decoction par un linge, ajousterés dans icelle, de la graisse de pied de bœuf, de l'huile d'aspic, et de l'eau de vie." (8ème Lieu, Chap. V, p 952)

– Pour les meurtrisseures à cause de coups receus, par cheute ou autrement, où il y a contusion et ternisseure : "La fueille de consoulde moienne avec huile de mille-pertuis, appliquee, fait fondre le sang caillé dans le corps, par cheutes, meurtrisseures et contusions." (8ème Lieu, Chap. V, p 956)

---

* Synonyme de consoude.

Le coin du jardinier d'aujourd'hui

Etymologie du nom de la plante.

"*Symphytum*" vient du grec "*sumphuô*", "réunir", traduit en latin par "*consolidare*", "consolider, cicatriser".

Description sommaire de la plante.

Plante herbacée vivace, velue, hérissée, commune dans les terrains en friches, humides, à la lisière des bois, au bord des ruisseaux. Sa racine qui peut atteindre jusqu'à 180 cm de long, est conique, charnue, fibreuse, et, suivant l'âge, brune à noire à l'extérieur et blanche à l'intérieur, remplie d'un mucilage visqueux. Sa tige qui peut atteindre 1 mètre de hauteur, est quadrangulaire, épaisse, charnue, dressée, rameuse, hérissée de poils raides et porte des feuilles alternes, larges, hérissée de poils, rugueuses au toucher, ondulées sur les bords, ovales, les supérieures lancéolées, effilées et aiguës au sommet, soutenues par un solide pétiole. Les fleurs blanches, rosées ou violacées apparaissent de mai à juillet, disposées en cymes scorpioïdes plus ou moins feuillés. Le calice à 5 sépales aigus s'accroît avec la floraison. La corolle en tube élargi en cloche à son extrémité, est formée par 5 pétales soudés ensemble. Le fruit est un tétrakène.

Culture de la plante.

La consoude apprécie particulièrement les sols humides et riches ainsi qu'un emplacement ensoleillé.

Plantation et multiplication : on peut procéder par semis au printemps, par division des touffes devenues importantes avec l'âge, ou par boutures de racines ou encore par boutures de tiges arrachées avec un petit bout de racine. Les boutures peuvent être plantées de la mi-février jusqu'en novembre à 5 - 7 cm de profondeur, à 60 centimètres dans le rang et 60 centimètres entre les rangs.

Récolte. Les racines arrachées au printemps ou à l'automne. Parties utilisées : la racine.

Propriétés thérapeutiques selon les auteurs contemporains d'Olivier de Serres

Cette plante fait également l'objet de commentaires plus ou moins détaillés chez plusieurs auteurs d'ouvrage de Botanique du XVI ème siècle qu'Olivier de Serres aurait pu consulter, notamment ceux-ci : l'*Herbarum vivae eicones* (1532), Tome I, p. 95 d'Otto Brunfels (1488-1534), les *Commentarii in sex libros Pedacii Dioscoridis* (1572), Livre IV, Chap.IX, s v Symphphytum petraeum, p. 527) de Pierandrea Matthioli (1501-1577), l'*Histoire des plantes* (1550, édit fr. Chap. CCLXVI, s v Consyre, p. 472) de Leonart Fuchs (1501-1566), l'*Historia generalis plantarum* (1586), trad.1615, Tome II, Chap. XLIX, s v Symphytum, p.72) de Jacques Daléchamps (1513 -1588), le *Stirpium Herbariae Pemptades sex* (1557,

Première partie, Chap. CI, p. 110, s v Consyre) de Rembert Dodoens (1517-1585),

Cf aussi Liebault, (*La Maison rustique* (édition de 1583, Livre II, Chapitre 42, p.113) (cf. supra Chap. 4, plante n° 27).

Cf aussi supra Crescens, Chap. 3, Les jardins de Crescens, Chap. 42.

– 18. **Elatine** ou **Velvote** (Kickxia elatine (L.) Dumort (Linaria elatine) (L.) Mill.) (Plantaginacées)

> "croist communément parmi les bleds, estant grande quand l'on les moissonne. Aucuns estiment que ce soit le concombre sauvage dont le suc est par les Grecs appellé Elaterion. Nous en prendrons là du plant, et le logerons en nostre Jardin, en l'Automne ou au Printemps. Ceste herbe est singuliere à guerir les blesseures faites en tranchant, s'en servans heureusement les moissonneurs, quand ils se blessent avec leurs faucilles qui l'ont mise en reputation, ainsi que par accident plusieurs belles sciences ont esté mises en évidence. L'eau qu'on en distille, est singuliere pour esteindre toutes rongnes, gratelles, dartres, voire le cancer des mamelles des femmes. Guerit les yeux larmoians et les esclaircit. Arreste les flux de ventre : vomissemens : desseche l'eau des hydropisies : guerit les fievres tierces et quartes. Restraint les fleurs des femmes, et tous autres flux de sang : est propre à oster la noirceur de la langue des travaillés de fievre continue, estant lavee d'icelle eau." (6ème Lieu, Chap.XV, p. 611)

Note de l'édition de 1805 : "L'élatine (anthirrhinum elatine) et l'élatérium (momordica elaterium) sont deux plantes fort différentes, et dont aucune des deux n'a les vertus mentionnées ici par Olivier de Serres." (Tome 2, p. 479)

– pour traiter le "mal de la bouche", Olivier de Serres note que "la décoction de l'herbe d'elatine ou velvate faite en vin, gargarisee, desseche les ulceres de la Bouche : et lave les aspretés et noircisseures de la langue venans de fievre." (8ème Lieu, Chap. V, p 902)

– contre la squinence ; "Au catarre, appellé squinence, c'est-à-dire, inflammation du gosier, est bon gargariser la bouche de l'eau d'elatine ou velvote, distillee au Bain-de-marie." (8ème Lieu, Chapitre 5, p 908)

– pour les jaunisses, jaune et verte, "Boire huit matins de suite ; deux ou trois doigts en un verre, de la decoction de politric, ou de capilli veneris ; ou de celle de velvote, ou de son eau distillee au bain-de-marie, qui à ce mal est tres propre." "(8ème Lieu, Chap. V, p 923)

– contre les verrues : "Tout d'une venue, les Verrues seront ostees des mains, pour les delivrer de tel enlaidissement. Le jus exprimé des fueilles et fleurs du bouillon-blanc, distillee au bain-de-marie fait mourir les verrues. Le jus des fueilles de grande serpentaire, les fait fondre" (8ème Lieu, Chap. V, p 976)

Le coin du jardinier d'aujourd'hui

Etymologie du nom de la plante.

"*Elatine*" vient du grec "*elatê*", "sapin", à cause de la forme de ses feuilles, "Velvote" vient du bas latin "*veluetum*", diminutif de "velu" ou "velours", la plante est appelée *Kickxia elatine* (L.) Dumort, en référence au botaniste belge J.Kickx (1775-1831), et aussi *Linaria elatine* (L.) Mill., à cause de la similitude d'aspect avec les feuilles de lin "*linum*", On l'appelle aussi Linette, Lait de couleuvre, Lin sauvage, Chasse-venin, Muflier bâtard.

Description sommaire de la plante.

Plante herbacée annuelle assez commune en Europe dans les champs cultivés. C'est une plante rampante, basse, étalée, velue, haute de de 20-50 cm. Ses tiges mesurent de 10 à 40 cm de haut, sont en général couchées ou ascendantes et ramifiées. Les feuilles sont généralement hastées, velues, la plupart alternes, courtement pétiolées, pennatinervées. Elle fleurit de juillet à novembre. Les fleurs sont solitaires à l'aisselle des feuilles ; leur lèvre inférieure est jaune et leur lèvre supérieure pourpre-violet. Elles mesurent de 8 à 11 mm, à pédoncules glabres, la plupart dépassant les feuilles, étalés, puis recourbés. Le fruit est une capsule globuleuse de 5 mm, à peine plus courte que le calice, déhiscent par valve et contient des graines alvéolées.

Culture de la plante.

Plante non cultivée.

Propriétés thérapeutiques selon les auteurs contemporains d'Olivier de Serres

Cette plante fait également l'objet de commentaires plus ou moins détaillés chez plusieurs auteurs d'ouvrage de Botanique du XVIème siècle qu'Olivier de Serres aurait pu consulter, notamment ceux-ci : les *Commentarii in sex libros Pedacii Dioscoridis* (1572), Livre IV, Chap.XXXVI, s v Elatine, p. 550) de Pierandrea Matthioli (1501-1577), l'*Histoire des plantes* (1550), édit fr. p. 18 s v Morgeline ou Alsine) de Leonart Fuchs (1501-1566), l'*Historia generalis plantarum* (1586, trad.1615, Tome II, Livre XI, Chap. XIII, s v Elatine p. 133) de Jacques Daléchamps (1513 -1588), le *Stirpium Herbariae Pemptades sex* (1557) Chap. XXXVII, p. 44 s v Elatine) de Rembert Dodoens (1517-1585).

– 19. **Hieble** (Sambucus ebulus L.) (Caprifoliacées) :

"est espèce de Sureau, en Latin appellee, Ebulus. Ceste herbe a fleur presque semblable à celle du Sureau, mais plus tardive. Elle s'engeance presque par tout, toutefois mieux en terre grasse qu'en maigre : et facilement par bouteures et rejettons sans nulles racines. Elle purge la colere et le flegme, cuite et mangee en potage comme chous ou bettes. La poudre de sa graine aussi prinse avec vin, a beaucoup d'éfficace : et encores plus l'huile de ladite graine. Sa racine cuite en vin et mangee avec les viandes, secourt les hydropiques : ramollit et ouvre le conduit de la matrice. La decoction de l'herbe appaise les douleurs de la goutte et de la verolle." (6ème Lieu, Chap.XV, p. 611)

Note de l'édition de 1805 : "Hieble (sambucus ebulus). Linné rapporte que les feuilles placées dans les greniers écartent les souris par leur odeur." (Tome 2, p. 479)

Olivier de Serres conseille à la mère de famille employer cette plante pour soigner différentes affections :

– Pour l'hydropisie*. Olivier de Serres juge qu'il faut intervenir le plus tôt possible pour la traiter, dès ses premières manifestations, en purgeant le malade. "A telle purgation est fort propre la graine de hieble : l'on en prendra le poids d'une drachme pour une personne delicate, ou d'une et demie, pour une robuste, puis l'aiant mise en poudre, sera beuë au matin avec deux doigts de vin blanc, ou à son defaut, du clairet. L'herbe et la racine d'hieble mangees cuites en potage, comme chous, sont bonnes aux hydropiques, attirans l'eau du corps par le bas : leur decoction en eau, beuë au matin fait le mesme : celles de sureau, et de cabaret ; le jus de la racine de glaieul beu en fin blanc aussi." (8ème Lieu, Chap. V, p 929)

– pour les fièvres : "La graine de hieble, ditte en Languedoc angué, pulverisee, beuë au poids d'une drachme avec vin blanc." (8ème Lieu, Chap. V, p 942)

– contre la fièvre quarte : "la graine d'hieble, le poids d'une drachme pour gens delicats, et d'une et demie pour robustes : pour les enfans, demie drachme suffit. La graine sera mise en poudre subtile, puis trempee durant une heure, en deux doigts de bon vin blanc, ou à son defaut, de clairet, et ainsi la donnerés à boire au febricitant lorsque l'accés le saisira."" (8ème Lieu, Chap. V, p 943-944).

Cette précision a été remplacée dans les éditions ultérieures par celle-ci : "tous les jours au matin, bien qu'il ne soit jour d'accés, demie drachme avec du vin blanc".

– Parmi les différents remèdes de purgation, il recommande tout particulièrement la graine d'hièble : "Beaucoup plus profitablement est purgee la personne par la graine de hieble, la prenant pulverisee avec du vin blanc ou clairet, au poids d'une drachme et demie, ou deux, la personne estant robuste ; et delicate, une ou une et demie. Il y en a qui rejettent ceste graine, par estre acre et violéte, mais ne fera pas la mère-de-famille qui s'en servira à purger ses serviteurs, qui font grand exercice, voire ne la refusera-elle à ses enfans, leur en donnant en petite quantité, comme une demie drachme ou moins, pour sa vertu admirable à purger, prinse en graine à la manière susdite : et encore avec plus d'efficace, et moins de violence, purge l'huile de ceste graine, que la graine mesme. Pour lesquels exquis services,

* L'hydropisie, écrit Olivier de Serres, est une enflure causee d'humidité, qui commence à se manifester aux pieds, d'iceux montant aux jambes, de là aux cuisses, puis au ventre, finalement au cœur".

la mere de famille fera bonne provision de ceste graine en saison, pour s'en servir durant l'annee, l'emploiant au besoin, et en graine et en huile. L'herbe de l'hieble, qu'en Languedoc l'on appelle, augué et evé, croist és champs estans en friche, et la graine est meurs en mesme temps que les raisins. En vendanges donques, ceste graine sera cueillie en parfaite maturité, et après l'avoir escousse et vannee pour la separer de la poussiere, sera jettee dans l'eau, retenant la graine qui pour sa pesanteur, tumbe a fons, et rejettant l'autre dont la legereté la fait nager au dessus de l'eau, comme de nulle valeur. Par telle espreuve, distinguant la bonne d'avec la mauvaise. Aprés, tiree de l'eau, on la lavera dans du vin blanc, puis sechee à l'ombre, sera serree dans des sachets pour y estre gardee. Voila la manière de recueillir la graine de l'hieble, et voici celle d'en tirer l'huile. Mettés en subtile poudre, dix livres de graine de hieble, bien purifiee et nette ; faites-la bouillir en eau claire, dans un grand pot de terre vitree, sept ou huict heures durant, et à mesure que l'eau se consumera, y mettrés de nouvelle estant chaude. Recueillerés soigneusement l'escume, comme le total de ce que cherchons en cest endroit, la serrerés dans un vaze de verre, et après l'avoir bien bouché et lutté, l'enfouïrés profondement dans du recent fumier de cheval, à la chaleur duquel, l'escume se putrefiera dans huict ou dix jours, passés lesquels, retirerés votre vaze tout doucement sans esmouvoir la matiere ; au fons duquel vaze, trouverés le flegme, et l'huile nageant dessus icelui, tel que desirés. Separerés l'un de l'autre, jettant au loin le flegme, par estre de nulle valeur : et (aprés avoir passé l'huile à travers d'une estamine, pour le purifier et rendre net) le serrerés curieusement, dans des fioles de verre pour son excellente vertu à purger, duquel demie cuilleree d'argent, suffit à purger un corps moiennement robuste, beuë avec du bouuïllon, au matin quatre heurs devant diner. Outre lequel service, est cest huile singulier pour guerir les douleurs des membres, au seul frotter duquel, estant chaud, la douleur s'appaise." (8ème Lieu, Chap. V, p 953-954)

– "Pour douleurs des membres, l'huile d'hieble y est fort propre, si d'icelui, chaud, les membres sont frottés, faisant appaiser leur douleur : moiennant aussi qu'ils soient envelopés avec des linges bien chauds." (8ème Lieu, Chap. V, p 955)

Le coin du jardinier d'aujourd'hui

Etymologie du nom de la plante.

"*Hièble*" vient du latin "*ebulum*" devenu ièble et écrit hièble. "Sambucus" vient du grec "*sambukê*", nom donné à une espèce de harpe ainsi qu'à une flute fabriquée avec du sureau ; ou d'un certain "*Sambux*" le nom de son inventeur. La plante porte d'autres noms vernaculaires : Herbe à l'aveugle, Herbe aux aveugles, Herbe aux yeux, référence possible au fait qu'elle était utilisée dans la pharmacopée populaire en infusion (avec ses fleurs et ses baies) pour soigner les ophtalmies Son nom d'Herbe à punaises est dû à sa propriété de répulsif, comme le sureau noir.

Description sommaire de la plante.

Plante herbacée à feuilles caduques, 1 à 2 m de haut, vivace, répandue dans les bois clairs, dans les haies, sur les lieux incultes, frais, sur les bords des chemins et les ramblais rencontre le long des chemins, fossés, haies, forêts humides, prairies acides, chemins creux, voire décharges publiques mais surtout sur sols argileux riches en nutriments. Il est perçu comme une mauvaise herbe. Son rhizome blanc rampant donne naissance à des tiges rigides cannelées, sillonnées longitudinalement, dressées, simples ou peu rameuses, à moelle blanche portant des feuilles opposées imparipennées, présentant de 7 à 11 folioles fortement dentées et pointues au sommet, accompagnées de 2 stipules foliacées à leur base. Ses tiges et ses feuilles dégagent une odeur désagréable et répulsive. Les petites fleurs blanches à anthères roses - pourpres, disposées en corymbe ombelliforme dressé apparaissent de juin à août au sommet des tiges. Leur odeur rappelle l'amande amère. Les fruits qui apparaissent en septembre –octobre, sont des drupes noires luisantes, globuleuses, de 3–4 mm, à suc cramoisi, renferment le plus souvent 3 graines vertes puis noires.

Culture de la plante.

Facile à cultiver, se propage par graine ou par transplantation de jeunes pieds sauvages, sur tout type de sol ; mais plutôt considérée comme une mauvaise herbe et de ce fait rarement cultivée.

On utilise les rhizomes, les baies, parfois les fleurs et les fruits.

Propriétés thérapeutiques selon les auteurs contemporains d'Olivier de Serres

Cette plante fait également l'objet de commentaires plus ou moins détaillés chez plusieurs auteurs d'ouvrage de Botanique du XVIème siècle qu'Olivier de Serres aurait pu consulter, notamment ceux-ci : le *De Natura stirpium libri tres* (1536), Livre I, Chap. CXXIX, p. 330, s v Sambucus) de Jean Ruel (1474-1537), l'*Herbarum vivae eicones* (1532) Tome III, Rha. LXXXIII, p. 181) d'Otto Brunfels (1488-1534), les *Commentarii in sex libros Pedacii Dioscoridis* (1572), Livre IV, Chap. CLXVIII, p. 664, s v Sureau) de Pierandrea Matthioli (1501-1577), l'*Histoire des plantes* (1550), édit fr. Chap. XX, s v Seu, Suzeau, p. 47) de Leonart Fuchs (1501-1566), *l'Historia generalis plantarum* (1586), trad. 1615, Tome I, Livre II, Chap. LXVII, p. 224 s v Sureau et LXVIII, s v Hièble, p. 226) de Jacques Daléchamps (1513 -1588), le *Stirpium Herbariae Pemptades sex* (1557), Livre III, Chap. XLIIII, s v Suyn, ou sambucus, p. 257 Chap. XLV, s v Hyeble, p.258) de Rembert Dodoens (1517-1585).

Cf aussi Liebault (*La Maison rustique,* (édition de 1583, Livre II, Chap. 42, p.116) (cf. supra. Chap. 4, plante n° 48).

Cf aussi supra Crescens, Chap. 3, Les jardins de Crescens Chap.63.

– 20. **Mercuriale** masle et femelle (Mercurialis annua L.) (Euphorbiacées) :

> "demande terre bien cultivee et se plaist és vignobles, où toutefois elle nuit beaucoup, donnant au vin senteur desagreable, pour laquelle cause, les bons mesnagers taschent de s'en desengeancer avec pareille affection, comme ils desirent l'eslever au jardin medicinal, l'ostant d'où elle importune, pour la mettre, où elle sert. Sa decoction purge la cholere et superfluités : lasche le ventre, emploiee principalement en clystere. Le jus de ceste herbe fait perdre les verrues : aide à la conception : provoque les mois des femmes : et les délivre de l'arriere-fais." (6ème Lieu, Chap. XV, p. 610)

Note de l'édition de 1805 : "Mercuriale (mercurialis annua). Elle est hors d'usage, et paroît même un peu vénéneuse." (Tome 2, p. 479)

Olivier de Serres en recommande seulement l'emploi pour traiter la diarrhée (8ème Lieu, Chap.V, p 927), cf infra, plante n° 71. Pariétaire

Le coin du jardinier d'aujourd'hui

Etymologie du nom donné à la plante.

La plante doit son nom au dieu Mercure, à cause de ses propriétés qui auraient été révélées aux hommes par ce dernier. Elle est aussi appelée Herbe de Mercure, Foirolle, Chiole, Rimberge, Caquenlit, Chou de chien.

Description sommaire de la plante

Plante herbacée annuelle, rustique, de 10-50 cm de hauteur, commune dans les terres cultivées, les champs, les friches, au bord des chemins, très abondantes dans les haies et les décombres. De sa racine pivotante sort une tige herbacée, rameuse et feuillée dès la base. Les feuilles d'un vert clair, sont opposées, molles, ciliées, pétiolées, ovales ou ovales-lancéolées, lâchement crénelées-dentées, ordinairement arrondies à la base. La plante est dioïque : les fleurs mâles et les fleurs femelles sont portées sur des pieds différents qui apparaissent d'avril à novembre. Les fleurs mâles sont rassemblées en glomérules, à l'aisselle des feuilles supérieures en épis allongés. Chacune est constituée d'un bouquet de 10 étamines, à anthère jaune et filet grêle. Les fleurs femelles sont solitaires à l'aisselle des feuilles supérieures, où elles s'insèrent par un pédoncule très court, voire nul. Chacune est constituée d'un calice à 3 sépales entourant un ovaire globuleux à deux loges, surmonté de deux styles. Les fruits sont des capsules de 3 à 4 mm, arrondies à 2 lobes, hérissés de petits aiguillons verts et de poils raides blancs, épaissis à la base. La plante dégage une odeur désagréable et fétide.

Culture de la plante.

Cette herbe envahissante ne se cultive pas. On peut toutefois l'installer au début du printemps sur un sol frais calcaire, de préférence au soleil ou à mi-ombre. La récolte a lieu à la floraison, d'avril à octobre. Parties utilisées : la plante entière.

Propriétés thérapeutiques selon les auteurs contemporains d'Olivier de Serres

Cette plante fait également l'objet de commentaires plus ou moins détaillés chez plusieurs auteurs d'ouvrage de Botanique du XVIème siècle qu'Olivier de Serres aurait pu consulter, notamment ceux-ci : le *De Natura stirpium libri tres*, (1536), Chap.CLVI, s v Mercurialis, p. 881) de Jean Ruel (1474-1537), l'*Herbarum vivae eicones* (1532) Tome 1, Rha. L, p. 261) d'Otto Brunfels (1488-1534), les *Commentarii in sex libros Pedacii Dioscoridis* (15, Livre IV, Chap. CLXXXIII, s v Mercuriale, p. 678) de Pierandrea Matthioli (1501-1577), l'*Histoire des plantes* (1550), édit fr. Chap. CLXXXI, p. 332) de Leonart Fuchs (1501-1566), l'*Historia generalis plantarum* (1586, trad.1615 Tome II, Livre XVI, Chap. I, p. 492) de Jacques Daléchamps (1513 -1588), le *Stirpium Herbariae Pemptades sex* (1557), Chap. LI, s v Mercurialle, p. 59) de Rembert Dodoens (1517-1585),

cf. aussi Liebault (*La Maison rustique* (édition de 1583, Livre II, Chap. 42, p.116) (cf supra Chap. 4, plante n° 46).

Cf aussi supra Crescens, Chap. 3, Les jardins de Crescens, Chap.76.

– 21 **Chaussetrape** ou **Colcitrapa** (Centaurea calcitrapa L.) (Asteracées) :

> "autrement Carduus stellatus est plante peu delicate, venant sans culture és lieux aspres. Par racine, et par semence l'on s'en engeance avec facilité, au Printemps et en l'Automne. La principale vertu de ceste plante, consiste à la graine, laquelle pulverisee, beuë en vin, fait uriner et sortir la gravelle : et ce avec violence jusques au sang, si l'on n'est moderé à son usage. Mesme operation fait la decoction de telle graine, mais doucement, sans importunité." (6ème Lieu, Chap. XV, p. 612)

Note de l'édition de 1805 : "Chausse-Trappe (centaurea calcitrapa). L'herbe est très-amère, et a été employée avec quelque succès dans les fièvres intermittentes." (Tome 2, p. 479)

Elle est absente des remèdes qu'Olivier de Serres recommande d'utiliser à la mère de famille.

Le coin du jardinier d'aujourd'hui

Etymologie du nom donné à la plante.

Centaurea : nom latin tiré du grec "Kentaurion", le centaure Chiron auquel on attribuait la découverte des propriétés des différentes plantes appelées Chicorées, les herbes du Centaure.

Calcitrapa, du latin "*calx*", "talon" et "*trappa*", piège. La chaussetrape est une pièce de fer armée de pointes, placée à des endroits névralgiques, comme à l'entré d'un pont ou d'un ouvrage fortifié, allusion à la forme pointue de ses feuilles.

On l'appelle aussi Centaurée étoilée, Chardon étoilé, Pignerolle Liebault donne des explications sur son nom que n'a pas reprises Olivier de Serres. (cf. La Maison rustique (édition de 1583, Livre II, Chap. 42, p.112) (cf supra Chap. 4, plante n° 18).

Description sommaire de la plante

La Centaurée Chausse-trape est une plante vivace de 30 à 80 cm de haut, qui se plait dans les lieux secs et ensoleillés, sur le bord des chemins, dans les terrains secs, autour des villes et des villages. Sa racine est pivotante, charnue, robuste, allongée, à peine ramifiée, d'un blanc brunâtre. Sa tige, très anguleuse, est dressée, ramifiée en rameaux étalés, portant des feuilles alternes alternes, pubescentes, les radicales pinnatifides, très profondément divisées à lobes éloignés et dentés, rétrécies en pétiole, étalées en rosette ; les caulinaires sessiles, divisées aussi en lobes inégaux et étroits, les supérieures petites et entières. Les inflorescences qui se manifestent de juin à octobre.sont des capitules ; l'involucre est de forme ovoïde et les bractées sont couvertes d'épines dont la taille varie selon leur position sur l'involucre. Les fleurons purpurins, en tube irrégulier, sont hermaphrodites au centre, neutres à la circonférence. Les fruits sont des akènes blancs, oblongs.

Culture de la plante.

La chausse-trape n'est cultivée que dans les jardins de botanique ; on la propage par semis faits en pleine terre.

La récolte de la centaurée chausse-trape doit se faire avant l'épanouissement des fleurs ; plus tard elle est desséchée et sans suc.

Parties utilisées : La racine, les feuilles et les fleurs.

Propriétés thérapeutiques selon les auteurs contemporains d'Olivier de Serres

Cette plante fait également l'objet de commentaires plus ou moins détaillés chez plusieurs auteurs d'ouvrage de Botanique du XVI ème siècle qu'Olivier de Serres aurait pu consulter, notamment ceux-ci : l'*Historia generalis plantarum* (1586), trad.1615 Tome II, Chap.XXI, s v Myacanthos ou Chaussetrappe p. 352) de Jacques Daléchamps (1513 -1588), le *Stirpium Herbariae Pemptades sex* (1557, 4ème Partie, Chap. LX, s v Chardon estoillé, p 357) de Rembert Dodoens (1517-1585),

Cf aussi Liebault (*La Maison rustique* (édition de 1583, Livre II, Chap. 42, p.112) (cf. supra. Chap. 4, plante n° 18).

– 22. **Plantain** (Plantago major L.) (Plantago media L.) (Plantago lanceolata L.) (Plantaginacées) :

"Il y en a de trois especes, à fueilles rondes et longues, plus ou moins les unes que les autres, et toutes de si facile eslevement, que par tout où voudrés les ferés croistre, et par plante et par semence. Ceste herbe est propre contre la fievre tierce : contre la bruslure : et à restraindre le sang fluant par le nés, se servant et des racines et des fueilles de ceste plante, separément et meslees." (6ème Lieu, Chap. XV, p. 612)

Note de l'édition de 1805 ; "Plantago major, plantago lanceolata et plantago media sont employés indifféremment." (Tome 2, p. 479)

Olivier de Serres recommande à la mère de famille l'emploi du plantain à plusieyrs reprises. Ainsi, notamment :

– pour guérir le mal de tête de cause chaude : "appliquer sur le front l'herbe aux pulces : ou de Laitues : ou de fueilles de saffran, le poil osté." (8ème Lieu, Chap.V, p 895)

– pour faire fondre la cataracte ou taie des yeux, il note qu'un manipule d'eau distillée de plantain a cette propriété. (8ème Lieu, Chap.V, p 897)

– pour arrêter les saignements de nez : "le camfre, meslé avec la graine d'ortie morte, jus de plantain et de morelle, mis dans les narines." ou "baigner les plantes des pieds et paumes des mains, avec un linge trempé dans le vinaigre rozat et l'eau de plantain." (8ème Lieu, Chap.V, p 900)

– pour traiter le "mal de la bouche" provoqué par des ulcères : "laver la bouche avec une décoction des herbes de piloselle, de consoulde, et de verge d'or : ou de balustres, sumach, plantain, aigremoine et rozes, y ajoustant un peu d'alun, sur la fin." (8ème Lieu, Chap.V, p 902) cf. infra plante n° 55. Verge d'or.

– pour corriger la surabondante salive : "user de gargarismes astringens et dessechans, faits avec decoction en eau et vin, de rozes, balaustes, plantain, et alum." (8ème Lieu, Chap.V, p 903)

– pour les lèvres fendues et crevassées : "après avoir lavé les lèvres avec de l'eau de plantain où aura bouilli un peu d'alun, ou avec des eaux de plantain et d'orge, meslees ensemble, l'on appliquera sur le mal de l'onguent fait avec de la tuthie* et huile de moieux d'œufs : ou de l'onguent rozat." (8ème Lieu, Chap.V, p 907)

– contre le "cracher-de-sang :" est bonne "la poudre de la terre scellee, avec eau de plantain ou de centinode†." (8ème Lieu, Chap.V, p 910-911)

– pour le battement de cœur, si cette maladie est accompagnée de fièvre : "un linge trempé en eaux de plantain, de roze, et d'ozeille avec un peu de

* Tuthie: mélange d'oxydes de zinc, de plomb, de cadmium, etc, et de protoxyde de fer qui s'attache sous forme de couche dure et grisâtre dans les cheminées de fourneaux où on traite le minerai de fer. (Geoffroy, *Complément au Dictionnaire de l'ancienne langue française*)

† Renouée des oiseaux.

vinaigre, sera appliqué dessus la mammelle gauche" (8ème Lieu, Chap.V, p 913)

– pour rafraichir la chaleur de cholère : "la purgation sera suivie, pied à pied, d'un exterieur rafreschissement du foie, y appliquant sur le foie au costé droict, dessous la derniere coste, un emplastre fait de l'onguent de santal estendu sur un linge de la grandeur de quatre doigts : ou sera fomenté avec des linges trempés en eaux d'endivie, de plantain et de roze, y ajoustant un peu de vinaigre chaufés ensemble." (8ème Lieu, Chap.V, p 920)

– pour arrêter le flux excessif des hemorroïdes "une drachme de coral rouge, la prenant par la bouche, avec un peu d'eau de plantain." (8 ème Lieu, Chap.V, p. 930)

– pour arrêter le cours excessif des fleurs des femmes : "prendre tous les matins une drachme poudre de trochisques d'assibre blanc, puis buvant deux onces d'eau de plantain." ou "prenés deux onces de conserve vieille de rozes, deux drachmes semence de plantain, sang-de-dragon et bolarmene, de chacun une drachme et demie, ambre blanc et coral rouge, de chacun une drachme, avec syrop de myrtilles, en soit fait opiate, de laquelle la patiente prendra soir et matin deux heures devant le repas, chacun le gros d'une chastaigne." (8ème Lieu, Chap.V, p 932).

Il ajoute que "Les clysteres sont fort convenables à ce mal, estans preparés avec jus de plantain, ou decoction de chardon à bonetier, escorce de grenade, nois de Cyprés, fleurs de grenades, sommités de murte, esquels l'on dissoudra bolarmene*, sang-de-dragon, mucilage de gomme de dragacanth ou d'Arabie." (8ème Lieu, ChapV, p 932-933).

Il recommande aussi pour traiter l'excès de flux menstruel de préparer une fomentation à la composition complexe où entrent différentes plantes dont deux poignées de plantain, qu'on appliquera deux fois par jour sur le nombril, soir et matin. "Ou encore de recevoir par un entonnoir la fumée d'un parfum composé de nombreuses plantes dont le plantain et la queue de cheval, mais il ne précise pas où il faut placer l'entonnoir ! (8ème Lieu, Chap.V, p 933).

– contre les fièvres : "Le jus de betoine et de plantain meslés ensemble, et le vin d'absynte y sont profitables." (8ème Lieu, Chap.V, p 942)

– pour combattre la fièvre : "boire tous les jours devant l'accés, des jus de bétoine et de plantain, meslés ensemble." (8ème Lieu, Chap.V, p 943)

– contre la fièvre tierce : "malaxerés et tremperés dans vin blanc, des racines de plantain, et de parelle ; et du vin en sera baillé au febricitant, pendant son accés. Les jus de plantain, de pourpier, de pimprenelle, de grenade, beus separément, sont bons contre ceste fièvre. "(8ème Lieu, Chap.V, p 943)

– pour guérir les plaies : "Prenés sauge, plantain, mauve, orvale, de chacune une poignee, après les avoir pilees, tirés-en le jus, faites-le bouïllir

* Bol d'Arménie.

avec une livre et demie de vieux oingt, puis le coulés par un linge, ajoustés-y deux onces poix-resine, autant de cire blanche, et le remettés sur le feu pour y cuire jusques à la consistence d'onguent." (8ème Lieu, Chap.V, p 958)

– "pour ceste espèce d'apostume appellee Furuncle ou Clou, sera suppuree et amollie par les moiens suivans : l'herbe de plantain pilee avec huile de lis, appliquee dessus le furuncle." (8ème Lieu, Chap.V, p 960)

– "pour les Bruslures, qui aviennent directement de feu, ou bien d'eau boïllante, d'huiles, de graisses, de poudre d'arquebuse, ou d'autres matieres eschaufees : "La Bruslure sera oincte avec huile d'olive, puis saupoudree avec de la farine blanche. Ou l'on y appliquera au dessus, des linges trempés en liqueurs frigeratives, comme, de limons, de grenade, d'huile rozat, d'eau roze, avec blancs d'œufs ; en jus des herbes d'endivie, morelle, joubarbe, plantain." (8ème Lieu, Chap. V, p 960)

– pour adoucir et guérir les brûlures sur lesquelles surviennent des vessies (i e des cloques), Olivier de Serres conseille de couper celles-ci avec des ciseaux, avant d'oindre la blessure d'un onguent dont il donne différentes recettes de préparation, plus ou moins comlexes où sont mélangées de nombreuses plantes. Dans l'une d'elle, c'est aux jus de solatrum et de plantain qu'il est fait appel, de chacun deux onces. (8ème Lieu, Chap.V, p 960). Dans une autre, c'est l'eau de plantain qui entre dans la composition du remède : "Prenés demie livre beurre frés, bruslé et coulé, ceruse et tutie lavés en eau roze ou de plantain, de chacun demie once, plomb bruslé, deux drachmes, quatre moieux d'œufs, le tout reduit en forme d'onguent." (8ème Lieu, Chap.V, p 961).

– "pour appaiser la douleur de la brûlure, emploiés cet onguent. Prenés vieil lard, fondés-le sur la paesle chaude le faisant degoutter dans l'eau roze, d'où l'aiant retiré puis coulé par un linge, sera lavé cinq ou six fois en eau de plantain : en quatre onces de lard gras ainsi préparé, ajousterés deux moieux d'œufs, et du tout ferés onguent… Et à ce qu'aprés la guerison du mal, les marques de la bruslure ne paroissent, l'on lavera souvent le lieu avec eau de plantain, y aiant fondu un peu d'alum." (8ème Lieu, Chap. V, p 961)

– contre la taigne sèche, il recommande d'employer un onguent dont la préparation, relativement complexe, demande de faire appel à de nombreuses substances et plantes parmi lesquelles il mentionne des feuilles de plantain. (8ème Lieu, Chap. V, p 963),

– pour faire disparaître les rougeurs du visage, il propose d'employer différentes préparations où figure le plantain. En voici deux :

Selon la première : "Lavés le visage, soir et matin, avec eau composee de sucs de pourpier, de plantain, de verjus de grain, de pomme de chesne, de chacun six onces ; eau de douze blancs d'œufs, de farine d'orge demie livre, de semence de pavot une once, tout cela distillé ensemble." (8ème Lieu, Chap.V, p 966).

Selon la seconde : "Prenés la mie d'un petit pain blanc, six glaires d'œuf, deux drachmes de camphre, le jus de six citrons, destrempés le tout dans une pinte de laict de chèvre, et après y avoir ajousté une poignee des trois sortes de plantain, le distillerés au bain-de-marie, dont l'eau qui en sortira, serree dans une fiole de verre, et gardee quinze jours, sera propre à ce mal, l'appliquant sur la rougeur avec un linge blanc et delié trempé en icelle." (8ème Lieu, Chap.V, p 966).

– contre les Dartres les plus mauvaises : (8ème Lieu, Chap.V, p 968), cf. infra, Plante n°74 Mauve

– Parmi les différentes recettes d'eaux distillées, généralement complexes, propres à nettoyer et à blanchir la face, Olivier mentionne l'eau de pigeon, "dont les femmes font tant estat pour la conservation de leur beau tainct.une où il est demandé de mettre dans un alambic de verre, par-dessus deux pigeons blancs hachés par petites pièces, "un lict de deux poignées de feuilles fraisches de fraxinelle ou de plantain, qui y aurés arrangees au fons..." (8ème Lieu, Chap. V, p 974)

Le coin du jardinier d'aujourd'hui

Etymologie du nom de la plante.

Plantago vient du latin "*planta*", plante des pieds" et "*ago*", "comparable à", en référence à la forme de certaines feuilles. On l'appelle aussi grand Plantain, Plantain des oiseaux, Plantain commun, Plantain à grandes feuilles, Langue de mouton.

. Description sommaire dee différentes espèces de la plante

– Plantago major. Le grand plantain est une plante herbacée vivace pubescente ou presque glabre, au port variable (prostré, dressé ou étalé) de 8 à 50 cm de haut ; Il se plaît sur un sol argileux et compact. Ses racines sont fibreuses et blanchâtres avec de longues radicelles.la souche est courte. Les feuilles toutes à la base, disposées en rosette, épaisses, largement ovales ou elliptiques, lisses, légèrement pubescentes, présentent 5 à 9 fortes nervures convergeant vers le sommet. Leur pétiole est assez long et large. La hampe aphylle, non striée, égalant à peine ou dépassant les feuilles, porte au sommet un épi cylindrique, un peu lâche à la base. Les bractées ovales obtuses, un peu scarieuses, vertes sur le dos, égalent la moitié des sépales arrondis qui forment un calice à quatre lobes aigus. La corolle grisâtre ou rougeâtre, glabre, membraneuse, est à 4 pétales soudés en tube à la base, 4 étamines saillantes et un style. Le fruit est une capsule à 2 loges contenant 4 à 8 petites graines anguleuses de couleur foncée par loge.

Le grand plantain est très répandu et se récolte fin de printemps. Il est considéré comme une "mauvaise herbe",

Plantago media L Le Plantago moyen est une petite plante herbacée vivace à racine pivotante, aux multiples radicelles. Ses feuilles basales sont en rosette, ovales, voire elliptiques, entières, à nervation marquée. La hampe est petite, légèrement pubescente, fragile, et 4 à 6 fois plus longue que la feuille. La corolle est gris argenté et le fruit ne donne qu'un graine par loge.

Plantago lanceolata, L Le Plantain lancéolé, Plantain étroit ou "Herbe à cinq coutures" ou "Herbe à cinq côtes" est une plante herbacée vivace de taille moyenne (15–50 cm), à souche verticale courte qui prend des formes variables selon la richesse du milieu, l'ensoleillement et l'humidité du sol. Elle se plaît sur les terrains vagues ou cultivés, les pelouses urbaines, les friches.

Les feuilles du plantain lancéolé, oblongues et lisses, sont en forme de fer de lance, presque glabres, parfois un peu laineuses, acuminées, atténuées en long pétiole grêle et disposées en rosette basale, à 5 sillons profonds dépassant plus ou moins les feuilles. C'est une plante gynodioïque. Le calice est à divisions latérales, carénées et acuminées. Les fleurs de couleur dominante blanc sont disposées en épi cylindrique glabre, ovoïde, plus ou moins allongé au sommet d'une longue hampe cannelée. La floraison s'étale d'avril à octobre.

Le fruit est une capsule à 2 graines anguleuses, canaliculées à la face interne sillonnée, pubescentes ou glabrescentes, dépassant beaucoup la face

Culture de la plante.

C'est principalement le grand plantain qui est cultivé

Le grand plantain peut être semé de mars à juin.ou transplantation de jeunes plants. On peut aussi procéder à sa multiplication par division de la souche. Celle-ci doit s'effectuer au printemps ou en automne, en dehors des périodes de gel. Le sol doit léger, être bien drainé, riche et de préférence acide. L'emplacement doit être ensoleillé ou mi-ombragé. 5 plants au m^{2}; distance de 20 cm dans le rang et 20 cm entre les rangs.La plante ne demande aucun entretien particulier.

Les feuilles sont récoltées du printemps à l'automne : les racines toute l'année. Parties utilisées : les feuilles et les racines.

Propriétés thérapeutiques selon les auteurs contemporains d'Olivier de Serres

Cette plante fait également l'objet de commentaires plus ou moins détaillés chez plusieurs auteurs d'ouvrage de Botanique du XVIème siècle qu'Olivier de Serres aurait pu consulter, notamment ceux-ci : l'*Herbarum vivae eicones* (1536)Tome 1, p. 25), d'Otto Brunfels (1488-1534), les *Commentarii in sex libros Pedacii Dioscoridis* (1572, Livre II, Chap. CXIX, p 300) de Pierandrea Matthioli (1501-1577), l'*Histoire des plantes* (1550), édit fr. Chap. XI, p. 28) de Leonart Fuchs (1501-1566), l'*Historia generalis plantarum* (1586), trad.1615, Tome II, Livre XI, Chap. XXII, p. 147 à 151) de Jacques Daléchamps (1513 -1588), le *Stirpium Herbariae Pemptades sex* (1557), Chap.LXI, s v Plantain, p. 69-70) de Rembert Dodoens (1517-1585).

Liebault. (*La Maison rustique* (édition de 1583, Livre II, Chap. 42, p.118) (cf. supra. Chap. 4, plante n° 63).

Cf aussi supra Crescens Chap. 3, Les jardins de Crescens Chap. 96,

– 23. **Dictam** (Origanum dictamnus ou Origanum creticum L.) (Lamiacées) :

> "est plante de terroir sec et aride : en tel choisi l'on la logera et par plante et par semence, ainsi que mieux s'accordera, soit au Printemps soit en l'Automne. Ceste herbe, avec sa racine, est bonne contre la peste et autres venins : nettoie les reins et la gravelle : provoque l'urine, et les mois des femmes : fait sortir l'enfant mort et l'arriere-fais : tue les vers des enfans." (6ème Lieu, Chap.XV, p. 612)

Note de l'édition de 1805 : "Dictam (origanum dictamnus). Elle est presque inusitée, et avec raison." (Tome 2, p. 479)

Olivier de Serres recommande cette plante :

– pour provoquer les menstrues : "la poudre de la racine de dictame blanc, au poids d'un escu, beuë avec la decoction de l'herbe du mesme dictame." (8ème Lieu, Chap.V, p 931)

– Pour provoquer les menstrues, il propose aussi un autre remède, il est vrai nettement plus complexe (8ème Lieu, Chap.V, p 931-932). Cf infra, plante n° 54. Cabaret

– pour difficulté d'enfanter : "L'heure de l'Enfantement venuë, et icelui estant avec Difficulté, la femme sera secouruë par ces remèdes qui lui causeront prompte delivrance. [Parmi d'autres, celui-ci] Lui sera donné de la decoction d'armoise, ruë, dictame et pouliot." (8ème Lieu, Chap.V, p 938).

Le coin du jardinier d'aujourd'hui

Etymologie du nom de la plante.

Dictamnus, mot emprunté au grec "*Dictamnos*" nom donné à une plante médicinale originaire du Mont Dicté en Crète. "*alba*" référence à la couleur blanche de sa racine.

Description sommaire de la plante.

Plante vivace haute de 50 cm à 1, 20 m qui pousse à l'état sauvage sur les côteaux, bois et montagnes calcaires, entre 300 et 1500 m d'altitude, à une exposition très ensoleillée. Il peut résister à des températures de - 10 degrés, mais ne supporte pas l'humidité du sol et de l'air. Son rhizome blanchâtre est ramifié. Les tiges dressées, ligneuses portent de nombreuses petites feuilles imparipennées, vert sombre, luisantes, dentelées, coriaces, pubescentes, sans stipules, dont la surface est couverte de glandes visqueuses, dégageant un intense parfum. La plante fleurit de mai à août. Les fleurs sont disposées en longues grappes dressées, blanches ou roses, veinées de rouge ou de violet. La corolle a 5 pétales et 10 étamines. Le fruit est une capsule étoilée qui éclate à maturité, projetant ses graines aux alentours. Durant l'été la plante se couvre d'une substance inflammable, gluante et très parfumée. Lors de grande chaleur, ou à la proximité d'une flamme, celle-ci prend feu tout en produisant une vive lumière, d'où le surnom de buisson ardent parfois donné à la plante. A ne pas confondre avec le Dictamne blanc cf infra plante n° 86

Culture de la plante.

On peut le multiplier pa division de ses touffes à l'automne, ou par semis des graines fraîches récupérées en fin d'été. Emplacement exposé au soleil ou à mi-ombre. Sol bien drain.Prévoir 5 plants au m^2. Espacement 30 cm etre les plants. Parties utilisées : fleurs et feuilles; récoltées en juillet-août.

Propriétés thérapeutiques selon les auteurs contemporains d'Olivier de Serres

Cette plante fait également l'objet de commentaires plus ou moins détaillés chez plusieurs auteurs d'ouvrage de Botanique du XVIème siècle qu'Olivier de Serres aurait pu consulter, notamment ceux-ci : le *De Natura stirpium libri tres*, (1536), Livre III, Chap. XXVII, s v Dictamus, p. 670) de Jean Ruel (1474-1537), l'*Herbarum vivae eicones* (1532) Tome II, s v De Dictamo, p. 136) d'Otto Brunfels (1488-1534), les *Commentarii in sex libros Pedacii Dioscoridis* (1572), Livre III, Chap XXXI, s v Dictame de Crete, p. 406) de Pierandrea Matthioli (1501-1577), l'*Historia generalis plantarum* (1586), trad.1615 Tome I, Chap VIII, s v Dictam, p.776), de Jacques Daléchamps (1513 -1588), le *Stirpium Herbariae Pemptades sex* (1557), Première Partie, Chap. LXXV, s v Dictam, p.188) de Rembert Dodoens (1517-1585).

Cf aussi Liebault, (*La Maison rustique* (édition de 1583, Livre II, Chap. 42, p.119) (cf. supra. Chap. 4, plante n° 70).

– 24. **Bource-à-Pasteur** (Capsella bursa pastoris Moench.) (Brassicacées)

> "est herbe peu delicate, car sans nul soin, elle s'engeance par tout, jusques sur les murailles.Sa decoction emploiee en clystere, sert pour arrester le flux dissenterique : appaise les crachemens. Bain faict de ceste herbe, retient le flux excessif des mois des femmes. Son jus est utile à la guerison des ulceres és aureilles : arreste le sang coulant du nés. Sa seule herbe portee à la main a aussi semblable propriété, tant est-elle efficacieuse en cest endroit." (6ème Lieu, Chap.XV, p. 612)

Note de l'édition de 1805 : "Bource-à-Pasteur (thlaspi bursa pastoris). Quoique tous les anciens auteurs répètent les mêmes assertions qu'Olivier de Serres, écrit-il, on peut assurer que les propriétés de cette plante pour arrêter les hémorrhagies sont très-exagérées et très-douteuses." (Tome 2, p. 479)

Olivier de Serres mentionne peu cette plante parmi ses remèdes. Il ne la cite que

– pour arrêter la diarrée ou flux humoral, "on usera de clystères astringens composés avec mente, sauge, marjolaine, bourrache : desquelles herbes estant faite decoction, en sera prins une livre ; et dans icelle mis du suc de bource-de-pasteur, du bol d'armenie, d'huile de laurier." (8ème Lieu, Chap.V, p 927),

– pour arrêter les menstrues, Olivier de Serres recommande d'employer une fomentation dans la composition de laquelle entrent de nombeuse plantes parmi lesquelles deux poignées de bource de pasteur. (8ème Lieu, Chap.V, p 933)

Le coin du jardinier d'aujourd'hui

Etymologie du nom de la plante.

Cette plante est ainsi nommée à cause de son fruit qui ressemble à la bourse d'un pasteur, d'un berger (c'est-à-dire son porte-monnaie ou le petit sac qui contient sa nourriture). Le fruit est plat comme la bourse d'un berger qui est généralement vide. Elle est aussi appelée bourse-à-berger, bourse de capucin, moine, pauvre, dont la bourse est également vide ou parfois aussi Bourse de Juda, Moutarde sauvage, Boursette, Malette, Tabouret.

Description sommaire de la plante.

Plante annuelle très commune qui se plaît partout et toute l'année sur les terres incultes et cultivées, les murs, au bord des chemins, sur tous les sols, souvent considérée comme une mauvaise herbe des sols cultivés. Elle peut se développer dans la mi-ombre (de bois clair), mais a une préférence pour le plein soleil. Elle mesure 30 cm de hauteur pour 10 cm de largeur en moyenne. Elle s'enracine profondément, jusque 90 cm de profondeur. Contrairement à la plupart des plantes à fleurs, elle fleurit presque toute l'année. De la racine principale développée, partent des tiges grêles plus ou moins velues à la base. Les feuilles inférieures forment une rosette, étalée sur le sol. Les caulinaires, plus petites, sessiles, embrassent la tige ; elles sont entières, dentées ou pennatiséquées. Les fleurs blanches, très petites, hermaphrodites et autogames sont groupées en corymbe au bout de la tige, et présentes presque toute l'année. Le calice est à 4 sépales dressés libres et caducs, la corolle est à 4 pétales égaux, libres entre eux. Les fruits sont des silicules en forme de cœur, très vite mûrs, remplies de très nombreuses graines plates et jaunes.

Culture de la plante.

La bourse-à-pasteur accepte tous les types de sols : sableux, limoneux et argileux. Le pH du sol n'a guère d'importance ; elle peut même se développer dans des sols salins. Elle ne craint absolument pas le froid. La multiplication se fait par semis qui peut intervenir à tout mois de l'année, hors période de gel, de préférence toutefois de février à mai

La récolte de la plante entière, portant fleurs et fruits peut s'effectuer toute l'année. Débarassée de ses racines et mise à sécher à l'ombre dans un local aéré.

Propriétés thérapeutiques selon les auteurs contemporains d'Olivier de Serres

Cette plante fait également l'objet de commentaires plus ou moins détaillés chez plusieurs auteurs d'ouvrage de Botanique du XVIème siècle qu'Olivier de Serres aurait pu consulter, notamment ceux-ci : le *De Natura stirpium libri tres*, (1536), Livre II, Chap. CXLV, p. 607, s v Pastoris bursa) de Jean Ruel (1474-1537), l'*Histoire des plantes* (1550), édit fr. Chap. CCXXXIII, s v Tabouret ou Bourse des bergiers, p. 419) de Leonart Fuchs (1501-1566), l'*Historia generalis plantarum* (1586), trad.1615, Tome II, Livre X, Chap. I, s v Tabouret, p. 1), de Jacques Daléchamps (1513 -1588), le *Stirpium Herbariae Pemptades sex* (1557), Chap. LIIII, s v Bourse de bergers p. 61 de Rembert Dodoens (1517-1585).

Cf aussi Liebault (*La Maison rustique* (édition de 1583, Livre II, Chap. 42, p.118 b) (cf. supra. Chap. 4, plante n° 66).

– 25. **Cheveux-de-Vénus** (Adiantum capilus veneris L.) (Pteridacées = Polypodiacées) :

> "d'autant que ceste herbe embellit les cheveux ; et parce que les Anciens peignoient leur Deesse Venus avec belle chevelure, ce mot de, Venus, y est ajousté. Elle est appellee en Latin Adiantum, Callistricum, Polytricum, et autrement ; mais les Apoticaires ne la nomment que Capilli-Vcneris. Ceste herbe croist joignant les fontaines, en païs plus chaud que froid. Auprés doncques de la fontaine, nous logerons cette exquise et plaisante plante en lieu couvert du Soleil, non toutefois exposé au froid ni au vent, és trous et murailles de la fontaine, comme estant ce, son plus agreable logis, à cause de la fraischeur de l'eau, qu'elle attire à soi. Par plant enraciné est le seul moyen de s'en engeancer, ne faisant aucune graine. Ceste herbe est fort recherchee pour l'abondance de ses vertus. Elle est emploiee aux apozemes purgatifs. Elle brise la pierre, et la gravelle, fait uriner. Est bonne contre les morsures des bestes venimeuses. Provoque les fleurs des femmes. Estanche le flux de sang coulant du nés. Remplit les places vuides de poil. Guérit la tigne : consume les lendes qui viennent en la teste, et ce avec lexive faite de son herbe. Sa decoction beuë est souveraine pour conforter les asthmatiques : ceux aussi qui ont la jaunisse." (6 ^{ème} Lieu, Chap.XV, p. 612)

Note de l'édition de 1805 : "Cheveux-de-Vénus. Notre auteur paroît ici confondre plusieurs espèces de fougères douées de propriétés diverses, et plusieurs de celles qu'il indique doivent être révoquées en doute." (Tome 2, p. 479), mais l'auteur de la notice n'indique pas lesquelles.

Olivier de Serres recommande à la mère de famille d'employer cette plante pour traiter différentes affections. Il note ainsi que

– l'eau distillée où entrent de nombreuses plantes dont capili veneris a pour effet de faire fondre la taie (i e cataracte). (8ème Lieu, Chap. V, p 898)

– Pour guérir les dents "de leurs douleurs, provenantes, ou d'estre creuses et erodees, vermineuses, ou d'autres causes", il propose d'employer de nombreuses substances mises en poudre, parmi lesquelles il cite capilli-veneris. (8ème Lieu Chap. V, p 905)

– Il recommande par ailleurs pour "guerir l'haleine puante qui provient de la corruption des dents, de frotter celles-ci avec une opiate composée de pain de froment et de nombreuses substances parmi lesquelles une poignee de pariétaire et autant de capilli veneris (8ème Lieu Chap. V, p 906)

– contre la toux, il prescrit "les syrops rozat, de violes, de jujubes, de capilli-veneris, donnés à boire separément ou assemblés avec ptisane." (8ème Lieu, Chap. V, p 910)

– "A la courte haleine ou difficulté de respirer appellee Asthma, il recommande un Lohot* fait avec une once de raisins de Damas, les grains ostés, une couple de grasses figues de Marseille, une date, hyssope sèche, capilli-veneris, reglisse, poulmon de regnard bien lavé, eau de scabieuse, de chacun une drachme, penides deux onces, et syrop de reglisse, tant que de besoin : duquel lohot l'on se servira avec un baston de reglisse, loin du repas devant ou après." (8ème Lieu, Chap.V, p 910)

– Il propose également une décoction "faite dans une pinte d'eau, tant que le tiers en soit consumé, avec capilli-veneris, marrube, de chacune une poignee, reglisse, dates, figues seches, graines de fenoüil et d'ache, donnee à boire deux doigts dans un verre, chacun matin devant manger." (8ème Lieu, Chap.V, p 910)

– pour le soulagement des phtysiques, il recommande de "boire chaque matin, estant à jeun, un plein verre d'une eau distillee au bain-de-marie de ces herbes ensemble, c'est assavoir, de pas-d'asne, consolide grande, capilli veneris, hyssope, autant de l'une que de l'autre, avec des limaçons ou cargots deschargés de leurs coques, et bien lavés." (8ème Lieu, Chap.V, p 911), cf. supra, plante n°17. Consire ou Consoude).

– quand la douleur de l'opilation de foie vient avec mal d'estomach, l'on la guerit par medicines laxatives ; et lorsqu"elle est accompaignee de douleur de dos et de reins, par choses apéritives, comme syrops de capilli-veneris et semblables." (8ème Lieu, ChapV, p. 921)

– contre la jaunisse, "boire huit matins de suite, deux ou trois doigts en un verre, de la decoction de politric, ou de capilli veneris ; ou de celle de velvote, ou de son eau distillee au bain-de-marie, qui à ce mal est tres-propre." (8ème Lieu, ChapV, p 923)

– contre les coliques néphrétiques qui sont accompagnées d'un ventre constipé, il faut d'abord relacher le ventre par un clystère. (8ème Lieu, Chap.V, p 925), cf. infra, Plante n° 74. Mauve.

Il recommande également de prendre "au sortir du bain deux cuillerees de syrop de capilli-veneris, et de raiforts sauvages avec trois onces de la decoction de reglisse." (8ème Lieu, Chap.V, p 925)

---

* Lohot ou Lohoch : remède liquide d'une consistance plu épaisse que le sirop.

– Il note aussi dans un paragraphe consacré aux pilules que "l'usage des pilules d'aloës avec de myrrhe trempees en vin ou syrop de capilli veneris, est fort salutaire, pour les rheümes, pour l'estomac, pour la veuë, pour l'ouïe, prinses une fois la sepmaine." (8ème Lieu, Chapitre 5, p 953)

– "Pour le poil, celui qui tumbe de trop de rarité et molesse du cuir ; sera retenu par ceste onction : Prenés cendres de capilli veneris, de graine d'ache, d'escorce de pin ; incorporés avec du ladanum et graisse de canard, y ajoustant cendres de fueïlles de meurte, et d'absynte, de la racine de souchet, et des grains de segle en poudre." (8ème Lieu, Chapitre 5, p 970)

Le coin du jardinier d'aujourd'hui

Etymologie du nom de la plante.

Du grec "*adiantos*" qui signifie "non mouillé", de "a" privatif en grec et "diaïnô", je mouille ; Du latin "*adiantum*", en référence à ses feuilles qui ne se laissent pas mouiller par l'eau. On l'appelle "capillaire" à cause de la forme et de finesse des pétioles et celles des pedicelles portant les folioles.noirs et luisants comme les cheveux d'une femme. Appelée aussi Capillaire de Montpellier.

Description sommaire de la plante.

Plante vivace sans fleur, possédant un rhizome rampant couvert d'écailles. Cette fougère se plaît a mi-ombre sur les rochers, les parois ombragées et humides, sur un sol léger, bien drainé, humide, frais, alcalin et humifère, à l'abri du vent, bien exposé à la lumière, mais sans exposition directe au soleil. Elle supporte des températures négatives jusqu'à - 10°. De la souche partent de longs et fins pétioles, brillants, de couleur brun sombre. Les frondes sont délicates, fines et fragiles. Limbe membraneux à contour général ovale, mais plus large à la base, vert clair, profondément divisé en segments munis de fins pétiolules noirâtres. Les segments sont en forme de triangle isocèle, ou d'éventail, en coin et entier à la base, arrondis et lobés ou crénelés au sommet. Certaines pinnules sont fertiles : sur leur face inférieure, près des bordures, apparaissent des sores de juin à septembre, sur les bords des lobes. La bordure repliée de la pinnule tient lieu d'indusie. La sporulation a lieu au printemps ou en été. Les spores sont dispersées par le vent.

Culture de la plante.

On propage la plante par division de rhizome de la plante au printemps ou à l'automne. On la multiplie aussi par semis de spores en mars, dans un mélange de terreau, de tourbe et de sable de rivière. Sol humide. Emplacement ensoleillé. Distance de plantation 20x20 cm. Parties utilisées : les feuilles. Récolte de juin à septembre

Propriétés thérapeutiques selon les auteurs contemporains d'Olivier de Serres

Cette plante fait également l'objet de commentaires plus ou moins détaillés chez plusieurs auteurs d'ouvrage de Botanique du XVIème siècle qu'Olivier de Serres aurait pu consulter, notamment ceux-ci : le *De Natura stirpium libri tres,* (1536) Chap. CXXXIII, s v Adiantum, p. 847,) de Jean Ruel (1474-1537), l'*Herbarum vivae eicones* (1532), Tome I, Chap. XXXVIII, s v Capillus Veneris, p. 21)9), d'Otto Brunfels (1488-1534), les *Commentarii in sex libros Pedacii Dioscoridis* (1572), Livre IV, Chap. CXXXI, s v Cheveux de Venus, p. 632) de Pierandrea Matthioli (1501-1577), l'*Histoire des plantes* (1550), édit fr. Chap. XXVIII, p.61) de Leonart Fuchs (1501-1566), l'*Historia generalis plantarum* (1586), trad.1615, Tome II, Livre XI, Chap. I, s v Adianton ou Cheveul de Venus, p.106) de Jacques Daléchamps (1513 -1588), le *Stirpium Herbariae Pemptades sex* (1557, Livre III, Chap. LXVIII, s v Cheveux de Venus, p.279) de Rembert Dodoens (1517-1585).

Cf aussi supra Crescens, Chap. 3, Les jardins de Crescens, Chap.36.

II. Deuxième partie du Jardin medecinal : Les simples de l'Occident

Olivier de Serres en mentionne 27. Ce sont :

– 26. Renouée (Polygonum L., (Polygonacées)

> "ainsi ditte à cause de ses branches aians plusieurs nœuds prés à prés l'un de l'autre, en Grec Polygonon. Il y en a de trois espèces, dont l'une est appellée, Crespinette. Ceste herbe abonde en branchage, mais fort debile dont il traine par terre. Est de facile eslevement, car soit ou de plant enraciné ou de branche ou de graine et en quelle saison Printemps ou Automne se reprend tres bien : vient aussi en toute terre, mieux toutefois en humide qu'en seche, et s'entretient avec peu de culture. La vertu de ceste herbe est d'arrester le flux des menstrues des femmes, celui des dissenteries, du nés, de la bouche et austres désordonnees évacuations de sang. Est de grande efficace contre les ulcères des aureilles, les dessehant : contre les plaies recentes et seigneuses : contre le venim : contre l'ardeur d'estomach : contre la rétention d'urine." (6ème Lieu, Chap.XV, p. 613)

La Note de l'édition de 1805, (Tome 2, p. 480) renvoie à la note consacrée à la Crespinette. Ce qui est une erreur. Il s'agit ici d'une autre plante que la Crespinette. Olivier de Serres note qu'il existe 3 espèces de Polygonon, c'est-à-dire de Renouée, mais il ne dit pas lesquelles. Il a déjà consacré une notice à la Renouée des oiseaux (Polygonon aviculare L.,cf supra Crespinette n° 16) ; il a consacré plus loin une notice à une autre Renouée, la bistorte (Polygonum bistorta L., cf. infra n° 41, Bistorte). Il reste donc la troisième espèce à identifier qui fait l'objet de cette notice, sous le simple nom de Renouée. Parmi les autres Renouées aux propriétés médicinales, on compte la Renouée poivre d'eau (Polygonum hydropiper L.) et la Renouée persicaire (Polygonum persicaria L.). Ce ne peut être la Renouée poivre d'eau (cf Liebault supra Chap.4, note 4 s v Culrage) dont les propriétés thérapeutiques sont différentes de celles qu'Olivier de Serres attribue ici à la Renouée. Celle-ci pourrait alors être la Renouée persicaire ?

Le coin du jardinier d'aujourd'hui

Etymologie du nom de la plante.

Le mot "*Polygonum*" est formé du grec "poly", "plusieurs" et "*gonu*" genoux d'où "*gônia*", "angle") ent référence aux nombreuses articulations qui observables sur figurent sur les tiges des plantes de cette famille au niveau des nœuds renflés et sur les akènes trigones. Le nom vernaculaire "Renouée" évoque aussi les tiges qui présentent des nœuds renflés. "*Persicaria*" signiefie "à feuilles de pêcher" (de "*persica*" qui signifie "pêcher"). On l'appelle aussi Pied rouge, Fer à cheval, Pilingre.

Description sommaire de la plante.

Plante annuelle considérée comme une mauvaise herbe des cultures, qui croît en abondance dans les champs cultivés, au bord des chemins, dans les endroits incultes. Elle présente de nombreuses tiges couchées ou dressées, qui peuvent atteindre 90 cm de haut. Les feuilles ont un limbe ovale-lancéolé, au court pétiole, blanche en dessous, verte au dessus,. Les fleurs, rosées, parfois blanches apparaissent de juillet à octobre ; groupées en épis dressés, compactscylindriques, disposés à l'aisselle des feuilles. Le fruit est lisse, de forme triangulaire.

Culture de la plante.

La plante n'est pas cultivée.

Récolte : durant toute la période de floraison.

Parties utilisées : la plante entière.

Propriétés thérapeutiques selon les auteurs contemporains d'Olivier de Serres

Cette plante fait également l'objet de commentaires plus ou moins détaillés chez plusieurs auteurs d'ouvrage de Botanique du XVIème siècle qu'Olivier de Serres aurait pu consulter, notamment ceux-ci : le Natura stirpium libri tres, (1536), Livre III, Chap. LXXIX, s v Polygonum, sanguinaria, foemina, polygonaton, p.771) de Jean Ruel (1474-1537), l'*Herbarum vivae eicones* (1532),Tome II, s v Polygonon, p. 279) d'Otto Brunfels (1488-1534), les *Commentarii in sex libros Pedacii Dioscoridis* (1572, Livre IV, Chap. IV, s v Renouee, p. 523) de Pierandrea Matthioli (1501-1577), l'*Histoire des plantes* (1550), édit fr. Chap. CCXXXV, s v

Renouee, p. 421) de Leonart Fuchs (1501-1566), l'*Historia generalis plantarum* (1586), trad.1615, Tome II, Livre X, Chap. XII, s v Renouée, p. 25), de Jacques Daléchamps, le *Stirpium Herbariae Pemptades sex* (1557), Chap. LXV, s v Renouée, p.74) de Rembert Dodoens (1517-1585),

– 27. **Scabieuse** (Scabiosa spp L. (Caprifoliacées) :

> "demande lieu non cultivé, plus sabloneux qu'argileux, plus humide que sec. Estant logee au Jardin en endroit approchant à son naturel, y profitera tres bien, bien qu'en lieu ombreux. Ce sera par semence ou par plant enraciné, ainsi que mieux viendra à propos, qu'on s'en engencera, et entretiendra avec peu de culture. Le Printemps est la saison de la mettre en terre, où elle dure plusieurs annees, pourveu qu'en cueillant le tige pour s'en servir à distiller et à autres usages, l'on n'en arrache les racines (comme aucuns mal-avisés font) ains les laisse dans terre pour rejetter de nouveau. Tout ce qui est en cette plante, est profitable : sa racine, ses tronçons, ses fueilles, ses fleurs, son jus, son eau, sa decoction. L'eau distillee de toute la plante, beuë avec theriaque, est salutaire contre tous venins, deschargent l'estomach. Seule, chasse la fievre dés son commencement. Le jus a mesme vertu, voire jusques à chasser la peste. Aussi la conserve de ses fleurs faicte au succre. Liniment faict avec jus de Scabieuse et beurre frais, est bon contre les gratelles, dartres, lentilles et autres maux s'attachans au cuir. Poudre de la racine de ceste herbe se garde long temps, laquelle utilement l'on emploie au défaut du jus et de l'eau." (6ème Lieu, Chap.XV, p. 613)

Note de l'édition de 1805 : "Scabieuse (scabiosa arvensis) L'usage de cette plante, autrefois très-fréquent, diminue tous les jours." (Tome 2, p. 480)

Olivier de Serres recommande l'emploi de la scabieuse comme remède à plusieurs reprises :

– contre la toux : "prendre soir et matin, une cuilleree de la poudre faite d'une once de succre-candi, d'autant de diaïris, et d'un quart d'once de reglisse, ensuite, boire trois onces d'eau d'hyssope ou de celle de scabieuse." (8ème Lieu, Chap. V, p 909)

– pour traiter l'asthme, il recommande aussi un remède dans la composition duquel entre de l'eau de scabieuse (8ème Lieu, Chap. V, p 910), cf. supra plante n° 25. Cheveux de Venus.

– pour la courte haleine, il recommande d'employer un lohot dans la composition duquel entre la scabieuse. (8ème Lieu, Chap. V, p 910) cf supra plante n° 25, Cheveux de Vénus.

– pour traiter la pleurésie, il propose différents remèdes, en attendant l'arrivée du médecin. Parmi eux, on relève celui-ci : "Meles ensemble eaux de fleurs de genest, de scabieuse, et de chadon bénit, et en donnés à boire au malade deux doigts tous les matins." Il prescrit en outre, après avoir expliqué comment ouvrir l'apostume (où consiste la guerison de la Pleurésie), et pour en faire sortir l'ordure, de provoquer le patient à cracher, "usant d'une decoction de fleurs de pavot rouge, ou de poudre d'icelui, le poids d'un escu, avec eaux de scabieuse, et de pimprenelle, et de syrop d'hyssope, si la fievre n'est grande, ou l'estant, du violat, dont s'ensuivra la guerison, moiennant l'aide de Dieu." (8ème Lieu Chap. V, p 912).

Il recommande par ailleurs à ceux qui souffrent de débilité du cœur de cause froide, seche, sans fievre avec tristesse et peur, de prendre différents remèdes ainsi que "un jour de la semaine, au matin, trois ou quatre heures devant diner, de la fine theriaque de Montpellier, le poids d'un demi escu, avec de l'eau de scabieuse ou su vin blanc dans lequel aura trempé deux heures, un peu de macis*. "(8ème Lieu Chap. V, p 913).

– Contre la colique : "faire boire au patient, demi verre d'eau de scabieuse avec de la thériaque" avant de lui donner un clystère molificatif et d'appiquer sur le mal des linges et compresses dont la composition est particulièrement complexe. (8ème Lieu Chap. V, p 923).

– pour faire mourir les vers des petits enfants : "avec plus d'efficace, la rhubarbe donnee en subtile poudre avec de l'eau de scabieuse ; mesmes aux plus petits enfans un scrupule, avec du laict, ou avec trois gouttes de miel rozat." (8ème Lieu Chap. V, p 941).

– pour abattre la chaleur de la fièvre continue : "sera donné à boire au malade, quatre onces de bouts de chesne : ou autant de celle de chardon bénit : ou de scabieuse." (8ème Lieu Chap. V, p 942)

– contre la peste : cf. 8ème Lieu, Chap. V, p 947)

– "contre la goutte est aussi fort bonne ceste composition" Prenés, sauge sauvage, scabieuse, consolde petite, hieble, racines et feuille, le tout boüillira longuement ensemble en vin, et aprés en avoir coulé la decoction par un linge, ajousterés dans icelle, de la graisse de pied de bœuf, de l'huile d'aspic, et de l'eau de vie." (8ème Lieu, Chap.V, p 952)

– contre la teigne, en Languedoc appelée Rasque "Prenés sucs de fumeterre, de scabieuse, du petit centauree, de parelle, et de campane, de chacun trois onces : tutie une once, moële vieille de porc quatre onces : huile de noix et cire, suffisante quantité pour faire onguent." (8ème Lieu, Chap.V, p 962).

– contre la roigne rebelle : (8ème Lieu, Chap.V, p 964-965), cf infra, plante n° 28 Aigremoine.

Le coin du jardinier d'aujourd'hui

Etymologie du nom de la plante.

"*Scabiosa*" vient du latin "*scabio*", "gratter", et de "*scabiosus*", "galeux, lépreux".

---

* Le macis, également appelé "fleur de muscade", est l'épice obtenue à partir du tégument de la noix de muscade (l'arille plus précisément).

Description sommaire de la plante.

Il ne peut s'agir ici de l'espèce de scabieuse appelée Mors au diable qui fait l'objet d'une notice particulière (cf infra note n° 56). Ce pourrait être la scabieuse des champs (Knautia arvensis Coult ?

Les scabieuses sont des plantes herbacées à fleurs. Certaines espèces sont annuelles, d'autres bisannuelles ou vivaces. Leurs tiges, grêles et ramifiées, se dressent entre 30 et 80 cm de haut. Les feuilles, plus ou moins poilues, peuvent être entières, lobées, voire profondément découpées. Leur inflorescence est le plus souvent un capitule rond, généralement de couleur mauve

Culture de la plante.

Les scabieuses se sèment au mois de mars ou d'avril, en pépinière. On peut aussi procéder par division des pieds, et leur plantation est conseillée au soleil, à partir de la fin du mois de mai, sur sol argileux, calcaire, humifère, bien drainé. Espacer les pieds de 50 cm ; 5 à 9 pieds au m^2. Parties utilisées : les feuilles, les racines séchées

Propriétés thérapeutiques selon les auteurs contemporains d'Olivier de Serres

Cette plante fait également l'objet de commentaires plus ou moins détaillés chez plusieurs auteurs d'ouvrage de Botanique du XVIème siècle qu'Olivier de Serres aurait pu consulter, notamment ceux-ci : les *Commentarii in sex libros Pedacii Dioscoridis* (1572), Livre IV, Chap. XI, p 531, s v Stoebe) de Pierandrea Matthioli (1501-1577), l'*Histoire des plantes* (1550), édit fr. Chap. CCLXXIII, s v Scabieuse, p. 487) de Leonart Fuchs (1501-1566), l'*Historia generalis plantarum* (1586), trad.1615 Tome I, Chap. XLVIII, s v Scabieuse, p. 931) de Jacques Daléchamps (1513 -1588), le *Stirpium Herbariae Pemptades sex* (1557), Chap.LXXI, s v Scabieuse, p. 82.) de Rembert Dodoens (1517-1585).

Cf aussi Liebault (*La Maison rustique* (édition de 1583, Livre II, Chap. 42, p.113) (cf. supra. Chap. 4, plante n° 22).

– 28. **Aigremoine** (Agrimonia eupatoria L.) (Rosacées) :

> "est appellee Eupatorium, d'Eupator roi, qui premier la mit en reputation : et parce aussi que le foie est nommé Hepar, auquel ceste herbe sert de singulier remede. Ceste plante se delecte en bon fonds, non sec ni trop humide, ni trop exposé au Soleil. Et par semence, et par plant enraciné, facilement l'on s'en engeance au Printemps et en l'Automne. Sa decoction est bonne contre la dissenterie : morsure de serpens : contre la gratelle et demangeson : désopile le foie : tue les vers : guerit les chevaux poussifs, et la toux des brebis. Guerit efficacieusement et avec promptitude admirable, les meurtrisseures des yeux, appliquant l'herbe et le jus sur le coup, là avec une bande la retenant pour quelque peu de temps. Sa racine appaise le mal des dents, seulement la tenant

entre les dents douloureuses. Sa graine beue en vin rouge, sert à la guérison de la dissenterie. Et l'eau distillee de toute la plante, racine et feuïlle, à celle des maladies susdites" (6ème Lieu, Chap. XV. p. 613)

Note de l'édition de 1805 : "Aigremoine (agrimonia eupatorium). Cette plante est un peu astringente, et sert à ce titre dans les hémorragies. Mais on a beaucoup exagéré ses propriétés, et on l'abandonne presque tout-à-fait." (Tome 2, p. 480)

Olivier de Serres recommande d'employer cette plante :

– pour soigner "les douleurs des Yeux survenues de coup receu, et les rougeurs qui s'ensuivent... par sur tout autre remede, est de grande efficace, selon qu'il a esté auctorisé par les reïterees experiences, la seule herbe d'aigrimoine, froixee entre les mains, et mise sur l'œil blessé, l'y faisant tenir avec une bande, dont en peu de temps il est gueri, quoi-que tout rouge de sang pour la meurtrisseure, mesmes estant la veuë obfusquee, la faisant revenir." (8ème Lieu, Chap.V, p 899)

– pour le "mal de la bouche, les ulcères en seront gueries, lavant la Bouche avec la décoction des herbes de piloselle, de consoulde, et de verge-d'or : ou de balaustes, sumach, plantain, aigremoine et rozes, y ajoustant un peu d'alun sur la fin." (8ème Lieu, Chap. V, p 902) cf. infra, plante n° 55. Verge d'or.

– pour apaiser les douleurs des dents "Tenir entre les Dents des racines de mille-fueille, ou de celles d'aigremoine." (8ème Lieu Chap.V, p 904) Il conseille aussi de se laver les dents au matin à jeun avec différentes eaux distillées dans un alambic et gardée en fiole de verre, parmi lesquelles il en est une qui est composée "d'une livre de meures sauvages encore vertes, d'une demie livre de fueilles de lentisque, une poignee d'aigremoine, trois onces de racine de lis, autant de sang-de-dragon" (8ème Lieu Chap. V, p 906)

– contre la dissenterie, parmi d'autres remèdes "Boira de jour à l'autre, en vin rouge, de la graine d'agrimoine mise en subtile poudre, ou de la décoction de son herbe faite aussi en vin rouge." (8ème Lieu, Chap.V, p 928)

– contre la stérilité : "Ce bruvage-ci, est de tant grande vertu, qu'il fait concevoir toute femme, encores qu'elle soit grasse, cholerique, et de long temps sterile. Prenés germes de colevree, fleurs de melilot, fueilles d'armoise, pimprenelle, chamedris,chamepithis, scolopendre, mille-fueille, chevre-fueil, violiers, orpin, savine, aigremoine, toutes vertes, de chacune une poignee : cent grains de poivre, demie once de cumin : cloux de girofle, canelle fine, spique, galangue, noix muscade, gingembre, angelique, de chacun deux drachmes : pistés (i e broyez) toutes ces choses et les faites tremper en fort bon vin blanc, l'espace de deux jours : au troisieme, cuisés-les jusques à la consomption de la tierce partie du vin, puis coulés le vin, jettant les herbes au loin : meslés y autant de bon miel despumé, qu'il sera requis pour en faire syrop, duquel la femme prendra une cueilleree, soir et matin, avec autant de vin détrempé en eau de melisse. "(8ème Lieu, Chap.V, p 935-936)

– pour guérir les plaies : (8ème Lieu, Chap.V, p 958) cf. infra, plante n° 73 Vervaine

– contre "Gratelles et demangesons generales de la personne". Elles sont gueries par ces remèdes." Premierement l'on se baignera, dans un bain preparé avec de l'oxilapathum (espece de parelle ou patience) de la staphisagre, des racines de bete et d'agrimoine, bouïllies en eau de fontaine, y ajoustant du sel commun et du nitre... "Est bon aussi se frotter la personne de l'eau qu'on treuve arrestee dans les creux des vieux chesnes, flestrissans et mourans. Et de la decoction faite en vinaigre, des racines de buglosse, d'aigremone et de fumeterre." (8ème Lieu, Chap. V, p 964)

– pour la Roigne (*i e* la gale) "L'on frotera la Roigne avec jus recentement exprimé de l'herbe d'aigremoine, meslé avec sel et vinaigre : ou de vieil huile de noix.... La Roigne estant rebelle, est necessaire de la combattre avec plus forts remedes que les sus-escrits, tel que les suivans : Prenés jus d'aigremoine, de scabieuse, de fumeterre, partie esgale, ajoustés-y huile et moële de pourceau, à suffisance pour y pouvoir bouïlir ces herbes. Bouillans, les remuerés continuellement, jusques à ce que le tout aura acquis consistance d'onguent, y aiant mis auparavant de la poudre de staphisagre, et un peu de ceruse. De tel onguent, la Roigne sera frottee, après l'avoir estuvee et baignee avec de l'eau, où l'on aura infondu du sel, du soulfre et de l'alum." (8ème Lieu, Chap.V, p 964-965)

Le coin du jardinier d'aujourd'hui

Etymologie du nom de la plante

"*Agrimonia*" vient du grec "*argemone*" qui désigne une taie sur œil, en référence aux propriétés ophtalmologiques attribuées à la plante. "*Eupatorium*" fait référence au roi du Pont Mithridate Eupator auquel on attribuait la découverte des propriétés thérapeutiques de la plante. On l'appelle aussi Eupatoire des anciens, Herbe de Saint Guillaume, Herbe de Sainte Madeleine ou encore Thé du Nord.

Description sommaire de la plante.

Plante herbacée vivace, commune à l'état sauvage au bord des chemins, dans les bois et les champs. Son système racinaire est formé par un important rhizome ramifié, rougeâtre, qui porte une tige dressée, velue, pouvant atteindre 60 cm de haut, de couleur verte et ramifiée seulement vers son extrémité. Elle porte de grandes feuilles d'un beau vert en dessus, plus ou moins velues et blanchâtres en dessous. Elles sont divisées en segments inégaux, les plus grands ovales profondément dentelées et très découpées, les plus petits entiers. Ces segments qui constituent des folioles au nombre de 3 à 6 paires, sont insérés de part et d'autre d'un rachis portant un segment terminal. Les nombreuses petites fleurs parfumées sont jaunes, à 5 pétales étroits, assemblées en grappes terminales pouvant s'élever jusqu'à un mètre du sol. La floraison dure de juin à septembre, ces fleurs s'épanouissant progressivement de bas en haut. Les fruits sont de petits akènes allongés, marqués de sillons. Ils possèdent des poils crochus à leur sommet et se détachent facilement, ce qui facilite leur dissémination par contact des animaux, voire des êtres humains.

Culture de la plante.

On la sème sous abri de mars à avril, en pépinière suivi d'un repiquage. ou directement en terre à partir de l'automne reproduisant ainsi la multiplication spontanée naturelle à un emplacement à mi-ombre ou ensoleillé. L'aigremoine s'adapte à presque tout type de sol frais ou un peu sec, bien drainé et pas trop acide. Après la levée, il faut éclaircir les plantules pour un espacement de 30 à 40 cm en tous sens.

Récolte : la tige et les feuilles dès le début de la floraison et durant tout l'été. Parties utilisées : les feuilles mondées et les sommités fleuries.

Propriétés thérapeutiques selon les auteurs contemporains d'Olivier de Serres

Cette plante fait également l'objet de commentaires plus ou moins détaillés chez plusieurs auteurs d'ouvrage de Botanique du XVIème siècle qu'Olivier de Serres aurait pu consulter, notamment ceux-ci : le *De Natura stirpium libri tres*, (1536), Livre III, Chap. XCV, s v Eupatorium, p. 793) de Jean Ruel (1474-1537), les *Commentarii in sex libros Pedacii Dioscoridis* (1572, Livre IV, Chap.XXXVII, s v Agrimoine, p.551) de Pierandrea Matthioli (1501-1577), *l'Histoire des plantes* (1550), édit fr.Chap.XCI, s v Eupatoire ou Aigremoine p.172) de Leonart Fuchs (1501-1566), l'*Historia generalis plantarum* (1586), trad.1615, Tome II, Livre XI, Chap. XX, s v Agrimoine, p.144), de Jacques Daléchamps (1513 -1588), le *Stirpium Herbariae Pemptades sex* (1557), Chap.XXXVIII, s v Aigremoine, p. 45) de Rembert Dodoens (1517-1585),

Cf aussi Liebault, (*La Maison rustique*, édition de 1583, Livre II, Chap. 42, p.116 (cf supra Chap. 4, plante n° 44).

– 29. **Fumeterre** (Fumaria officinalis L.) (Papavéracées) :

> "*Fumaria*", parce que son jus fait pleurer les yeux comme la fumee. Elle est semee en bonne et grasse terre au Printemps, desire la bonne culture et l'arrousement en la secheresse. Par le seul frotter les yeux de cette herbe, la veuë en est esclaircie. Sa decoction purge la cholere par les urines : desopile le foie : nettoie les humeurs adustes : est bonne contre la gravelle." (6ème Lieu, Chap. XV, p. 614)

Note de l'édition de 1805 : "Fumeterre (fumaria officinalis). Cette herbe est vraiment utile à conserver dans les pharmacopées : sa principale propriété est de guérir les diverses affections cutanées ; elle paroît exercer cette action en donnant du ton aux vaisseaux, et en évacuant, soit par les selles, soit par les urines." (Tome 2, p. 480)

Olivier de Serres mentionne l'emploi de cette plante dans différents remèdes :

– "Quand la douleur de l'opilation (*i e* obstruction) du foie vient avec mal d'estomach, l'on la guerit par medecines laxatives ; et lorsqu'elle est accompaignee de douleur de dos et de reins, par choses apéritives, comme syrops de capilli-veneris et semblables… Et lorsque l'urine est fort tainte, neantmoins claire, le patient usera de vin de grenade, des syrops d'oxisacre, et de fumeterre ou de celui d'endivie, avec la decoction des pois ciches, pour lui subtilier le sang gros, terrestre, et melancolique engendré au foie, tel ne pouvant aller aux membres du corps, dont les veines en sont estoupees causant douleur au foie." (8ème Lieu, Chap.V, p 921)

– Contre la teigne, en Languedoc appelée Rasque : "Prenés suc de fumeterre, de scabieuse, du petit centauree, de parelle, et de campane, de chacun trois onces : tutie une once, moële vieille de porc quatre onces : huile de noix et cire, suffisante quantité, pour en faire onguent." (8ème Lieu, Chapitre 5, p 962). Dans une autre recette, c'est dans l'eau de fumeterre qu'il faut laver la terebenthine avant d'incorporer celle-ci dans un onguent." Et Olivier de Serres ne manque pas de remarquer :

> "Quelques fois avient qu'allons chercher loin ce qu'avons prés, et que medicamens de petit prix profitent autant que drogues bien cheres." (8ème Lieu, ChapV, p 962)

Après avoir noté qu'il existe différentes espèces de teigne, il propose ce remède pour celle qu'il appelle "sèche" : "Prenés quatre poignees de fumeterre, de patience et de racines de mauves : fleurs de camomille et melilot de chacun deux poignees : graine de lin, feves et lupins de chacun un quarteron. Faites les bouïllir en lexive de sarment et de bois de figuier : lavés-en la teste deux fois le jour : puis frottés-la de cest onguent. Prenés lard gras une livre : de fumeterre, de patience, et de lierre une poignee, hachés tout cela bien menu. Après aiés deux onces d'huile laurin : quatre onces d'huile de mastisch : demie once de terebenthine : quatre onces de jus de chous, pilés tout cela ensemble, et le laissés tremper et reposer l'espace de vingt-quatre heures, faites le tout bouïllir à la consomption du jus, coulés et en faites onguent : duquel frotterés la teste du patient après l'avoir lavee comme dessus, et la couvrirés d'une grande fueille de chou. Quatre jours aprés y ferés appliquer des cornets ou petites ventouses avec scarification, laissant escouler grande quantité de sang : reïterant deux ou trois fois la sepmaine, les lavement et liniment." (8ème Lieu, Chap. V, p 962-963)

Il propose aussi un onguent composé de nombreuses substances parmi lesquelles on relève celles-ci : une once de térebenthine fort claire et une poignée de fueilles de plantain, d'olivier sauvage, de fumeterre, de patience, de queuë de cheval, une grenade aigre-douce et une demie poignée de lierre. (8ème Lieu, Chap. V, p 963)

Le coin du jardinier d'aujourd'hui

Etymologie du nom de la plante.

Son nom vernaculaire a fait l'objet de différentes propositions d'explications. "Fumeterre" vient du latin "*fumus terrae*" car son feuillage grisâtre léger et vaporeux peut donner l'impression d'une sorte de fumée sortant de terre. Une autre interprétation veut que le suc de la plante fasse pleurer les yeux comme de la fumée ce qui explique aussi son nom d'herbe à la veuve. Le nom de "Fiel de terre" qui lui est aussi donné lui vient de son amertume. On l'appelle aussi Herbe à la jaunisse, Pisse-sang, Pied de Géline, Chausse rouge, Soupe au vin.

Description sommaire de la plante.

Plante annuelle, envahissante, qui se plaît dans les friches, les décombres, les prairies, mais aussi les champs de céréales, les potagers, les grandes cultures. Elle se plaît sur sols riches en azote et bien drainés. Sa racine est blanche et pivotante. La tige carrée, molle et glabre, souvent couchée, peut atteindre 70 cm de haut.elle porte des alternes, glauques, gris-vert, multipennées, avec des lobes lancéolés. Les fleurs, roses violacées, sont réunies en petites grappes assez denses (de 6 à 20 fleurs), s'épanouissent d'avril à octobre. Elles mesurent 1 cm, parfois moins, sont tubulaires, bilabiées et munies d'un éperon. Le fruit est une capsule sphérique verte ne renfermant qu'une graine.

Culture de la plante.

On la sème directement en place en plein soleil en tout début de printemps. Densité 9 à 12 au m^2.Elle se se ressème d'elle-même chaque année ; elle peut même devenir envahissante. C'est une plante toxique.

Récolte : la plante entière au moment de la floraison (au printemps).

Partie utilisée : la plante entière sans les racines.

Propriétés thérapeutiques selon les auteurs contemporains d'Olivier de Serres

Cette plante fait également l'objet de commentaires plus ou moins détaillés chez plusieurs auteurs d'ouvrage de Botanique du XVIème siècle qu'Olivier de Serres aurait pu consulter, notamment ceux-ci : les *Commentarii in sex libros Pedacii Dioscoridis* (1572) Livre IV, Chap. CV, s v Fumeterre, p. 614) de Pierandrea Matthioli (1501-1577), l'*Histoire des plantes* (1550), édit fr.Chap. CXXVIII, p 234) de Leonart Fuchs (1501-1566), l'*Historia generalis plantarum* (1586), trad.1615 Tome II, Livre XI, Chap. VIII, s v p. 182) de Jacques Daléchamps (1513 -1588), le *Stirpium Herbariae Pemptades sex* (1557), Chap.XV, s v Fumeterre, p. 18) de

Rembert Dodoens (1517-1585), cf. aussi Liebault. (*La Maison rustique* (édition de 1583, Livre 2, chapitre 42, p.121. (cf supra, Chap.4, plante n° 80).

Cf aussi supra, Crescens, Chap. 3, Les jardins de Crescens, Chap. 54.

– 30. **Fougere** (Dryopteris filix mas (L) Schott. (= Polystichum filix mas Roth.) et Pteridium aquilinum (L) Kuhn (= Pteris aquilina L.), la fougère mâle et (Athyrium filix-femina L = Polypodium filix-femina L., Asplenium filix-femina (L.) Bernh.), Aspidium filix-femina (L.) Sw.) la fougère femelle ou athyrium fougère-femelle. (Polypodiacées) :

> "vient en terre sablonneuse, toutesfois humide. Il y a masle et femelle. Ne fleurit, ne graine, contre la commune creance du vulgaire ignorant qui tient cette herbe fleurir et grainer la veille de la S.Jean d'Esté. Par plant est le seul moien de s'en engeancer. Sa decoction est bonne contre la vermine : sert aux femmes à enfanter, et à provoquer leurs mois. La poudre de ceste herbe desseche les plaies." (6ème Lieu, Chap.XV, p. 613)

Note de l'édition de 1805 : "Fougère (polypodium filix mas et fœmina). Le vulgaire, du temps de notre auteur, avoit raison : la fougère porte réellement des fruits qui sont agglomérés à la surface inférieure des feuilles, et qui mûrissent en été. Ses fleurs sont encore mal connues ; sa racine sert à l'expulsion du tœnia." (Tome 2, p. 480)

Olivier de Serres ne la cite pas dans les remèdes qu'il recommande à la mère de famille.

Le coin du jardinier d'aujourd'hui

Etymologie du nom de la plante.

"*Dryopteris*" vient du grec "*drus*", "chêne" et "*pteris*", "fougère". Les épithètes *filix mas* et *filix femina* n'ont pas pour objet de distinguer une plante mâle d'une plante femelle mais de distinguer la première de la seconde au motif qu'elle paraît plus robuste que la seconde qui semble plus gracile.

Description sommaire de la fougère mâle.

La fougère mâle ou Dryoptère est une plante herbacée qui se plaît dans les endroits frais, humides et ombragés, peu regardantes à la composition du sol. Toutefois elles sont calcifuges et se développent de préférence en terre de bruyère, en sol siliceux et riche en débris organiques et poreux On la trouve en bordure de haies et de fossés, sur les talus ombragés et frais et dans les bois de feuillus comme de résineux. Elle possède un rhizome épais et brunâtre portant des racines noires sur sa partie inférieure. De la souche courte, épaisse et écailleuse, partent les frondes qui forment de grandes touffes, et mesurent de 30 à 150 cm de long. Peu nombreuses, elles sont bipennées. Le pétiole, court et robuste est prolongé par une feuille lancéolée et dentée. Pétiole et rachis portent de nombreuses écailles rousses. Les sores ou amas de sporanges, sont assez gros, en forme de rein et sont protégés par une indusie, qui persiste assez longtemps. Ces sores forment deux lignes rapprochées de la nervure médiane et couvrent à peine les deux tiers supérieurs du lobe. La période de sporulation se déroule de juin à septembre et les spores sont disséminées par le vent.

Culture de la plante.

Récolte : on récolte les rhizomes quand les frondes sont flétries, de novembre à mars. On recueille les feuilles à leur plein épanouissement.

On fait germer les spores placées en terrines à l'automne sur une couche chaude de légère terre de bruyère et, au printemps, on repique en place les jeunes plantules.

Description sommaire de la fougère femelle

La fougère femelle doit son nom scientifique "*Athyrium*" du grec "thurion", "petite porte", à l'indusie qui est fixée à la fronde comme une charnière de porte qui s'ouvre à maturité. Elle présente un port en rosettes, partant d'un rhizome dressé, écailleux. Les frondes, d'aspect fragile et de consistance peu coriace mesurent de 35 à 100 cm et sont de couleur vert tendre. Elles ont une forme fuselée et sont divisées (= pennées) deux ou trois fois. Les folioles sont nettement plus finement découpées que celles de la fougère mâle, ce qui la distingue notamment de celle-ci. Bien que ses spores engendrent une formation bisexuée, elle a cependant conservé la dénomination de fougère femelle en comparaison de sa fragilité apparente par rapport à la fougère mâle dont l'aspect est plus robuste. Les divisions primaires sont triangulaires et lancéolées, elles sont elles-mêmes découpées quinze à trente fois. Ces divisions secondaires sont également lancéolées et leurs lobes sont terminés par deux à quatre dents. Le pétiole est bien plus court que le limbe et porte au niveau de sa base quelques écailles de couleur brune en forme de spatule. Les sores, portés sur la face inférieure des frondes, ont un aspect allongé, plus ou moins en forme de rein. Les sores sont protégés par des indusies persistantes, étroites, aux bords frangés. La période de sporulation se situe de juin à septembre et la dissémination des spores s'effectue par le vent.

Culture de la plante.

Mêmes recommandations que pour la fougère mâle.

Propriétés et utilisations.

Le rhizome a souvent été substitué en pharmacie à celui de la fougère mâle, de nombreux usages médicinaux portant sur l'accouchement et les menstruations.

Propriétés thérapeutiques selon les auteurs contemporains d'Olivier de Serres

Cette plante fait également l'objet de commentaires plus ou moins détaillés chez plusieurs auteurs d'ouvrage de Botanique du XVIème siècle qu'Olivier de Serres aurait pu consulter, notamment ceux-ci : les *Commentarii in sex libros Pedacii Dioscoridis* (1572) Livre IV, Chap. CLXXVIII, s v Feuchiere masle et CLXXIX, s v Feuchiere femelle p. 675) de Pierandrea Matthioli (1501-1577), l'*Histoire des plantes* (1550, édit fr.Chap. CCXXVII, s v Feuchere, p.409) de Leonart Fuchs (1501-1566), l'*Historia generalis plantarum* (1586), trad.1615 Tome II, Livre XI, Chap. VIII, s v Feugiere, p. 118 à p. 122) de Jacques Daléchamps (1513 -1588), le *Stirpium Herbariae Pemptades sex* (1557), Livre III, Chap.LX, s v Feuchiere, p. 273) de Rembert Dodoens (1517-1585),

Cf. aussi Liebault, (*La Maison rustique*, édition de 1583, Livre 2, Chap. 42, p.120). (cf. supra. Chap. 4, plante n° 77).

– 31. **Mourron :** Olivier de Serres distingue le mouron rouge ou mouron des champs mâle: Anagallis arvensis L. spp Anagallis phoenica Scop. et le mouron bleu ou mouron des champs femelle : Anagalis arvensis L spp Anagallis foemina Mill., ou Anagallis arvensis L. spp Anagallis caerulea Schreber, ou Anagallis arvensis subsp. foemina (Mill.) Schinz & Thell., Anagallis arvensis subsp. caerulea Hartm. (Primulacées)

> "désire bonne et grasse terre, humide, non seche. En ceste plante se voient masle et femelle, qu'on distingue par la couleur de leurs fleurs, le masle les portant incarnates, et la femelle bleues. Par semence l'on s'en engeance, mais plustost par racines, dont l'on treuve en abondance dans les prairies. Comme diverses en sont leurs fleurs, aussi diverses propriétés a ceste herbe. Les inflammations et obscurité des yeux, aussi les inflammations des parties honteuses, sont gueries par le Mourron à fleurs rouges ; lequel faict avaler le boiau du fondement quand on l'en frotte ; comme par le contraire, iceluy boiau est retenu par le Mourron à fleurs azurees ; qui en outre tue les cirons des mains, et en guerit la gratelle, quand on lave les mains de l'eau où telle herbe aura bouïlli." (6ème Lieu, Chap. XV, p. 614)

Note de l'édition de 1805 : "Mourron (anagallis arvensis). Les propriétés attribuées à cette plante par Olivier de Serres ne sont admises par aucun praticien moderne, et je ne vois pas même qu'elles aient été autrefois affirmées par aucun médecin distingué ; on a beaucoup vanté le mouron comme remède de la rage, de la manie et de la mélancolie ; mais ces prétendues vertus sont plus que douteuses." (Tome 2, p. 480)

Olivier de Serres la mentionne peu. Il en note l'emploi pour le traitement des cirons et grtatelles : - Aux cirons et gratelles est bonne la decoction de mourron à fleurs bleuës, s'en lavant les mains." (8ème Lieu, Chap. V, p 963)

Le coin du jardinier d'aujourd'hui

Etymologie du nom de la plante.

Son nom "*anagallis*" vient du grec composé de "*ana*", "en haut" et "*agallô*", "orner, parer, fleurir", ce qui pourrait faire référence à l'ouverture et à la fermeture des fleurs qui s'épanouissent l'après midi, se ferment le soir et s'ouvrent à nouveau le lendemain matin, selon les conditions environnementales. Le nom qui lui est donné pourrait aussi avoir pour origine le verbe grec "*anagelaô*" qui signifie "j'éclate de rire", car on prêtait à la plante des propriétés hillarantes. Matthioli note qu'on l'appelle dans les boutiques *Morsus gallinae*.

Description sommaire de la plante.

Le mouron rouge est une plante herbacée annuelle qui pousse dans les friches, les décombres, les lieux fertiles et cultivés comme les vignes et les champs labourés, au bord des chemins, jusqu'à une altitude de 1 200 m, de préférence aux endroits ensoleillés et sur les sols acides. L'anagallis forme une touffe de petit développement, étalée, très ramifiée, rampante ou dressée, haute de 5 à 40 cm et large de 50 à 60 cm. Ses feuilles sont petites, opposées, sans pétiole, ovales ou lancéolées, étalées, caduques, épaisses, vert franc ponctué de petits points noirs au revers, sans poils, présentant 3 à 5 nervures principales ; elles s'insèrent sur des tiges quadrangulaires, souples, dressées, très ramifiées. Elles sont rarement verticillées par 3 à 5 dans le haut des tiges. Sa floraison dure de mai jusqu'aux premières gelées. Elle est constituée de petites fleurs solitaires, à aisselle des feuilles sur des des pédicelles égaux, voire plus longs que les feuilles qui les sous-tendent ; elles sont rouge brique ou bleu gentiane, hermaphrodites ; la corolle dont les lobes, entiers ou crénelés, se chevauchent, est à 5 pétales, à 5 étamines roses et anthères jaune vif, qui ne s'ouvrent qu'en présence du soleil : elles se referment vers la mi-journée et à l'approche de la pluie. Notons que malgré le nom commun de cette plante, faisant référence à ses fleurs rouges, elle peut en effet offrir des fleurs bleues. Les fruits sont des pyxides qui donnent de nombreuses graines dont la dissémination s'effectue sur place par simple gravité.

Le mouron bleu (Anagallis foemina Mill.) présente quelques différences par rapport au mouron rouge : il est caractérisé par ses feuilles plus étroites et lancéolées, des pédicelles plus longs ou aussi longs (ou rarement plus courts) que les feuilles qui les sous-tendent, des lobes de la corolle plus étroits et ne se chevauchant pas. Il préfère les sols argilo-calcaires.

Culture de la plante

Il s'agit essentiellement du mouron rouge.

Il faut la semer sous abri, de février à début avril dans un mélange léger et mettre en place les plants à 30 cm les uns des autres en automne ou en mars-avril dans les régions douces, en mai dans les régions plus froides pour une floraison à partir de juillet. On peut aussi la semer en fin d'été, en août-septembre, hiverner les jeunes plants en pot à l'abri du gel, et mettre en place en avril, pour une floraison dès mai. On peut aussi semer directement en place en avril-mai, pour une floraison d'août jusqu'aux gelées. Il est conseillé de pincer les extrémités des tiges lorsque la plante est encore jeune pour obtenir une plante bien ramifiée et plus étalée, d'arroser régulièrement afin de conserver le substrat légèrement humide, d'apporter de l'engrais trois ou quatre fois dans la saison, de diviser régulièrement les souches car l'anagallis a une durée de vie assez courte.

Parties utilisées : la plante fleurie récoltée pendant la floraison.

Propriétés thérapeutiques selon les auteurs contemporains d'Olivier de Serres

Cette plante fait également l'objet de commentaires plus ou moins détaillés chez plusieurs auteurs d'ouvrage de Botanique du XVIème siècle qu'Olivier de Serres aurait pu consulter, notamment ceux-ci : les *Commentarii in sex libros Pedacii Dioscoridis* (1572) Livre II, Chap. CLXXIIII, p. 362) de Pierandrea Matthioli (1501-1577), l'*Histoire des plantes* (1550), édit fr.Chap. VI, s v Mourron, p.15) de Leonart Fuchs (1501-1566), l'*Historia generalis plantarum* (1586), trad.1615 Tome Second, Livre XI, Chap. XII, p. 131) mâle et femelle de Jacques Daléchamps (1513 -1588), le *Stirpium Herbariae Pemptades sex* (1557, Première Partie, Livre II, Chap.XXXVI, s v Mouron, p. 42) de Rembert Dodoens (1517-1585).

Cf. aussi Liebault (*La Maison rustique* (édition de 1583, Livre 2, chapitre 42, p.121). (cf. supra. Chapitre 4, plante n° 85).

– 32. **Serpentaire** (Dracunculus vulgaris Schott. = Arum dracunculus L.) (Aracées) :

> "Il y en a de deux sortes, l'une grande, l'autre petite. Ceste herbe a esté ainsi appellee à cause du serpent qu'elle represente en sa figure, le sommet de la plante semblant la teste d'un serpent, et son tige moucheté et tascheté de rouge et de jaune, lui en marque presque la couleur. Deux autres causes lui donnent aussi tel nom : l'une, que ceste plante sort de terre au Printemps et se recache en l'Automne, comme le serpent. Que les serpents fuient celui qui porte ceste herbe, et que son suc donné à boire, est singulier remede contre la morsure des serpens. Ceste plante demande bonne terre et humide, ne se logeant jamais en mauvaise et seche. Semblable lieu lui appresterons-nous au jardin, l'y plantant ou semant, selon la commodité qu'aurons de plant ou de semence. Ses racines sont bonnes contre la courte haleine, et toux difficiles : contre les ulceres malings. La decoction de ses fueilles arreste les fleurs des femmes. Leur suc esclarcit la veuë, et fait fondre les verrues: et le fruict, les chancres. Les fueilles de ceste plante, preservent les fourmages de corruption, quand l'on les en enveloppe." (6ème Lieu, Chap.XV, p. 614)

Note de l'édition de 1805 : "Serpentaire (aristolochia serpentaria). Sa racine peut être employée avec économie, contre les fièvres intermittentes, à la place du quinquina, ou mélangé avec lui." (Tome 2, p. 480)

Olivier de Serres n'en mentionne l'emploi que dans la préparation de quelques remèdes :

– "pour les lentilles qui sont au visage : l'on usera (entre autres remèdes) de l'eau distillee de la graine de raves, et des racines de grande serpentaire, aians trempé ensemble en eau exposee au Soleil, les quatre jours precedens." (8ème Lieu, Chap.V, p 969)

– "pour oster les marques de la petite Verolle (entre autres eaux distillees) celle des racines de grande serpentaire. Lesquelles eaux, emploierés separees ou meslangees, comme il vous plairra, dont laverés la face sur le soir allant au lict, l'aiant au preallable estuvee à la vapeur de l'eau chaude, ou la decoction de bale d'avoine, pour la preparer à recevoir la vertu des eaux et autres remedes." (8ème Lieu, Chap. V, p 971-972)

– contre les verrues : Le jus des fueilles de grande serpentaire, les fait fondre" (8ème Lieu, Chap. V, p 976)

Le coin du jardinier d'aujourd'hui

Etymologie du nom de la plante.

Cf. l'explication donnée par Olivier de Serres ; appelée aussi Serpentaire commune, Petit dragon commun ou Gouet serpentaire.

Decription sommaire de la plante.

A ne pas confndre avec la Serpentaire rouge (Bistorta officinalis) (Polygonacées).

C'est une plante herbacée vivace qui pousse naturellement aussi bien en terrain aride (maquis, garrigue) que sous le couvert de feuillus, de préférence en sol argilo-calcaire. De croissance rapide, la plante a une taille de 0,6 à 1 m de haut. Elle naît au printemps d'un tubercule de 3-4 cm de diamètre. Elle présente une grosse tige zébrée de noir et de vert pâle mouchetée de pourpre rappelant la peau d'un reptile qui porte 3 ou 4 feuilles digitées, incurvées, engainant, au bout de longs pétioles, avant de donner naissance à l'inflorescence. Les limbes sont vert foncé brillant, souvent veinés de blanc, le long des nervures qui sont vert clair et se divisent en 9 à 13 lobes ondulés formant un demi-cercle. L'inflorescence qui a lieu en mai –juin. La spathe, une bractée (feuille modifiée) spectaculaire rouge pourpre à l'intérieur et verte à l'extérieur forme un cône largement ouvert, à bords ondulés qui entoure le spadice, comportant dans sa partie basale de minuscules fleurs mâles noires surmontant les fleurs femelles jaunes. L'extrémité du spadice fusiforme évoque la pique ou la langue d'un dragon crachant le feu. Le feuillage disparait après la floraison (plante geophyte ou cryptophyte).

Son inflorescence dégage une odeur de viande en décomposition pour attirer les insectes pollinisateurs, principalement les mouches.

Les fruits sont des baies rouge-orangé à maturité, toxiques.

Culture de la plante.

La plantation s'effectue au moment où la plante entre en repos en automne (septembre-octobre), en sol au Ph indifférent mais bien drainé, au soleil ou à mi-ombre, dans un endroit chaud et protégé du froid, à raison de 3 plants au m^2. On procède par division du tubercule ou transplantation de petits tubercules émis par le tubercule qu'il suffit d'en détacher. On peut aussi semer les graines au printemps dans un large bac à l'abri et transplanter les plants.

Récolte en avril-juillet des parties utilisées: les feuilles.

Propriétés thérapeutiques selon les auteurs contemporains d'Olivier de Serres

Cette plante fait également l'objet de commentaires plus ou moins détaillés chez plusieurs auteurs d'ouvrage de Botanique du XVIème siècle qu'Olivier de Serres aurait pu consulter, notamment ceux-ci : les *Commentarii in sex libros Pedacii Dioscoridis* (1572 Livre II, Chap. CLX, s v la grande serpentine et CLXI, s v la petite serpentine p. 349) de Pierandrea Matthioli (1501-1577), l'*Histoire des plantes* (1550, édit fr.Chap. LXXXVI s v grande serpentaire p. 164) de Leonart Fuchs (1501-1566), l'*Historia generalis plantarum* (1586, trad.1615 Tome Second, Livre XV, Chap. XXVI, p. 468) de Jacques Daléchamps (1513 -1588), le *Stirpium Herbariae Pemptades sex* (1557, Livre 3, Chap.VI, s v Serpentaire ou Serpentine, p. 215) de Rembert Dodoens (1517-1585).

Cf aussi Liebault (*La Maison rustique* (édition de 1583, Livre II, Chap. 42, p.117). (cf. supra. Chap. 4, plante n° 59).

Cf aussi supra Crescens, Chap. 3, Les jardins de Crescens, Chap. 121.

– 33. **Gleteron** ou **Glouteron** (Arctium lappa L.) (Asteracées) :

> "dict aussi Bardane et Personata en Languedoc, Lampourde, vient facilement de racine et de semence en terre seche et maigre, sans beaucoup se soucier de culture. Contre les flegmes pourris et crachement de sang, est bonne la graine de ceste herbe, beuë en vin ou potage : appaise les douleurs des jointures causees de coups : rompt le calcul : arreste la dissenterie. Sa fueille broiee et appliquee sur vieux ulceres, les guerit : et aussi oste le venin procedant de morsure de chien enragé, de serpent, et d'autres bestes malignes. Et y ajoustant la graine et les racines, le tout appliqué sur les escroüelles, y sert de bon remede." (6ème Lieu, Chap.XV, p. 615)

Note de l'édition de 1805 : "Gleteron (arctium lappa). La décoction de la bardane est très-utilement employée pour exciter les urines, et provoquer la transpiration. Sans croire à toutes les propriétés citées par notre auteur, on ne peut disconvenir que cette herbe ne soit d'une véritable utilité." (Tome 2, p. 480)

Olivier de Serres recommande d'utiliser cette plante

– pour toutes sortes de fièvres : "L'eau distillee de glouteron, herbe appellee en Languedoc, lampourdes et rapoules, beuës au matin, la quantité de quatre onces, est fort bonne contre toutes sortes de Fievre." (8ème Lieu, Chap. V, p 942)

– "pour meurtrisseures à cause de coups receus, par cheute ou autrement, où il y a contusion et ternisseure, sont bons ces remèdes. Appliquer contre les douleurs des jointures venans de fraction, la racine de glotteron, en Languedoc ditte, lampourdes, broiee et meslee avec de l'huile d'olive. "(8ème Lieu, Chap.V, p 956)

– pour guérir les brûlures : "cataplasme fait de feuilles de glouteron pilees avec blancs d'œuf." (8ème Lieu, Chap. V, p 961)

Le coin du jardinier d'aujourd'hui

Etymologie du nom de la plante.

La Grande Bardane (Arctium lappa L.). "*Arctium*" vient du grec "*arktion*", "velu comme un ours" ("*arctos*"). L'épithète *lappa* dérive du grec "*lambanô*", "prendre, accrocher", par allusion aux pointes terminant les bractées de l'involucre qui s'attachent aux vêtements des passants et permettent la dissémination des graines de la plante. Pourrait aussi provenir du latin "*bardana*", "barbue". La plante est également appelée Bardane officinale ou Bardane commune, Herbe aux pouilleux. Herbe aux teigneux, Peignerolle, Oreille de géant, Grippe-Copeau.

Description sommaire de la plante.

Plante herbacée annuelle ou bisannuelle Elle préfère un sol frais, profond, riche en humus et une exposition ensoleillée. Sa racine pivotante est charnue, assez longue (jusqu'à 50 cm), brune à l'extérieur, blanche à l'intérieur. La tige unique, dressée, striée et très rameuse, souvent velue et rougeâtre peut atteindre 1,5 m de haut. Ses grandes feuilles alternes, largement ovales, obtuses, cordiformes à la base, ondulées sur les bords, vertes dessus, blanchâtres et pubescentes avec des nervures en dessous, à long pétiole. Les fleurs, sans pédoncule, tubulées, violettes, sont groupées en capitules globuleux réunis en grappes. Elles apparaissent de juillet à septembre). Les capitules rose pourpré sont entourés d'un involucre formé de bractées très nombreuses se recouvrant les unes les autres, les bractées externes et moyennes, plus longues que les fleurs sont terminées par une pointe recourbée formant un crochet, les bractées internes qui seules portent les fleurs à leur aisselle, sont membraneuses, transparentes, dentées, sans être terminées en crochet. Les fleurs de couleur rose, en tube sont hermaphrodites. Les fruits sont des akènes grisâtres de 5 à 6 mm de long, comprimés, à courte aigrette, entourés sur le réceptacle de touffes de poils jaunâtres raides.

Culture de la plante.

La culture se pratique à partir des graines dès leur maturité. On peut semer en place, assez profondément, entre 30 et 40 cm, en juin-juillet ou en pépinière en février-mars pour être transplanté en place en avril-mai, en plein champ. Densité : 10 au m2. La racine se récolte au printemps de la deuxième année : les feuilles en mai-juin.

Parties utilisées : racine et feuille. Elle est également cultivée comme plante potagère et sa racine consommée comme légume.

Propriétés thérapeutiques selon les auteurs contemporains d'Olivier de Serres

Cette plante fait également l'objet de commentaires plus ou moins détaillés chez plusieurs auteurs d'ouvrage de Botanique du XVIème siècle qu'Olivier de Serres aurait pu consulter, notamment ceux-ci : les *Commentarii in sex libros Pedacii Dioscoridis* (1572) Livre IV, Chap LXXXVIII, s v Grateron, p. 458 et Chap. CII, s v Glouteron, p. 612) de Pierandrea Matthioli (1501-1577), l'*Histoire des plantes* (1550), édit fr.Chap. XXIII, s v Gleteron, p 54) de Leonart Fuchs (1501-1566), l'*Historia generalis plantarum* (1586), trad.1615 Tome I, Livre V, Chap. XXXVIII, s v Grand Gloutteron, p. 921 et Chap. XXXIX Petit Goutteron, p.923) de Jacques Daléchamps (1513 -1588), le *Stirpium Herbariae Pemptades sex* (1557), Chap.VIII, sv Glouteron, p. 11) de Rembert Dodoens (1517-1585),

Cf aussi Liebault (*La Maison rustique* (édition de 1583, Livre II, Chap. 42, p.112). (cf. supra. Chap 4, plante n° 17).

– 34. Scrophulaire (Scrofularia L peut-être Scrofularia nodosa L.) (Scrofulariacées) :

> "a prins ce nom des Escroüelles, nommees Scrophules, qu'elle guérit. Est herbe de terre humide et marescageuse, ne pouvant vivre en seche. Tel lieu donques nous lui preparerons, et dont le fond sera fertile, l'y semant au mois de Mars, si n'avons la commodité de plant enraciné. Sa principale vertu, est de guerir les escroüelle, comme a esté dit, les frottant d'un unguent qui se fait des racines de ceste herbe. "(6ème Lieu, Chapitre 15, p. 615)

Note de l'édition de 1805 : "Scrofulaire (scrofularia nodosa). Elle est maintenant hors d'usage ; son introduction dans la médecine date du temps où l'on croyoit que les parties des plantes devoient guérir les maladies avec lesquelles elles avoient quelque ressemblance extérieure (1) ; ainsi la racine de la scrophulaire étant noueuse, on a cru qu'elle devoit guérir les tumeurs scrophuleuses." (Tome 2, p. 480) (1) allusion à la "Théorie des signatures" cf. Notre Flore médicale des signatures (L'harmattan 2016)

Olivier de Serres cite cette plante dans la composition de quelques remèdes :

– pour la Roigne, il juge que ce liniment sera fort salutaire : "Prenés racine de scrofulaire, qu'aurés tiré de terre en Automne, nettoiee et purgee, pilés-la avec beurre frés, et la mettés dans un pot de terre vitree, bien couvert, lequel reposerés en quelque lieu humide, douze ou quinze jours, soudain le beurre se fondra. Coulés-en la liqueur, et la gardés pour en oindre la Roigne." (8ème Lieu, Chap.V, p 964)

– pour combattre la couperose : "Lavés souvent le visage de l'eau composee d'une livre d'eau roze, en laquelle aurés trempé une once de camphre et autant de soulfre, subtilement pulverisés, myrrhe et encens, de chacun demie once, et le tout meslé ensemble, mis dans une fiole de verre exposee au Soleil ardent, douze ou quinze jours... Ou en eau de racines de scrofulaire : ou des fleurs de bouïllon-blanc, avec peu de camphre." (8ème Lieu, Chap.V, p 967)

Le coin du jardinier d'aujourd'hui

Etymologie du nom de la plante.

Cf. supra l'explication d'Olivier de Serres. Le nom scientifique "Scrophularia nodosa" lui a été attribué du fait que la plante présente un aspect globuleux et verdâtre, et en raison de son utilisation traditionnelle comme remède pour la scrofule, une infection tuberculeuse des ganglions lymphatiques dans le cou, les ganglions ressemblant à la forme bulbeuse de rhizomes. On l'a aussi appelée communément Scrofulaire noueuse, Scrofulaire des bois, Orvale, Agrouelle ou encore la murraine, Herbe aux écrouelles.

Description sommaire de la plante

C'est une plante herbacée vivace. Elle se plaît surtout dans les zones humides, souvent à basse altitude, au niveau des terres acides et ombragées, souvent à la lisière des forêts où elle vit principalement en colonie denses. La partie souterraine se compose d'un gros rhizome brun qui présente de nombreuses nodosités. Sa tige pleine, raide, mesurant de 60 cm à 1.5m de haut, pleine et quadrangulaire porte des feuilles opposées, pétiolées, triangulaires, lancéoles, aigües, profondément dentées, irrégulières, plus larges à la base, aux nervures saillantes. Les fleurs, hermaphrodites, sont disposées en une longue panicule étroite glanduleuse. Elles apparaissent de juin à septembre sont verdâtres et brunes, longuement pédonculées, ont un calice à divisions ovales presque égales et bord membraneux étroit, une corolle de 6 à 9 mm, très irrégulière, à lèvre inférieure trilobée, supérieure plus longue bilobée, munie en dedans d'une petite écaille. Le fruit est une capsule ovoïde mesurant de 6 à 10 mm apiculée, s'ouvrant par 2 valves. Les graines, très petites sont rugueuses et présentent des crêtes dentées.

Culture de la plante.

La plantation se réalise au début du printemps afin de profiter des premières fleurs dès le mois d'avril-mai. Elle demande peu d'entretien Elle croit rapidement sur de nombreux types de sols (argileux, calcaire, sableux, caillouteux et humus, mais préfère les sols humides à détrempés à l'ombre ou au soleil. Le pH du sol doit être neutre à basique. On peut aussi récolter les graines après la floraison, les semer en caissettes en pépinière au printemps pour une levée, qui prend 2 à 4 semaines.Les plants peuvent être repiqués en place s à une distance de 40 x 40 cm.

Récolte de mai à septembre des parties utilisées : la racine et des feuilles.

Propriétés thérapeutiques selon les auteurs contemporains d'Olivier de Serres

Cette plante fait également l'objet de commentaires plus ou moins détaillés chez plusieurs auteurs d'ouvrage de Botanique du XVIème siècle qu'Olivier de Serres aurait pu consulter, notamment ceux-ci : les *Commentarii in sex libros Pedacii Dioscoridis* (1572) Livre IV, Chap. XC, s v Ortie puante p. 603), de Pierandrea Matthioli (1501-1577), l'*Histoire des plantes* (1550, édit fr. Chap. LXXI, s v Herbe aux chats ou Ortie puante, p 138) de Leonart Fuchs (1501-1566), l'*Historia generalis plantarum* (1586), trad.1615 Tome II, Livre XI, Chap. XVII, p. 141) s v ortie puante) de Jacques Daléchamps (1513 -1588), le *Stirpium Herbariae Pemptades sex* (1557), Chap.XXX, s v grande scrofulaire, p. 34) de Rambert Dodoens (1517-1585),

Cf. aussi Liebault qui évoque notamment la théorie des signatures pour expliquer la croyance en ses propriétés (*La Maison rustique* (édition de 1583, Livre II, Chap. 42, p.120). (cf. supra. Chapitre 4, plante n° 75).

– 35. **Arreste bœuf** (Ononis spinosa subsp. antiquorum (L.) Arcang. (Fabacées) :

> "Herbe cognuë des laboureurs, par eux ainsi premierement appellee, pour l'empeschement que ses racines lui donnent en labourant, jusques à arrester ses bœufs. Elle est des Grecs ditte Ononis, à cause que les asnes, appellés Onos en ladite langue se veautrent agreablement sur ses racines. Vient en toute terre, mais non tant fort en maigre et seche, qu'en grasse et humide, desirant aussi le frequent labourage. Par racines l'on s'en engeancera au Printemps ou en l'Automne. L'escorce de sa racine nettoie la gravelle, rompt la pierre : provoque l'urine. La decoction de sa racine oste les douleurs des dents : avance les mois des femmes ; desopile la rate et le foie. L'eau qui est distilee de ceste herbe avec sa racine, sert à tous ces remedes-là, et très-opportunément durant l'année defaillans les herbes." (6ème Lieu, Chap. XV, p. 615)

Note de l'édition de 1805 : "(ononis spinosa)" (Tome 2, p. 480)

La plante est peu citée par Olivier de Serres dans la composition des remèdes. On relève toutefois cette mention :

– Pour arrêter le flux excessif des hémorroïdes "la decoction d'arreste-bœuf faite en vin et eau, y sert beaucoup." (8 ème Lieu, Chap. 5, p. 930)

Le coin du jardinier d'aujourd'hui

Etymologie du nom de la plante.

Cf. les explications données par Olivier de Serres. L'appellation "Arrête-Bœuf" évoque la résistance des racines lors du passage de la charrue. "*Ononis*" vient du grec "*onôs*", "âne", et "*oninemi*", "plaire". C'est la plante qui plaît aux ânes.

Description sommaire de la plante.

La bugrane épineuse est une plante herbacée vivace Elle se plaît sous des climats tempérés, dans les prairies et les pâturages secs, au bord des chemins et des champs ainsi que dans les régions tourbeuses et les dunes de sable, exposées au soleil, principalement dans les terres argileuses ou calcaires, au sol suffisamment meuble et au pH plutôt basique. Elle supporte mal l'humidité. Sa racine est pivotante, non traçante, développée qui en assure la multiplication. Ses tiges sont cylindriques, poilues sur 2 lignes, ligneuses à la base, de 10 à 80 cm de haut, dont les rameaux se transforment souvent en épines souvent géminées. Les feuilles sont alternes et courtement pétiolées. Les feuilles inférieures sont composées, pennées à 3 folioles, entières et glabres tandis que les feuilles supérieures, les plus jeunes, sont petites et simples à folioles linéaires, oblongues, dentées. Elles présentent des stipules verts, triangulaires à lancéolés, persistants et soudés à la base du pétiole. Les fleurs qui sont roses mais peuvent être blanches ou lilas sont isolées à l'aisselle des feuilles florales qui n'ont qu'une foliole. L'ensemble des feuilles unifoliolées et des fleurs forme une sorte de grappe terminale feuillée, plus ou moins allongée. Leur calice monosépale est composé de 5 lobes et fortement poilu. La corolle est papilionacée, composée d'un étendard strié, redressé et orbiculaire, d'ailes étroites et oblongues à l'extrémité incurvée et pointue et d'une carène. Le fruit est une gousse déhiscente, réniforme, dépassant peu le calice, contenant 1 à 3 graines.

Culture de la plante.

Il est conseillé de semer à une exposition très ensoleillée et un sol bien drainé, plutôt calcaire (ou basique), sableux, caillouteux ou argilo-calcaire. La plante ne supportant guère les transplantations, son emplacement devra être choisi avec soin, afin de laisser la plante s'installer définitivement, à raison de 2 plants au m^2. La multiplication des bugranes s'effectue par la racine et la plante peut devenir envahissante. Récolte en mars-avril et en septembre de la partie utilisée, la racine.

Propriétés thérapeutiques selon les auteurs contemporains d'Olivier de Serres

Cette plante fait également l'objet de commentaires plus ou moins détaillés chez plusieurs auteurs d'ouvrage de Botanique du XVIème siècle qu'Olivier de Serres aurait pu consulter, notamment ceux-ci : es *Commentarii in sex libros Pedacii Dioscoridis* (1572) Livre III, Chap.

XVIII, s v Arrestebeuf p. 391) de Pierandrea Matthioli (1501-1577), *l'Histoire des plantes* (1550), édit. fr., Chap. XVIII, s v Bugraves ou Arrestebeuf, p 43) de Leonart Fuchs (1501-1566), l'*Historia generalis plantarum* (1586, trad.1615 Tome I, Livre IV, Chap. XL, p.376) de Jacques Daléchamps (1513 -1588), le *Stirpium Herbariae Pemptades sex* (1557, Chap.X, s v Arreste beuf, p. 468) de Rembert Dodoens (1517-1585).

Cf aussi Liebault, (*La Maison rustique* (édition de 1583, Livre II, Chap. 42, p.119). (cf. supra. Chap.4, plante n° 69).

– 36. **Piloselle** (Hieracium pilosella L) (syn Pilosella officinarum (Astéracées = Composées-Chicoracées).

> "Se plaist en terre sabloneuse et seche, et de n'estre beaucoup cultivee. Là donques nous la logerons, et ainsi la traicterons ; mais ce sera plustost par plant enraciné que nous nous engeancerons, que par semence ; et au Printemps, qu'en l'Automne. Ceste herbe sert à guerir la dissenterie : et le flux de la matrice : aussi à consolider les plaies. Elle constipe tellement les beste à laine qui en mangent, que le plus souvent elles en meurent. Le jus de ceste herbe est emploié à la composition d'une trempe pour espees et cousteaux, si excellente, que les instrumens qui en sont preparés, coupent le fer comme le bois, tant il est efficacieux. "(6ème Lieu, Chap.XV, p. 615)

Note de l'édition de 1805 : "Piloselle (hieracium pilosella).Tout à fait hors d'usage." (Tome 2, p. 480)

Olivier de Serres ne la mentionne pas dans la composition de ses remèdes.

Le coin du jardinier d'aujourd'hui

Etymologie du nome de la plante.

Hieracium vient du grec ancien "Hierax", faucon, épervier, en raison d'une croyance populaire qui voulait que ces oiseaux en buvaient le suc afin de fortifier leur vue. Pilosella vient du latin "pilosus", poilu, dérivé de "pilus", poil, qui se rapporte aux nombreux poils dont la plante est couverte. Elle est aussi appelée Épervière piloselle, Oreille de souris, Oreille de rat, Piloselle de rat, Herbe à l'épervier ou Veluette.

Description sommaire de la plante.

Plante herbacée vivace commune sur les sols arides secs et pauvres, dans les landes à bruyères, les remblais et les clairières, sur les rocailles, dans les tourbières. Elle est stolonifère, d'une hauteur de 7 à rarement 30 cm, présentant autour de son pied des rejets allongés qui portent des rosettes de feuilles oblongues, entières, grisâtres dessous, hérissées de longs poils raides. Inflorescence en capitule généralement solitaire. Les fleurs sont d'un jaune clair, toutes ligulées s'épanouissent de mai à octobre.. Les fruits sont des akènes surmontés d'une aigrette de poils fins.

Culture de la plante.

On peut semer sous abri en mars –avril, ou en extérieur en mai-juin. La plantation s'effectue au printemps ou en automne, en dehors des périodes de gel, avec un espacement de 40 cm entre les plants. Le sol doit être de préférence léger mais la Piloselle s'acclimate facilement de tous les types de sol. L'exposition doit être ensoleillée ou mi-ombragée. Elle demande peu d'entretien. La multiplication s'effectue par division en automne ou au printemps.

Parties utilisées : la plante entière. Récolte en août - septembre.

Propriétés thérapeutiques selon les auteurs contemporains d'Olivier de Serres

Cette plante fait également l'objet de commentaires plus ou moins détaillés chez plusieurs auteurs d'ouvrage de Botanique du XVIème siècle qu'Olivier de Serres aurait pu consulter, notamment ceux-ci : les *Commentarii in sex libros Pedacii Dioscoridis* (1572) Livre III, Chap. LXIII, s v Hieracium p. 435) de Pierandrea Matthioli (1501-1577), l'*Histoire des plantes* (1550), édit fr.Chap. CXXI, s v Cichoree jaune, p 222) de Leonart Fuchs (1501-1566), l'*Historia generalis plantarum* (1586), trad.1615 Tome I, Livre V, Chap. XVI, s v Herbe à l'espervier, Hieracium, p.480) de Jacques Daléchamps (1513 -1588), le *Stirpium Herbariae Pemptades sex* (1557), Livre V, Chap.XIV, s v Hieracium, p. 389) de Rembert Dodoens (1517-1585).

Cf aussi Liebault (*La Maison rustique* (édition de 1583, Livre II, Chap. 42, p.120). (cf. supra. Chap.4, plante n° 73).

– 37. **Absinte Romain** ou **Pontique**, Marin et Vulgaire (Artemisia absinthium L.) (Asteracées)

"Est dict aussi Alvine pour sa grande amertume, comme celle de l'Aloés : aussi Fort, c'est à dire, fort amere, ainsi distingué et appellé. Le païs de Xainctonge est remarqué pour la production de telle plante, où elle croist en perfection de bonté. Ceste herbe veut terre de moienne fertilité, plus sablonneuse qu'argileuse. Se seme et se replante assés facilement en la Primevere, et demeure au Jardin plusieurs annees en estat, sans ressemer. Elle est souveraine pour conforter l'estomach, appliquee dessus, l'aiant au préalable un peu amortie sur une tuile eschauffee. L'usage du vin où la vertu de ceste plante aura esté infuse, est de mesme efficace. Sert aussi contre le venim de mauvaises viandes et corrompues, comme champignons, poissons, chairs, fruicts mal qualifiés. Sa graine tue le vers dans le corps des enfans, et des grands avec : specialement celle de Xainctonge, comme dict est, à telle cause appellee aussi la Mort aux vers, et des Apoticaires, Semen contra, voulans dire contra vermes, pour l'excellente vertu qu'elle a contre la vermine. La conserve qui se fait des tendrons de ceste plante avec du sucre, est merveilleusement bonne contre la vieille hydropisie. L'onguent qui en est composé guerit les nouvelles plaies et les ulceres de la teste. La decoction de son herbe, provoque l'urine et les mois des femmes. Son jus, guerit le venim de la piqueure du scorpion, du serpent, de la museraigne : son parfum le mal des aureilles." "(6ème Lieu, Chapitre 15, p. 615)

Note de l'édition de 1805 : "Absinte (artemisia absinthium). Cette herbe est fort amère, et l'un des stomachiques les plus puissans que l'on connaisse ; mais il faut se défier extrêmement de ses prétendues propriétés contre les ulceres, les maux d'oreille, etc." (Tome 2, p. 480)

Olivier de Serres en recommande l'emploi comme remède sous différentes formes :

– contre les vers des oreilles, il est recommandé d'employer entre autres nombreux remèdes, le jus d'absinthe (sans doute par instillation, bien que non précisé). (8ème Lieu, Chap.V, p. 901)

– pour provoquer l'appétit : "boire le matin de la décoction d'absynte pontic." (8ème Lieu, Chap. V, p 916)

– pour "les ventosités mises hors de l'Estomach par la bouche, devant manger" : oindre l'estomach du malade avec huiles nardin, de mastic, de lis, d'absynthe ou de l'un d'iceux, puis lui sera appliqué dessus un sachet de marjolaine, camomille et d'alvine. "(8ème Lieu, Chap. V, p 916-917)

– pour guérir le sanglot ou hoquet, il conviendra après la digestion ou avoir vomi, "oindre l'Estomach, d'huiles d'anet ; de mastic ; d'absynte ou de castor." (8ème Lieu, Chap. V, p 917)

– pour traiter la difficulté d'uriner, causée par des calculs graveleux, il faut, entre autres remèdes, "boire au matin du vin d"absynthe." (8ème Lieu, Chap. V, p 926)

– pour la lienterie qui est le plus dangereux des "flux de ventre*" : le Medecin sera appellé pour la guerison d'icelle et en l'attendant, la mère de famille usera plustost de remedes qui conforttent nature, que d'autres, tels que ceux-ci. Donnera au malade syrop d'absynthe, alvïne ou fort, avec miel rozat par quatre ou cinq matins une cuilleree de chacun : ou avec eaux de betoine, de fenoüil, et d'alvïne. Le patient se provoquera à vomir (n'en aiant le desir) par moiens, comme prenant demie once de hyere simple avec deux onces d'eau d'absynthe, une drachme de diaphenicum." (8ème Lieu, Chap. V, p 927)

– pour la dissenterie : "On oindra le ventre et l'estomach, avec huiles d'absynthe, mente, nardin et mastic." (8ème Lieu, Chap. V, p 928)

– pour l'enfleure et douleur du ventre : "Le malade boira durant neuf matins, trois cuillerees chacun, de la decoction de mente, d'absynthe, de bon robin, une poignee de chacun faite en eau dans un pot vitré et gardee dans

* "Il y a trois flux de ventre, écrit Olivier de Serres : la lienerie qui est le plus dangereux lors que par grande indigestion les viandes sont jettees en bas presque en la sorte qu'elles ont esté prinses avec peu de changement, sans puanteur. Diarree, c'est quand il y a simple flux d'humeurs aqueuses et pituiteuses. Dissenterie, quand avec les excremens y a du sang meslé, ou que le malade le fait tout pur." (8ème Lieu, Chap. V, p 926)

une fiole. Ou de celles d'absynthe : de camomille, racines, herbe, et fleurs : de moustarde sauvage : desquelles decoctions, ou d'aucunes d'icelles le malade se servira selon qu'il lui plaira." (8ème Lieu, Chap.V, p 929)

– contre "la stérilité des femmes en fecondité, pour la conservation du genre humain, sous la benediction de Dieu" : Après que la femme aura esté universellement purgee, se fera fomenter et parfumer, avec la decocction de rubie majeur, armoise, savine et absynte, en partie egale, colocinthe une drachme, le tout bouïlli ensemble en eau, jusques à la consomption de la tierce partie, en icelle aiant dissout un peu de myrrhe." (8ème Lieu, Chap.V, p 935).

– des conseils à la jeune accouchée: "La femme aiant conceu sera soigneuse de la conservation de son fruit en se nourrissant de bonnes viandes, se gardant de froid, dormant, veillant, et s'exerçant moderément, s'abstenant de cholere, et de toute autre violente passion d'esprit, prevenant par tel bon regime, sans artifice, les difficultés de l'enfantement. A quoi seront ajoustés ces petits moiens pour rendre la chose plus facile." Parmi lesquels, on relève celui-ci : "elle oindra l'estomach avec des huiles nardin, moscellin, d'absynthe, de mastic, de mente, de noix muscade." (8ème Lieu, Chap.V, p 936)

Parmi les conseils donnés à la femme enceinte pour lui éviter d'accoucher prématurément, Olivier de Serres lui recommande "pour retenir l'enfant, afin de ne descendre en bas, d'appliquer un grand escusson sur l'estomach fait de deux tafetas, entre lesquels y aura du cotton saupoudré des poudres des pierres d'aigle, d'aimant, racines de bistorte, tourmentille, ambre jaune, saffran, civete, fueilles d'absynte, marjolaine, mente, lierre terrestre, dessechees et subtilement pulverisees." (8ème Lieu, Chap.V, p 937)

– contre les vers des petits enfants : "les applications exterieures servent de beaucoup contre les vers pour les tuer ou chasser. Telle est l'herbe de l'absynte concassee et frite, appliquee sur l'estomach, et sur la suture coronale." (8ème Lieu, Chap.V, p 941)

– contre les fièvres : "Le jus de betoine et de plantain meslés ensemble, et le vin d'absynte y sont profitables." (8ème Lieu, Chap.V, p 942)

– contre la peste : "Prenés poudres de rosmarin deux onces, d'absynte une once, d'enula campana une once, de scabieuse, demie once, de la petite centauree demie once : de toutes ces poudres ensemble en composerés une, dont l'on baillera au patient de la grosseur d'une feve avec fort vinaigre rozat, une cuilleree d'argent ; puis sera mis dans le lict chaud pour y suer, car par la sueur, la Peste s'en ira, sans percer, moiennant la grace de Dieu." (8ème Lieu, Chap. V, p 948-949)

– "pour le poil, celui qui tumbe de trop de rarité et molesse du cuir." (8ème Lieu, Chap.V, p 970) cf. supra, plante n° 25. Cheveux de Venus.

– pour les parties meurtries cuir (8ème Lieu, Chap.V, p 956) cf. Infra, plante n° 71. Pariétaire

Le coin du jardinier d'aujourd'hui

Etymologie du nom de la plante.

Le mot "*Artemisia*" peut faire référence à la déesse Artémis Ilythie, à cause des propriétés attribuées à la plante en gynécologie et obstétrique. Ou bien à la veuve du Roi Mausole de Carie, qui l'avait reconnue comme plante médicinale, ou bien encore au mot gtrec "*artemês*" qui signifie sain et sauf, en raison de ses propriétés thérapeutiques. "*Absinthium*" vient du grec "*absinthion*" qui signifie "herbe amère".

On l'appelle aussi grande absinthe, absin, aluyne, aluine, alvine, aloïne, armoise (herbe de la Saint-Jean), herbe sainte, herbe aux vers, menu alvine, armoise amère, absinthe.

A distinguer de la petite absinthe (Artemisia pontica L. ou Artemisia abrotonum L.)

Description sommaire de la plante0

L'absinthe est plante herbacée vivace à odeur forte, de saveur amère, qui se plaît sur les terrains incultes et arides, sur les pentes rocheuses, au bord des chemins et des champs, les talus et les friches. Elle mesure entre 50 cm et 1 mètre, Sa partie souterraine est un rhizome charnu et dure. La tige, semi ligneuse, est de couleur vert argent, droite, cannelée, ramifiée. Les feuilles sont alternes, gris verdâtre sur le dessus et presque blanches et soyeuses sur le dessous. Les feuilles basales mesurent jusqu'à 25 centimètres de long, sont divisées et longuement pétiolées. Les feuilles caulinaires le sont moins, celles du sommet pouvant même être sessiles. La floraison se produit de juillet à septembre. Les fleurs sont jaunes, tubulaires, gamopétales, réunies en capitules globuleux, penchés, à leur tour réunis en panicules feuillés et ramifiées au sommet de la tige et des rameaux. Les fruits sont des akènes, très petits et sans aigrette.

Culture de la plante.

L'absinthe se plait dans un sol riche, bien drainé et à une exposition ensoleillée ou mi-ombre. Elle est de culture facile. Semer en place les graines récoltées au fur et à mesure de leur maturité (septembre-octobre) quand les gelées ne sont plus à craindre (mars- avril). Ou Semer les graines en pépinière bien exposée et abritée. Repiquer en pépinière à 15-20 cm en tous sens, lorsque les plants ont 4-5 feuilles, au bout de 30 jours environ. Mettre les plants en place à 0,80 m d'écartement en fin d'été ou au printemps. On peut aussi procéder par division de touffes à l'automne et au printemps et aussi par boutures herbacées et/ou à talon en juin ou septembre.

Récolte des parties utilisées, les feuilles et les sommités fleuries en juillet août.

Propriétés thérapeutiques selon les auteurs contemporains d'Olivier de Serres

Cette plante fait également l'objet de commentaires plus ou moins détaillés chez plusieurs auteurs d'ouvrage de Botanique du XVIème siècle qu'Olivier de Serres aurait pu consulter, notamment ceux-ci : les *Commentarii in sex libros Pedacii Dioscoridis* (1572) Livre III, Chap. XXIII, s v Alvine p. 397) de Pierandrea Matthioli (1501-1577), l'*Histoire des plantes* (1550), édit fr.Chap. I, s v Absince, p. 1) de Leonart Fuchs (1501-1566), l'*Historia generalis plantarum* (1586), trad.1615 Tome I, Livre VIIII, Chap. XXX, s v Alvyne ou Absinthe, p. 818) de Jacques Daléchamps (1513 -1588), *le Stirpium Herbariae Pemptades sex* (1557), Chap.II, s v Alvyne, p. 2) de Rembert Dodoens (1517-1585).

Cf aussi supra. Crescens, Chap. 3, Les jardins de Crescens Chap.8.

– 38. **Quinte-fueille** (probablement Potentilla reptans L.) (Rosacées) :

> "Ce nom procede des cinq fueilles que ceste herbe porte en chacune queuë. Elle croist en tous lieux, mieux toutes-fois en terre de passable bonté et humide, qu'en trop maigre et seche. Là nous l'esleverons par plant enraciné, plustost que par semence, au Printemps ou en l'Automne. Sa decoction bouillie jusqu'à la consomption du tiers, tenue en la bouche, appaise la douleur des dents : arreste les ulceres pourris de la bouche, et les aspretés du gosier : guerit le haut-mal : arreste le flux de sang dissenterique : est bonne contre le poison et aer pestilent : contre la jaunisse et opilation du foie." (6ème Lieu, Chap. XV, p. 616)

Note de l'édition de 1805 : "Quinte-fueille (potentilla reptans). La seule propriété de cette plante qui paroisse constatée, et la seule que notre auteur omette, c'est de guérir les fièvres intermittentes ; mais sous ce rapport même, elle est inférieure à la plupart des fébrifuges." (Tome 2, p. 480)

Olivier de Serres énumère les mêmes propriétés que celles notées par Liebault. (cf. La Maison rustique (édition de 1583, Livre 2, Chap. 42, p.114 b). (cf supra Chap. 4, plante n° 35).

Olivier de Serres recommande ce traitement :

– pour remettre le boïau avalé, mal tres douloureux et tres importun, appellé la Hargne, (i e la hernie) : "est necessaire se tenir au lict couché quelque heure pour donner temps et moien au boiau de se remettre en son lieu après l'avor remis dedans, sera mis sur le fondement, emplastre de quinte-fueille, avec miel et sel." (8ème Lieu, Chap. V, p 931)

– pour combattre la fièvre quotidienne : "décoction de quinte-fueille, dont l'herbe, bouïllie et chaude, sera appliquee en cataplasme sur les poignets du febricitant." (8ème Lieu, Chap. V, p 943)

Le coin du jardinier d'aujourd'hui

Etymologie du nom de la plante.

Cf supra l'explication d'Olivier de Serres. "*reptans*" signifie "rampant". On l'appelle aussi Main de Mars, Patte de pigeon.

Description sommaire de la plante.

Plante herbacée vivace très répandue dans les endroits humides, dans les fossés, sur les talus, au bord des chemins. Haute de 10 à 20 c, elle forme, à partir d'une rosette basilaire persistante, des stolons pouvant atteindre 100 cm et qui souvent s'enracinent au niveau des nœuds. Ses tiges rampantes munies de racines adventives insérées au dessous de l'attache des feuilles portent des feuilles divisées en 5 folioles dentées (parfois 7) et munis de stipules. L'inflorescence est une cyme unipare. Les fleurs de 15 à 25 mm de diamètre, s'épanouissent de juin à août. Elles comportent 5 sépales étroits et 5 pétales jaunes deux fois plus longs que les sépales. Le réceptacle velu porte de nombreux carpelles couverts de petits tubercules. Le fruit ovoïde est un akène.

Culture de la plante.

Multiplication par stolon ou par graines. Planter un stolon dans un trou de 20 cm x 20 cm au printemps ou à l'automne, ou semer les graines au rintemps.Emplacement un endroit exposé au soleil. Sol : limon argileux ou sableux. Récolte des parties utilisées, les rhizomes, en toute saison.

Propriétés thérapeutiques selon les auteurs contemporains d'Olivier de Serres

Cette plante fait également l'objet de commentaires plus ou moins détaillés chez plusieurs auteurs d'ouvrage de Botanique du XVIème siècle qu'Olivier de Serres aurait pu consulter, notamment ceux-ci : les *Commentarii in sex libros Pedacii Dioscoridis* (1572) Livre IV, Chap. XXXVIII, s v quintefeuille, p. 553) de Pierandrea Matthioli (1501-1577), l'*Histoire des plantes* (1550), édit fr.Chap. CCXXXIX, p 428) de Leonart Fuchs (1501-1566), l'*Historia generalis plantarum* (1586, trad.1615 Tome II, Livre XI, Chap. XXVIII, p. 157) de Jacques Daléchamps (1513 -1588), le *Stirpium Herbariae Pemptades sex* (1557), Chap.LV, p. 63) de Rembert Dodoens (1517-1585).

Cf aussi Liebault. (*La Maison rustique* (édition de 1583, Livre II, chapitre 42, p.114 b). (cf. supra. Chapitre 4, plante n° 35).

– 39. **Eufraize** (Euphrasia spp L., Euphrasia officinalis L.) (Euphrasia Rostkoviana Hayne) (Euphrasia campestris Jord.) (Scrophulariacées) :

> "vient de racine plus facilement et plus seurement que de semence : se plaist en terre legere et humide non exposee au Soleil. Elle est aussi appellee, Luminete, pour estre sa vertu d'illuminer et esclaircir les yeux. Aussi sont-ce ses principales

utilités, que de chasser l'obscurité et esblouissement de la veuë : à cela estant fort propre la poudre de son herbe dessechee. En outre, ceste herbe conferme la mémoire." (6ème Lieu, Chap. XV, p. 616)

Note de l'édition de 1805 : "Eufraize (euphrasia officinalis). Elle conserve encore la réputation d'ophtalmique, quoiqu'elle soit presque partout hors d'usage et que son utilité ne soit prouvée que par des exemples douteux : dans quelques cas elle paroît avoir été nuisible." (Tome 2, p. 480)

Olivier de Serres recommande à la mère de famille d'employer cette plante à titre préventif, parmi les remèdes qu'il propose pour traiter le mal des yeux : "l'usage du vin d'eufraise sert contre tous empeschemens de la veuë : le mesme fait la poudre de son herbe dessechee, beuë en potage ou en vin". (8ème Lieu, Chap. V, p 897).

Il note aussi différents remèdes pour faire fondre la cataracte ou taie des yeux, dont celui-ci : "L'eau distillee des choses suivantes : de fenoüil, rue, verbene, eufraize, endivie, betoine, rozes rouges, capilli veneris, recent, par egale portion, aians auparavant trempé vingt-quatre heures dans du bon vin blanc, foïe de bouc entier, non chastré, trois onces : elle sera distillee par trois fois au bain-de-marie, dont la derniere en sortant sera fort propre et à fondre la cataracte ou taie, et à toutes autres maladies de l'œil, conservant la veuë, mesmes aux vieilles gens." (8ème Lieu, Chap. V, p 898)

Il remarque par ailleurs que d'excellents médecins conseillent pour conforter la vue de "laver les yeux le matin avec de du vin blanc, et des eaux de fenoüil et d'eufraise." A cette occasion, il cite Laurens, médecin du Roi (8ème Lieu, Chap. V, p 899)

Le coin du jardinier d'aujourd'hui

Etymologie du nom de la plante.

Du grec "*euphrasia*" qui signifie "joie, gaité", peut-être à cause de ses propriétés salutaires pour recouvrer la vue. On l'appelle aussi Casse lunette, Herbe aux myopes, Luminet, Délice des yeux.

Description sommaire de la plante.

Plante herbacée annuelle de 3 à 30 cm de haut, qui pousse dans les prés et les pâturages humides, les bois, les endroits tourbeux, les marécages, indifféremment sur les sols aussi bien acides que basiques, avec toutefois une préférence pour les sols calcaires. Sa racine et ses radicelles portent de petits suçoirs qui parasitent les plantes voisines aux dépens desquelles elle se nourrit. Elle est plus ou moins couverte de longs poils glanduleux. Sa tige dressée est rameuse porte des feuilles, les inférieures sont opposées, les supérieures et les bractées ne le sont pas. Ces feuilles sont ovales, sessiles, profondément dentées. Les petites fleurs qui s'épanouissent d'avril à octobre sont disposées à l'aisselle de bractées foliacées fortement dentées, formant des grappes assez lâches. Elles ont un calice à 4 divisions triangulaires, une corolle de 10 à 17 mm qui le dépasse longuement et comprend 2 lèvres, l'inférieure à 3 lobes échancrés, la supérieure en forme de casque convexe. Elle est en général blanche striée de violet avec une gorge jaune. Le fruit est une capsule ovoïde aplatie, courtement velue, contenant de nombreuses petites graines.

Culture de la plante.

Semer les graines en place au début du printemps à mi ombre dans un sol humide au Ph indifférent, de préférence calcaire. Récolte : dès la floraison. Partie utilisée : la plante entière une fois séchée rapidement après la récolte.

Propriétés thérapeutiques selon les auteurs contemporains d'Olivier de Serres

Cette plante fait également l'objet de commentaires plus ou moins détaillés chez plusieurs auteurs d'ouvrage de Botanique du XVIème siècle qu'Olivier de Serres aurait pu consulter, notamment ceux-ci : l'*Histoire des plantes* (1550), édit fr.Chap. XCII, s v Euphraise ou Lumilette, p 173) de Leonart Fuchs (1501-1566), l'*Historia generalis plantarum* (1586), trad.1615 Tome II, Livre X, Chap. XLIII, s v Eufraise p. 66) de Jacques Daléchamps (1513 -1588), le *Stirpium Herbariae Pemptades sex* (1557), Première Partie, Chap. XXVII, s v Euphrase p. 31) de Rembert Dodoens (1517-1585),

Cf aussi Liebault (La Maison rustique (édition de 1583, Livre II, Chap.42, p.110). (cf. supra, Chap. 4, plante n° 5).

– 40. **Esclaire** (Chelidonium majus L. (Papaveracées) et Ranunculus ficaria L. (= Ficaria verna Hudson) (Ranunculacées) :

> "en Latin Chelidonium. Ce nom d'Esclaire est donné à cette herbe, à cause que d'icelle les Arondelles guerissent leurs petits de l'esborgnement, selon la commune creance. Elle demande d'estre semee vers la fin de l'Hyver ; et sortie de terre, son tige estre coupé rés de terre, aprés couvert d'une tuile, pour contraindre ses racines à se renforcer : moiennant cela, demeurera en bon estat quelques annees, pourveu qu'elle soit en terre de moienne bonté, non trop exposee au Soleil. De deux Esclaires y a-il petite et grande ; ceste-là aussi ditte herbe aux escroüelles, pour estre propre à la guérison de tel mal. La grande esclaire est singulière pour la veüe, pour la conforter, pour l'esclaircir, pour la retenir, ostant la taie des yeux et autres empeschemens. Guerit les dartres : les gratelles : les ulceres : la teigne des petits enfans : la jaunisse : appaise les douleurs de la matrice. Son jus instillé dans les dents caves, les faict tumber. La petite Esclaire guerit les hemorroïdes : les chancres : les porreaux : les scirres." (6ème Lieu, Chap.XV, p. 615-616)

Note de l'édition de 1805 : "Esclaire. Olivier de Serres confond ici deux plantes très-distinctes : la grande éclaire (chelidonium majus) est une herbe à suc jaune, âcre et fétide, qui est en effet douée de la plupart des propriétés qu'il indique, et qui, de plus, est un peu fébrifuge : la petite éclaire (ranunculus ficaria), quoique d'une famille suspecte, est si douce, qu'elle peut être employée comme légume ; j'ai moi-même mangé les feuilles de la ficaire, accomodée comme des épinards ; et elle m'a paru saine et agréable : cette plante est très commune au printemps dans les prés humides et sur les bords des ruisseaux." (Tome 2, p. 480)

Olivier de Serres mentionne la plante dans la composition de plusieurs remèdes :

– pour apaiser la douleur des Hemorroïdes : "la petite esclaire, comme l'oignon pilé avec beurre frés s'en frottant le fondement." (8ème Lieu, Chap. V, p. 930)

– pour restreindre l'immodération du flux menstrual : "les cataplasmes sur les mamelles d'esclaire pistée." (8ème Lieu, Chap. V, p 933)

– pour délivrer la mère de son lait superflu et importun, et des douleurs des mamelles qui la tourmentent, il sera bon, parmi d'autres remèdes : "d'appliquer sur la pupille, une racine de grande esclaire, cuite et contuse." (8ème Lieu, Chap. V, p 940).

– contre la peste : "Pour consolider la plaie (après avoir fait murir et percé l'apostume), appliqués dessus fueilles d'esclaire broiees : ou avec cire et jus d'esclaire faites onguent, duquel sera oincte, comme l'on fait és autres apostumes." (8ème Lieu, Chap. V, p 951)

Le coin du jardinier d'aujourd'hui

Etymologie du nom de la plante.

Chelidonium vient du grec "*chelidon*", "hirondelle" en référence à la croyance rapportée par Olivier de Serres. On l'appelait donc aussi Herbe aux hirondelles On l'appelle également Grande éclaire et Herbe à la vue, car on lui prêtait la vertu de rendre la vue aux aveugles. On la désignait aussi par les expressions Herbe aux verrues, Herbe aux boucs.

Description sommaire de la plante.

Plante herbacée vivace qui pousse dans les endroits humides, à l'ombre des haies, au bord des chemins, le long des murs, dans les décombres, à mi-ombre, sur un sol calcaire. De son rhizome épais sort une tige dressée et ramifiée qui atteint 30 à 50 cm de haut. Elle est creuse, cylindrique, cassante, hérissée de poils épars. Elle porte sur ses articulations noueuses des feuilles molles, vert pâle, glauques en dessous ; celles du bas, en rosette sont pétiolées, les feuilles caulinaires du sommet sont sessiles, alternes, pennatiséquées, profondément découpées en à 5-7 segments, ovales, au contour crénelé ; le segment terminal, cunéiforme, est plus développé. Feuilles et tiges contiennent un abondant latex de couleur jaune à orange. La floraison a lieu d'avril à octobre. Les fleurs actinomorphes, disposées par 2 à 7 à l'extrémité de longs pédoncules inégaux, pubescents puis glabres, sont regroupées en cyme. Elles sont petites (environ 2 cm de diamètre). Le calice velu est formé de deux sépales verts caducs. La corolle est composée de quatre pétales jaunes rapidement caducs. Le fruit est une capsule linéaire, glabre, longue de 3 à 5 cm non cloisonné cloisonnée, avec ses deux valves s'ouvrant de bas en haut. Cette capsule est irrégulièrement bosselée par les petites graines noires réniformes disposées sur deux rangs. La plante dégage une odeur vireuse.

Culture de la plante.

Semer en place ou en pépinière d'avril à juin en terre humifère et à humidité constante ou division de la touffe à l'automne ; emplacement ensoleillé ou à mi-ombre. Laisser 0,50 m entre chaque plante.

Récolte : à effectuer avant la floraison. Partie utilisée : la plante entière, racine, feuille, latex.

Propriétés thérapeutiques selon les auteurs contemporains d'Olivier de Serres

Cette plante fait également l'objet de commentaires plus ou moins détaillés chez plusieurs auteurs d'ouvrage de Botanique du XVIème siècle qu'Olivier de Serres aurait pu consulter, notamment ceux-ci : les *Commentarii in sex libros Pedacii Dioscoridis* (1572) Livre II, Chap. CLXXVI, s v Grande Esclere p. 365 et Chap. CLXXVI, s v Petite Esclere p. 366) de Pierandrea Matthioli (1501-1577), *l'Histoire des plantes* (1550), édit fr. Chap. CCCXXXII, s v Grande Esclere p 586, et CCCXXXIII, s v Petite Esclere, p 588,) de Leonart Fuchs (1501-1566), *l'Historia generalis plantarum* (1586), trad.1615 Tome I, Livre XI, Chap. XXXIII, s v Petite Esclaire p. 915, et Tome II Livre XI, Chap XIX, s v Esclaire ou Grande Chelidoine p. 143 de Jacques Daléchamps (1513 -1588), le *Stirpium Herbariae Pemptades sex* (1557, Chap.XX, s v Esclaire, p. 24) de Rembert Dodoens (1517-1585).

Cf aussi Liebault (*La Maison rustique* (édition de 1583, Livre II, Chap. 42, p.110). (cf. supra. Chap. 4, plante n° 9). Cf aussi supra Crescens, Chap. 3, Les jardins de Crescens Chap.40.

– 41. **Bistorte** (Polygonum bistorta L.) (Polygonacées) :

> "ou Serpentaire masle, se plaist en l'ombre et en l'humidité, en terre plus grasse que maigre. Il y en a de deux sortes, grande et petite, les deux aians les racines entortillees, d'où est venu leur nom. En tel lieu donques nous la planterons ou semerons, selon que mieux viendra à propos. Ceste herbe est bonne aux plaies : à la dissenterie : à restreindre le vomissement bilieux : à retenir le flux d'urine, et celui de sang d'une plaie : contre les venims, mesme contre la peste : contre les vers des petits enfans : contre la douleur des dents." (6ème Lieu, Chap XV, p. 617)

Note de l'édition de 1805 : "Bistorte (polygonum bistorta). Sa racine est un astringent très-puissant, et qu'on ne doit employer à l'intérieur qu'avec précaution." (Tome 2, p. 480)

Olivier de Serres mentionne l'emploi de la bistorte dans quelques remèdes :

– pour traiter la stérilité, il propose de préparer une pâte composée de nombreuses substances végétales, de la diviser en quatre parties pour en faire "pomme de senteur", pillules, suppositoire et pessaire à employer avant d'absorber "soir et matin, avec bon vin, une tablette composée de poudres d'armoise, de la racine de bistorte, et noix muscade, incorporés ensemble avec succre dissout en eau de melisse." (8ème Lieu, Chap. V, p 937)

– Il note par ailleurs que "servira beaucoup à retenir l'enfant, afin de ne descendre en bas, d'appliquer un grand escusson sur l'estomach fait de deux tafetas, entre lesquels y aura du cotton saupoudré des poudres des pierres d'aigle, d'aimant, racines de bistorte, tourmentille, ambre jaune, saffran, civete, fueilles d'absynte, marjolaine, mente lierre terrestre, dessechees et subtilement pulverisees." (8ème Lieu, Chap. V, p 937)

– pour éviter l'avortement : "Soudain qu'il se presente quelque soupçon d'avortement, par la douleur et pesanteur des reins, lombes et petit ventre", on appliquera sur les reins et lombes cest emplastre. Prenés mastic deux onces, labdanum trois drachmes ; racines de bistorte, sang-de-dragon, bolarmene, corne de chevre bruslee, demie drachme de chacun, terre scellee une drachme, encens, storax liquide, gomme Arabic, une drachme et demie de chacun, sandal blanc et rouge, coral rouge, de chacun deux scrupules : cire lavee en eau roze et terebentine, deux onces. Tout cela sera pilé dans un mortier avec un pilon chaud, y infondant dessus huile de mirte et de terebinth, l'agitant avec le pilon chaud, jusques à ce que la composition soit espessie, que lors on estendra sur du cuir, et l'emplastre dessus les reins et lombes. Faudra oster l'emplastre tous les jours et laver les reins et lombes avec de l'eau roze et vin blanc en egale portion, puis y remettre l'emplastre." (8ème Lieu, Chap. V, p 937-938)

– pour délivrer la nourrice de son lait superflu et importun, et des douleurs des mamelles qui la, on frottera les mamelles avec de l'huile et le lendemain "appliquerés sur les mamelles une boulie faite de farine de fèves et de vinaigre, frottant l'entour des mamelles et des aisselles, d'un liniment composé de bolarmene, une once, sponge de bedeglium, racine de bistorte, de chacune demie once, avec huile rozat et de myrtil, et vinaigre." (8ème Lieu, Chap. V, p 940)

Le coin du jardinier d'aujourd'hui

Etymologie du nom de la plante.

"*Bistorta*" vient du latin "*bis*", deux fois, et "*torta*", tordu, allusion à sa racine deux fois recourbée. on l'appelle aussi Renouée bistorte, Bistorte, Bistorte commune, Bistorte officinale, Andrelle, Serpentaire, Andresse, Coulevrée, Langue de bœuf, Faux épinard, Feuillotte.

Description sommaire de la plante.

Plante herbacée vivace de 20 à 80 cm, qui pousse dans les prairies humides, les fossés, les endroits marécageux et les bois clairs et frais. Elle a un rhizome épais, sinueux, cylindrique, court, articulée, présentant deux coudes. La tige est dressée, cylindrique, noueuse, striée portant des feuilles alternes et engainantes, vertes et glabres en dessus, glauques et duveteuses en dessous ; celles de la base sont cordiformes, longuement pétiolées, sessiles ; celles situées plus haut sont plus lancéolées. Les fleurs, roses, courtement pédonculées, groupées en épi ovoïde très serré, d'une longueur deux à trois fois supérieure à la largeur (qui est 1 à 3 cm) terminent la tige. Le fruit est un akène triquètre contenant une seule graine.

Culture de la plante.

On la propage par semis de ses graines au printemps, en la repiquant ensuite, ou par plantation de division de vieux pieds. Emplacement ensoleillé ou mi-ombre. Sol frais, huide, rche en matière organique. Prévoir un espace de 50 cm entre les plants.

Partie utilisée : le rhizome, les feuilles. Récolte : pendant tout l'été.

Propriétés thérapeutiques selon les auteurs contemporains d'Olivier de Serres

Cette plante fait également l'objet de commentaires plus ou moins détaillés chez plusieurs auteurs d'ouvrage de Botanique du XVIème siècle qu'Olivier de Serres aurait pu consulter, notamment ceux-ci : les *Commentarii in sex libros Pedacii Dioscoridis* (1572) Livre IV, Chap. II, s v Britanica, p. 520) de Pierandrea Matthioli (1501-1577), l'*Histoire des plantes* (1550), édit fr. Chap. CCXCVII, s v Bistorte ou Serpentaire des officines p 527), de Leonart Fuchs (1501-1566), l'*Historia generalis plantarum* (1586), trad.1615 Tome II, Chap. XXXVIII, s v Bistorte, p.176) de Jacques Daléchamps (1513 -1588), le *Stirpium Herbariae Pemptades sex* (1557) Chap.XIIII, s v Bistorte, p. 17) de Rembert Dodoens (1517-1585),

Cf aussi Liebault (*La Maison rustique* (édition de 1583, Livre II, Chap.42, p.115). (cf supra. Chap. 4, plante n° 38).

Cf aussi supra Crescens, Chap. 3, Les jardins de Crescens Chap.19.

On relèvera cette remarque de Fuchs qui distingue deux espèces de " serpentaire des officines ", mâle et femelle, aux propriétés thérapeutiques différentes et accuse les médecins et les apothicaires de les confondre. "je les exhorte, écrit-il, de délaisser tel erreur, sinon qu'ils ne prennent plus de plaisir à tuer qu'à guérir".

– 42. **Herbe aux pouilleux** (Delphinum staphisagria L.) (Ranunculacées) :

"en Latin Staphisagria, veut estre en bonne terre cultivee et arrousee, non trop soleillee, le moderé ombrage lui agreant. On la seme au Printemps, la graine s'en recueille au commencement de juillet. Outre la vertu que ceste herbe a de chasser les poux, d'où elle a tiré son nom, elle guerit les gratelles : les dents douloureuses : arreste le rheume des gencives : et mise parmi les accoustremens, empesche les poux de s'y arrester aucunement." (6ème Lieu, Chap. XV, p. 617)

Note de l'édition de 1805 : "Herbe-aux-pouilleux (delphinium staphysagria)", sans autre commentaire (Tome 2, p. 480)

Cette plante ne figure pas parmi les remèdes dont doit disposer la mère de famille (8 ème Lieu chap. V).

Le coin du jardinier d'aujourd'hui

Etymologie du nom de la plante.

Delphinium vient du grec "*delphis*", dauphin, à cause de la forme du sépale qui ressemblrait à un dauphin héraldique ; staphisagria vient du grec "*staphis*", grappe et "*agria*", sauvage, à cause de la forme des carpelles et des fruits, ventrus comme des grains de raisin. On l'appelle aussi : Staphisaigre, Herbe aux poux, Herbe aux goutteux, Raisin sauvage, Pied-d'alouette.

Description sommaire de la plante.

Grande plante herbacée annuelle ou bisannuelle, pubescente dans toutes ses parties, haute de 70 à 150 cm, à racine persistante. Sa tige est rameuse. Ses feuilles sont alternes, palmées, à longs pétioles, découpées en 5 à 6 lobes larges, incisées ou entiers dans les feuilles supérieures. Les fleurs, bleu violet, qui s'épanouissent en mai – juin, sont disposées en grappes lâches, longues, velues, allongées de 20 à 30 cm, à 5 sépales libres, pétaloïdes, le supérieur terminé par un éperon très court, corolle à 4 pétales libres. Les fruits sont des follicules ventrus, velus, contenant de grosses graines, peu nombreuses, à rides saillantes, alvéolées.

Culture

Semer les graines en ligne espacées de 60 cm à raison de 3 ou 4 graines à une distance de 20 à 25 cm, à un emplacement ensoleillé dans un sol frais et drainé.

Ou planter en place à l'automne ou au printemps avec un espacement de 40 cm entre les plants, hors période de gel.

Partie utilisée : les graines.

Propriétés thérapeutiques selon les auteurs contemporains d'Olivier de Serres

Cette plante fait également l'objet de commentaires plus ou moins détaillés chez plusieurs auteurs d'ouvrage de Botanique du XVIème siècle qu'Olivier de Serres aurait pu consulter, notamment ceux-ci : les *Commentarii in sex libros Pedacii Dioscoridis* (1572) Livre IV, Chap. CL s v Herbe aux pous, p. 647) de Pierandrea Matthioli (1501-1577), l'*Histoire des plantes* (1550), édit fr.Chap. CCCII, s v Herbe aux Poulx, p 535,) de Leonart Fuchs (1501-1566), le *Stirpium Herbariae Pemptades sex* (1557), Chap.XXXIX, s v Herbe aux pouilleux p. 252) de Dodoens (1517-1585),

Cf aussi Liebault (*La Maison rustique* (édition de 1583, Livre II, chapitre 42, p.118). (cf. supra. Chapitre 4, plante n° 62).

43. **Herbe aux pulces** (Plantago arenaria Waldst & Kit. (= Plantago psyllium L.) (Plantaginacées)

> "ditte Psillum en Latin, sera semee au Printemps, en bonne terre, bien cultivee, fumee et arrousee au besoin, sans lequel traitement ne pouvant profiter. Son herbe espandue par la chambre, en chasse les pulces, son nom manifestant ceste propriété. Appliquee sur le front, appaise la douleur de teste, et celle des yeux, de mesme emploiee sur iceux ; mais avec beaucoup plus d'efficace, l'eau qui en est distillee, mise dans les yeux en petite quantité." (6ème Lieu, Chap. XV, p. 617)

Note de l'édition de 1805 : "Herbe-aux-pulces (plantago psyllium) (Tome 2, p. 480)

Parmi les remèdes qu'il propose à la mère de famille d'employer pour traiter les maux de tête de cause chaude, Olivier de Serres recommande, parmi d'autres remèdes, "d'appliquer sur le front de l'herbe aux puces." (8ème Lieu Chap. V, p 895). Il recommande aussi contre la fièvre continue "de boire l'eau dans laquelle aura trempé la semence de cette plante, durant huit ou dix heures, avec un peu de sucre." (8ème Lieu, Chap. V, p 942)

Le coin du jardinier d'aujourd'hui

Etymologie du nom de la plante.

"*Plantago*" vient du latin "*planta*", plante des pieds, et "*ago*", je pousse, allusion à la forme des feuilles planes et larges de certaines espèces ou parce que les plantains se trouvent en abondance dans les endroits piétinés. Psyllium vient du grec "psullos", puce, en référence aux graines qui évoquent les puces.

Description sommaire de la plante.

Plante herbacée annuelle dont la tige ramifiée porte des feuilles étroites, opposées ou verticilées par trois et des épis ovoïdes ou globuleux de petites fleurs blanchâtres accompagnées de bractées. La floraison a lieu en mai-août. Le fruit est une capsule contenant 2 graines ovales, brunes, luisantes, de 2–3 mm de long, élargies à une extrémité, creusées en dessous.

Culture de la plante.

Semer de mars à septembre, en place à exposition ensoleillée, sol argileux.les graines ayant besoin de lumière pour germer. Garder un espace de 15 cm entre les plants.

Parties utilisées : les graines. Récolte quand les plants commencent à sécher.

Propriétés thérapeutiques selon les auteurs contemporains d'Olivier de Serres

Cette plante fait également l'objet de commentaires plus ou moins détaillés chez plusieurs auteurs d'ouvrage de Botanique du XVIème siècle qu'Olivier de Serres aurait pu consulter, notamment ceux-ci : les *Commentarii in sex libros Pedacii Dioscoridis* (1572) Livre IV, Chap. LXV, s v Herbe aux puces p. 575) de Pierandrea Matthioli (1501-1577), l'*Histoire des plantes* (1550), édit fr.Chap. CCCXLI, s v Herbe à puces, p.600) de Leonart Fuchs (1501-1566), l'*Historia generalis plantarum* (1586), trad.1615 Tome II, Livre X, Chap. XLVIII, s v Psyllium ou Herbe aux puces p.71) de Jacques Daléchamps (1513 -1588), le *Stirpium Herbariae Pemptades sex* (1557), Chap. LXVIII, s v Herbe aux pulces, p. 78) de Rembert Dodoens (1517-1585),

Cf aussi supra Crescens, Chap. 3, Les jardins de Crescens, Chap. 95).

– 44. **Herbe aux teigneux** (Petasites officinalis auct = Petasites hybridus Gaertn) (Asteracées) :

> "Petasites en Latin, nous en prendrons le plant és lieux ombreux, frés et aquatiques, où elle croist naturellement pour la planter, au Printemps ou en l'Automne. Est bonne contre la peste : contre les suffocations de la matrice : contre les trenchees de ventre : ulceres malings : la vermine des enfans : difficulté de respirer et d'uriner, et la retention des menstrues. La poudre de ses fueilles dessechees, beuë avec du vin, provoque efficacieusement la sueur, pour chasser tout venim et poison." (6ème Lieu, Chap. XV, p. 617)

Note de l'édition de 1805 : "Herbe-aux-Teigneux (tussilago petasites). Les assertions, sur les vertus de cette plante, répétées dans la plupart des anciens ouvrages, ne sont appuyées sur aucune expérience positive." (Tome 2, p. 480)

Cette plante ne figure pas parmi les remèdes dont doit disposer la mère de famille (8 ^{ème} Lieu chap. V).

Le coin du jardinier d'aujourd'hui

Etymologie du nom de la plante.

"*Petasites*" vient du grec "*petasos*", grand chapeau à large bord porté par les Grecs. On l'appelle aussi Petasite vulgaire, Grand traconet, Grand bonnet, Grand pas âne, Herbe aux chapeaux, Herbe à la peste.

Description sommaire de la plante.

Plante herbacée vivace rhizomateuse, aux tiges souterraines épaisses produisant de très larges colonies par multiplication végétative. Elle se plaît dans les prairies humides, les berges des cours d'eau, les marais et les fossés, dans des sols riches, humides et ombragés.

Des rosettes de feuilles qui se développent à partir du rhizome commencent à émerger de terre au mois d'avril après la floraison, pour devenir ensuite énorme en début d'été. Elles sont alternes, portées par un long pétiole creux, et peuvent atteindre 1 m sur 0, 60. Le limbe vert vif au dessus, grisâtres et pubescents en dessous est en forme de cœur renversé ou de rein, légèrement et irrégulièrement denté, à contour général presque circulaire. Le feuillage est caduc et disparait en hiver, mais le bourgeon central de chaque rosette évolue en hampe florale qui sort de terre à partir de mars, soit avant les nouvelles feuilles. Les inflorescences sont des capitules groupés en petites grappes qui apparaissent juste avant les feuilles à la fin de l'hiver ou au printemps, émergeant avec seulement quelques bractées basales allongées. Les fleurs, toutes à tubes sont rougeâtres. Les fruits sont des akènes à aigrette.

Culture de la plante.

Planter au printemps ou à l'automne, des éclats obtenus de vieux pieds en sol profond et frais, avec une humidité permanente, à mi-ombre. Densité 2 à 6 pieds au m^2. En fin de floraison, enlever les extrémités de rhizome afin d'éviter la propagation envahissante de la plante.

Parties utilisées : la racine récoltée à l'automne, les feuilles, les fleurs récoltées au printemps.

Propriétés thérapeutiques selon les auteurs contemporains d'Olivier de Serres

Cette plante fait également l'objet de commentaires plus ou moins détaillés chez plusieurs auteurs d'ouvrage de Botanique du XVIème siècle qu'Olivier de Serres aurait pu consulter, notamment ceux-ci : les *Commentarii in sex libros Pedacii Dioscoridis* (1572 Livre IV, Chap. CIII, s v Petasités ou Herbe des tigneux, p. 613) de Pierandrea Matthioli (1501-1577), l'*Histoire des plantes* (1550, édit fr.Chap. CCXLIX, s v Petasites ou Herbe aux tigneux, p. 440) de Leonart Fuchs (1501-1566), l'*Historia generalis plantarum* (1586, trad.1615 Tome I, Livre IX, Chap. XXXVII, s v Petasites p. 920) de Jacques Daléchamps (1513 -1588), le *Stirpium Herbariae Pemptades sex* (1557, Chap. XIII, s v Herbe aux tigneux, p. 16) de Rembert Dodoens (1517-1585),

Cf aussi Liebault (La *Maison rustique* (édition de 1583, Livre 2, Chap. 42, p.112 b). (cf. supra. Chap. 4, plante n° 21).

– 45. **Pervenche** (Vinca major L., (Apocynacées) :

"Nous logerons ceste herbe en bonne et grasse terre, non seche ne trop exposee à la chaleur du Soleil, car c'est le lieu qu'elle demande. Ce sera au Printemps, par semence, defaillant le plant enraciné. Est bonne contre la dissenterie et autre flux de ventre : à arrester le sang coulant par le nés et par la bouche : à guerir les douleurs de la matrice : à appaiser celle des dents : est salutaire contre les venims." (6ème Lieu, Chap.XV, p. 617)

Note de l'édition de 1805 : "Pervenche (vinca minor). Elle est presque entièrement hors d'usage." (Tome 2, p. 480)

Olivier de Serres ne la mentionne pas dans les remèdes qu'il recommande à la mère de famille.

Le coin du jardinier d'aujourd'hui

Etymologie du nom de la plante.

"Vinca" pourrait venir du latin "*vincire*", lier, par allusion à ses tiges flexibles, ou du latin "*vincere*" qui signifie vaincre, triompher de l'hiver durant lequel la plante conserve son feuillage ?

Description sommaire de la plante.

Plante herbacée vivace, à tiges rampantes, pouvant atteindre 2-3 m de long, donnant naissance à de jeunes rejets ascendants. Les tiges portent des feuilles opposées, coriaces, ovales et persistantes, luisantes, légèrement cordiformes à la base, ciliées sur les bords, de 5 cm de long. A l'aisselle des feuilles poussent au printemps des fleurs solitaires, assez longuement pétiolées, dont le calice présente des divisions étroites, pointues au sommet, entourant une corolle à 5 pétales en tube à la base, étalés au dessus. Elle se multiplie par stolons. Le fruit est un double follicule.

Culture de la plante.

Demande une terre fertile, fraîche et bien drainée à la mi-ombre. Prélever de jeunes plantes enracinées sur les tiges rampantes pour les repiquer ou effectuer des boutures pour les planter. Espacer les pieds de 40 cm. Elle demande très peu d'entretien : on se contente de limiter son développement.

Récolte des feuilles avant la floraison. Parties utilisées ; les feuilles.

Propriétés thérapeutiques selon les auteurs contemporains d'Olivier de Serres

Cette plante fait également l'objet de commentaires plus ou moins détaillés chez plusieurs auteurs d'ouvrage de Botanique du XVIème siècle qu'Olivier de Serres aurait pu consulter, notamment ceux-ci : les *Commentarii in sex libros Pedacii Dioscoridis* (1572) Livre IV, Chap. VII, s v Pervanche ou Clematis p. 525) de Pierandrea Matthioli (1501-1577), l'*Histoire des plantes* (1550), édit fr.Chap. CXXXVI, s v Pervanche, p. 250, de Leonart Fuchs (1501-1566), l'*Historia generalis plantarum* (1586), trad.1615 Tome I, Livre VII, Chap. XXIV, p. 720 s v Pervenche) de Jacques Daléchamps (1513 -1588), le *Stirpium Herbariae Pemptades sex* (1557), Chap. XXI, s v Pervenche, p. 25) de Rembert Dodoens (1517-1585)

Cf aussi Liebault (cf. *La Maison rustique* (édition de 1583, Livre II, Chap. 42, p.115). (cf. supra. Chap. 4, plante n° 37).

– 46. **Senesson** (Senecio vulgaris L.) (Asteracées) :

"garde sa fueille verte presque toute l'annee, fleurit plusieurs fois, croist facilement en tous lieux, mesme és vieilles murailles, sans nul soin, pour lequel naturel, nous en prendrons le plant, l'elesverons et entretiendrons avec peu de peine. Ceste herbe ouvre les hemorroïdes, et les menstrues retenues : guerit les enflures et amas d'humeurs. Est bonne contre la gravelle et difficulté d'uriner." (6ème Lieu, Chap. XV, p. 617)

Note de l'édition de 1805 : "Senesson (senecio vulgaris). Elle est tout- à-fait inusitée, excepté pour la nourriture des petits oiseaux. "(Tome 2, p. 481)

Olivier de Serres ne la mentionne pas dans les remèdes qu'il recommande à la mère de famille.

Le coin du jardinier d'aujourd'hui

Etymologie du nom de la plante.

"*Senecio*" vient du latin "*senex*", "vieillard", en référence aux soies blanches des aigrettes qui peuvent évoquer la chevelure d'un vieillard.

Description sommaire de la plante.

Plante herbacée annuelle, mesurant de 10 à 60 cm de haut, à racine principale développée, à tige dressée, rameuse, portant des feuilles sur toute sa hauteur. Elle se rencontre dans les terres cultivées etles friches, les bords des chemins, les lieux rudéralisés, Les feuilles, épaisses, irrégulièrement découpées en lobes anguleux de part et d'autre de la nervure centrale. Les feuilles inférieures sont à pétiole court, les supérieures sans pétiole.caulinaires, embrassantes et auriculées. Les inflorescences sont des capitules de 10mm de long sont groupés en corymbes denses. Chaque capitule se caractérise notamment par l'absence de ligules et un calicule de 8-10 bractées à pointes noires. Les fleurs sont jaunes et toutes tubulées. La plante fleurit de février à novembre. Le fruit est un akène pubescent, à aigrette à soies blanches.

Culture de la plante.

Le séneçon commun n'est généralement pas cultivé dans les jardins, mais s'y invite. Il se plaît dans les expositions très lumineuses et les sols plutôt neutres, fertiles et travaillés, et relativement humides. Multiplication par bouture ou division des racines. Planter de préférence au printemps. Parties utilisées : la plante entière.à l'exception de la racine.

Propriétés thérapeutiques selon les auteurs contemporains d'Olivier de Serres

Cette plante fait également l'objet de commentaires plus ou moins détaillés chez plusieurs auteurs d'ouvrage de Botanique du XVIème siècle qu'Olivier de Serres aurait pu consulter, notamment ceux-ci : les *Commentarii in sex libros Pedacii Dioscoridis* (1572) Livre IV, Chap. XCII, s v Senesson p. 604) de Pierandrea Matthioli (1501-1577), l'*Histoire des plantes* (1550), édit fr. Chap. CX, s v Senesson, p. 199) de Leonart Fuchs (1501-1566), l'*Historia generalis plantarum* (1586), trad.1615 Tome I, Livre V, Chap. XVIII s v Senesson, p. 485) de Jacques Daléchamps (1513 -1588), le *Stirpium Herbariae Pemptades sex* (1557), Chap. XVII, s v Senesson, p. 393) de Rembert Dodoens (1517-1585).

Cf. aussi Liebault (*La Maison rustique* (édition de 1583, Livre II, Chap. 42, p.121). (cf. supra. Chap. 4, plante n° 81).

– 47. **Bacinet** (Ranunculus spp L.) (Ranunculacées) :

> "Comme il y a de six à sept especes de ceste herbe, aussi lui sont donnés plusieurs noms. En François est appelée Pied-de-courbin, Pied-de-coq, Pas-de-loup, Flammete. En Grec Batrachium. En Latin Ranunculus. Selon ses diverses especes, diverses en sont les couleurs de leurs fleurs, les unes jaunes, les autres rougeastres. S'accordent neanmoins toutes en ceci, que d'aimer communémment l'humidité, et d'attirer à elles les grenouilles, où ces beste se retraïent agreablement. Moins toutefois desire l'eau que nulle autre, celle qui porte double fleur, non beaucoup jaune, ains rougeastre. Pour eslever ceste herbe au Jardin, nous en distinguerons les especes, à ce que sans confusion les puissions toutes loger distinctement et à toutes donner bonne terre. Là donques aprés les froidures de l'Hyver nous les planterons. Ceste herbe est bonne contre la peste : contre les fievres, tierce et quarte : contre les verrues, porreaux larges et ronds : les mules des talons. Sert de caustique, ulcerant efficacieusement jusques au brusler, ainsi ainsi que mal heureusement les gueux s'en servent pour ulcerer leurs bras et jambes, se contrefaisans malades. La poudre de sa racine, seche, faict esternuer : guerit le mal des dents, les mettant en pièces." (6ème Lieu, Chap. XV, p. 618)

Note de l'édition de 1805 : "Bacinet. Renoncule (ranunculus). Olivier de Serres ne comptoit que six à sept renoncules, les botanistes en compte aujourd'hui quarante-quatre, et les fleuristes un bien plus grand nombre. Au reste, toutes les plantes de cette famille sont suspectes, et on ne les emploie plus en médecine, mais elles font toujours l'ornement de nos parterres, et leur culture a été traitée en détail dans un ouvrage particulier." (H) (Tome 2, p. 481)

Olivier de Serres ne la mentionne guère dans les remèdes qu'il recommande à la mère de famille.

Le coin du jardinier d'aujourd'hui

Etymologie du nom de la plante.

Le nom "renoncule" dérive du latin "*ranunculus*", petite grenouille, diminutif de "*rana*" "la grenouille".

Description sommaire de la plante

Les renoncules sont des plantes herbacées, à bulbes, annuelles ou vivaces. On en compte aujourd'hui près de de 500 espèces. Il est difficile d'identifier celles qu'Olivier de Serres a sélectionnées pour figurer dans son jardin medecinal. Les renoncules apprécient généralement la terre légère et riche et des lieux ensoleillés à semi-ombragés, très humides, voire régulièrement inondés. La racine des renoncules se compose de petits tubercules dont la forme et la disposition leur a valu le nom de griffes. Leurs feuilles, à nervures, généralement palmées et très découpées, s'accrochent à la base d'une longue tige qui porte, à son extrémité, une ou plusieurs fleurs simples très fournies en pétales aux couleurs vives allant du blanc au jaune, voire au rouge. Leur fruit est un akène, ou, selon les espèces un follicule, parfois une baie, une drupe ou une capsule.

Culture de la plante.

La renoncule apprécie le plein soleil et un sol léger, non calcaire et bien drainé car elle redoute l'humidité stagnante qui fait pourrir les griffes. Il est recommandé de procéder à la division des bulbes pendant l'automne. Dans les régions où les hivers sont cléments, les griffes de renoncules peuvent être plantées en automne pour une floraison précoce en avril. Dans les régions plus froides, on attendra le printemps pour les planter et s'assurer ainsi d'une floraison en début d'été. Planter les griffes pointes vers le bas à une profondeur de 5 cm de la surface du sol en les espaçant de 15 à 20 cm. Les griffes sont mises en place en arrière saison dans les régions du sud et sur le littoral pour une floraison en avril-mai. Ailleurs, il est préférable d'attendre le printemps.

Parties utilisées : feuilles, jeunes bourgeons.

Propriétés thérapeutiques selon les auteurs contemporains d'Olivier de Serres

Cette plante fait également l'objet de commentaires plus ou moins détaillés chez plusieurs auteurs d'ouvrage de Botanique du XVIème siècle qu'Olivier de Serres aurait pu consulter, notamment ceux-ci : les *Commentarii in sex libros Pedacii Dioscoridis* (1572 Livre II, Chap. CLXXI, s v Grenoillette p. 358) de Pierandrea Matthioli (1501-1577), l'*Histoire des plantes* (1550), édit fr.Chap. LVII, s, v Bassinet et Coqueret, p. 117), de Leonart Fuchs (1501-1566), l'*Historia generalis plantarum* (1586, trad.1615 Tome I, Livre IX, Chap XXIV, s v Grenouillette ou Bassinet p.896) de Jacques Daléchamps (1513 -1588), le *Stirpium Herbariae Pemptades sex* (1557, Chap. LXXII, s v Ranunculus ou Grenoillette, p. 286) de Rambert Dodoens (1517-1585), Cf aussi Liebault (*La Maison rustique* (édition de 1583, Livre II, Chap. 42, p.119). (cf. supra. Chap.4, plante n° 68).

– 48. **Chèvre-fueille** (Lonicera spp L.) (Caprifoliacées) :

"en Latin Caprifolium, croist par tout où l'on veut : son naturel est, neanmoins, de se loger prés des haïes et buissons pour s'y agraffer. De là nous nous pourvoirrons de plant pour le mettre au Jardin, au Printemps en l'Automne, lui donnant quartier selon qu'il le desire. Ceste herbe desopile la rate : résoult la lasseté (i e fatigue, lassitude) : provoque l'urine. Sert à ceux qui ne peuvent avoir leur haleine qu'avec difficulté." (6ème Lieu, Chap.XV, p. 618)

Note de l'édition de 1805 : "Chèvre-fueille (lonicera caprifolium). Cet arbrisseau, très agréable dans nos bosquets, n'est plus d'usage en médecine." (Tome 2, p. 481)

Olivier de Serres ne la mentionne pas dans son recueil de remèdes.

Le coin du jardinier d'aujourd'hui

Etymologie du nom de la plante.

"*Caprifolium*" vient de "*capra*", chèvre et de "*folium*", feuille, en référence aux chèvres qui en broutent les feuilles. "*Lonicera*", car la plante a été dédiée au botaniste allemand Adam Lanicer (1828 - 1886).

Description sommaire de la plante.

Arbrisseau grimpant à tiges lisses, volubiles ou sarmenteuses pouvant atteindre5 à 6 m de haut qui se plaît dans les bois et les haies. Les jeunes rameaux son pubescents. Les feuilles caduques sont opposées par paire, entières, coriaces, sont vertes en dessus, glauques en dessous, bordées d'une étroite marge translucide. Les feuilles supérieures sont largement soudées en une feuille unique formant une coupe arrondie. Les fleurs sont jaunâtres, rougeâtres en dedans, très odorantes, en cymes non pédonculés. le calice est terminé par 5 petites dents La corolle gamopétale est en tube allongé divisée vers le haut en 2 lèvres. Le fruit est une baie charnue.

Culture de la plante.

Le chèvrefeuille se plante de septembre à mai, de préférence sur un sol frais, riche en humus et conservant un peu d'humidité l'été, de préférence en un endroit exposé au soleil, mais supporte la mi-ombre. On peut le multiplier par marcottage et par bouturage pratiqué en été sur des tiges non fleuries. Laisser au moins 50 cm entre 2 pieds. Parties employées : les fleurs, les feuilles, les boutgeons et les tiges.

Propriétés thérapeutiques selon les auteurs contemporains d'Olivier de Serres

Des notices détaillées sur les propriétés de cette plante figurent dans ces ouvrages de Botanique du XVI ème siècle : les *Commentarii in sex libros Pedacii Dioscoridis* (1572) Livre IV, Chap. XIII s v Periclymenum, p. 532) de Pierandrea Matthioli (1501-1577), l'*Histoire des plantes* (1550), édit fr.Chap. CCL s v Chevrefueille, p. 441) de Leonart Fuchs (1501-1566), l'*Historia generalis plantarum* (1586), trad.1615 Tome II, Livre II, Chap. XII, s v Chevrefueille p. 309), de Jacques Daléchamps (1513 -1588), le

Stirpium Herbariae Pemptades sex (1557), Livre 3, Chap. LI, s v Chevrefueille, p. 265) de Rambert Dodoens (1517-1585).

Cf aussi Liebault (La Maison rustique (édition de 1583, Livre II, Chap. 42, p.121). (cf. supra Chap. 4, plante n° 84).

– 49. **Lierre terrestre** (Glechoma hederacea L) (Lamiacées) :

> "ditte en Latin Hedera terrestris vient de soi-mesme parmi les buissons, sans culture. Ceste herbe a ses feuilles semblables au lierre, un peu moindres et plus deliees, rempe à terre sans beaucoup s'eslever. Avec peu de peine, nous la planterons et esleverons au Jardin, sa non-delicatesse le permettant. Le beaume qui est faict des fueilles de ce Lierre, est excellent pour coupeures et plaies recentes, pour toutes cicatrices, escorcheures, ulceres malings, bruslures. En clystere, guerit les coliques. Ses fueilles cuites en vinaigre et mangees en salade, desopilent la rate. Son jus, le prenant par le nés, guerit la puanteur et la defluxion d'icelui, et celle de l'aureille : purge aussi le cerveau. Sa gomme tue les poux, et oste le poil." (6ème Lieu, Chap.XV, p. 618)

Note de l'édition de 1805 : "Lierre terrestre (glechoma hederacea). Parmi les drogues indigènes et domestiques, celle-ci est encore une des plus estimées, comme vulnéraire et apéritive." (Tome 2, p. 481)

Olivier de Serres cite cette plante dans les remèdes qu'il propose à la mère de famille :

– pour "divertir l'importune humeur tumbant du cerveau sur les yeux, on appliquera des vésicatoires au col ou bien derrière l'oreille...... dont la plaie sera maintenue avec des feuilles de lierre." (8ème Lieu, Chap. V, p. 898-899)

– pour guerir les ulceres et grateles du Nés, seront emploiés les jus du lierre et de la Pomme grenade aigre meslés ensemble", sans plus de précision sur son mode d'emploi. (8ème Lieu, Chap. V, p. 900)

– contre les Hemorroïdes internes, et sourdes, l'on appliquera cataplasme fait de lierre terrestre bouïllie en vin blanc, aprés en avoir receu la vapeur par la chaire persee." (8 ème Lieu, Chap. V, p. 930)

– pour provoquer les menstrues (8ème Lieu, Chap. 5, p 931), cf plante n° 54 Cabaret.

– pour la trop grande abondance de lait qui "tourmente souvent les nouvelles accouchees, dont leurs mammelles, suremplies, s'enflent douloureusement, et en restent difformes par trop de grosseur. A telles incommodités sera pourvueu, ostant la cause, qui est le laict. Ces moiens le font evader, assavoir. Appliquer sur les mammelles cataplasmes faits de berle, cresson, fueïlles de bouïs, lierre terrestre, pervanche, sauge, chous rouges, cigue, bouïllies en huile et vinaigre." (8ème Lieu, Chap. V, p 939)

– pour le poil, "celui qui tumbe de trop de rarité et molesse du cuir sera retenu par ce lavement. Prenés rozes, lierre, balaustes, fueilles de saule, alum de roche : faites les bouïllir en eau de cisterne, coulés la decoction, en laquelle, tiede, dissolvés tutie, encens, corail blanc pulverisés." (8ème Lieu, Chap. V, p. 970)

– "Si desirés d'oster le Poil d'un lieu indecent où il ne vous agree, les choses suivantes vous satisferont ; d'entre lesquelles choisirés celles qui plus vous seront agreables, pour vous en servir. Prenés sang de chauve-souris, sucs de lierre et de rave, fiel de chevre, meslés tout cela ensemble. Autre. Prenés gomme de lierre, œufs de fourmis, et orpiment, de chacun demie once, cendres de sang-suës bruslees, du tout ferés poudre, et la meslerés avec sanc de grenoüilles. (8ème Lieu, Chap. V, p 970)

"pour garder que le poil ne renaisse plus au lieu depilé, le liniment de graine de cigue, gomme de lierre, et de sang de chauvesouris." (8ème Lieu, Chap. V, p 971)

Le coin du jardinier d'aujourd'hui

Olivier de Serres ne précise généralement pas de quelle espèce de lierre il faut intégrer dans ses remèdes. Il ne peut s'agir du lierre grimpant (Hedera helix L.), car il ne le plante pas dans son jardin medecinal.

Etymologie du nom de la plante.

"*Glechoma*" vient du grec "*glekhôm*" qui désigne la menthe pouliot. Le lierre terrestre est aussi appelé Herbe de Saint Jean, Couronne de terre, Rondelotte ou Rondette (pour la forme de ses feuilles), ou encore Lierret.

Description sommaire de la plante.

Petite plante herbacée vivace et rampante de 5 à 40 cm de hauteur, très abondante dans les bois, les haies, les taillis, les lieux humides et ombragés, au sol de préférence siliceux. C'est une plante couvre-sol qui se multiplie par des stolons et peut ainsi la rendre envahissante. Au printemps, la souche vivace donne naissance à des tiges florifères, d'abord couchées, puis redressées, quadrangulaires, garnies de nombreuses feuilles vert sombre ou rougeâtres, opposées, longuement pétiolées, cordées ou réniformes, crénelées, qui portent de nombreuses petites fleurs dont la couleur va du rose au bleu-violet ou lilas violacé, et tachetées de pourpre sur la lèvre supérieure. Celles-ci sont groupées par deux, trois ou quatre en inflorescence à l'aisselle des feuilles, Leur calice est tubuleux et droit présente 15 nervures et 5 dents légèrement inégales. Leur corolle bilabiée, longue de 10 à 20 mm, a un tube droit et saillant composé de 5 pétales soudés et une gorge dilatée. La lèvre supérieure est dressée, plane et échancrée en deux lobes ; la lèvre inférieure a trois lobes plus larges, celui du milieu étant cordiforme. Le fruit est un tétrakène. Toute la plante émet une odeur balsamique agréable.

La plantation s'effectue en automne ou au printemps, Cependant, le Lierre terrestre s'adapte dans tous les types de sol. L'emplacement doit être ensoleillé ou mi-ombragé.

Culture de la plante.

Planter de préférence en automne ou au printemps, en dehors des périodes de gel, sur un sol de préférence riche et humide, à mi-ombre.

Parties utilisées : plante entière, mais de préférence les sommités fleuries, les feuilles récoltées avant la floraison.

Propriétés thérapeutiques selon les auteurs contemporains d'Olivier de Serres

Cette plante fait également l'objet de commentaires plus ou moins détaillés chez plusieurs auteurs d'ouvrage de Botanique du XVIème siècle qu'Olivier de Serres aurait pu consulter, notamment ceux-ci : les *Commentarii in sex libros Pedacii Dioscoridis* (1572) Livre II, Chap. CLXXV, p. 364) s v Liarre, de Pierandrea Matthioli (1501-1577), l'*Histoire des plantes* (1550), édit fr.Chap. CLXI, s v Lyarre, p. 294) de Leonart Fuchs (1501-1566), l'*Historia generalis plantarum* (1586), trad.1615 Tome II, Livre XIII, Chap. VIII, s v Lierre p. 299) de Jacques Daléchamps (1513 - 1588), le *Stirpium Herbariae Pemptades sex* (1557), Livre 3, Chap. L, s v Lyarre terrestre, p. 264) de Rembert Dodoens (1517-1585),

Cf aussi Liebault (*La Maison rustique* (édition de 1583, Livre II, Chap. 42, p.117). (cf. supra. Chap. 4, plante n° 51).

– 50. **Pas d'asne** (Tussilago farfara L). (Astéracées) :

> "Tussilago et Farfaria en Latin, aussi est ceste herbe ditte, Ungulla Cabalina. Croist en lieux aquatiques és palus. Tel logis lui ferons-nous au Jardin, où nous la transplanterons au Printemps ou en l'Automne. Conforte le poulmon : est bonne contre la peste : contre la toux : la difficulté d'halainer : principalement c'est le parfum receu par la bouche avec un entonnoir qui effectue tels remèdes." (6ème Lieu, Chap. XV, p. 618)

Note de l'édition de 1805 : "Pas-d'asne, Tussilage (tussilago farfara). Est peu employée aujourd'hui." (Tome 2, p. 481)

Olivier de Serres ne la cite pas dans son recueil de remèdes.

Le coin du jardinier d'aujourd'hui

Etymologie du nom de la plante.

"Tussilago" provient du latin "*tussis*", toux" et de "*agere*", chasser, en référence à ses propriétés thérapeutiques. "*farfara*" est une épithète dont l'explication ne fait pas l'unanimité. Elle viendrait de "*farfarus*", le nom d'un peuplier dont les feuilles sont ressemblantes, ou de "*far*", froment, et "*fugare*", mettre en fuite, chasser, parce que la plante nuirait aux céréales, ou encore de "**far**", froment, et "*ferre*", porter, produire.. Le tussilage est aussi appelé Pas d'âne, Pied de cheval, allusion à la forme de sabot de ses feuilles, Herbe de Saint Quirin, Herbe aux pattes.

Description sommaire de la plante.

Plante herbacée vivace de 10 à 30 cm, aux rhizomes, très courts, aromatiques et épais donnant en hiver des tiges dressées florifères et en avril des rosettes de feuilles. Les hampes florales portent de petites feuilles alternes réduites à des écailles qui apparaissent avant de grandes feuilles pétiolées de la base qui ne se développeront qu'après la floraison. En effet, feuilles et fleurs ne sont pas présentes en même temps. Elles sont larges (jusqu'à 20 cm de diamètre), vertes en dessus, grisâtres et velues en dessous. Ces hampes se terminent chacune par un seul capitule qui apparaît de février à avril, avant la feuillaison. Les fleurs jaunes sont nombreuses, de deux sortes : au centre du capitule se trouvent les fleurs mâles composées d'une corolle tubuleuse, formée de 5 pétales soudés, 5 étamines soudés en un tube et un ovaire stérile. Les fleurs du pourtour sont des fleurs femelles, n'ont pas d'étamines, mais un ovaire fertile. Les fruits sont des akènes munis d'une aigrette

Culture de la plante.

Préfère les terrains argileux, compacts, humides, exposition semi ombragée. On multiplie la plante par division des touffes ou par séparation des rhizomes, quand les feuilles se dessèchent. Densité de plantation : 7 au m^2.

Parties utilisées : les fleurs de tussilage qui seront récoltées au tout début de leur épanouissement. Elles devront être séchées très rapidement en couche mince, dans un lieu sec et aéré. On récolte aussi les jeunes feuilles qui demandent moins de précaution.

Propriétés thérapeutiques selon les auteurs contemporains d'Olivier de Serres

Cette plante fait également l'objet de commentaires plus ou moins détaillés chez plusieurs auteurs d'ouvrage de Botanique du XVIème siècle qu'Olivier de Serres aurait pu consulter, notamment ceux-ci : les *Commentarii in sex libros Pedacii Dioscoridis* (1572 Livre III, Chap. CIX, s v Pas de cheval, p. 476) de Pierandrea Matthioli (1501-1577), l'*Histoire des plantes* (1550), édit fr. Chap. L, s v, Pas d"asne ou Herbe aux Pattes, p. 106) de Leonart Fuchs (1501-1566), l'*Historia generalis plantarum* (1586), trad.1615 Tome I, Livre IX, Chap. XXXVI, s v Pas d'asne p. 917), de Jacques Daléchamps (1513 -1588) le *Stirpium Herbariae Pemptades sex* (1557, Livre I, Chap. XII, s v Pas de cheval, p. 15), de Rambert Dodoens (1517-1585),

Cf aussi Liebault (*La Maison rustique* (édition de 1583, Livre II, chapitre 42, p.114). (cf supra, Chap. 4, plante n° 30).

– 51. **Lysimachie** (Lysimachia vulgaris L (Primulacées) et Lythrum salicaria L.(Lythracées) :

"a prins son nom du Roi Lysimachus son inventeur. Elle est aussi appellee, Salicaria pour la resemblance de ses feuilles, à celle du faux. L'on la nomme en

François Corneolle ou Chasse-bosse. Elle s'enjeance és sausaies prés des rivieres. Le Printemps ou l'Automne sont les saisons de la planter : defaillant le plant nous servirons de la graine pour l'eslever. Ceste herbe est bonne pour les dissenteries, crachement de sang, contre le flux de sang, du nés, des menstrues des femmes, arreste aussi le sang des plaies. La poudre de ceste herbe, dessechee, sert aux remedes susdits, et à guerir les escorcheures, mesme celles des pieds faites par souliers mal-aisés." (6ème Lieu, Chap. XV, p. 618)

Note de l'édition de 1805 : "Lysimachie. Dans cet article, Olivier de Serres semble avoir confondu deux plantes, la lysimachie jaune (lysimachia vulgaris), appelée en françois, corneille, qui n'est d'aucune utilité en médecine ; et la salicaire, lysimachie rouge (lythium salicaria), qui est astringente, et encore employée dans quelques pays contre les diarrhées et les dyssenteries." (Tome 2, p. 481)

Olivier de Serres ne la cite pas dans son recueil de remèdes.

Le coin du jardinier d'aujourd'hui

Etymologie du nom de la plante.

Cf sup. l'explication donnée par Olivier de Serres. On l'appelle aussi Chasse-bosse, Herbe aux corneilles, Grande Lysimaque.

Description sommaire de la plante.

Plante herbacée vivace qui se plaît dans les prairies humides et sur les berges des rivières. C'est une plante rhizomateuse et stolonifère. Elle développe de longues tiges horizontales d'où émergent chaque printemps de nouvelles tiges dressées. Les tiges horizontales sont souterraines, aériennes ou aquatiques, pouvant atteindre dans ce cas jusqu'à 4 à 5 m de longueur. Les tiges dressées, quadrangulaires, pubescentes, d'une hauteur de 50 à 120 cm, portent des feuilles opposées ou verticillées par 3 ou 4, presque sans pétioles, vert vif et légèrement velues, entières, ovales, lancéolées à oblongues, à nervures secondaires saillantes. Ces tiges feuillées, caduques, se terminent par un racème ramifié et florifère sur une grande hauteur. Les fleurs qui apparaissent de juillet à septembre y sont généralement disposées par petits groupes, portées par de longs pédicelles. Le calice persistant est à 5 divisions, la corolle de 3 à4 fois la longueur du calice est à 5 divisions jaune d'or. Le fruit est une capsule.

Culture de la plante.

Planter au printemps ou en automne sur un sol lourd, voire humide qui reste frais toute l'année, en plein soleil ou la mi-ombre. On la multiplie par division des touffes au printemps, ou par semis effectué en avril en pépinière. On repique en pépinière et on met en place en juillet-août, en espaçant les pieds de 50 cm.

Parties utilisées : les feuilles.

Propriétés thérapeutiques selon les auteurs contemporains d'Olivier de Serres

Cette plante fait également l'objet de commentaires plus ou moins détaillés chez plusieurs auteurs d'ouvrage de Botanique du XVIème siècle qu'Olivier de Serres aurait pu consulter, notamment ceux-ci : les *Commentarii in sex libros Pedacii Dioscoridis* (1572) Livre IV, Chap. III, s v Lysimachia p. 522) de Pierandrea Matthioli (1501-1577), l'*Histoire des plantes* (1550), édit fr.Chap. CLXXXVIII, s v Corneole ou Chassebosse, p. 340) de Leonart Fuchs (1501-1566), l'*Historia generalis plantarum* (1586), trad.1615 Tome I, Livre IX, Chap. XLII, s v Lysimachia, p. 925), de Jacques Daléchamps (1513 -1588), le *Stirpium Herbariae Pemptades sex* (1557), Livre 3, Chap. L, s v Soucy d'eauë ou Pellebosse p. 57) de Rembert Dodoens (1517-1585).

– 52. **Barbe-de-chevre** (Filipendula ulmaria (L) Maxim.) (Rosacées :

> "pour la ressemblance que les fleurs de ceste herbe ont à la barbe de cest animal, la plante est ainsi appellee : on la dit aussi Ulmaria à cause que ses feuilles ressemblent à celles de l'orme Elle se plaist és vallées ombreuses, plus humides que sechés, d'où en tirerons le plant pour l'aprivoiser au Jardin. Sa decoction purge et esmunde le flegme gros et espés ; est salutaire au mal caducq. La poudre de ses racines et fueilles guérissent le flux de ventre, et de sang. L'eau distillee de ceste herbe, beuë, sert aux plaïes interieures et exterieures." (6ème Lieu, Chap.XV, p. 618)

Note de l'édition de 1805 : "Barbe –de-chèvre (spirœea aruncus) et la reine des prés (spirœa ulmaria). Elles sont un peu astringente, mais hors d'usage." (Tome 2, p. 481)

Olivier de Serres ne la cite pas dans son recueil de remèdes.

Le coin du jardinier d'aujourd'hui

Etymologie du nom de la plante.

"*Filipendula*" vient du latin "*filum*", "fil", et "*pendulum*", "pendant", en référence aux parties souterraines de la plante formées de tubercules reliés par de minces racines qui peuvent évoquer des fils pendants. Le nom "Spirée" vient de la forme spiralée de ses fruits. L'épithète "*ulmaria*", "qui ressemble à l'orme", fait référence aux folioles des feuilles qui ressemblent à celles de cet arbre. On l'appelle aussi Filipendule ulmaire ou Spirée ulmaire, Ulmaire, Belle des prés, Barbe des chênes, Barbe de bouc, Fleur des abeilles, Herbe aux abeilles, Ormière, Grande potentille, Vignette, et surtout Reine-des-prés qui rappelle que cette plante occupe une place prépondérante dans les prairies humides abandonnées.

Description sommaire de la plante.

Plante herbacée vivace qui se plaît dans les endroits humides, particulièrement au bord des cours d'eau et des fossés bordant les chemins et les prairies. De sa longue racine rampante et fibreuse, se dresse une tige rougeâtre, glabre, sillonnée et anguleuse pouvant atteindre 120 cm de hauteur. Les feuilles, de grande taille, pennatiséquées, pourvues de stipules en demi-cercle et dentées, sont formées d'un nombre impair de folioles inégales, vert sombre, glabres au-dessus, feutrées de blanc en dessous. La foliole terminale est palmée, plus grande que les autres, divisée en trois ou cinq lobes. Les petites fleurs d'un blanc jaunâtre, très odorantes, qui apparaissent de juin à août sont disposées en grappes composées et irrégulières. Le calice est composé de 5 sépales et la corolle de 5 pétales. Les fruits sont des akènes enroulés en hélice.

Elle est riche en dérivés salicylés au même titre que le saule (Salix alba) dont l'extraction de l'acide salicylique de la racine a permis de synthétiser de l'aspirine.

Culture de la plante.

Planter en sol humide en plein soleil, ou en terre fraîche à mi- ombre. Indifférente à la composition du sol. On peut transplanter toute l'année en terrain humide, hors période de gel ; et au printemps ou à l'automne en sol frais, non humide. Planter 3 pieds au m^2, Parties utilisées : les sommités fleuries et les feuilles. Récolter avant le plein épanouissement des fleurs.

Propriétés thérapeutiques selon les auteurs contemporains d'Olivier de Serres

Cette plante fait également l'objet de commentaires plus ou moins détaillés chez plusieurs auteurs d'ouvrage de Botanique du XVIème siècle qu'Olivier de Serres aurait pu consulter, notamment ceux-ci : les *Commentarii in sex libros Pedacii Dioscoridis* (1572), Livre II, Chap. CXXXVII, s v Barbe de bouc p. 325) de Pierandrea Matthioli (1501-1577), l'*Histoire des plantes* (1550), édit fr. Chap.LXV, s v Barbe de bouc, p.131) de Leonart Fuchs (1501-1566), l'*Historia generalis plantarum* (1586, trad.1615 Tome I, Livre IX Chap. LXII, s v Barbe de Chevre p. 944) de Jacques Daléchamps (1513 -1588), le *Stirpium Herbariae Pemptades sex* (1557, Livre 3, Chap. XXIX, s v Barbe de Chevre, p. 33), de Rembert Dodoens (1517-1585).

Cf aussi Lieutault (*La Maison rustique* (édition de 1583, Livre II, Chap. 42, p.117. (cf. supra. Chap..4, plante n° 50).

III. Troisième partie du Jardin medecinal : les Simples de Septentrion

Olivier de Serres en mentionne 18. Ce sont :

– 53. **Gentiane** (Gentiana lutea L.) (Gentianacées) :

"de Gentius Roi d'Illyrie qui premier la mit en reputation. Est herbe de montaigne, souffre l'ombrage, aime l'humidité. Ses fueilles sont presque rouges, sortans prés de ses racines. Elle s'edifie, et par semence et par plant enraciné : fleurit et graine dans l'Esté ; ne se soucie pas beaucoup de culture, bien que plus grande vient-elle estant labouree, que laissee en friche. Est bonne contre les fièvres : contre les vers. Sert à faire collyres pour les yeux malades d'inflammation. Sa racine est bonne contre la peste : contre la morsure des bestes venimeuses : contre la douleur d'estomach, et de foie, prinse avec de l'eau en bruvage.Aide à l'enfantement." (6ème Lieu, Chap. XV, p. 619)

Note de l'édition de 1805 : "Gentiane. La grande gentiane (gentiana lutea). Elle est encore très-employée ; c'est un bon stomachique, amer, fébrifuge, etc, ; les vétérinaires en font un fréquent usage dans les maladies des bestiaux. (H)" (Tome 2, p. 481)

Olivier de Serre la mentionne rarement dans ses remèdes. Il en recommande toutefois l'emploi en onguent contre les dartres, parmi d'autres remèdes :

"Prenés racines de patience quatre onces ; racines de gentiane deux onces : faites-les cuire dans l'eau claire, pilés-les : faites-les cuire derechef avec moëlle de veau, à consistance d'onguent." (8ème Lieu, Chap. V, p 968)

Le coin du jardinier d'aujourd'hui

Etymologie du nom de la plante.

Cf sup., l'explication d'Olivier de Serres, donnée par Pline (*H N*, XXV, 34)

Description sommaire de la plante.

On identifie généralement la plante décrite par Olivier de Serres à la gentiane jaune. L'indication que celui-ci donne sur la couleur rougeâtre des feuilles et leur position proche de la racine laisse toutefois place à l'hésitation. Plante herbacée vivace à racine pivotante longue et charnue, gris brunâtre à l'extérieur, jaunâtre à l'intérieur, avec de nombreuses rides transversales. Elle se plaît dans les bois et prairies de montagne. Sa tige dressée, lisse, jamais ramifiée, creuse, épaisse, vert glauque, peut atteindre 1 à 2 m de haut ; elle porte des feuilles opposées, ovales, pointues, à 5 ou 7 nervures saillantes ; elles sont sessiles et embrassantes, dans les régions moyennes et supérieures, munies d'un pétiole aplati à la base des tiges. Les fleurs, jaune d'or, qui apparaissent de juin à août sont de grande taille. Elles sont réunies en verticilles superposés de 12 à 16 à l'aisselle des feuilles axillaires les plus hautes, longuement pédonculées ; le calice est divisé en 5 petits lobes, la corolle étoilée en 5 pétales ; les fruits sont des capsules uniloculaires ovoïdes qui contiennent de nombreuses graines plates brunes.

Culture de la plante.

La gentiane préfère une exposition fraîche, en évitant le soleil direct en été. Elle apprécie les sols légers, frais et bien drainés. Le sol doit également être humifère et un peu acide. Elle préfère un sol profond, Semer clair sous châssis froid en fin d'automne et mettre en place au printemps en pleine terre, en prévoyant 6 à 9 pieds/m². Elle se multiplie par semis en automne ou division de touffes en juin.

Partie employée : les racines. Il faut attendre plusieurs années avant de pouvoir les récolter. La récolte s'effectue de mai à octobre.

Propriétés thérapeutiques selon les auteurs contemporains d'Olivier de Serres

Cette plante fait également l'objet de commentaires plus ou moins détaillés chez plusieurs auteurs d'ouvrage de Botanique du XVIème siècle qu'Olivier de Serres aurait pu consulter, notamment ceux-ci : les *Commentarii in sex libros Pedacii Dioscoridis* (1572) Livre III, Chap. III, s v Gentiane p. 376) de Pierandrea Matthioli (1501-1577), l'*Histoire des plantes* (1550), édit fr.Chap. LXXIIII, s v Gentiane, p. 143) de Leonart Fuchs (1501-1566), l'*Historia generalis plantarum* (1586), trad.1615 Tome II, Livre XI, Chap. XXIII, s v Gentiane, p. 151) de Jacques Daléchamps (1513 -1588), le *Stirpium Herbariae Pemptades sex* (1557, Livre 3, Chap. XII, s v Gentiane p. 223) de Rembert Dodoens (1517-1585),

Cf aussi Liebault (*La Maison rustique* (édition de 1583, Livre II, Chap. 42, p.109 b). (cf supra. Chap.. 4, plante n° 3).

Cf aussi supra Crescens, Chap. 3, Les jardins de Crescens, Chap.58.

– 54. **Cabaret** (Asarum europaeum L.) (Aristolachiacées) :

> "en Latin, Asarum, ne vient si bien ne si rost par semence, que par plant enraciné, à faute duquel, l'on se servira de la semence. Ne desire ni la culture, ni l'arrousement : fleurit és deux saisons de l'annee, Printemps et Automne, et en ceste-ci, en recueille-on la graine pour semer. Sa fueille sert à faire dormir : à guerir les enfleures que les femmes de nouveau accouchees, ont aux mamelles : la douleur de teste : les inflammations et rougeur des yeux : les fistules du conduit du nés : la goutte sciatique. Et sa racine, à provoquer l'urine : les menstrues des femmes : aux hydropiques : à chasser les fievres tierce et quarte : à la difficulté de respirer et d'uriner." (6ème Lieu, Chap.XV, p. 619)

Note de l'édition de 1805 : "Cabaret (asarum Europœum). La racine du cabaret doit être sur-tout recommandée comme étant la drogue indigène qui peut le mieux remplacer l'ipécacuanha : ses autres propriétés sont équivoques." (Tome 2, p. 481)

Parmi les remèdes qu'il propose d'employer à la mère de famille Olivier de Serres recommande cette plante :

– Pour traiter les maux de tête de cause froide : "Froter la Teste avec des fueilles de cabaret : ou de jus de melilot, meslé avec vinaigre et huile rozat." (8ème Lieu, Chapitre 5, p 895)

– pour traiter la difficulté d'uriner, causée par des calculs graveleux : (entre autres remèdes) "Boire au matin de la décoction de la racine de cabaret." (8ème Lieu, Chap. V, p 926),

– contre l'hydropisie (8ème Lieu, Chap.5, p 929), cf. supra, plante n°19. Hieble.

– pour provoquer les menstrues : "la decoction faite en eau des grains de genevre, de cabaret, de lierre, deux drachmes de chacun, prinse au matin quatre onces." et aussi : "la decoction en vin blanc vieil, de valeriane, flambes, cabaret, pouliot, garence, souchet, dictame, auromne, escorce de la racine de meurier, savine, ortie, chardon-benit, treffle, nielle." ou encore : "Trempés en douze onces de vin blanc l'espace de vingt-quatre heures, les poudres bien sassees, (*i e* tamisée) de betoine, canelle, squenente, nielle, cabaret, souchet, et des racines de glaieul, une drachme de chacune de ces choses, puis coulés le vin, sans nullement remouvoir les poudres estans au fons, partissés le vin en six, de mesme la poudre restante au fons du vase pour six prinses, au matin et au soir." (8ème Lieu, Chap. 5, p 931-932).

Le coin du jardinier d'aujourd'hui

Etymologie du nom de la plante.

"*Asarum*" vient du grec "*asseros*", "déplaisant", allusion à l'odeur désagréable de son rhizome. Le mot Cabaret évoque l'usage qu'en faisaient autrefois les ivrognes, piliers de cabaret, après leurs excès pour se faire vomir et dissiper leur ivresse, la plante ayant des propriétés émétiques. On l'appelait aussi Asaret, Oreille-d'homme, Oreillette, Rondelle, Roussin.

Description sommaire de la plante.

L'asaret d'Europe est une plante herbacée vivace, haute de 5 à 20 cm qui se plaît à l'ombre, dans les bois et les buissons humides. Toute la plante est velue et a une odeur âcre, poivrée à camphrée, voire nauséabonde. Elle apprécie les sols humifères, frais, moyennement acide à un peu basique. La souche est faite de longues tiges rampantes et radicantes qui se développent collées à la terre, et même sous la litière forestière et s'enracinent à chaque nœud. Elles portent des rameaux aériens très courts et écailleux. Ses feuilles qui persistent l'hiver, sont vert-sombre, luisantes, larges, réniformes, à long pétiole velu et regroupées en une à deux paires. Ses fleurs, peu visibles, qui s'épanouissent de mars à mai, sont situées à la base des feuilles ; elles, sont de couleur brun-pourpre à l'intérieur, brun-vert à noirâtre sur l'extérieur, solitaires, courtement pédonculées. Elles sont en forme de clochettes, situées à l'extrémité d'un long pédoncule, courbé, et constituées d'un périanthe en cloche à 3 lobes triangulaires égaux, Son fruit est une capsule globuleuse, dure, à 6 loges contenant chacune 2 rangées de graines creuses.

Culture de la plante.

Diviser le rhizome au printemps et planter en laissant un espace de 30 à 40 cm entre les plants. On peut aussi procéder par semis. On récolte à l'automne, les parties utilisées, les rhizomes.

Propriétés thérapeutiques selon les auteurs contemporains d'Olivier de Serres

Cette plante fait également l'objet de commentaires plus ou moins détaillés chez plusieurs auteurs d'ouvrage de Botanique du XVIème siècle qu'Olivier de Serres aurait pu consulter, notamment ceux-ci : les *Commentarii in sex libros Pedacii Dioscoridis* (1572 Livre I, Chap. IX, s v Cabaret, p. 30 de Pierandrea Matthioli (1501-1577), l'*Histoire des plantes* (1550, édit fr.Chap. III, s v Cabaret p. 8) de Leonart Fuchs (1501-1566), l'*Historia generalis plantarum* (1586), trad.1615 Tome I, Livre X, Chap. XVII, s v Cabaret, p. 705) de Jacques Daléchamps (1513 -1588), le *Stirpium Herbariae Pemptades sex* (1557), Livre 3, Chap. V, s v Cabaret.p. 215) de Rembert Dodoens (1517-1585).

Cf aussi Liebault (*La Maison rustique* (édition de 1583, Livre II, Chap.42, p.111. (cf. supra. Chap. 4, plante n° 10).

– 55. **Verge d'or** (Solidago virga aurea L.) (Composées = Asteracées) :

> "s'edifie par semence au Printemps, en terre grasse et bien cultivee, et lieu ombreux. Ceste herbe est propre à la dissenterie : fait uriner : comminue le calcul : conglutine les ulceres et les fistules." (6ème Lieu, Chap. XV, p. 619)

Note de l'édition de 1805 : "Verge-d'or (solidago virga aurea). Elle est peu employée maintenant." (Tome 2, p. 481)

Olivier de Serres cite rarement cette plante dans ses remèdes. Il la mentionne

– "pour le "mal de la Bouche", les ulcères, en sont gueries, lavant la Bouche avec la decoction des herbes de piloselle, de consoulde, et de verge d'or : ou de balaustes, sumach, plantain, aigremoine et rozes, y ajoustant un peu d'alum, sur la fin : ou avec du vin, auquel auront bouïlli, anis et girofle." (8ème Lieu, Chap. V, p 902)

Le coin du jardinier d'aujourd'hui

Etymologie du nom de la plante.

"*Solidago*", vient du latin "*solidare*", "consolider, cicatriser", en référence aux propriétés vulnéraires qui lui étaient attribuées. "*Virga aurea*" vient du latin "*virga*", "verge" et "*aurea*", "or", allusion à la disposition des fleurs jaunes en grappes allongées. On l'appelle aussi Herbe des Juifs.

Description sommaire de la plante.

Plante herbacée vivace de taille variable, pouvant atteindre 1 m de haut. De son rhizome pivotant partent plusieurs tiges ramifiées, dressées, pubescentes, portant des feuilles oblongues et lanceolées, ovales ou éliptiques, les inférieures dentelées et pétiolées, les supérieures entières et sessiles. Les inflorescences sont des capitules réunis en grappes ou en panicules, et entremêlés de feuilleslongs de fleurs et de feuilles avec capitules formés de nombreuses bractées imbriquées. Les fleurs jaunes, gamopétales s'épanouissent de juillet à pctobre ; celles du pourtour sont ligulées et n'ont pas d'étamines, celles du centre, plus nombreuses, sont en tube et possèdent étamines et pistil.

Culture de la plante.

Procéder à la multiplication par division des touffes en automne ou au printemps, sur un sol frais, en plein soleil ou à mi-soleil si l'on est dans le sud, en respectant une espace de 60 à 80 cm entre les pieds. On peut aussi multiplier la plante par semis, effectués en septembre ou de mars à juillet, en pépinière ou en place ; on repique en pépinière et on met en place de préférence en automne. La plante se reproduit par graines, mais la masse racinaire donne aussi régulièrement naissance à de nouvelles plantes ; la verge d'or peut donc devenir envahissante. Il faut rabattre les tiges à la fin de l'automne. Il faut l'arroser régulièrement, car la plante aime l'humidité.

Récolte : récolter les sommités en pleine floraison et par beau temps et mettre à sécher en un endroit aéré Parties utilisées : les sommités fleuries.

Propriétés thérapeutiques selon les auteurs contemporains d'Olivier de Serres

Cette plante fait également l'objet de commentaires plus ou moins détaillés chez plusieurs auteurs d'ouvrage de Botanique du XVIème siècle qu'Olivier de Serres aurait pu consulter, notamment ceux-ci : l'*Histoire des plantes* (1550), édit fr. Chap. CCLXVI, s v Consyre, p. 472) de Leonart Fuchs (1501-1566), l'*Historia generalis plantarum* (1586, trad.1615 Tome II, Livre XI, Chap. XXXIII, s v Verge d'or, p. 165, de Jacques Daléchamps (1513 -1588), le *Stirpium Herbariae Pemptades sex* (1557), Première Partie, Chap. XCVIII, s v Verge d'or p. 107) de Rembert Dodoens (1517-1585),

L'identification de cette plante ne fait pas l'unanimité chez ces auteurs.

Cf aussi Liebault. (*La Maison rustique* (édition de 1583, Livre II, Chap. 42, p.112. (cf. supra. Chap. 4, plante n° 15).

– 56. **Mors-du- diable** (Succisa pratensis Moensch.) (Dipsacacées) :

"Les Apoticaires la nomment en Latin Morsus diaboli. Parce que la racine de ceste herbe est tronquee, de telle sorte qu'on diroit en avoir esté prins un morceau avec les dents, ce nom lui a esté donné : croiant le vulgaire superstitieux, que c'est le diable qui l'a fait, qui, envieux du bien que ceste plante cause au genre humain, le secourant en diverses maladies, y a laissé les marques de son venim. Ceste herbe demande terre de moienne valeur, plus humide que seche, où l'on la semera defaillant le plant, au Printemps plustost qu'en l'Automne. Est bonne contre les douleurs de l'amarri : contre les tumeurs pestilentes : contre la vermine des petits enfans : pour dissoudre le sang figé et grumelé." (6ème Lieu, Chap. XV, p. 619)

Olivier de Serres mentionne cette plante dans ses remèdes :

– contre la peste : "Après les premiers remedes, arrestan le mal de passer outre ; pour le chasser du tout, l'on continuera de donner au malade és jours suivans, une fois chacun, du matin ou du soir, une heure devant rapas, de la poudre de bolarmene preparee, comme dessus : ou du syrop de limon, avec eau d'ozeille : ou de morsus diaboli : ou de souchet : ou de chardon-benist." (8ème Lieu, Chap. V, p 949)

Le coin du jardinier d'aujourd'hui

Etymologie du nom de la plante.

Cf supra, une des explications donnée par Olivier de Serres.

"*Scabiosa*" vient du latin "*scabiosus*", "rugueux, ou galeux", dérivé de "*scabies*", "la gale, la lèpre", allusion aux propriétés attribuées à la plante pour traiter les maladies de peau.

"*Succisa*" vient du latin "*succisus*", "tronqué, coupé", en référence à la racine qui paraît tronquée. On l'appelle aussi Herbe de Saint Joseph, Tête de loup, Succise.

Description sommaire de la plante.

Plante herbacée vivace de 30 cm à 1 m de haut, glabre ou pubescente, qui se plaît dans les prés et les bois humides. Sa racine est courte, tronquée, sans stolons. Sa tige dressée, pubescente, porte des feuilles simples, entières ou dentées, les feuilles basales elliptiques à lancéolées, pétiolées, indivises, les feuilles supérieures, plus petites. Les fleurs apparaissent de juillet à octobre sont groupées en capitules subsphériques, entourées d'un involucelle de bractées lancéolées, étalées, ciliées, égalant ou dépassant les fleurs. La corolle, gamopétale, bleue ou rose-lilas comprend 4 lobes égaux. La plante est hermaphrodite. Les fruits sont des akènes velus, tétragones.

Culture de la plante.

Semer les graines au printemps à mi-ombre, voire au soleil, de préférence sur un sol humide, au Ph indifférent. Prévoir 4 plants au m^2.

Parties utilisées : les fleurs recoltées durant la floraison, de juin à septembre.

Propriétés thérapeutiques selon les auteurs contemporains d'Olivier de Serres

Cette plante fait également l'objet de commentaires plus ou moins détaillés chez plusieurs auteurs d'ouvrage de Botanique du XVIème siècle qu'Olivier de Serres aurait pu consulter, notamment ceux-ci : les *Commentarii in sex libros Pedacii Dioscoridis* (1572), Livre II, Chap. CLXXIIII, s v Mourron ou Mors du Diable, p.363) de Pierandrea Matthioli (1501-1577), l'*Histoire des plantes* (1550, édit fr.Chap. CCLXXII, s v Morsure du Diable p. 487) de Leonart Fuchs (1501-1566), l'*Historia generalis plantarum* (1586), trad.1615 Tome I, Livre XI, Chap. XLIX, s v Succisa p. 932, de Jacques Daléchamps (1513 -1588), le *Stirpium Herbariae Pemptades sex* (1557), Première Partie, Chap. LXXII, s v Mors de Diable p. 84) de Rembert Dodoens (1517-1585), Cf aussi Liebault. (*La Maison rustique* (édition de 1583, Livre II, Chap. 42, p.114 b). (cf supra Chap. 4, plante n° 34).

– 57. **Bétoine** (Stachis officinalis (L.)Trevisan (= Betonica officinalis L.) (Lamiacées) :

> "nommee en Latin Betonica, de ceux qui les premiers l'ont treuvee, nommés Vetones, peuple d'Espagne. Se seme à faute de plant, mais veut bonne terre, moite et ombragee, non trop exposee en plein Soleil où s'entretient à petit soin. Ceste herbe est fort recerchee pour l'abondance de ses vertus. Appliquee en cataplasme est bonne contre les morsures des bestes venimeuses : guerit les plaies de la teste, et autres ulceres caves et chancreuses : faict suppurer les foruncles. Sa decoction faicte en vin blanc, provoque l'urine : rompt le calcul : appaise les douleurs de reins : celles de la matrice. En apozeme, purge le poulmon et le foie. Aussi est salutaire ceste herbe à la digestion : contre le haut-mal : le crachement de sang : l'hydropisie : le venim et poison, y servant de singulier preservatif. Sa racine fait vomir les flegmes, deschargeant l'estomach." (6ème Lieu, Chap. XV, p. 619)

Note de l'édition de 1805 : "Betoine (betonica officinalis). Les Grecs attribuoient de grandes propriétés à leur Betonikê, mais il n'est nullement prouvé que l'herbe dont ils parloient, soit la même à laquelle nous donnons le nom de betonica : la nôtre participle aux propriétés communes à toutes les labiées, mais paroît se distinguer, parce que sa racine est un peu purgative et émétique." (Tome 2, p. 481)

Parmi ses remèdes qu'il propose à la mère de famille, il cite cette plante :

– pour traiter les maux de tête de cause froide : "Boire de l'eau ou de la décoction de bétoine, appliquant aussi ses feuilles aux temples." Ou encore "Composer un frontail, avec des herbes et fleurs chaudes, de mélilot, de sauge, de bétoine, de rosmarin de colevree blanche, au prealable lesdites herbes et fleurs, aians esté parfumees en vapeur de betoine et de melisse, mises sur une paesle de fer, ou tuille chaudes, et par-dessus, jetté du vinaigre et de l'eau roze." (8ème Lieu, Chap. V, p 895-896)

– pour faire fondre la cataracte ou taie : "l'eau distillée de fenoüil, rue, verbene, eufraize, endivie, bétoine, rozes rouges, capilli veneris, recent par egale portion, aians auparavant trempé vingt-quatre heures dans du bon vin blanc, foïe de bouc entier, non chastré, trois onces ; elle sera distillee par trois fois au bain-de-marie, dont la dernière eau en sortant, sera fort propre à fondre la cataracte ou taie, et à toutes autres maladies de l'œil, conservant la veuë, mesme aux vieilles gens." (8ème Lieu, Chap. V, p 898)

– pour le mal de côté, "sert de beaucoup à ce mal la poudre de l'herbe de betoine dessechee." (8ème Lieu Chap. V, p 912).

– pour la lienterie (8ème Lieu, Chapi. V, p 927), cf plante n° 37. Absinthe

– pour provoquer les menstrues (8ème Lieu, Chap. V, p 931-932). Cf plante n ° 54. Cabaret

– contre les fièvres : "Le jus de betoine et de plantain meslés ensemble, et le vin d'absynte y sont profitables." (8ème Lieu, Chap. V, p 942)

> "La fièvre quotidienne sera combatue par boire tous les jours devant l'accés, des jus de betoine et de plantain, meslés ensemble. Ou de la decoction (deux ou trois doigts dans un verre chacun matin) faite avec des pois ciches, escorce moienne de sureau ; fueilles de betoine, de scolopendre ; des racines d'ache, de persil, de raves, et d'asperges." (8ème Lieu, Chap. V, p 943)

– pour guérir les plaies : (8ème Lieu, Chap.V, p 958) cf plante n° 73 Vervaine

Le coin du jardinier d'aujourd'hui

Etymologie du nom de la plante.

Cf. supra, l'explication d'Olivier de Serres, d'après Pline (*H N*, XXV, 84). "*Stachys*" vient du grec "*stachis*" signifiant "épi", en référence à la forme de l'inflorescence. On l'appelle d'ailleurs aussi épiaire officinale.

Description sommaire de la plante.

Plante herbacée vivace, haute de 15 à plus de 40 cm que l'on peut rencontrer au bord des chemins, dans les prés et les haies. Ses tiges quadrangulaires, grêles et velues sont dressées portent des feuilles de 6 à 12 cm de long, opposées, ovales ou oblongues, cordiformes, crénelées sur le bord du limbe, longuement pétiolées à la base, plus petites et étroites vers le haut de la tige. Celle-ci porte des épis compacts, oblongs, formés de fleurs tubulaires, labiées, de 1 à 2 cm de long, roses, violet-rouge ou, plus rarement, blanches. Elles sont hermaphrodites et protandres, Le fruit est un akène.

Culture de la plante.

La bétoine officinale se cultive à mi-ombre ou sous un soleil doux dans un sol un peu frais, pas trop lourd ni trop sec, pouvant être légèrement acide, et bien drainé. C'est à l'automne ou au printemps que l'on doit effectuer les semis ou planter les stolons émis par la souche après avoir procédé à la division des pieds. Laiser un espace de 60 cm en tout sens entre les plants.Elle se ressème spontanément grâce à ses graines.

Parties employées : les feuilles et les racines On les récolte au début de la floraison et fait sécher en un lieu aéré.

Propriétés thérapeutiques selon les auteurs contemporains d'Olivier de Serres

Cette plante fait également l'objet de commentaires plus ou moins détaillés chez plusieurs auteurs d'ouvrage de Botanique du XVIème siècle qu'Olivier de Serres aurait pu consulter, notamment ceux-ci : les *Commentarii in sex libros Pedacii Dioscoridis* (1572°, Livre IIII, Chap. I s v Bétoine p. 519) de Pierandrea Matthioli (1501-1577), l'*Histoire des plantes* (1550), édit fr.Chap. CXXXIII, s v Betoine p. 243) de Leonart Fuchs (1501-1566), l'*Historia generalis plantarum* (1586), trad.1615 Tome II, Livre XI, Chap. XXXVII, s v Betoine p.174, de Jacques Daléchamps (1513 -1588), *le Stirpium Herbariae Pemptades sex* (1557), Première Partie, Chap. XCI, s v Betoine, p. 205) de Rembert Dodoens (1517-1585),

Cf aussi Liebault (*La Maison rustique* (édition de 1583, Livre 2, chapitre 42, p.113. (cf. supra. Chapitre 4, plante n° 24).

Cf aussi supra. Crescens, Chap. 3, Les jardins de Crescens, Chap.17.

– 58. **Seau (sic) de Salomon** (Polygonatum spp L., notamment Polygonatum officinale L. (Asperagacées) :

> "autrement dit Polygonatum, se loge en lieu haut, loin d'humidité, en terre toutefois de passable bonté où à faute de plant, sera emploiee la graine. Les meurtrissures, les lentilles du visage, aussi les taches et macules du hasle du Soleil, sont gueries par la racine ou jus de ceste herbe. L'eau qui en est distillee, est propre à tel service, et à nettoier la face." (6ème Lieu, Chap. XV, p. 619)

Note de l'édition de 1805 : "Seau-de-Salomon. On confond vulgairement sous ce nom les convallaria polygonatum, multiflora et latifolia. Ils sont hors d'usage." (Tome 2, p. 481)

Olivier de Serres ne la cite pas dans les remèdes qu'il propose d'employer à la mère de famille.

Le coin du jardinier d'aujourd'hui

Etymologie du nom de la plante.

"*Polygonum*" vient du latin "*polus*", "beaucoup", et "*genus*", "genou", en référence à son rhizome noueux. On lui a donné le nom de Sceau à cause des cicatrices laissées sur le rhizome pat les tiges aériennes des années précédentes qui ressemblent à des sceaux.

Description sommaire de la plante.

Plante herbacée vivace rhizomateuse : Son rhizome s'allonge horizontalement chaque année et développe de nombreuses fines racines. Il est charnu, renflé à chaque nœud portant de larges cicatrices des tiges des années précédentes. Au printemps, une tige aérienne se dresse pour atteindre une hauteur d'environ 70 cm. Elle est anguleuse, nue à la partie inférieure, portant plus haut des feuilles ovales, alternes, dressées, et recourbées généralement d'un même côté de la tige, presque sessiles, à nervures ramifiées convergentes.

Les fleurs tubulaires blanches, ourlées de vert, longues de 12 à 15 mm s'épanouissent d'avril à juin. Elles sont odorantes, pendent sous la tige, isolées ou par deux sur le même pédoncule, à l'aisselle des feuilles supérieurs ; la fleur comprend 3 sépales et 3 pétales soudés en un tube blanc bordé de vert et à 6 divisions, Les fruits sont de petites baies bleu noirâtre.

Culture de la plante.

Planter au printemps ou à l'automne les rhizomes obtenus par division des pieds en fin d'été ou au printemps avant la reprise de la végétation, sur un sol relativement humifère, à l'ombre ou à mi-ombre, voire même en plein soleil si le sol reste frais tout l'été. On peut aussi procéder par semis : semer les graines obtenues le plus rapidement possible après leur récolte car les graines sont de courte durée de vie. Espacer les pieds de 30 cm.

Récolte des parties utilisées à l'automne : les rhizomes.

Propriétés thérapeutiques selon les auteurs contemporains d'Olivier de Serres

Cette plante fait également l'objet de commentaires plus ou moins détaillés chez plusieurs auteurs d'ouvrage de Botanique du XVIème siècle qu'Olivier de Serres aurait pu consulter, notamment ceux-ci : les *Commentarii in sex libros Pedacii Dioscoridis* (1572), Livre IV, Chap. V s v Genoillet p. 524) de Pierandrea Matthioli (1501-1577), l'*Histoire des plantes* (1550), édit fr.Chap. CCXXIII, s v Signet de Salomon p. 403, de Leonart Fuchs (1501-1566), l'*Historia generalis plantarum* (1586, trad.1615 Tome II, Livre XV, Chap. XXXV, s v Signet de Salomon, p. 489) de Jacques Daléchamps (1513 -1588), le *Stirpium Herbariae Pemptades sex* (1557), Première Partie, Chap. LXVII, s v Signet de Salomon, p. 77) de Rembert Dodoens (1517-1585),

Cf aussi Liebault. (*La Maison rustique* (édition de 1583, Livre II, Chap.42, p.117 b). (cf. supra. Chap. 4, plante n° 58).

– 59. **Scolopendre** (Scolopendrium vulgare Smith, Scolopendrium offi cinale D C, (Polypodiacées) (= Asplenium scolopendrium L.)* :

"appellee aussi Langue-de-cerf, s'esleve seulement par plant enraciné ; ne fait ne fleur ne semence, non pas mesme tige eslevé hors de terre, car ses fueilles sortent immediatement de ces racines, lesquelles convient arracher pour estre transplantees. Nous la planterons au mois de Mars ou d'Avril, en terre sablonneuse, toutesfois humide, desirant ceste herbe, estre souvent arrousee, presques autre soin ne lui estant requis pour son entretien. Elle guerit l'opilation et enflure de la rate : aussi soulage ceux qui sont tourmentés de fièvre quarte." (6ème Lieu, Chap. XV, p. 619)

Note de l'édition de 1805 : "Scolopendre (asplenium scolopendrium). Elle est un peu astringente, comme les autres fougères" (Tome 2, p. 481)

Olivier de Serres mentionne peu cette plante dans la composition de ses remèdes. Il en prescrit toutefois l'emploi sous différentes formes dans différentes prescriptions pour traiter l'opilation de la rate.

– pour l'opilation de la rate qui se manifeste par une douleur du costé gauche après le repas, et la couleur de la face tendant à la noire, avec tristesse de la personne et quand la douleur est accompagnée de soif, de la secheresse de langue et de degoustment signifiant ainsi que l'opilation est causee d'humeur chaud : parquoi faut donner au malade par quatre ou cinq matins à jeun, syrop d'endivie et de scolopendre, avec eau d'endivie et de scolopendre." (8ème Lieu, Chap. V, p 922)

Il ajoute qu'il faudra après purger le malade avec une "purgation faite avec demie once de suc de roze et trois onces de la decoction des racines de caparis et de scolopendre que le malade prendra cinq ou six heures devant disner : ou bien avec demie d'oximel diuretique once de casse, et tro ou l'oxymel diuretiqueis drachmes diasenné, en eau de scolopendre. Après laquelle purgation, faudra oindre la Rate avec huile rozat ou de lin : ou appliquer emplastre dudit huile, avec racines de caparis et graine de lin ; ou fait avec morelle, semence de pourpier et poudre de plantain meslés avec vinaigre. Si le patient a peu d'appetit, ne pouvant digerer, et lui venans des rots aigres de l'estomach et de la bouche, signifie son mal proceder par humeur melancolique froid. En ce cas, lui sera baillé à boire, des syrops de stecados et de scolopendre ou d'oximel diuretique avec l'eau de la decoction de scolopendre, racines d'ache, de persil, de tamaris, et de mente : ou seulement avec la decoction de la scolopendre et racines de caparis. Puis, faut purger tel humeur melancolique, avec une once de diacatholicon, et deux drachmes de diasenné, meslees avec trois onces de la decoction susditte, ou en eau d'aluine et de scolopendre. "Le malade boira vin blanc, et

* Celle-ci est perçue par Olivier de Serres comme "le receptacle de la mélancolie, et en nettoie le sang, le rendant pur et net, propre pour nourrir tous les membres du corps, tenant la personne joyeuse.".

de la decoction de scolopendre, soir et matin, mangeant deux figues avec poudre d'hyssope, poivre ou gingembre." (8ème Lieu, Chap.V, p 922)

Le coin du jardinier d'aujourd'hui

Etymologie du nom de la plante

"*Scolopendre*" vient du grec "*scolopendra*" qui désigne un animal auquel paraissent ressembler les sores de la plante. On l'appelle aussi Langue de cerf, Langue de bœuf, Herbe à la rate ou Herbe hépatique.

Description sommaire de la plante

La scolopendre est une fougère qui pousse en touffes dans des endroits ombragés, souvent sur des sols calcaires, dans les forêts, les ravins, les éboulis, au bord des ruisseaux et aussi dans les parois internes des puits ou sur les vieux murs. Elle a un rhizome court et épais, recouvert d'écailles brun-roux d'où partent des frondes en touffes, mesurant de 30 à 60 cm qui persistent toute l'année. Celles-ci dont le pétiole est velu et pourvu d'écailles brunes à noires, ont un limbe entier, ferme, vert clair, de forme allongée en ruban (d'où le nom de langue de cerf), quatre fois plus long que large dont la bordure est entière ou parfois ondulée, atténué ou aigu au sommet, échancré en cœur à la base, avec deux larges auricules arrondis.

Les sores de couleur brun-jaune, brun-orangé ou brun-violacé, qui apparaissent entre juin et septembre, se situent sur la face inférieure du limbe : ils sont de grande taille, linéaires, parallèles entre eux et disposés de façon oblique par rapport à la nervure centrale. Ils sont protégés par une indusie double.

Culture de la plante.

La plantation de l'Asplenium scolopendrium peut se faire au cours de l'automne ou du printemps, mais il est conseillé de procéder au printemps, après les périodes de gel, pour les plants issus d'une culture sous serre. On peut planter 5 pieds par m^2 à un emplacement humifère situé à l'ombre. On procède par division du rhizome ou éclats de pieds séparés au printemps.

Récolte de la plante toute l'année. Parties utilisées : les frondes et les rhizomes.

Propriétés thérapeutiques selon les auteurs contemporains d'Olivier de Serres

Cette plante fait également l'objet de commentaires plus ou moins détaillés chez plusieurs auteurs d'ouvrage de Botanique du XVIème siècle qu'Olivier de Serres aurait pu consulter, notamment ceux-ci : les *Commentarii in sex libros Pedacii Dioscoridis* (1572), Livre III, Chap. CXXXIV, s v Ceterac ou Asplenium, p. 499, de Pierandrea Matthioli (1501-1577), l'*Histoire des plantes* (155*p*0), édit fr. Chap. CXII, s v Langue de cerf ou Scolopendre, p. 204) de Leonart Fuchs (1501-1566), l'*Historia generalis* *plantarum* (1586), trad.1615 Tome II, Livre XI, Chap. IV, s v Ceterach, p. 112, de Jacques Daléchamps (1513 -1588), le *Stirpium Herbariae Pemtades sex* (1557), Première Partie, Chap. LXII, s v Ceterach ou Scolopendre, p. 278) de Rembert Dodoens (1517-1585)

Cf aussi Liebault. (*La Maison rustique* (édition de 1583, Livre II, Chap. 42, p.113. (cf. supra. Chap. 4, plante n° 23).

– 60. **Langue de chien** (Cynoglossum officinale L.) (Boraginacées) :

"desire la terre sablonneuse et legere, et se contente de peu de culture, sans se soucier de beaucoup d'arrousement. Est de grande efficace pour la guerison des hemorroïdes : des bruslures : des feux volages : vieilles plaies, appliquant ceste herbe, avec son jus, sur les lieux dolents: comme aussi appaise les douleurs et inflammations des membres." (6ème Lieu, Chap. XV, p. 620)

Note de l'édition de 1805 : "Langue-de-chien (cynoglossum officinale). Elle est maintenant peu usitée, si ce n'est dans les pillules de cynoglosse, qui doivent probablement presque toute leur vertu à l'opium qu'elles contiennent." (Tome 2, p. 481)

Olivier de serres ne cite pas cette plante dans son recueil de remèdes.

Le coin du jardinier d'aujourd'hui

Etymologie du nom de la plante.

"*Cynoglossum*" vient du grec "*kunos*", "chien" et "*glôssa*", "langue".

Description sommaire de la plante.

Plante herbacée annuelle qui croît principalement sur des terrains incultes, rocailleux, sablonneux et secs et aux bords des chemins. Toute la plante est grisâtre, recouverte de poils mous et étalés. Sa racine, noirâtre, dure et allongée donne une tige dressée de 30 à 80 cm de hauteur, rameuse dans sa partie supérieure.les feuilles entières, molles, au limbe allongé et aigu, sont pubescentes, sessiles et légèrement embrassantes à la partie supérieure de la tige, plus grandes et pédonculées à sa partie inférieure. Chaque rameau se termine par une courte grappe enroulée de fleurs rouges qui s'épanouissent de mai à août. Le calice a 5 divisions égales, la corolle a 5 lobes. Le fruit est un tétrakène.

Culture de la plante

Multiplication par semis ou division ; 2 à 3 pieds au m^2 ; emplacement au soleil ou à mi-ombre. Sol alcalin ou neutre; argileux, calcaire, sableux On récolte les racines en automne. Parties utilisées : la racine et l'écorce de la racine.

Propriétés thérapeutiques selon les auteurs contemporains d'Olivier de Serres

Cette plante fait également l'objet de commentaires plus ou moins détaillés chez plusieurs auteurs d'ouvrage de Botanique du XVIème siècle qu'Olivier de

Serres aurait pu consulter, notamment ceux-ci : les *Commentarii in sex libros Pedacii Dioscoridis* (1572), Livre IIII, Chap. CXXIIII, s v Cynoglosse, p. 627) de Pierandrea Matthioli (1501-1577), l'*Histoire des plantes* (1550, édit fr.Chap. CLVI, s v Langue de chien des Apothicaires, p. 285) de Leonart Fuchs (1501-1566), l'*Historia generalis plantarum* (1586), trad.1615 Tome II, Livre XI, Chap. XXVII, s v Langue de chien p. 154) de Jacques Daléchamps (1513 - 1588), le *Stirpium Herbariae Pemptades sex* (1557), Première Partie, Chap. V, s v Langue de chien p. 8) de Rembert Dodoens (1517-1585).

Cf aussi Liebault (*La Maison rustique* (édition de 1583, Livre II, chapitre 42, p.117. (cf supra Chapitre 4, plante n° 52)

Cf aussi supra. Crescens, Chap. 3, Les jardins de Crescens, Chap.67.

– 61. **Langue de serpent** (Ophioglossum vulgatum L.) (Ophioglossacées) :

> "ceste herbe ressemble assés bien la langue de cet animal dont elle a tiré ce nom. Ne se loge jamais qu'en bonne terre, grasse et humide ; se plaist à la culture et à l'arrousement, mais comment qu'on la manie, si ne peut-elle endurer les chaleurs de l'Esté, à l'approche desquelles elle defaut et se perd. Par plant enraciné, nous l'edifierons au Jardin, au commencement de la Primevere. Ceste herbe a beaucoup de vertu à resoudre les tumeurs : à guerir les bruslures, ulceres et plaies malignes, et inflammations : et à arrester les desfluxions des yeux. "(6ème Lieu, Chap. XV, p. 620)

Note de l'édition de 1805 : "Langue-de-serpent (ophioglossum vulgatum). Elle est hors d'usage." (Tome 2, p. 481)

Olivier de Serres ne la mentionne pas dans ses remèdes.

Le coin du jardinier d'aujourd'hui

Etymologie du nom de la plante

"*Ophioglossum*" vient du grec "*ophis*", "serpent, "opheôs", "serpent" et "*glôssa*", "la langue". On l'appelle aussi Herbe sans couture.

Description sommaire de la plante.

Fougère qui vit sur des sols pauvres, souvent calcaire, dans les prairies humides, les fossés, les forêts des bords de rivières. Elle donne une seule fronde non persistante qui apparaît chaque année à partir d'un rhizome souterrain court et dressé. Cette fronde ovale, glabre qui est stérile engaine le pétiole d'une fronde fertile lors de la croissance de cette dernière. Celle-ci est de forme linéaire souvent plus long que la fronde stérile, mesure entre 2 et 4 cm de long, et porte entre 10 et 35 paires de sporanges de forme globuleuse soudés entre eux. Les spores sont libérées entre juin et juillet. L'ensemble de la plante disparaît rapidement après la libération des spores.

Culture de la plante.

Elle n'est pas cultivée.

Propriétés thérapeutiques selon les auteurs contemporains d'Olivier de Serres

Cette plante fait également l'objet de commentaires plus ou moins détaillés chez plusieurs auteurs d'ouvrage de Botanique du XVIème siècle qu'Olivier de Serres aurait pu consulter, notamment ceux-ci : les *Commentarii in sex libros Pedacii Dioscoridis* (1572), Livre II, Chap. CLX et CLXI, s v Grande et Petite serpentine, p. 349) de Pierandrea Matthioli (1501-1577), l'*Histoire des plantes* (1550, édit fr.Chap. CCXXI, s v Langue de Serpent, p. 400, de Leonart Fuchs (1501-1566), l'*Historia gneralis plantarum* (1586), trad.1615 Tome I, Livre IX, Chap. XXXII, s v Langue de serpent, p. 91e5) de Jacques Daléchamps (1513 -1588), le *Stirpium Herbariae Pemptades sex* (1557), Première Partie, Chap. XCI, s v Langue de serpent, p. 103) de Rembert Dodoens (1517-1585)

Cf aussi Liebault. (*La Maison rustique* (édition de 1583, Livre II, Chap. 42, p.117. (cf. supra. Chap. 4, plante n° 53).

– 62. **Germandrée d'eau** ou **Chamarras** (Teucrium scordium L.) (Lamiacées) :

> "aime lieu plus froid que chaud, plus humide que sec, et gras que maigre. A cause de la senteur des eaux sortant des feuilles broiees de ceste plante, elle est appellee des Grecs Scordion, des Latins Tixagro palustris. Fleurit au mois de Juin et de Juillet, mais de telle sorte, qu'il semble que ses fleurs ne durent qu'un jour, dautant qu'à mesure que les unes s'en vont, les autres viennent, ainsi alternativement paroissans et se cachans, sur-naissans les unes aux autres. Par plant enraciné l'on s'en engeance, au mois de Fevrier ou de Mars. Contre toutes poisons est bonne ceste herbe, mesme contre la peste, contre la dissenterie. Provoque l'urine et les fleurs des femmes : purge les ulceres : restraint les excroissances de la chair : rechauffe les membres refroidis." (6ème Lieu, Chap.XV, p. 621)

Note de l'édition de 1805 : "Germandrée-d'eau. (teucrium scordium). L'usage le plus précieux de cette plante est de servir dans les cas de gangrène, comme antiseptique et tonique." (Tome 2, p. 481)

Olivier de Serres ne cite pas cette plante dans son recueil de remèdes.

Le coin du jardinier d'aujourd'hui

Etymologie du nom de la plante.

"*Teucrium*" vient du grec "*Teukros*", nom d'un prince troyen qui aurait découvert les propriétés médicinales de la plante. Chamaedrys vient du grec "*chamai*", "à terre", c'est-à-dire "petit" et de "*drus*", "chêne". Le nom français Germandrée est une altération du latin médiéval calamendria, croisement probable de "*calamentum*", sorte de menthe, avec "*camedria*", latinisation du grec "*chamaedrys*" "*Scordium*" vient du grec "*skorodon*", "ail".

Description sommaire de la plante.

Plante herbacée vivace des terrains humides et marécageux. Sa souche rampante émet des tiges herbacées, de 10 à 30 cm de haut, portant des feuilles oblongues, vertes, molles, velues Les fleurs qui s'épanouissent de juin à octobre, sont généralement pourpres. Les fruits sont des tetrakènes.

Culture de la plante.

Planter de février à mai ou à l'automne, de septembre à novembre, sol caillouteux, calcaire, sec, bien drainé.emplacement ensoleillé.Elle se multiplie par semis ou bouturage densité 5 pieds au m^2. Récolte pendant la floraison.

Parties employées : feuilles et sommités fleuries.

Propriétés thérapeutiques selon les auteurs contemporains d'Olivier de Serres

Cette plante fait également l'objet de commentaires plus ou moins détaillés chez plusieurs auteurs d'ouvrage de Botanique du XVIème siècle qu'Olivier de Serres aurait pu consulter, notamment ceux-ci : les *Commentarii in sex libros Pedacii Dioscoridis* (1572), Livre III, Chap. CVIII, s v Scordium, p. 475) de Pierandrea Matthioli (1501-1577) l'Histoire des plantes (1550), édit fr.Chap. CCXCVIII, sv Germandrée d'eau p. 529) de Leonart Fuchs (1501-1566), l'*Historia generalis plantarum* (1586), trad.1615 Tome I, Livre X, Chap. XIV, s v Scordion, p. 791, de Jacques Daléchamps (1513 -1588).

Cf aussi Liebault (*La Maison rustique* (édition de 1583, Livre II, Chap. 42, p.113). (cf. supra. Chap. 4, plante n° 29).

– 63. **Tourmentille** (Potentilla erecta (L) Räuschel (= Potentilla tormentilla Stokes) (Rosacées) :

> "ainsi ditte de ce qu'elle appaise le tourment des dents : en Latin on l'appelle, Septifolium, à cause du nombre de ses feuilles. Se loge en lieu aquatique et ombrageux, toutefois, elle choisit bonne et forte terre. Par semence, à faute de plant, la logerons au Jardin, au Printemps ou en l'Automne. Ceste herbe sert aux difficultés d'uriner : aux vieilles fistules : résiste aux venims : appaise les dissenteries : crachement de sang : les menstrues des femmes. Soulage les maladies de rage et de colere. Guerit le mal des dents. Est singulière contre la peste. "(6ème Lieu, Chap.XV, p. 621)

Note de l'édition de 1805 : "Tourmentille (tormentilla erecta). Sa racine est astringente au point d'être employée par les taneurs dans quelques pays : c'est à ce titre qu'elle sert dans les hémorrhagies, les ulcères, les dyssenteries." (Tome 2, p. 481)

Olivier de Serres ne la cite pas dans son recueil de remèdes.

Le coin du jardinier d'aujourd'hui

Etymologie du nom de la plante.

Cf supra l'explication donnée par Olivier de Serres. "*Tormentilla*" vient du latin "*tormen*", "colique", allusion aux propriétés astringentes attribuées à la plante. "*Potentilla*" vient du latin "*potens*", "puissant", allusion aux propriétés thérapeutiques efficaces de la plante. On l'appelle aussi Herbe de Sainte Catherine, Herbe au Diable.

Description sommaire de la plante.

Plante herbacée vivace haute de 5 à 30 cm qui se plaît au bord des chemins et des fossés, dans les bois et les landes, de préférence sur un sol siliceux. Son rhizome se présente sous la forme de tubercules irréguliers, noueux, tortueux, durs, noirâtre à l'extérieur, rougeâtre à l'intérieur. Ses tiges nombreuses, grêles, rameuses, dressées ou étalées, portent de nombreuses feuilles alternes, composées, palmatiséquées possédant 3 folioles ; celles de la base sont à long pétiole, tandis que les caulinaires sont sessiles. Ses fleurs jaunes hermaphrodites, petites, solitaires, sont portées par de longs pédoncules axillaires et s'épanouissent de mai à septembre. Le calice a 4 sépales, la corolle a 4 pétales échancrées dépassant à peine le calice. Le fruit est un akène.

Culture de la plante.

Planter les drageons à un emplacement ensoleillé ou mi-ombragé. Sol bien drainé même pauvre, sec et caillouteux. Distance de 40 à 60 cm entre les plants. Récolte des rhizomes au printemps. Parties utilisées : les rhizomes séchés. C'était un des constituants du *diascordium* appartenant à la pharmacopée maritime occidentale du XVIIIème siècle.

Propriétés thérapeutiques selon les auteurs contemporains d'Olivier de Serres

Cette plante fait également l'objet de commentaires plus ou moins détaillés chez plusieurs auteurs d'ouvrage de Botanique du XVIème siècle qu'Olivier de Serres aurait pu consulter, notamment ceux-ci : les *Commentarii in sex libros Pedacii Dioscoridis* (1572), Livre IIII, Chap. II, s v Britanica, p. 520,) de Pierandrea Matthioli (1501-1577), l'*Histoire des plantes* (1550), édit fr.Chap. XCIX, s v Tormentille, p. 183) de Leonart Fuchs (1501-1566), l'*Historia generalis plantarum* (1586), trad.1615 Tome II, Livre XI, Chap. XXIX, s v Tormentille, p. 160) de Jacques Daléchamps (1513 -1588), le *Stirpium Herbariae Pemptades sex* (1557, Première Partie, Chap. LVI, s v Tormentille, p. 64) de Rembert Dodoens (1517-1585),

Cf aussi Liebault (*La Maison rustique* (édition de 1583, Livre II, chapitre 42, p.114. (cf. supra. Chapitre 4, plante n° 36).

– 64. **Campane** (Inula spp L., Inula helenium L.) (Asteracées) :

"ou Aulnée, en Latin Enula-Campana, se plante par rejettons enracinés, et ce au mois de Fevrier ou de Mars, fort largement l'un de l'autre, pour donner place à son herbe de s'estendre en largeur et hauteur selon son naturel. Est bonne à la colique passion : à l'estomach : à la difficulté d'haleine : aux convulsions : spasmes : enflures : aux sciatiques : à faire cracher. La décoction de sa racine rejouït : provoque l'urine, et les fleurs des femmes." (6ème Lieu, Chap.XV, p. 621)

Note de l'édition de 1805 : "Campane (inula helenium). Elle est employée dans les campagnes comme la gentiane. C'est un remède à conserver. (H)" (Tome 2, p. 481)

Olivier de Serres ne la mentionne guère dans ses remèdes.

Le coin du jardinier d'aujourd'hui

Etymologie du nom de la plante.

"*Inula*" vient du grec "*ineô*", "je purge" ; "*Helenium*" vient du grec "*Helene*", car, selon la légende, la plante serait née des larmes d'Hélène. On l'appelle aussi Aromate germanique, Panacée de Chiron, Œil de cheval,

Description du nom de la plante.

Plante vivace qui se plaît dans les prés humides, les bois et les haies, plus ou moins velue, formant parfois des touffes importantes. Sa racine principale est volumineuse, à racines adventices épaisses. Elle produit une ou plusieurs tiges dressées, robustes, rameuses dans la partie supérieure qui mesurent de 80 à 150 cm de haut. Elles sont duveteuses et forment des rosettes basales. Elles portent de grandes feuilles vert foncé, simples, ovales, alternes, régulièrement et finement dentées, duveteuses au revers et ondulées sur les bords, les inférieures pétiolées, les supérieures sessiles et engainantes. L'inflorescence est est un corymbe de capitules jaunes assez grands (entre 4 et 8 cm de diamètre), mais certains capitules peuvent aussi être solitaires. Les bractées sont disposées sur 2 rangs ; les fleurs gamopétales, jaunes, sont de deux sortes, les fleurs centrales sont en tubes, les périphériques sur un seul rang sont en languette. Elles s'épanouissent en juillet et août. Les fruits sont des akènes à aigrette, cylindriques, bruns.

Culture de la plante.

Diviser une touffe en mars ou octobre pour planter au printemps ou à l'automne en lignes distantes de de 70 à 100 cm et de 30 à 80 cm entre chaque plant, dans une terre, plutôt fraiche et un peu calcaire, au soleil ou à mi-ombre. A l'automne, rabattre l'ensemble de la plante au ras du sol. On peut aussi procéder par semis en pépinière en avril et repiquer lorsque les plants sont suffisamment robustes.

Récolte : On récolte les racines qui ont au moins 2 ou 3 ans, en octobre ou au printemps et on les fait sécher au soleil. Parties utilisées : les racines.

Propriétés thérapeutiques selon les auteurs contemporains d'Olivier de Serres

Cette plante fait également l'objet de commentaires plus ou moins détaillés chez plusieurs auteurs d'ouvrage de Botanique du XVIème siècle qu'Olivier de Serres aurait pu consulter, notamment ceux-ci : les *Commentarii in sex libros Pedacii Dioscoridis* (1572), Livre I, Chap.XXVII, p. 55, s v Aunée) de Pierandrea Matthioli (1501-1577), l'*Histoire des plantes* (1550), édit fr.Chap. XC, sv Aulnee, p. 171) de Leonart Fuchs (1501-1566), l'*Historia generalis plantarum* (1586, trad.1615 Tome I, Livre VII, Chap. XL s v Aunee, p. 753) de Jacques Daléchamps (1513 -1588), le *Stirpium Herbariae Pemptades sex* (1557, Tierce Partie, Chap. XIII, s v Enule campane, p. 225) de Rembert Dodoens (1517-1585),

Cf aussi Liebault (*La Maison rustique* (édition de 1583, Livre 2, Chap.. 42, p.110 b). (cf. supra. Chap. 4, plante n° 7).

– 65. **Curage** (Polygonum hydropiper L.) (Polygonacées) :

> "s'esleve mieux et plustost plantee de racine, que par semence et en terroir humide qu'en sec. En Latins'appelle Persicaria, à cause que ses fueilles ressemblent aucunement celles du pescher (1). En unguent, est propre pour les plaies, mesme pour celles du fondement : en clystere, pour la dissenterie. Toutes sortes de blessures des bestes bouvines et chevalines, sans fraction des os, sont gueries par le lavement de la decoction de ceste herbe. Mais avec plus d'efficace, l'herbe mesme cause ces remedes, appliquee, sur les plaies, l'aiant au preallable froixee entre les mains (2) Le jus de ceste plante chasse les punaises des chalits, et tue les vers des blessures. Les chairs de mouton, de bœuf, et de veau se conservent fresches plus que de leur naturel quelques jours, par la vertu de ceste herbe, en estans envelopees." (6ème Lieu, Chap. XV, p. 621)

Ce texte a été complété

1.dans l'édition de 1804, où il a été ajouté ici : "les feuilles ont une tache noire en l'un des costés "

2. dans l'édition de 1804 a ajouté ici : "Sa feuille arreste le sang fluant du nés, la tenant au plat de la main, la tache la joignant : au contraire, renversée de l'autre costé, provoque le sang : ainsi, avec merveille, void-on en ceste herbe deux effects divers, par la diverse application. "

Note de l'édition de 1805 : "Curage (polygonum hydropiper). Son usage est maintenant abandonné. Il est inutile d'ajouter que depuis long-temps on ne croît point à la diversité d'action des drogues, selon le sens dans lequel on les applique." (Tome 2, p. 481)

Confusion avec Polygonum persicaria, car on l'appelait aussi Persicaria selon Liebault.(cf supra Plante n° 26 Renouée.

Olivier de Serres ne la cite pas dans son recueil de remèdes.

Le coin du jardinier d'aujourd'hui

Etymologie du nom de la plante.

"*Persicaria*", cf. l'explication donnée par Olivier de Serres. "Polugonum" vient du grec "*polu*", "beaucoup", et "gonu", "genou", "nœud d'une tige", allusion aux aux tiges noueuses de la plante. Renouée évoque également ces tiges présentant des nœuds renflés.

Description sommaire de la plante.

Plante herbacée annuelle commune au bord de l'eau et dans les endroits humides, moites et marécageux. Ses tiges ramifiées dressées ou couchées peuvent mesurer jusqu'à 90 cm de haut. Elles portent des feuilles ovales lancéolées au court pétiole, blanchâtre en dessous, vert brillant en dessus. Les fleurs, rosées parfois blanches, apparaissent de juillet à octobre, groupées en épis dressés et compacts, cylindriques, disposés à l'aisselle des feuilles. Le périanthe est à 5 divisions.

Culture de la plante.

Semer à partir de mars endroits ensoleillés, humides, sols limoneux ou sablonneux. Récolte durant tout l'été. Parties utilisées : les feuilles.

Propriétés thérapeutiques selon les auteurs contemporains d'Olivier de Serres

Cette plante fait également l'objet de commentaires plus ou moins détaillés chez plusieurs auteurs d'ouvrage de Botanique du XVIème siècle qu'Olivier de Serres aurait pu consulter, notamment ceux-ci : les *Commentarii in sex libros Pedacii Dioscoridis* (1572), Livre II, Chap.CLV, s v Poivre aquatic ou Curage, p. 345) de Pierandrea Matthioli (1501-1577), l'*Histoire des plantes* (1550), édit fr.Chap. CCXLII, s v Curaige p. 432) de Leonart Fuchs (1501-1566), l'*Historia generalis plantarum* (1586), trad.1615 Tome I, Livre IX, Chap. XXVIII, s v Persicaire p. 909) de Jacques Daléchamps (1513 -1588), le *Stirpium Herbariae Pemptades sex* (1557, Cinquième Partie, LXVII, s v Poyvre aquatique ou Curaige, p. 440, Chap. LXVIII s v Persicaire, p. 440 et LXIX, s v Poyvre d'Inde, p. 441) de Rembert Dodoens (1517-1585).

Cf aussi Liebault (*La Maison rustique* (édition de 1583, Livre 2, Chap. 42, p.109). (cf. supra Chap.4, plante n° 4).

– 66. **Pied de lion** (Alchemilla spp L.) (Alchemilla vulgaris L.) (Rosacées) :

> "ne peut vivre qu'en bonne terre, grasse et humide, plus argileuse que sabloneuse. Là donques nous la logerons par semence, faute de plant enraciné, au mois de Mars ou d'Avril. Ceste herbe est singuliere pour la grande vertu qu'elle a de reünir, et guerir toutes hergnes et rompures de petits enfans : comme aussi profite merveilleusement à toutes plaies, les lavans de sa decoction. Un linge trempé dans icelle décoction et appliqué sur les mamelles des femmes qui les ont lasches et molles, les endurcit et affermit." (6ème Lieu, Chap.XV, p. 622)

Note de l'édition de 1805 : "Pied-de-lion (alchemilla vulgaris). Elle est astringente comme presque toutes les rosacées, mais elle est maintenant peu ou point employée.", (Tome 2, p. 481)

Olivier de serres ne cite pas cette plante dans ses remèdes.

Le coin du jardinier d'aujourd'hui

Etymologie du nom de la plante.

Nom donné à la plante en référence aux Alchimistes qui en reueillaient la rosée sur ses feuilles pour la préparation de la pierre philosophale.

Description sommaire de la plante.

Plante herbacée vivace vivant dans les prés et les pâturages humides, les bois et les éboulis de montagne. Son court rhizome émet des tiges aériennes dressées de 10 à 40 cm portant des feuilles en rosette à la base. Celles-ci sont alternes, pétiolées, arrondies, divisées en 7 à 11 lobes peu profonds, disposées en éventail, dentés en scie, accompagnées de 2 stipules. Les fleurs sont petites et jaunes, dépouvues de corolle, disposées en cymes en forme de corymbe, comprenant chacune un calicule à 4 dents,, un calice à 4 sépales. Le fuit est est un akène.

Culture de la plante.

Multiplication par division des touffes au printemps ou par semis des graines dans un terrain lourd et argileux. Emplacement exposé au soleil ou à mi-ombre ; espacement 30 à 40 cm entre les plants. Parties utilisées : les fleurs ; récolte pendant toute la durée de la floraison.

Propriétés thérapeutiques selon les auteurs contemporains d'Olivier de Serres

Cette plante fait également l'objet de commentaires plus ou moins détaillés chez plusieurs auteurs d'ouvrage de Botanique du XVIème siècle qu'Olivier de Serres aurait pu consulter, notamment ceux-ci : les *Commentarii in sex libros Pedacii Dioscoridis* (1572), Livre IV, Chap.CXV, s v Aster atticus ou Espargoute p. 621) de Pierandrea Matthioli (1501-1577), l'*Histoire des plantes* (1550), édit fr.Chap. CCXXXIIII, s v Pied de Lyon, p. 420) de Leonart Fuchs (1501-1566), *l'Historia generalis plantarum* (1586), trad.1615 Tome II, Livre XI, Chap. XXXVI, s v Stellaria ou Pied de Lyon, p. 173) de Jacques Dalechamps (1513 -1588), le *Stirpium Herbariae Pemptades sex* (1557), Première Partie, Chap. XCVI, s v Pied de Lion, p. 106) de Rembert Dodoens (1517-1585)

Cf aussi Liebault (*La Maison rustique* (édition de 1583, Livre II, chapitre 42, p.113). (cf. supra. Chapitre 4, plante n° 26).

– 67. **Gremil** (Lithospermum officinale L.) (Boraginacées) :

"autrement dit herbe aux perles, et en Latin Milium solis, et Lithospermum se plaist en terroir sec et aëré, où il vient de lui mesme : mais avec plus d'avancement, estant semé et cultivé au jardin. Ce sera par semence que l'edifierons, la jettant en terre au mois de Mars ou Avril. Ceste herbe provoque l'urine : rompt la pierre en la vessie : est bonne contre la chaude-pisse : donne grande aide aux femmes qui sont en travail d'enfant." (6ème Lieu, Chap.XV, p. 622)

Note de l'édition de 1805 : "Gremil (lithospermum officinale). Elle est hors d'usage. "(Tome 2, p. 481)

Olivier de serres ne cite pas cette plante dans son recueil de remèdes.

Le coin du jardinier d'aujourd'hui

Etymologie du nom de la plante.

"*Lithospermum*", vient du grec "*lithos*", "pierre" et "*sperma*", "graine", en référence à la consistance très dure de ses fruits. "*Grémil*", pourrait faire allusion à ses fruits comparés à des grains de mil ? On l'appelle aussi Herbe aux perles, Millet de Soleil, Graine perlée, Perlière, Graine d'Amour, Larmille.

Description sommaire de la plante.

Plante herbacée vivace qui croît dans es bois, sur les côteaux pierreux arides, dans les endroits incultes arides et secs. De son rhizome court et simple sort une tige dressée ramifiée, dure et ferme, portant des feuilles alternes et sessiles, pubescents, lancéolées, ovales, allongées, rétrécies à la base et au sommet. Les petites fleurs blanchâtres, solitaires qui sont disposes à l'aisselle des feuilles de la partie supérieure de la tige, apparaissent de mai à juillet. Le calice hérissé de poils raides, présente 5 divisions, la corolla est à 5 lobes étalés. Les fruits sont des tetrakènes blancs et brillants.

Culture de la plante.

Semer les grains à maturité et repiquer les plants en place au printemps, dans un sol léger et bien drainé ; exposé au soleil ou à mi-ombre ; 1 à 2 plants au m^2. Récolte en août-septembre. Partie utilisée : les feuilles, les tiges et les fruits.

Propriétés thérapeutiques selon les auteurs contemporains d'Olivier de Serres

Cette plante fait également l'objet de commentaires plus ou moins détaillés chez plusieurs auteurs d'ouvrage de Botanique du XVIème siècle qu'Olivier de Serres aurait pu consulter, notamment ceux-ci : les *Commentarii in sex libros Pedacii Dioscoridis* (1572, Livre III, Chap. CXLI, s v Lithospermum, p. 507) de Pierandrea Matthioli (1501-1577), l'*Histoire des plantes* (1550, édit fr.Chap. CLXXXVII, s v Gremil ou Herbe aux Perles, p. 339) de Leonart Fuchs (1501-1566), l'*Historia generalis plantarum* (1586, trad.1615 Tome II, Livre X, Chap. LII, s v Herbe aux perles, p. 74) de Jacques Daléchamps (1513 -1588), le *Stirpium Herbariae Pemptades sex* (1557, Livre 2, Seconde Partie, Chap. XC, s v Gremil p. 204) de Rembert Dodoens (1517-1585),

Cf aussi Liebault (cf. *La Maison rustique* (édition de 1583, Livre II, chapitre 42, p.115). (cf. supra. Chapitre 4, plante n° 41).

– 68. **Chardon-à-cent-testes** (Eryngium campestre L.) (Apiacées) :

> "en Latin Eryngium, vient és lieux aspres et non cultivés. De là nous en tirerons la graine en Esté, et la semerons au Jardin, au Printemps ou en l'Automne. Sert contre la colique : la gravelle : la difficulté d'uriner : l'indisposition des reins : contre la morsure des bestes venimeuses, et venim de poison : la retention des menstrues. L'eau qui en est distillee, est bonne contre les fievres quotidiane et quarte : contre l'infection de la verole : confortant le foie." (6ème Lieu, Chap. XV, p. 622)

Note de l'édition de 1805 : "On se sert peu de cette plante, et on emploie indifféremment la racine de l'eryngium campestre et de l'eryngium maritimum. Je ne crois pas au reste que jamais aucun médecin l'ait regardée comme anti-siphilitique." (Tome 2, p. 481-482)

Cette plante ne figure pas parmi les remèdes dont doit disposer la mère de famille (8ème Lieu chap. V).

Le coin du jardinier d'aujourd'hui

Etymologie du nom de la plante.

"*Eryngium*" vient du grec "*eryge*", "*éructation*", en référence aux propriétés attribuées à la plante ; on l'appelle aussi Panicaut.

Description sommaire de la plante.

Plante herbacée vivace haute de 50 à 60 cm, qui se plaît dans les champs incultes, les bords des chemins, les endroits assez secs. Sa longue racine traçante émet des rejets. Sa tige est dressée et très ramifiée. Ses feuilles sont coriaces, raides, découpées et dentées dont les bords sont ondulés et découpés se terminent par de grosses épines. Les inférieures sont munies d'un long pétiole dilaté à la base en une gaine embrassante. De juin à septembre s'épanouissent les inflorescences, capitules groupés en corymbes terminaux entourés d'involucres à 4 à 6 bractées. Les fleurs, blanches ou bleues, sessiles, sont portées par un receptacle garni de paillettes et comportent un calice à 5 dents épineuses très développées et des pétales échancrés. Les fruits sont des akènes ovoïdes couverts d'écailles.

Culture de la plante.

Propagation par semis en terrain sec, léger et bien drainé, exposé au soleil. Distance entre 0,40 et 0,60 entre les plants.

Partie employée : la racine récoltée au printemps ou à l'automne.

Propriétés thérapeutiques selon les auteurs contemporains d'Olivier de Serres

Cette plante fait également l'objet de commentaires plus ou moins détaillés chez plusieurs auteurs d'ouvrage de Botanique du XVIème siècle qu'Olivier de Serres aurait pu consulter, notamment ceux-ci : les *Commentarii in sex libros Pedacii Dioscoridis* (1572), Livre III, Chap. XXI, s v Panicaut, p. 394) de Pierandrea Matthioli (1501-1577), l'*Histoire des plantes* (1550), édit fr.Chap. CXIII, s v Chardon à cent testes p. 206) de Leonart Fuchs (1501-1566), *l'Historia generalis plantarum* (1586, trad.1615 Tome II, Livre XIV, Chap. VIII, s v Chardon à cent testes, p.338) de Jacques Daléchamps (1513 -1588), le *Stirpium Herbariae Pemptades sex* (1557, Quatrième Partie, Chap. LIX s v Eryngium, p. 356) de Rembert Dodoens (1517-1585),

Cf aussi Liebault. (*La Maison rustique* (édition de 1583, Livre 2, chapitre 42, p.114). (cf. supra. Chapitre 4, plante n° 32).

– 69. **Peucedane** (Peucedanum officinale L.) (Apiacées) :

> "appellé, Feniculus porcinus en Latin ; vient mieux en lieu ombragé que soleillé : tel nous lui choisirons, pour la planter au Printemps ou en l'Automne, comme viendra mieux à propos, ne s'arrestant à la semence qu'à faute de plant enraciné. Le suc de ceste herbe sert à la guerison de la douleur des nerfs : des maladies du poulmon : des reins, et de la poitrine, engendrees d'humeurs grosses et visqueuses. Donne allegeance aux durtés de la ratele : à toutes passions de nerfs : aux douleurs des dents. Parfums faits de sa racine, recreent les femmes tourmentees de la suffocation de l'amarri." (6ème Lieu, Chap. XV, p. 622)

Note de l'édition de 1805 : "Peucedane (peucedanum officinale). Elle est hors d'usage. maintenant ; il me paroît même qu'on ne connoît pas exactement la plante dont les Anciens ont parlé sous ce nom, et que les botanistes modernes de divers pays appliquent à différentes ombellifères le nom de peucedanum officinale." (Tome 2, p. 482)

Cf aussi supra Crescens, Chap. 3, Les jardins de Crescens, Chap.93.

Olivier de Serres ne cite pas cette plante dans son recueil de remèdes.

Le coin du jardinier d'aujourd'hui

Etymologie du nom de la plante.

"*Peucedanum*" vient du grec "*peukê*", "pin" et "*danos*", "sec", à cause de son odeur résineuse, ou de "*peukedanos*", "amer". La plante est aussi appelée Fenouil de porc.

Description sommaire de la plante.

Plante herbacée vivace qui se plaît dans les bois, prairies et champs humides. Son rhizome est gros et noir ; ses tiges, pleines, mesurent de 50 cm à 120 cm de haut. Elles portent de grandes feuilles raides pétiolées, cylindriques, découpées en longues lanières. Les fleurs jaunâtres, hermaphrodites s'épanouissent de juin à septembre. Le fruit est un diakène; il est petit, plus court que son pédoncule entouré de deux larges ailes amincies.

Culture de la plante.

Semer les graines dans un châssis froid au printemps ; planter en sol calcaire, humifère, à un emplacement ensoleillé. Récolte en mai-juin et en septembre-novembre. Parties utilisées : les rhizomes.

Propriétés thérapeutiques selon les auteurs contemporains d'Olivier de Serres

Cette plante fait également l'objet de commentaires plus ou moins détaillés chez plusieurs auteurs d'ouvrage de Botanique du XVIème siècle qu'Olivier de Serres aurait pu consulter, notamment ceux-ci : les Commentarii in sex libros Pedacii Dioscoridis (1572), Livre III, Chap. LXXVI, s v Peucedanum p. 449,) de Pierandrea Matthioli (1501-1577), l'Histoire des plantes (1550), édit fr.Chap. CCXXVIII, s v Peucedane, p. 412) de Leonart Fuchs (1501-1566), dans son Historia generalis plantarum (1586), trad.1615Tome I, Livre VI, Chap. XXVII, s v Peucedanon ou fort Fenouïl ou queuë de Pourceau, p. 641) de Jacques Daléchamps (1513 - 1588), le Stirpium Herbariae Pemptades sex (1557, Seconde Partie, Chap. XCIIII, s v Peucedanun p. 209) de Rembert Dodoens (1517-1585),

– 70. **Grateron** (Galium aparine L.) (Rubiacées) :

> "dit aussi, Rieble et Aspertule, à cause que par son aspreté, elle s'attache aux habillemens de ceux qui l'approchent. Ceste plante se loge en terre presque deserte, n'aiant besoin de culture. Avec donques peu de peine la logerons-nous : seulement en semerons la graine au Printemps. Les fueilles de ceste plante, broiees sur la piqueure des serpens et des araignes, en chassent le venim, pourveu aussi qu'on boive avec du vin de la semence pulverisee de ceste herbe. Son jus guerit les douleurs des aureilles. L'eau distillee de ceste plante, est singuliere contre la pleuresie et autre mal de costé." (6ème Lieu, Chap.XV, p. 622)

Note de l'édition de 1805 : "Grateron (galium aparine). Il est de peu d'usage aujourd'hui. "(Tome 2, p. 482)

Olivier de Serres ne cite pas cette plante dans son recueil de remèdes.

Le coin du jardinier d'aujourd'hui

Etymologie du nom de la plante.

"*Galium*" vient du grec "*gala*", lait. "*aparine*" vient du grec "*aparinê*" qui agrippe en référence à la particularité de cette plante dont les petits aiguillons recourbés couvrant les tiges et les fruits lui permettent de s'accrocher aux vêtements ou aux poils des animaux. On l'appelle aussi Caille-lait, Gratte-cul, Gratte-langue, Saigne-langue, Gaille, Gaillet accrochant, Herbe collante.

Description sommaire de la plante.

Plante herbacée annuelle de 20 cm à 2 m de haut qui se plaît sur les friches, les haies, les bordures de champs, dans les broussailles, les décombres, les champs et les pâturages. La partie souterraine est constituée d'une racine principale assez grêle. Sa tige est grêle quadrangulaire, renflée aux nœuds, longue de 30 cm à 1 m, très rude parce qu'elle est garnie sur les angles de petits aiguillons. Les feuilles oblongues, très allongées ou ovales, présentant une seule nervure, sont en apparence verticillées par 6 à 9 par suite de la transformation des stipules en feuilles ordinaires (pseudo-verticille résultant du dédoublement des stipules). Elles sont hérissées à leur face supérieure de petits aiguillons dirigés vers le haut et sur leurs bords, de petits aiguillons dirigés vers le bas. Ses petites fleurs sont hermaphrodites, blanchâtres ou verdâtres et s'épanouissent de juin à septembre. Elles sont en inflorescence axillaire, à raison de 4 à 5 fleurs par pédoncule muni de 5 à 6 bractées, disposées par petites cymes rameuses dépassant longuement les feuilles. Elles sont constituées d'un calice caduc à 4 dents très courtes, d'une corolle gamopétale à 4 lobes mucronés et de 4 étamines alternant avec les lobes de la corolle. Ses fruits globuleux, d'une longueur de 3 à 7 mm, sont des diakènes de couleur verte, recouverts de poils crochus portés chacun par un petit tubercule,

Culture de la plante.

Peu cultivée ; se reproduit par semis ou division des pieds, récolte durant la floraison.

Propriétés thérapeutiques selon les auteurs contemporains d'Olivier de Serres

Cette plante fait également l'objet de commentaires plus ou moins détaillés chez plusieurs auteurs d'ouvrage de Botanique du XVIème siècle qu'Olivier de Serres aurait pu consulter, notamment ceux-ci : les *Commentarii in sex libros Pedacii Dioscoridis* (1572), Livre III, Chap. LXXXVIII, s v Grateron p. 458) de Pierandrea Matthioli (1501-1577), l'*Histoire des plantes* (1550), édit fr.Chap. XIIII, s v Grateron p. 36) de Leonart Fuchs (1501- 1566), l'*Historia generalis plantarum* (1586), trad.1615 Tome II, Livre XI, Chap. LXIII, s v Gratteron p. 219, de Jacques Daléchamps (1513 -1588), le *Stirpium Herbariae Pemptades sex* (1557, Livre 4, Chap. LXXV, s v Grateron, p. 370) de Rembert Dodoens (1517-1585),

Cf aussi Liebault, (*La Maison rustique* (édition de 1583, Livre II, Chap. 42, p.117). (cf. supra. Chap.4, plante n° 54 (Rieble ou Grateron (Galium aparine).

A ne pas confondre avec Glouteron ou gleteron (Arctium lappa L.), Cf supra, Chap. 4 plante n° 17)

– 71. **Parietaire** (Parietaria officinalis L.) (Urticacées) :

"avec beaucoup de facilité vient ceste herbe, car elle croist sur les murailles sans nul soin, d'où elle a prins le nom. On l'appelle aussi Perdicum d'autant que les perdris en mangent volontiers : Helxine, parce qu'elle a rude semence, s'attachant aux habits. Par semence nous la logerons au Jardin, en lieu le plus approchant de son naturel : ce sera au Printemps plustost qu'en l'Automne, pour autant plus assurément la faire reprendre, que moins aura à craindre l'importunité de l'Hyver. Ceste herbe est bonne pour ouvrir les hemorroïdes, broiee et appliquee en cataplasme. Aussi pour retenir le boyau avalé : appaiser la colique : les gouttes. Résoult les apostumes de la pierre, appaisant ses douleurs." (6ème Lieu, Chap.XV, p. 622)

Note de l'édition de 1805 : "Pariétaire (parietaria officinalis). Ses propriétés sont peu marquantes, et son emploi diminue de jour en jour." (Tome 2, p. 482)

Olivier de Serres recommande l'emploi de la pariétaire :

– pour "guerir l'haleine puante qui provient de la corruption des dents, de frotter celles-ci avec une opiate composée de pain de froment et de nombreuses substances parmi lesquelles une poignee de pariétaire et autant de capilli veneris. (8ème Lieu Chap.V, p 906)

– pour calmer les douleurs d'estomac (8ème Lieu, Chap.V, p 919), cf plante n° 92 Camomille

– contre les coliques néphrétiques qui sont accompagnées d'un ventre constipé, il faut dabord relacher le ventre par un clystère et plonger ensuite le malade jusques au nombril, dans un demi-bain auquel auront été mouillées différentes plantes, enfermées dans un sac de toile, parmi lesquelles on compte la pariétaire." (8ème Lieu, Chap. V, p 925),

– pour traiter la diarrée, Olivier de Serres recommande d'user de clystères composés de sucs de certaines herbes astringentes comme celui de bource-de-pasteur, morelle, pariétaire, mercuriale auquel on ajoute du jus de coin. (8ème Lieu, Chap. V, p 927)

– contre la stérilité : (8ème Lieu, Chap. V, p 935), cf infra plante n°74, mauve.

– pour les parties meurtries et cassées : les oindre de l'huile avec ce souverain remède : "Prenés marjolaine, persil, absynte, parietaire, hyssope, de chacun une poignee, les pilerés dans un mortier, puis les mettrés dans un pot de terre vitree, et par-dessus, de l'huile d'olive, tant qu'il surmonte les herbes de quatre doigts. Reposerés le pot au Soleil à l'aspect du Midi, où il sejournera trois mois continuels, assavoir Juin, Juillet, Aoust, dans lequel temps, l'huile se cuira suffisamment. Lors coulerés l'huile à travers d'un linge : et ensuite, le serrerés dans une fiole de verre, pour le besoin." " (8ème Lieu, Chap. V, p 956)

– contre la couperoze : "Estant le ml inveteré, convient preparer le cuir du visage à donner issuë à l'humeur sanguine, qui est sous icelui causant la rougeur : et l'humeur à en sortir facilement, ce qu'on fait en rarefiant le cuir et en subtilisant l'humeur, par choses emolientes et digerentes telles que celle-ci et en ceste manière. Parfumés la face à la vapeur de la decoction faite de figues, raisins de Damas, grain d'orge, son de froment, bale d'avoine, fueilles de pariétaire, de camomille, de mauves, guimauves, de viole, en eau de citerne, envelopant la face avec du linge, pour garder que la vapeur ne se perde, dont la face, suant, sera renduë apte à recevoir les medicaments requis, pourvueu que le parfum soit reïteré durant quelques jours." (8ème Lieu, Chap. V, p 966)

Le coin du jardinier d'aujourd'hui

Etymologie du nom de la plante.

Cf. l'explication donnée par Olivier de Serres. Parietaire vient du latin "parietarius", "de mur", dérivé de "*paries*", pierre, paroi. On l'appelle aussi Perce-muraille, Casse-pierre, Epinard de murailles, Herbe de Notre Dame, Morelle de murailles, Herbe aux nonnes, Pperatoire, Vitriole, Espargoule.

Description sommaire de la plante.

Plante herbacée vivace qui se plaît au pied des murs, dans leurs fentes, sur les décombres. De sa forte souche, grêle, fibreuse et rougeâtre, part une tige dressée, peu ramifiée, haute de 40 à 70 cm, couverte de poils crochus. Elle porte des feuilles alternes, pétiolées, entières, rétrécies aux deux extrémités. Les fleurs, minuscules (2 à 4 mm), subsessiles, verdâtres sont réunies en glomérules le plus souvent par 5, à l'aisselle des feuilles, le long de la partie supérieure de la tige. Elles sont dissemblables : la fleur centrale est femelle, celles de la périphérie sont mâles ou hermaphrodites. La floraison s'étale d'avril-mai à octobre. Sur un même pied, la plante fleurit deux fois : au printemps, et en automne. Le fruit est un akène ovoïde, noir, lisse et brillant.

Culture de la plante.

Multiplication par semis ou division des touffes. Plantation au printemps ou à l'automne sur sol sec, bien drainé, plutôt calcaire. Emplacement ensoleillé ou à mi-ombre. Parties utilisées : la plante entière sans les racines, récoltée de juin à octobre.

Propriétés thérapeutiques selon les auteurs contemporains d'Olivier de Serres

Cette plante fait également l'objet de commentaires plus ou moins détaillés chez plusieurs auteurs d'ouvrage de Botanique du XVIème siècle qu'Olivier de Serres aurait pu consulter, notamment ceux-ci : les *Commentarii in sex libros Pedacii Dioscoridis* (1572, Livre IIII, Chap. LXXXL s v Parietaire, p. 596) de Pierandrea Matthioli (1501-1577), l'*Histoire des plantes* (1550, édit fr.Chap. CVII, s v Parietaire, p. 195) de Leonart Fuchs (1501-1566), *l'Historia generalis plantarum* (1586, trad.1615 Tome II, Livre XI, Chap. XIV, s v Parietaire p. 135) de Jacques Daléchamps (1513 -1588), le *Stirpium Herbariae Pemptades sex* (1557, Première Partie, Chap. XXXIII, s v Paretaire p. 39) de Rembert Dodoens (1517-1585).

Cf aussi Liebault (*La Maison rustique* (édition de 1583, Livre II, Chap. 42, p.118). (cf. supra. Chap. 4, plante n° 65).

Cf aussi supra Crescens, Chap. 3, Les jardins de Crescens, Chap.132.

IV. Quatrième partie du Jardin medecinal : les Simples du Midy

Olivier de Serres en mentionne 24. Ce sont :

– 72. **Chardon-bénit** (Cnicus benedictus L.) (Astéracées) :

> "est semé en bonne et grasse terre, au mois d'Avril ou de Mai, la Lune estant nouvelle : desire la culture et l'arrousement : fait graine au mois d'Aoust ou bien au commencement de Septembre, plustost ou plustard, selon le païs. Plusieurs vertus a ceste plante. La decoction de son herbe, appaise la colique, et la douleur des reins : tue les vers des enfans. Sert à désopiler : à faire uriner : à briser la pierre : à guerir les ulceres du poulmon. L'eau qui est distillee, sert contre toutes sortes de fievres. Sa graine prinse du poids d'un escu avec du vin blanc, conforte la memoire." (6ème Lieu, Chap. XV, p. 622)

Note de l'édition de 1805 : "Chardon-bénit (centaurea benedicta). Cette plante est moins employée qujourd'hui qu'elle ne l'étoit autrefois ; on reconnoît cependant qu'elle est utile comme amer dans les fièvres intermittentes." (Tome 2, p. 482)

Plivier de Serres note qu'il il convient d'employer cette plante pour soigner le mal de côté, venant le plus souvent de froid "sert beaucoup à ce mal la poudre de l'herbe de bétoine dessechee." (8ème Lieu Chap. 5, p 912).

Il indique que la plante est également utile :

– pour traiter la vraie pleurésie, dont il donne les manifestations (fièvre ardente, forte toux, courte haleine et douleur de côté) il recommande de préparer une composition faite "de trois onces d'eau distillee de chardon bénit, une cueilleree de bon vin blanc, six germes d'œufs bien frais, le poids d'un escu de coquilles de noisetes franches en poudre, dix-huict grains de coral rouge pulverisés, le tout bien meslé ensemble ; laquelle composition sera baillee tiede, à boire au patient, le plustost que pourrés", ou bien cette autre composée "d'eaux de fleurs de genest de scabieuse, et de chardon bénit, donnés à boire au malade deux doigts tous les matins." (8ème Lieu Chap. 5, p 912)

– pour provoquer les menstrues (8ème Lieu, Chap. V, p 931-932). Cf Plante n°54. Cabaret

– pour abattre la chaleur de la Fievre continue "sera donné à boire au malade, quatre onces d'eau de bouts de chesne : ou autant de celle de chardon benit : ou de scabieuse : ou de l'eau dans laquelle aura trempé, durant huit ou dix heurs, la semence de l'herbe aux puces, avec un peu de succre." (8ème Lieu, Chap.V, p 942)

– contre la peste : différentes eaux sont proposées comme, par exemple, celle-ci : "Eau très bonne à ce mal, empeschans le venin de donner au cœur ; d'ozeille : de chadon-benit; de noix. La suivante, dite par excellence, eau contre la Peste, est singuliere, laquelle composerés ainsi : Prenés au mois de Juin, chardon-benit, pimprenelle, scabieuse, gentiane, souchet, autant de l'une que de l'autre : fleurs de buglosse, rozes rouges : herbes d'ozeille et de morsus diaboli, au double des autres : mettés le tout tremper en vin blanc, et eau roze, durant dix ou douze heures, puis retiré de là, faites-le distiller au bain-de-marie, y ajoustant demie once de bolarmene pour chacune livre d'herbes. L'eau qui en sortira sera serree dans une phiole, et sur une pinte d'icelle eau, l'on mettra demie once de santal citrin en poudre, et une drachme de saffran, puis la phiole sera exposee un mois au Soleil d'Esté. Elle sert et de preservatif, et de cure ; l'on en donne à boire trois doigts en un verre au malade incontinent qu'il se sent frappé, y ajoustant à chacune prise, un peu de succre et de canelle, pour la rendre tant plus facile." (8ème Lieu, Chap.V, p 947),

Cf aussi (8ème Lieu, Chap.V, p 949) cf.plante n° 56. Mors du Diable.

Le coin du jardinier d'aujourd'hui

Etymologie du nom de la plante

"*Cnicus*", vient du grec "*knekos*", "chardon", "*benedictus*", "bénit" en référence à l'efficacité de ses propriétés thérapeutiques. On l'appelle aussi Chardon béni, Safran sauvage

Description sommaire de la plante.

Plante herbacée annuelle, haute de 10 à 6 cm. Sa racine principale est grêle et pivotante ; sa tige est florifère, dressée, anguleuse, et ses nombreux rameaux, couverts de poils laineux sont écartés les uns des autres. Les feuilles sans stipules, grandes, sinuées, lobées, épineuses, coriaces, profondément divisées, bordées de dents épineuses, vert pâle, à nervures saillantes blanches en dessous, disposées en réseau. Les inflorescences, qui se manifestent d'avril à juillet, sont des capitules solitaires de fleurs jaunes entourées d'un involucre développé, dont les bractées extérieures, vertes, plus grandes que les autres, ressemblent aux feuilles. Les bractées intérieures portent une longue pointe piquante. Les pétales sont soudés à la base en un tube allongé divisé en 5 dents. Les fruits sont des akènes cylindriques glabres, de couleur fauve, ornés de 10 sillons longitudinaux, avec un pappus double formé de 20 soies.

Culture de la plante.

Multiplication par semis sur un sol meuble, acide, exposé au soleil, au printemps en lignes espacées de 30 cm de distance.Parties utilisées : la plante entière récoltée au début de la floraison.

Propriétés thérapeutiques selon les auteurs contemporains d'Olivier de Serres

Cette plante fait également l'objet de commentaires plus ou moins détaillés chez plusieurs auteurs d'ouvrage de Botanique du XVIème siècle qu'Olivier de Serres aurait pu consulter, notamment ceux-ci : les *Commentarii in sex libros Pedacii Dioscoridis* (1572), Livre III, Chap. XCI, s v Atractylis ou deuxième espèce de cartame sauvage, p. 460) de Pierandrea Matthioli (1501-1577), l'*Histoire des plantes* (1550), édit fr.Chap. XLII, s v Chardon béneict, p. 92) de Leonart Fuchs (1501-1566), l'*Historia generalis plantarum* (1586), trad.1615 Tome II, Livre XIV, Chap. VI, s v Saffran bastard, p. 329,) de Jacques Daléchamps (1513 -1588), le *Stirpium Herbariae Pemptades sex* (1557), Livre 4, Chap. LXXI, s v Chardon bénist, p. 366) de Rembert Dodoens (1517-1585),

Cf aussi Liebault. (*La Maison rustique* (édition de 1583, Livre II, Chap.42, p.111). (cf. supra. Chap. 4, plante n° 13).

– 73. **Vervaine** (Verbena officinalis L.) (Verbénacées) :

> "de deux sexes y en a-t-il, le masle a le tige plus haut, que la femelle. Tous deux veulent estre plantés par racine, se rendant tant plus beaux, que mieux cultivés ils sont, et tant meilleur en est le fonds. On la plante par racine, au Printemps et en l'Automne. Ceste herbe a esté en grande reputation entre les Anciens Romains, l'appellans sacree. L'Autel de leur Dieu Jupiter, en estoit baloïé avant que d'y sacrifier. Les ambassadeurs vers les ennemis, en estoient coronés. Leurs maisons particulieres purgees, tant ces pauvres Payens estoient subjets à superstitions. D'eux les sorciers modernes, ont apprins à se servir de ceste herbe en leurs enchantemens, comme escholiers de mesme maistre, Satan, ennemi du genre humain ainsi qu'on dict. Ceste herbe appaise la douleur des dents, et les affermit : guerit les ulceres de la bouche : le mal de teste : y affermit les cheveux, les gardant d'en tumber. Est bonne contre les fievres tierce et quarte : contre la colique et gravelle, beuë en decoction, laquelle soulage ceux qui commencent d'estre ladres, et les travaillés du haut-mal. Si l'on s'en sert en bain avec fume-terre, eau et vinaigre, sert contre grateles, dartres, feu volant." (6ème Lieu, Chap.XV, p. 623)

Note de l'édition de 1805 : "Vervaine (verbena officinalis). Seroit-ce la verbena supina que notre auteur désigne ici sous le nom de vervaine femelle ? L'une et lautre sont hors d'usage, après avoir eu la réputation de guérir presque tous les maux." (Tome 2, p. 482)

Parmi les remèdes qu'il propose à la mère de famille dans son recueil de remèdes, Olivier de Serres recommande cette plante :

– pour traiter les maux de tête de cause froide, "d'appliquer au front et aux joües, du serpoullet : ou de la vervaine : ou de la rue : ou de l'aloé, autrement dit perroquet, ces herbes-là trempees en vinaigre et miel rozat : ou de la nicotiane : ou de la mente : ou du cresson d'eau." (8ème Lieu, Chap.V, p 895)

– pour guérir les plaies : "Bouïllés à la consomption de la moitié, huit ou neuf livres de vin blanc, meslés-y le jus de pimprenelle, vervaine, betoine, aigremoine, de chacune une poignee, puis le tout refroidi, sera passé à travers d'un linge : y ajousterés demie livre cire blanche fondue en autre vaze, mastic et terebentine, de chacun une onnnce, dont sera fait onguent." (8ème Lieu, Chap. V, p 958)

Le coin du jardinier d'aujourd'hui

Etymologie du nom de la plante.

Cf. supra l'explication donnée par Olivier de Serres. On l'appelle aussi Herbe sacrée, Veine de Vénus, Herbe aux sorcières ou Herbe à pigeon, Herbe à tous maux, Herbes aux enchantements.

Description sommaire de la plante.

La verveine officinale est une plante vivace haute de de 20 à 80 cm, qui se plaît sur les terres incultes, les prairies et au bord des chemins. Sa racine est fusiforme, jaunâtre et chevelue. Sa tige est dressée ou ascendante, toujours plus ou moins pérennante et normalement de plus de 15 cm de haut.

Les tiges, quadrangulaire, légèrement velue, rameuse, creusée sur deux faces opposées d'une petite rigole longitudinale. Les feuilles sont opposées, sans stipules, rudes, plus ou moins profondément incisées, à lobes inégaux. Celles du bas sont pétiolées, ovales ou cunées, dentées, celles du haut plus petites et crénelées. Les fleurs bleuâtres ou liliacées, qui s'épanouissent de juin à octobre, sont petites, sessiles et disposées en longs épis filiformes lâches, disposés en panicule terminale. Bractées ovales, aigües, plus courtes que les fleurs. Calice persistant tubuleux et velu. Corolle gamopétale, la base en tube légèrement courbée, dépassant le calice, se continuant par 5 lobes arrondis presque égaux. Le fruit se compose de quatre akènes qui se séparent à maturité.

Culture de la plante.

Sa culture est facile : on multiplie la plante par semis au début du printemps ou par bouturage en septembre sur un emplacement exposé au soleil. Sol léger et frais. Espacement 20 à 30 cm. Parties utilisées : la plante fleurie, récoltée avant le complet développement des fleurs.

Propriétés thérapeutiques selon les auteurs contemporains d'Olivier de Serres

Cette plante fait également l'objet de commentaires plus ou moins détaillés chez plusieurs auteurs d'ouvrage de Botanique du XVIème siècle qu'Olivier de Serres aurait pu consulter, notamment ceux-ci : les *Commentarii in sex libros Pedacii Dioscoridis* (1572), Livre IIII, Chap. LV, s v Vervene droitte, p. 567, et Chap LVI, Vervene basse, p. 568) de Pierandrea Matthioli (1501-1577), l'*Histoire des plantes* (1550), édit fr.Chap. CCXXVI, s v Vervaine, p. 406) de Leonart Fuchs (1501-1566), l'*Historia generalis plantarum* (1586), trad.1615 Tome II, Livre XI, Chap. LXVII,s v Verveine p. 223), de Jacques Daléchamps (1513 -1588), le *Stirpium Herbariae Pemptades sex* (1557), Livre 1, Chap. LXXXIIII, s v Vervaine p. 96) de Rembert Dodoens (1517-1585),

Cf aussi Liebault (*La Maison rustique* (édition de 1583, Livre II, Chap. 42, p.110). (cf. Chap. 4, plante n° 6).

– 74. **Mauves** (Malva spp L.) et Guimauves (Althea officinalis L.) (Malvacées) :

> "pour leur vertu amollisante, sont ainsi appellees des Grecs et des Latins. De plusieurs especes y en a-t-il, plus haut montans les tiges des unes que des autres, comme aussi diverses en sont leurs fueilles. Les Mauves, qui croissent d'elles-mesmes en campagne, ne sont non plus toutes d'une sorte, ains se divisent en deux, les unes trainans à terre, les autres montans en haut, comme arbrisseaux. Demandent bon fonds. L'on les esleve au Jardin, par semence, la mettant en terre au mois d'Aoust, puis en transplantant les jettons, comme chous, vers l'issuë de l'Automne, afin que la proximité de l'Hyver les arreste de croistre trop hautement, les plus basses plantes estans celles qu'on desire le plus, pour en faire engrossir les racines, où consiste beaucoup de leur vertu. La blancheur aussi est desirable en ceste herbe, la Mauve blanche particulierement ditte Guimauve, estant fort prisee. De toutes lesquelles espèces, tire on beaucoup d'utilité, selon leurs diverses facultés. Tout ce qui est en elle est bon ; car et racines, et troncs, et fueilles, servent à plusieurs remedes. A faire uriner : à amolir le ventre : à empescher les inflammations : à oster les durtés de la matrice : à guerir les piqueures des mousches à miel et guespes, mesme à les empescher de nuire, se frottant les mains de leur jus : à preserver la personne du venim de la morsure des mauvaises bestes. La racine de la Mauve blanche, est singuliere pour nettoier les dents, les en frottant avec un tronçon d'icelle à ce accommodé." (6ème Lieu, Chap.XV, p. 623)

Note de l'édition de 1805 : "Mauves.Toutes les malvacées sont émollientes : on emploie de préférence l'althœa officinalis, et le malva sylvestris." (Tome 2, p. 482)

Olivier de Serres recommande aussi pour bien entretenir ses dents de les frotter assz souvent avec des racines de guimauves ; celles-ci, moyennant une préparation assez délicate, les rendront "polies et claires, affermissant aussi les gencives, et y laissans bonne odeur." (8ème Lieu Chap. V, p 907).

Il recommande aussi l'emploi de ces plantes à plusieurs reprises :

– pour calmer les douleurs d'estomac (8ème Lieu, Chap. V, p 919), cf infra plante n° 92 Camomille

– pour calmer la douleur des coliques "il faut faire boire au patient demi verre d'eau de scabieuse avec de la theriaque : puis lui donner un clystere molificatif, fait de la decoction de mauves, violes, betes, anis, fenugrec, avec casse, miel et huile d'olive : aprés mettre sur la partie dolente, entre deux linges, les herbes du clystere, estans chaudes ou fricassees." (8ème Lieu, Chap. V, p 923)

Il recommande aussi un autre clystère "quand la colique ou Iliaque passion est causee de Ventosité, le mal est deambulatoire, ne s'arrestant en un seul endroit, ains vague par le ventre, les boiaux menans bruit, avec torture et grande douleur : l'on conviendra bailler au malade un clytere ainsi composé. Prenés mauves et betes, de chacune une bonne poignee : anis et commin, de chacune une once, faites en decoction, de laquelle prenés une chopine, et y destrempés une once de casse, demie once de theriaque, et trois onces des huiles de rue, et de camomille, dont soit fait clystere, puis baillé tiede, loin de la refection." (8ème Lieu, Chap. V, p 924)

– contre les coliques néphrétiques qui sont accompagnées d'un ventre constipé, il faut dabord relacher le ventre par un clystère. "On usera de ce clystere, Prenés racines de guimauves deux onces, herbe de mauves, guimauves, violes, betes, fleurs de camomille et melilot, de chacune une poignee ; semence d'oignon et d'anis, de chacune demie once, faites decoction, de laquelle prendrés demie livre, et y destrempés une once de casse, une once de gros succre, deux onces d'huile violat, une once d'huile de lis, et y faite un clystere. "et une fois la douleur apaisée après un ou plusieurs clysteres, "on plongera le malade jusques au nombril, dans un demi bain auquel auront esté mouillees ces matieres-ci, enfermees dans un sac de toile claire, c'et assavoir, mauves, guimauves, berles, betes, parietaire, violiers de Mars, semence de lin, fenugrec et fleur de camomille avec melilot. Au sortir du bain, le patient prendra deux cuillerees de syrop de capilli-veneris, et de raiforts sauvages, avec trois onces de la decoction de reglisse : et mettra sur la douleur, cataplasme fait des herbes et fleurs estans au susdit sachet aians servi au bain, avec huile d'amendes douces." (8ème Lieu, Chap.V, p 925)

cf. aussi infra plante n° 92 Camomille.

– pour empécher la chute de la matrice "des ventouses seront appliquees sous les mamelles : et des cataplasmes sur le ventre, faits avec des aulx pilés en peu d'eau : ou des orties broiees : ou de guimauves cuites avec graisse de caille et huile d'olive." (8ème Lieu, Chap. V, p 934).

– pour traiter la stérilité, il recommande à la femme de "se servir avec efficace du bain preparé de la decoction de violiers, mauves, guimauves, rozes, parietaire, mentastre, fueilles de genevre, laurier, murte, pouliot, camomille, savine, herbe-à-chat, pimprenelle, mente, marjolaine, basilic, rosmarin, mille-pertuis, valeriane, et autres herbes odoriferantes toutes enfermees dans des sachets." (8ème Lieu, Chap. V, p 935).

– pour dissoudre le sang caillé lors de l'inflammation des mamelles, et que les glandules des mamelles s'endurcissent, et mesmes q'elles menacent de suppuration, user de ce cataplasme ; "Prenés racines de guimauves et de lis, de chacune quatre onces, vingt figues, faites les cuire jusques à ce qu'elles amolissent, ajoutés-y graisse de porc non salee, ou beurre frais quantité suffisante pour cataplasme." (8ème Lieu, Chap. V, p 940).

– contre la peste, en cas d'impossibilité du fait de la calamilité de la saison, d'avoir recours aux drogues de secours requises pour faire meurir l'apostume "la mere-de-famille se conduira en ceste sorte se servant des matieres qu'elle tirera de son jardin et de sa basse-cour. Prendra mauves, racines de guimauves, oignons de lis, le tout sera bien lavé, puis broié dans un mortier avec semence de lin et fenugrec, après incorporé avec sein de pourceau, en sera fait emplastre, qu'on appliquera sur le mal : lequel emplastre suffira de renouveler une fois le jour, et sans attendre l'entiere maturité de l'apostume elle sera percee comme dessus." (8ème Lieu, Chap. V, p 951),

– contre la goutte : "Touchant la goutte, le commun dit, Qu'a la Goutte, le Medecin ne void goutte, fondé sur la difficile guerison de tel mal, d'aucuns tenu incurable. Toutefois au soulagement de nostre infirmité, Dieu a manifesté quelqques remedes pour telle longue et fascheuse maladie, dont..... l'onction de l'huile d'aspic et du jus de guimauves, par egale portion." (8ème Lieu, Chap.V, p 951-952)

– pour les meurtrisseures à cause de coups receus par chute ou autrement, où il y a contusion et ternisseure, et aussi aux nerfs retirés, il recommande un liniment composé pour l'essentiel d'un renard jeune et gras bouilli dans un chaudron avec des baies de laurier, feuilles de sauge et racines de guimauves." (8ème Lieu, Chap.V, p 956)

– pour guérir les plaies (8ème Lieu, Chap. V, p 958), cf.supra, plante n° 22 Plantain0

– "pour amolir et murir les tumeurs et apostumes : le cataplasme de la racine de guimauve, de la fueille d'anet, de capilli veneris, d'asperges, le tout par egale portion, estans ces racine et herbes, bouïllies en eau avec un peu d'huile d'olive." (8ème Lieu, Chap. V, p 959),

– pour les Dartres les plus mauvaises : "Lavés les avec la decoction de grains de lupin et racines de guimauves faite en vinaigre, à la consomption de la moitié. Ou avec eau de plantain en laquelle aurés infondu deux drachmes et demie vitriol blanc, et une drachme d'alum bruslé." (8ème Lieu, Chap V, p 968).

– pour garder le poil de revenir au lieu une fois depilé, prendre "la decoction de tithimale, de chaux vive et de mauve en vinaigre" (8ème Lieu, Chap. V, p 971)

– pour "blanchir la face et beau teint conservé", l'emploi des racines de guimauve est cité par Olivier de Serres parmi les différentes recettes de préparations, généralement complexes, qu'il rapporte. (8ème Lieu, Chap. V, p 974)

Le coin du jardinier d'aujourd'hui

Etymologie du nom de la plante.

"*Malva*" vient du grec "*malassô*" ou du latin "*mollire*", "amollir" ; "Althea" vient du grec "althainô", "guérir", "althomai", "être guéri".

Description sommaire de la plante.

La grande mauve (Malva sylvestris) est une plante bisannuelle à pérenne, de 20 à 70 cm de haut qui se rencontre au bord des chemins, dans les prés et les endroits incultes. Sa racine est fuselée et sa tige, étalée ou dressée, rameuse, plus ou moins couverte de poils, porte des feuilles alternes, arrondies, longuement pétiolées, palmatilobées, crénelées. Les fleurs s'épanouissent de mai à août, sont groupées par 2 ou plus à l'aisselle des feuilles ont un calicule de 3 bractées ovales, libres ; calice est composé de 5 sépales triangulaires ; la corolle de 5 pétales rose violacé veiné de rouge, en forme de cœur, échancrés au sommet, séparés jusqu'à la base. Les fruits sont des akènes.

Culture de la plante.

Semer en place de mars à juin à un endroit ensoleillé; au sol frais, bien drainé, légèrement calcaire Des boutures de jeunes pousses latérales s'effectuent en mars ou une division des touffes en septembre. Demande peu d'entretien.

La guimauve (Althaea officinalis) est une plante herbacée vivace qui se plaît dans les prairies, au bord des fossés. Sa racine longue et pivotante emet des bourgeons. Sa tige robuste, peu ramifiée, laineuse, est dressée, atteint plus d'un mètre de haut, porte des feuilles alternes, longuement pétiolées, blanchâtres, épaisses et veloutées, pubescentes, arrondies, entières ou à 3 lobes, à bordure dentée. De juin à septembre s'épanouissent en grappes compactes à l'aisselle des feuilles de grandes fleurs, blanc rosé, à pédoncule court, elles sont munies d'uncalicule, non soudé au calice, formé de 7 à 9 bractées étroites, velues, de 4 mm de long. Le calice est persistant, velu, en forme de coupe, à 5 sépales plus longs que les parties du calicule. La corolle est composée de 5 pétales roses, parfois très pâles, d'environ 1,5 cm de long. Le fruit est un schizocarpe.

Culture de la plante.

Elle se multiple par graine au printemps, repiquer en avril ; par bouturage arrachées à l'automne. Parties employées : racine, fleur, graine. Récolte des feuilles en juin–juillet, des fleurs ensuite, des racines après les premières gelées.

Propriétés thérapeutiques selon les auteurs contemporains d'Olivier de Serres

Cette plante fait également l'objet de commentaires plus ou moins détaillés chez plusieurs auteurs d'ouvrage de Botanique du XVIème siècle qu'Olivier de Serres aurait pu consulter, notamment ceux-ci : les *Commentarii in sex libros Pedacii Dioscoridis* (1572), Livre II, Chap. CXI, p. 291, s v Mauve) de Pierandrea Matthioli (1501-1577), l'*Histoire des plantes* (1550), édit fr.Chap. CXCIIII, s v Maulve, p. 351) de Leonart Fuchs (1501-1566), l'*Historia generalis plantarum* (1586), trad.1615 Tome I, Livre V, Chap. XXI, s v Mauve p. 494, et Chap. XXII, s v Guimauve, p. 499) de Jacques Daléchamps (1513 -1588), le *Stirpium Herbariae Pemptades sex* (1557, Livre 5, Chap. XXIIII, s v Maulve p. 401, Chap. XXV, s v Guymaulve, p. 402, et Chap. XXVI, s v, Guylmauve sauvage p. 402) de Rembert Dodoens (1517-1585),

Cf aussi Liebault (*La Maison rustique* (édition de 1583, Livre II, Chap.42, p.109). (cf. supra. Chap. 4, plante n° 1).

Cf aussi supra Crescens, Chap. 3, Les jardins de Crescens, Chap. 77.

– 75. **Véronique** (Veronica officinalis L.) (Scrofulariacées):

> "masle et femelle, different en ce, que le masle a la fleur tendante à la couleur rouge et la femelle, à la jaune ; les deux ont l'herbe rempant à terre, plus verte l'aiant la femelle que le masle. Ceste herbe se seme au Printemps, en bonne terre, bien cultivee, où pour ses excellentes vertus, la conserverons cherement. Elle est bonne contre la ladrerie (i e la peste) : un Roy de France en aiant esté anciennement gueri, ainsi que plusieurs l'ont escript. Contre les blessures du loup, telle proprieté descouverte par un Veneur d'un Roy de France, qui vid un cerf s'eschapant des dents d'un loup, blessé, aller manger de la Veronique et s'y veautrer dessus. Contre toutes autres blessures. Est souveraine en clysteres, pour la dissenterie : en bruvage, pour les fievres pestilentes, et ulceres des poulmons." (6ème Lieu, Chap.XV, p. 623)

Note de l'édition de 1805 : "Véronique. La véronique mâle (veronica officinalis) est une herbe amère et astringente très-utile, et assez généralement employée. J'ignore de quelle plante Olivier de Serres veut parler sous le nom de véronique femelle, car aucune véronique n'a la fleur jaune. "(Tome 2, p. 482)

Olivier de Serres ne cite pas cette plante dans son recueil de remèdes.

Le coin du jardinier d'aujourd'hui

Etymologie du nom de la plante.

"*Veronica*", en référence à Sainte Véronique : on comparait la fleur de la plante avec l'empreinte laissée sur le linge qu'utilisa celle-ci pour essuyer le visage du Christ. On l'appelle aussi Thé d'Europe, Thé des ladres.

Description sommaire de la plante.

Plante herbacée vivace qui pousse dans les landes, les bois et les prés, de préférence sur des sols secs. Ses tiges qui sont rampantes, peu ramifiées, légèrement velues, portent des feuilles ovales à elliptiques, opposées, brièvement pétiolées, velues et membraneuses, à bord denté. Les fleurs qui s'épanouissent de mai à juillet, sont hermaphrodites. Elles apparaissent à l'aisselle de courtes bractées, en grappes denses, généralement alternes, sur un pédoncule dressé plus court que le calice. Celui-ci est profondément divisé en 4 segments. La corolle est composée de quatre pétales striés, d'une couleur bleu-lilas. Le fruit est une capsule, en forme de cœur.

Culture de la plante.

Multiplication par semis des graines et par boutures. Exposition ensoleillée. Sol bien drainé, acide ou basique. Récolte au moment de la floraison (juin -juillet) Parties utilisées : la plante fleurie.

Propriétés thérapeutiques selon les auteurs contemporains d'Olivier de Serres

Cette plante fait également l'objet de commentaires plus ou moins détaillés chez plusieurs auteurs d'ouvrage de Botanique du XVIème siècle qu'Olivier de Serres aurait pu consulter, notamment ceux-ci : les *Commentarii in sex libros Pedacii Dioscoridis* (1572) Livre III, Chap. XXV, s v Auronne ou Veronique p. 399, de Pierandrea Matthioli (1501-1577), l'*Histoire des plantes* (1550), édit fr.Chap. LIX sv Veronique ou Herbe aux ladres, p. 122) de contre Leonart Fuchs (1501-1566), l'*Historia generalis plantarum* (1586), trad.1615 Tome I, Livre IX, Chap. XXXV, s v Veronique femelle, p. 917), et Tome II, Chap. XLI, s v Veronique grande, p. 64, Chap LV, s v Véronique mâle et droite petite p. 208) de Jacques Daléchamps (1513 -1588), le *Stirpium Herbariae Pemptades sex* (1557), Première Partie, Chap. XVII, s v Veronique, p. 20,) de Rembert Dodoens (1517-1585),

Cf aussi Liebault (*La Maison rustique* (édition de 1583, Livre II, Chap. 42, p.115). (cf supra Chap. 4, plante n° 40).

– 76. **Saxifrage** (Saxifraga spp L.) (Saxifragacées) :

> "de deux sortes y en a-il, grande et petite, diverses aussi sont à la fleur ; car l'une est jaune, l'autre blanche. Ils se sement par certains grains venans prés des racines de la plante. Ce sera au mois de Mars, en terre legere et seche, sans se soucier de lui donner grande culture, aiant assés de peu de soin. La vertu de ceste herbe est de rompre la pierre : de provoquer l'urine, et le flux menstruel des femmes : de jetter hors de l'estomach les grosses humeurs." (6ème Lieu, Chapitre 15, p. 623)

Note de l'édition de 1805 : "Saxifrage. Cet article paroit désigner la saxifraga granulata, dont la fleur est blanche : mais qu'est-ce que cette saxifrage à fleur jaune ? Au reste, elles sont toutes hors d'usage, et leur prétendue vertu lithontriptique semble due à une fausse explication de leur étymologie." (Tome 2, p. 482)

Olivier de Serres ne cite pas cette plante dans son recueil de remèdes.

Le coin du jardinier d'aujourd'hui

Etymologie du nom de la plante.

"*Saxifrage*" vient du latin "*saxum*", "pierre" et de "*fragere*", "briser ", en référence aux propriétés de la plante de briser les calculs. On l'appelle aussi Casse-pierre ou Perce-pierre.

Description sommaire de la plante.

Il existe plus de 400 espèces de Saxifrage. L'une de celle que cite Olivier de Serres est peut-être Saxifraga granulata, une plante herbacée vivace qui pousse dans les prairies et sur les talus herbeux, dont la racine est formée de nombreuses radicelles entremêlées de bulbilles. Elle présente des tiges dressées, pleines, poilues, de 20 à 50 cm de haut, portant des feuilles assez épaisses, celles de la base arrondies, à long pétiole, celles de la tige peu nombreuses, palmées, à trois ou cinq lobes, au pétiole court. Les fleurs, hermaphrodites, qui s'épanouissent de mai à juillet présentent une corolle à 5 pétales, de couleur blanche égaux, libres, dont l'extrémité est arrondie. Le fruit est une capsule. L'identification de l'espèce dont les fleurs sont jaunes est incertaine.

Culture de la plante.

On la multiplie par semis ou division des touffes. Empacement à l'ombre ou à mi-ombre, sl frais, humifère. Parties utilisées : la plante fleurie ; récolte des feuilles de juillet à septembre, des racines à l'automne.

Propriétés thérapeutiques selon les auteurs contemporains d'Olivier de Serres

Cette plante fait également l'objet de commentaires plus ou moins détaillés chez plusieurs auteurs d'ouvrage de Botanique du XVIème siècle qu'Olivier de Serres aurait pu consulter, notamment ceux-ci : les *Commentarii in sex libros Pedacii Dioscoridis* (1572), Livre IIII, Chap. XV, s v Saxifrage, p. 534) de Pierandrea Matthioli (1501-1577), l'*Histoire des plantes* (1550), édit fr.Chap. CCLXXXVI, s v grande Saxifrage p. 507,et CCLXXXVII, sv Saxifrage jaune p. 507) de Leonart Fuchs (1501-1566), l'*Historia generalis plantarum* (1586), trad.1615 Tome I, Livre VI, Chap. XLV, s v Saxifrage, p. 678) de Jacques Daléchamps (1513 -1588), le *Stirpium Herbariae Pemptades sex* (1557), Livre 2, Chap. LXXXVIII, s v Saxifrage p. 201) de Rembert Dodoens (1517-1585),

Cf aussi Liebault (*La Maison rustique* (édition de 1583, Livre II, Chap.42, p.112). (cf. supra. Chap. 4, plante n° 16).

– 77. **Pivoine** (Paeonia spp L., dont Paeonia officinalis L. (= Paeonia fœmina Garsault) (Paeoniacées) :

"en Latin, Peonia, de Peon son inventeur. Elle vient naturellement en terroir sec et arride, chaud et exposé au Soleil. L'on s'en engeance par graine et par plant, sans grande culture. La Gorce petite villete prés Ville-neufve de Berc, païs de Vivarés en Languedoc, abonde en telle plante, dont le meilleur consiste en sa racine : de là les marchands l'envoient aux foires de Lion, pour la fourniture de toute la France. Est bonne contre la jaunisse : contre le haut-mal : la douleur des reins, et de la vessie. Sert de bon remède aux morsures et piqueures venimeuses ; et au recouvrement de la parole presque perdue. La racine, pendue au col des petits enfans, chasse le venim, estant aussi salutaire pour leurs dents, s'en frottant les gencives." (6ème Lieu, Chap.XV, p. 623-624)

Note de l'édition de 1805 : "Pivoine (pœnia officinalis). Elle a été vantée comme anti-épileptique, mais sa réputation s'est évanouie depuis qu'on a soumis cette plante à des expériences plus exactes ; la beauté de ses fleurs lui a fait, comme on sait, accorder une place dans les parterres. "(Tome 2, p. 482)

Olivier de Serres ne la cite guère dans ses remèdes. Il en note l'emploi pour traiter la suffocation de la matrice* : "est necessaire apporter prompt remede, pour la violence du mal, estranglant la femme, lui empeschant la respiration, la parole et la voix ; causé par la Matrice se mouvant vers les parties superieures. "L'on lui baillera à boire du mitridat dissout en eau d'aluïne, ou des grains de pivoine pulverisés, avec du vin." (8ème Lieu, Chap. V, p 934).

Le coin du jardinier d'aujourd'hui

Etymologie du nom de la plante.

Cf l'explication donnée par Olivier de Serres. Paeon était le médecin grec des dieux et Homère rapporte qu'il aurait guéri Pluton avec cette plante (Iliade V, 401)

Description sommaire de la plante.

Dioscoride décrivit deux pivoines qu'il appela mâle et femelle, correspondant aux actuelles Paeonia mascula et Paeonia officinalis. C'est cette dernière qui est plantée par Olivier de Serres.

Plante herbacée vivace de 30 à 70 cm de hauteur, qui se plaît dans les bois et les prés, dont la racine est renflée en tubercules, les tiges portent des feuilles alternes, celles de la base, divisées en folioles ovales, allongées, celles du haut ou latérales sont grandes, pétiolées, triséquées, lancéolés, d'un vert sombre, glabres au-dessus, grises et pubescentes en dessous. Au sommet des tiges se forment durant les mois de mai-juin de grandes fleurs solitaires, comportant 5 sépales inégaux, vert rouge, persistant après la floraison et 5 à 10 pétales ovales, généralement d'un rouge vineux, de 4 à 8 cm. Le fruit est

* Selon les médecins de l'Antiquité, la matrice est censée se déplacer à l'intérieur du corps de la femme, pouvant ainsi, selon sa position, comprimer sa respiration et provoquer son étouffement.

formé de 2-3 follicules blancs oblongs, dressés et tomentueux. Il contient des graines noires et des graines rouges. Les Anciens leur attribuaient des propriétés différentes. La différence de couleur proviendrait de la fécondation ou non de la graine.

Culture de la plante.

On multiplie la plante par éclat ou par la séparation de ses racines auxquelles il faut conserver quelques yeux ou bourgeons au collet, à l'automne ou au printemps. Sol riche et bien drainé. Emplacement ensoleillé. Parties utilisées : la racine.

Propriétés thérapeutiques selon les auteurs contemporains d'Olivier de Serres

Cette plante fait également l'objet de commentaires plus ou moins détaillés chez plusieurs auteurs d'ouvrage de Botanique du XVIème siècle qu'Olivier de Serres aurait pu consulter, notamment ceux-ci : les *Commentarii in sex libros Pedacii Dioscoridis* (1572, Livre III, Chap. CXL, s v Pivoine p. 506) de Pierandrea Matthioli (1501-1577) l'*Histoire des plantes* (1550, édit fr.Chap. LXXV, s v Pivoine ou Rose nostre Dame, p. 144) de Leonart Fuchs (1501-1566), l'*Historia generalis plantarum* (1586), trad.1615 Tome I, Livre VII, Chap. XXXIV, s v Pivoine p. 743) de Jacques Daléchamps (1513 -1588), le *Stirpium Herbariae Pemptades sex* (1557), Livre 3, Chap. XVI, s v Pivoine, p. 227) de Rembert Dodoens (1517-1585),

Cf aussi Liebault (*La Maison rustique* (édition de 1583, Livre II, Chap. 42, p.115). (cf. supra. Chap. 4, plante n° 39).

– 78. **Herbe-au-turc** (Herniaria L. peut-être Herniaria glabra L.) (Caryophilacées) :

> "appelée aussi Hermole, aime terre sablonneuse et seche : par semence ou par plant enraciné, l'on s'en engeance, comme mieux vient à propos, sans grande culture, pour sa non-delicatesse. La vertu de ceste herbe est de provoquer l'urine retenue, et de comminuer le calcul, beuvant la poudre d'icelle herbe, avec potage ou vin blanc." (6ème Lieu, Chap. XV, p. 624-625)

Note de l'édition de 1805 : "Herbe-au-Turc (herniaria glabra). Elle est un peu astringente, mais tout à fait abandonnée." (Tome 2, p. 482)

Olivier de Serres ne la cite pas dans son recueil de remèdes.

Le coin du jardinier d'aujourd'hui

Etymologie du nom de la plante.

"*Herniaria*" vient du latin "*hernia*", "hernie", en référence à ses propriétés thérapeutiques. On l'appelle aussi Turquette, Herniole, Casse-pierres.

Description sommaire de la plante.

Plante herbacée vivace qui croît dans les lieux arides, sablonneux, les lieux incultes, les bords des chemines et les champs. De sa souche rameuse sortent des tiges couchées, grêles, étalées en cercle, longues de 20 à 35 cm, qui portent de très petites feuilles sessiles, oblongues, opposées à la base, alternes au sommet, vert vif. De mai à septembre s'épanouissent de petites fleurs verdâtres, disposées en glomérules axillaires comportant 5 sépales, 5 pétales. Le fruit est une capsule.

Culture de la plante.

Planter en mars à juin ou de septembre à novembre, dans un endroit ensoleillé sur un sol sec, bien drainé. Récolte des sommités de juin à août. Parties utilisées : la plante entière.

Propriétés thérapeutiques selon les auteurs contemporains d'Olivier de Serres

Cette plante figure peu dans les ouvrages de Botanique du XVI ème siècle : cf. *l'Historia generalis plantarum* (1586, trad.1615 Tome II, Livre X, Chap. XIIII, s v Herniaria ouHerbe du Turc p. 28) de Jacques Daléchamps (1513 -1588),

Cf aussi Liebault (*La Maison rustique* (édition de 1583, Livre II, Chap. 42, p.120). (cf. supra. Chap. 4, plante n° 72).

– 79. **Branche ursine**, (Acanthus spp L., notamment Acanthus spinosus L., Acanthus mollis L.) (Acanthacées) :

> "en Latin Acanthus. Des Antiques Architectes est venue la coustume d'entailler les fueilles de Branche-ursine és chapitraux des Colomnes Corinthiennes, pour laquelle cause, a esté ceste herbe anciennement appellee par les Romains, Marmoralia, d'autant que communément les colomnes estoient de marbre. On la seme au mois de Mars ou d'Avril, en Jardin bien cultivé et arrousé, lui donnant terre plus sablonneuse qu'argileuse. Ses racines et fueilles servent à faire uriner : à arrester le flux de ventre. Aydant aux hydropiques. Sont bonnes aux extorsions de nerfs." (6ème Lieu, Chap. XV, p. 625)

Note de l'édition de 1805 : "Branche-ursine (acanthus mollis). C'est un émolient peu employé maintenant." (Tome 2, p. 482)

Olivier de Serres cite peu cette plante dans son recueil de remèdes. Il la cite toutefois, entre autres remèdes, pour traiter la difficulté d'uriner, causée par des calculs graveleux, en recommandant "d'en boire la decoction au matin." (8ème Lieu. Chap. V, p 926),

Le coin du jardinier d'aujourd'hui

Etymologie du nom de la plante.

"*Acanthus*" vient du grec "*akantha*", "épine" et "*mollis*", "mou", à cause de ses feuilles molles, non épineuses. On l'appelle aussi Patte d'ours, Pied d'ours (à cause de la forme de ses feuilles) Grande Berse, Acanthe sans épine.

Description sommaire de la plante.

Plante herbacée vivace qui se plaît dans les friches et terrains incultes, dont la racine, épaisse et fibreuse aux drageons porteurs de bourgeons, donne naissance à une hampe florale dressée, simple, pouvant atteindre 150 cm de haut, portant de nombreuses feuilles basales longuement pétiolées, très grandes (jusqu'à 60 cm de long), opposées, pennatiséquées, d'un vert profond, luisantes, sans épines, et molles au toucher. Les fleurs blanches, hermaphrodites, s'épanouissent de juillet à octobre. Chacune d'elles est disposée à l'aisselle d'une bractée, accompagnée de 2 bracteoles. Elles forment un long épi terminal. Le calice comprend 5 sépales, la corolle gamopétale, est bilabiée, la lèvre inférieure divisée en 2 lobes, la lèvre supérieure en 3 lobes. Le fruit est une capsule ovoïde loculicide, contenant 2 à 4 graines roussâtres.

Culture de la plante.

Semis de graines à la fin mars et mise en place des plants en automne. On multiplie aussi par œilletons plantés à la fin de l'hiver. Emplacement ensoleillé. Sol riche, frais, profond et bien drainé. Espacement : 60 cm à 1 mètre entre chaque plant. Parties utilisées : la racine arrachée à l'automne et les feuilles fraîches, récoltées avant la floraison.

Propriétés thérapeutiques selon les auteurs contemporains d'Olivier de Serres

Cette plante fait également l'objet de commentaires plus ou moins détaillés chez plusieurs auteurs d'ouvrage de Botanique du XVIème siècle qu'Olivier de Serres aurait pu consulter, notamment ceux-ci : les *Commentarii in sex libros Pedacii Dioscoridis* (1572), Livre III, Chap. XVII, s v Branche ursine, p. 390, de Pierandrea Matthioli (1501-1577), l'*Histoire des plantes* (1550), édit fr.Chap. XV, sv Branche ursine, p. 37) de Leonart Fuchs (1501-1566), l'*Historia generalis plantarum* (1586), trad.1615 Tome II, Livre XIV, Chap. III, s v Branche ursine p. 323) de Jacques Daléchamps (1513 -1588), le *Stirpium Herbariae Pemptades sex* (1557), Livre 4, Chap. LXVI, sv Branche ursine p. 362) de Rembert Dodoens (1517-1585).

Cf aussi Liebault (*La Maison rustique* (édition de 1583, Livre 2, Chap. 42, p.114). (cf. supra. Chap. 4, plante n° 33).

Cf aussi supra Crescens, Chap. 3, Les jardins de Crescens, Chap.18.

– 80. **Aristolochie** (Aristolochia spp L., Aristolochia ronda L. et Aristolochia longa L.) (Aristolochiacées) :

"de deux sortes, longue et ronde, desire bonne terre, l'aer plus chaud que froid. L'on la seme au Printemps. Est bonne à la courte haleine : à faire cracher : à purger les poulmons : aux convulsions : spasmes : douleurs de costés : à nettoier les plaies : les gencives : les dents : à provoquer l'urine. A plusieurs maladies des femmes sert aussi ceste plante, à esmouvoir leurs mois : à pousser l'arriere-faix, l'enfant mort, et à nettoier la matrice de toutes superfluités." (6ème Lieu, Chap. XV, p. 625)

Note de l'édition de 1805 : "Aristolochie (aristolochia rotunda et aristolochia longa). L'action des racines d'aristoloche comme emménagogue est contestée, comme celle de tous les médicamens de cette classe." (Tome 2, p. 482)

Olivier de Serres cite cette plante dans quelques remèdes qu'il propose à la mère de famille :

– pour soigner le mal de côté, venant de froid que "sert beaucoup à ce mal, la graine d'aristolochie ronde, beuë en vin, le poids d'un escu." (8ème Lieu Chap. V, p 911).

– pour soigner les plaies : "Eau singuliere pour toutes plaies, même pour arquebusades. Faites à la consomption du tiers. Faites tremper quatre heures durant, dans ce vin bouïlli encore chaud (reposant sur cendres chaudes) deux onces poudre d'aristolochie ronde, et de succre fin, autant d'un que d'autre, enfermee dans un nouët de toille fine, puis tirés ce nouët du vin, et en exprimés la liqueur avec violence : le remettrés tremper plusieurs fois, à chacune l'exprimant : et autant que jugerés par l'œil et par le goust la liqueur porter quelque substance de la poudre. Serrés telle liqueur dans une fiole de verre, pour le besoin. En l'application faites la un peu chauffer, mettant sur la plaie, des chous aians la coste rouge." (8ème Lieu, Chapitre 5, p 959)

– pour combattre la couperose, plusieurs remèdes sont bouïllir une pinte, mesure de Paris, vin blanc du meilleur dans un vaze d'airain ou de verre vitree jusques proposés, parmi lesquels l'un est composé de nombreuses substances dont deux onces de racines d'aristoloche ronde et d'iris de Florence, le tout distillé au bain marie et "de l'eau qui en sortira, lavés-en le visage" (8ème Lieu, Chap. V, p 967).

Le coin du jardinier d'aujourd'hui

Etymologie du nom de la plante.

"*Aristolochia*" vient du grec "*aristos*", "excellent", et "*lokhia*", "accouchement ', en référence aux propriétés attribuées à la plante de favoriser les accouchements.

Description sommaire de la plante.

On compte près de 300 espèces d'Aristoloche.dont beaucoup sont toxiques. Ce sont des plantes vivaces, souvent grimpantes, généralement à racine tubéreuse. Les feuilles sont alternes, simples, entières. Les fleurs qui sont tubulées poussent latéralement, à l'aisselle des feuilles. Les fruits sont des capsules. L'aristoloche ronde et l'aristoloche longue sont des plantes herbacées vivaces au rhizome rampant, qui se plaîsent dans les endroits incultes et les ruines, leurs fleurs, jaunâtres, s'épanouissent d'avril à juin,

Culture de la plante.

Plante non cultivée. Parties utilisées : le rhizome.

Propriétés thérapeutiques selon les auteurs contemporains d'Olivier de Serres

Cette plante fait également l'objet de commentaires plus ou moins détaillés chez plusieurs auteurs d'ouvrage de Botanique du XVIème siècle qu'Olivier de Serres aurait pu consulter, notamment ceux-ci : les *Commentarii in sex libros Pedacii Dioscoridis* (1572, Livre III, Chap. IIII, s v Aristolochie p. 377) de Pierandrea Matthioli (1501-1577), l'*Histoire des plantes* (1550), édit fr.Chap. XXXI, s v Sarrasine p. 68) de Leonart Fuchs (1501-1566), l'*Historia generalis plantarum* (1586), trad.1615 Tome I, Livre VIII, Chap. XLIV, s v Sarrasine, p. 851) de Jacques Daléchamps (1513 - 1588), le *Stirpium Herbariae Pemptades sex* (1557), Tiere Partie, Chap. I, s v Sarrasine ou Aristolochie, p. 212) de Rembert Dodoens (1517-1585),

Cf aussi Liebault. (*La Maison rustique* (édition de 1583, Livre II Chap. 42, p.121). (cf supra Chap.4, plante n° 82).

Cf aussi supra Crescens, Chap. 3, Les jardins de Crescens, Chap. 10.

– 81. **Mille-Pertuis** (Hypericum spp L., notamment Hypericum perfoliatum L. Hypericum perforatum L.) (Hypericacées) :

> "en Latin, Perforata, ainsi appellee ceste herbe parce que regardant ses feuilles à la lueur du Soleil, semblent estre percees de plusieurs petits trous. On la seme au Printemps, en terre legere et pierreuse. Sa graine, pulverisee et beuë en vin blanc, guerit la fievre tierce : soulage ceux qui sont tourmentés en goutte sciatique. La seule poudre, mise sur les ulceres, pourris et humides, les guerit. La décoction de toute l'herbe, provoque l'urine et les fleurs des femmes." (6ème Lieu, Chap. XV, p. 625)

Note de l'édition de 1805 : "Mille-pertuis. On emploie indifféremment les hypericum perforatum et quadrangulum ; ces herbes sont peu amères et vulnéraires. Les Anciens leur ont attribué de nombreuses propriétés, de la réalité desquelles les Modernes sont peu convaincus." (Tome 2, p. 482)

Olivier de Serres la cite à plusieurs reprises :

– parmi les conseils donnés à la femme enceinte pour lui éviter "que l'enfant descende trop bas", il lui recommande de soutenir son ventre par une peau d'ocaigne (*i e* d'oie) ou de chèvre bien conroiee qu'elle accommodera à la forme du ventre, l'attachant avec des lacets, pour avec aisance, la porter continuellement.", cette peau ayant été préparée, sans doute pour être assouplie et parfumée, dans différents bains dans la composition desquels entre de l'huile de millepertuis. (8ème Lieu, Chap. V, p 936)

– "La feuille de consoulde moienne avec huile de mille-pertuis, appliquee, fait fondre le sang caillé dans le corps, par cheutes, meurtrisseures et contusions." "(8ème Lieu, Chap.V, p 956)

– pour guérir les plaies : "Ceste composition-ci est aussi fort bonne. Prenés rozes incarnates, pommes d'ormeau, rosmarin, fleurs de mille-pertuis, autant de l'un que de l'autre, le tout mis dans une fiole de verre remplie d'huile d'olive tres-bien bouchee, sera exposee au Soleil pour y bouïllir durant quinze jours, puis passerés la liqueur par un linge, laquelle reserverés pour le besoin." (8ème Lieu, Chap.V, p 958)

– pour traiter et adoucir la douleur causée par les plaies laissées par les vessies (ampoules causées par les brûlures "Prenés fueilles de mille-pertuis, un oignon blanc, pilés-les bien ensemble, mettés y huiles rozat, et de lis ; et le tout bien meslé et incorporé sera appliqué sur le mal : y ajoustant des estoupes deliees, trempees en vinaigre et un peu plus d'eau, battus ensemble." (8ème Lieu, Chap. V, p 961)

Le coin du jardinier d'aujourd'hui

Etymologie du nom de la plante

"*Hypericum*" vient du grec "*hypo*", "sous" et "*hereike*", "bruyère", en référence à la croyance que la plante se plaîrait particulièrement sous les bruyères ; ou selon une autre explication, vient du grec "*hyper*", sur, et "*eikon*", image, statue, en référence à la croyance que la plante pousserait particulièrement sur les vieilles statues. "*Perforatum*" vient du latin "*perforatus*" allusion aux nombreux petits trous dont les feuilles semblent percées quand on les observe par transparence. On l'appelle aussi Herbe de la Saint Jean, Herbe aux mille trous, Chasse Diable, Herbe percée, Herbe aux piqûres.

Description sommaire de la plante.

Plante herbacée vivace, à souche ligneuse, poussant sur les coteaux secs, prairies et pâturages, les bords des chemins, les lisières des bois. Sa tige est dressée, raide, rameuse, porte des feuilles opposées, sans stipules, sessiles, ovales, oblongues, présentant sur les bords des ponctuations noires correspondant à des glandes à hypericine, et sur toute la surface, de nombreuses petites glandes translucides secrétrices d'huile, visibles par transparence. Les fleurs qui s'épanouissent de mai à septembre sont jaunes, hermaphrodites, régulières, réunies en corymbes. Elles comprennent 5 sépales verts, lancéolés, aigus, persistants, 5 pétales jaunes, 3 fois plus grands que les sépales, dont les bords, comme ceux des sépales sont pnctués de points glanduleux noirs. Les fruits, rouges, puis noirs, sont des capsules ovales plus longues que le calice.

Culture de la plante.

Plantation au printemps ou à l'automne. Emplacement ensoleillé ou à mi-ombre. Sol riche et bien drainé. Espacement de 50 cm entre les plants. Multiplication par semis ou par les bourgeons qui poussent sur les tiges ou sur les racines. Parties utilisées : les sommités fleuries.

Propriétés thérapeutiques selon les auteurs contemporains d'Olivier de Serres

Cette plante fait également l'objet de commentaires plus ou moins détaillés chez plusieurs auteurs d'ouvrage de Botanique du XVIème siècle qu'Olivier de Serres aurait pu consulter, notamment ceux-ci :les *Commentarii in sex libros Pedacii Dioscoridis* (1572, Livre III, Chap. CLIII, p. 515, s v Millepertuis, de Pierandrea Matthioli (1501-1577), l'*Histoire des plantes* (1550, édit fr.Chap. XXV, p. 67, sv Millepertuis large ou trucheran de Leonart Fuchs (1501-1566), l'*Historia generalis plantarum* (1586, trad.1615 Tome Second, Livre IX, Chap. XXXII, p. 53, s v Millepertuis, de Jacques Dalechamps (1513 -1588), le *Stirpium Herbariae Pemptades sex* (1557, Première Partie, Chap. XXXV, p. 49) s v Millepertuis, de Rembert Dodoens (1517-1585)

Cf aussi Liebault (*La Maison rustique* (édition de 1583, Livre II, Chap. 42, p.115). (cf. supra. Chap.4, plante n° 42).

– 82. **Pied de veau** (Arum spp L., Arum maculatum L. Arum italicum Miller, Arum dracunculus L. (= Dracunculus vulgaris Schot.) :

> "autrement Iarrum en Latin, se loge communément en bonne terre, plus humide que seche. Ceste herbe paroist des premieres après l'Hyver, estans lors ses larges feuilles, viande secourable aux pourcaux : fleurit en Iuin, produit ses graines emmoncelees et envelopees d'une pellicule, comme millet de Turquie, à leur maturité estans jaunes, comme saffran. Se seme au mois de Mars. Ceste herbe est bonne contre les gouttes podagres : à chasser les phlegmes : esmeut l'urine et les fleurs des femmes. Le suc guerit toutes sortes d'ulceres, mesme les brebis blessees et escorchees du loup, ou par autre evenement. Les feuilles, cuites en vin et huile, servent à la guerison des bruslures : profitent és membres disloqués : aux hemorroïdes aussi. Sa décoction, à la respiration, guérissant la vieille toux. Ses racines empèsent le linge. A tel usage estans emploiees par les villageoises de plusieurs endroits de Normandie, avec non guiere moins de blanche delicatesse, que les Damoiselles font leur subtil empois. Après avoir raclé les racines, les escachent et bouïllent par la decoction passee à travers d'un linge, en cuisant sur le feu, est espessie à suffisance. En Esté, elles font provision pour l'Hyver de telles racines, les raclans comme naveaux, tronçonnans, et enfilans ainsi que patinostres, afin de les faire secher, et par ce moyen les garder longuement sans corruption." " (6ème Lieu, Chap. XVI, p. 625)

Notes de l'édition de 1805, (Tome 2, p. 482) : "(arum maculatum). L'usage de cette plante tombe en désuétude ; cependant sa saveur âcre et fortement stimulante indique des vertus qui, bien constatées et bien dirigées, pourroient devenir précieuses. Sa racine contient une assez grande quantité de fécule et pourroit être employée comme aliment, après que la torréfaction ou l'ébullition l'auroit dépouilliée de son âcreté."

Olivier de Serres recommande l'emploi de cette plante à la mère de famille "pour faire tirer les hemorroïdes, est bon instiller jus de jarrum, autrement pied de veau, meslé avec huile." (8 ème Lieu, Chapitre V, p. 930)

Le coin du jardinier d'aujourd'hui

Etymologie du nom de la plante.

Du grec "*aron*" et du latin "*macula*", "tache". On l'appelle aussi Gouet, Cornet, Chandelle.

Description sommaire de la plante.

Plante herbacée vivace de 20 à 50 cm de haut, au rhizome tubéreux, présentant une grosse tige mouchetée de pourpre portant plusieurs feuilles sagitées, pédatiséquées, qui se développent au printemps, au long pétiole, engainant à la base. Le limbe est maculé de noir, à nombreuses nervures ramifiées. Ces feuilles entourent la hampe florale terminée par une spathe vert clair en cornet protégeant le spadice pourpre portant des fleurs unisexuées, pistllées à la base, et staminées au sommet. Les fruits sont des baies rouge-orangé à maturité, toxiques. La plante dégage une odeur répugnante.

Culture de la plante.

Planter dans un endroit frais, ensoleillé ou à mi-ombre. Sol frais, riche en humus et humide. P H neutre. On multiplie l"arum par séparation des tubercules à la fin de l'été et à l'automne. Espacement 30 cm entre les plants.Parties utilisées: les rhizomes.

Propriétés thérapeutiques selon les auteurs contemporains d'Olivier de Serres

Cette plante fait également l'objet de commentaires plus ou moins détaillés chez plusieurs auteurs d'ouvrage de Botanique du XVIème siècle qu'Olivier de Serres aurait pu consulter, notamment ceux-ci : les *Commentarii in sex libros Pedacii Dioscoridis* (1572, Livre II, Chap. CLXII, p. 350, s v Pie de veau, de Pierandrea Matthioli (1501-1577), l'*Histoire des plantes* (1550, édit fr.Chap. XXII, p. 50, s v Pied de veau. Leonart Fuchs (1501-1566), l'*Historia generalis plantarum* (1586, trad.1615 Tome Second, Livre XV, Chap. XXIV, p. 464, s v Pied de veau de Jacques Dalechamps (1513 -1588), le *Stirpium Herbariae Pemptades sex* (1557, Première Partie,

Chap. VIII, p. 218) s v Arisaron Pied de veau, de Rembert Dodoens (1517-1585),

Cf. Crescens : Chapitre 65, Iarrus ou barbaron ou pied de veau.

– 83. **Ive atritique** (Ajuga iva Schreb.) :

"nous planterons ceste herbe en l'Automne, en terre sablonneuse, pierreuse et seche. Elle guérit la goutte sciatique : fait uriner : provoque les mois des femmes : aide à l'enfantement. "" (6ème Lieu, Chap. XV, p. 625)

Notes de l'édition de 1805, Tome 2, p. 482 : "Il faut lire probablement ive-artritique ; nom qui a été donné autrefois au teucrium chamœpitys, à cause de son utilité dans les douleurs arthritiques."

Le coin du jardinier d'aujourd'hui

Etymologie du nom de la plante.

"*Ajuga*", vient du latin "*jugum*", joug", précédé de "a", "sans", référence à la corolle qui est dépourvue de lèvre supérieure autre explication: vient du latin "*abigere*" chasser, allusion à sa propriété de faciliter les accouchements.On l'appelle aussi Ivette musquée, Germandrée musquée ou Bugle fausse ivette

Description sommaire de la plante

Plante herbacée vivace de 5 à 20 cm de haut qui se plaît sur les sols sec et caillouteux, au bord des chemins, sur les friches et lieux herbeux secs. Toute la plante est velue, y compris la base de la fleur et des étamines. Les tiges sont rameuses, très feuillées et florifères dès la base. Les feuilles sont sessiles, de forme linéaire à légèrement lancéolée. Les fleurs sont purpurines, généralement par 2 à 4 en verticile à l'aisselle des feuilles, et plus courtes qu'elles ; la lèvre supérieure de la corolle est réduite ou absente et la lèvre inférieure est divisée en trois lobes velus. Les fruits sont des akènes.

Culture : peu cultivée. Parties utilisées : sommités fleuries.

Propriétés thérapeutiques selon les auteurs contemporains d'Olivier de Serres

Cette plante fait également l'objet de commentaires plus ou moins détaillés chez plusieurs auteurs d'ouvrage de Botanique du XVIème siècle qu'Olivier de Serres aurait pu consulter, notamment ceux-ci :les *Commentarii in sex libros Pedacii Dioscoridis* (1572, Livre III, Chap. CLVII, p. 517, s v Ive Arthetique, de de Pierandrea Matthioli (1501-1577), l'*Histoire des plantes* (1550, édit fr.Chap. CCCXL, p. 598, sv Ive musquée de Leonart Fuchs (1501-1566), l'*Historia generalis plantarum* (1586, trad.1615 Tome SecondPremier, Livre X, Chap. XXXIX, p. 59, sv Ive muscate de Jacques Dalechamps (1513 -1588), le *Stirpium Herbariae*

Pemptades sex (1557, Première Partie, Chap. XVIII, p. 22) s v Yve musquée, de Rembert Dodoens (1517-1585).

Cf aussi Liebault. (*La Maison rustique* (édition de 1583, Livre 2, chapitre 42, p.115 b). (cf. supra. Chapitre 4, plante n° 43).

– 84. **Bugle** (Symphutum spp L., Symphutum tuberosum L.) :

> "ceste herbe est des Latins appelée Consolida petra à cause qu'elle croist facilement en lieu pierreux et sec. Desire d'estre plantee par racine, non semee, et de n'estre beaucoup cultivee. Tout ce qui est en ceste plante est propre pour consolider les plaies, tant interieures qu'exterieures, de telle vertu ayant prins son nom latin." (6ème Lieu, Chap. XV, p. 626)

Notes de l'édition de 1805, Tome 2, p. 482 : "On confond sous ce nom les ajuga pyramidalis, Genevensis et reptans, que les botanistes ne distinguent qu'avec peine ; d'ailleurs ces plantes sont maintenant inusitées."

Mêmes propriétés chez Lieutault. (cf. La Maison rustique (édition de 1583, Livre 2, chapitre 42, p.113 b). (cf supra. Chapitre 4, plante n° 25).

Le coin du jardinier d'aujourd'hui

Etymologie du nom de la plante.

"*Symphuum*" vient du grec "*sumphutô*", "je réunis" traduit en latin par "*consolida*" et en français par consoude. En référence aux propriétés attribuées à cette plante de guérir les plaies et de consolider les fractures. On l'appelle aussi Grande consoude, Herbe à la coupure, Herbe aux charpentiers, Oreille d'âne, Langue de vache.

Description sommaire de la plante.

Plante herbacée vivace, haute de 15 à 150 cm qui pousse à l'état sauvage dans les prairies humides, les rives des cours d'eau ou les lisières de bois. Sa souche noirâtre, épaisse, traçante, à racines adventives nombreuses, donne naissance à des tiges robustes, dressé, carrées, serrées, poilues, très ramifiées dans la partie supérieure. Elles portent des feuilles pubescentes, très longues coriaces, ovales, lancéolées, ondulées sur les bords, atténuées en pétiole à la base. Les fleurs qui s'épanouissent de Mai à Juillet, blanches, rosées ou violacées, tubulaires et pendantes, de 1 à 3 cm de long, sont disposées en cymes scorpioïdes plus ou moins feuillés. Le calice a 5 sépales et la corolle 5 lobes. Le fruit est un tétrakène.

Culture de la plante.

Planter au printemps ou à l'automne dans un endroit ensoleillé ou à mi-ombre, dans un sol frais, argileux, humifère, tous les 50 cm, ou semer de mars à juin sous abri et repiquer en place quand les plantules ont plusieurs feuilles ou semer directement en place en mai. Partie utilisée : les feuilles récoltées de mai à octobre, la racine, au printemps.

Propriétés thérapeutiques selon les auteurs contemporains d'Olivier de Serres

Cette plante fait également l'objet de commentaires plus ou moins détaillés chez plusieurs auteurs d'ouvrage de Bøtanique du XVIème siècle qu'Olivier de Serres aurait pu consulter, notamment ceux-ci : les *Commentarii in sex libros Pedacii Dioscoridis* (1572, Livre IIII, Chap. CXXXIIII, p. 627, s v Cynoglosse, de Pierandrea Matthioli (1501-1577), l'*Histoire des plantes* (1550, édit fr.Chap. CXLVII, p. 275, s v Consoulde ou Consire, de Leonart Fuchs (1501-1566), l'*Historia generalis plantarum* (1586, trad.1615 Tome Premier, Livre IX, Chap. LVI, p. 939, s v Consyre de Jacques Dalechamps (1513 -1588), le *Stirpium Herbariae Pemptades sex* (1557, Première Partie, Chap. CI, p. 110) s v, Consyre, de Rembert Dodoens (1517-1585).

– 85. **Carline** (Carlina spp L.) ;

> "Ce nom vient du Roi Charles-magne, parce que de ceste herbe, son exercice fut gueri de la peste qui le travailloit fort. Le terroir sec et pierreux, exposé en plein Soleil, est son vrai païs. Là nous la semerons au Printemps, à faute de plant enraciné. La poudre de ceste herbe desseche les plaies : chasse la peste. Est bonne contre la rétention d'urine : contre les convulsions. Fortifie le cœur en cataplasme. Son herbe trempee en vinaigre, profite à la goutte sciatique, appliquee sur la partie dolente." (6ème Lieu, Chap. XV, p. 626)

Notes de l'édition de 1805, (Tome 2, p. 48) : "(carlina vulgaris). Cette plante est hors d'usage, comme cela arrive à plusieurs de celles auxquelles les Anciens avoient attribué les vertus les plus extraordinaires. "

Mêmes propriétés chez Liebault, sans allusion à Charlemegne. (cf. *La Maison rustique* (édition de 1583, Livre 2, chapitre 42, p.114). (cf supra. Chapitre 4, plante n° 31).

Le coin du jardinier d'aujourd'hui

Etymologie du nom de la plante.

Cf l'explication donnée par Olivier de Serres. On a aussi proposé *Carlina* viendrait de "*cardina*", de "*cardo*", "chardon". "*Acaulis*" vient du grec "*akaulos*", "dépourvu de tige". On l'appelle aussi Artichaut sauvage, Chardon argenté, Chardon doré, Chardonnerette, Charcousse, Baromètre du Berger, Loques

Description sommaire de la plante.

Plante bisannuelle ou vivace à grosse racine pivotante, longue, cylindrique, fusiforme, rousse au dehors, blanche au-dedans. On la trouve dans les lieux incultes, les bois clairs, les pentes rocailleuses Elle est à peu près dépourvue de tige ; les feuilles parfois longues de 30 cm vert argenté, légèrement blanc velouté au revers, sont sans stipules, toutes pétiolées, profondément divisées, alternes et étroites, aux bords très découpés et pourvus d'épines acérées.

Du printemps, et jusqu'à la fin de l'été, les fleurs s'épanouissent, disposées en gros capitules larges de 6 à 12 cm. Involucre hémisphérique, les bractées extérieures sont très inégales, divisées et épineuses, assez semblables aux feuilles, les bractées intérieures membraneuses, d'un blanc argenté, étalées en rayonnant. Ces capitules ont la particularité de se refermer pour se protéger lorsque le temps est humide ou pluvieux. Paillettes du réceptacle entre les fleursdécoupées en franges obtuses. Calice constitué par des poils ; corolle formée de 5 pétales soudés en tube. Le fruit est un akène.

Culture de la plante.

Plantation des plants en place en fin d'hiver à un emplacement chaud, sec et ensoleillé. La carline exige un sol parfaitement drainé. Espacemnt entre les plants de 25 cm environ en tous sens, soit 5 à 6 pieds au m^2. La floraison débute la seconde année après la plantation. On peut aussi procéder par semis en place : semer chaque graine à 1 cm de profondeur tous les 25 cm dans un sol préalablement ameubli, léger et bien drainant. Partie utilisée : la racine récoltée en automne.

Propriétés thérapeutiques selon les auteurs contemporains d'Olivier de Serres

Cette plante fait également l'objet de commentaires plus ou moins détaillés chez plusieurs auteurs d'ouvrage de Botanique du XVIème siècle qu'Olivier de Serres aurait pu consulter, notamment ceux-ci :les *Commentarii in sex libros Pedacii Dioscoridis* (1572, Livre III, Chap. XIX, p. 392, s v Blanche epine, de Pierandrea Matthioli (1501-1577), l'*Histoire des plantes* (1550, édit fr.Chap. XVI, p. 39, sv Chardon Notre Dame, argentin, de Leonart Fuchs (1501-1566), l'*Historia generalis plantarum* (1586, -1588), trad.1615 Tome Second, Livre XIV, Chap. VII, p. 915, sv Carline, de Jacques Dalechamps (1513 -1588), le *Stirpium Herbariae Pemptades sex* (1557, Livre 4, Chap. LXIX p. 365, s v Carline, de Rembert Dodoens (1517-1585).

– 86. **Fraxinelle** (Dictamnus albus L.) :

> "ceste plante veut estre logee en terroir gras, à l'abri de la Bize, par plant enraciné, au Printemps : la semence s'emploiera au defaut du plant, là elle sera diligemment cultivee, et arrousee au besoin. Elle est aussi appelée, Dictam bastard. Sa vertu est, de faire uriner : de rompre la pierre : de provoquer les menstruës des femmes : de faire sortir l'enfant mort et l'arrière-faix : de tuer les vers des petits enfans." (6ème Lieu, Chap. XV, p. 626)

Notes de l'édition de 1805, (Tome 2, p. 482) : "(dictamus fraxinella). Cette herbe est plutôt cultivée maintenant comme plante d'ornement, que comme plante médicale ; elle mériteroit peut-être de fixer davantage l'attention des gesns de l'art."

Le coin du jardinier d'aujourd'hui

Etymologie du nom de la plante.

"Fraxinelle" vient du latin "*fraxinus*", le frêne, en référence au frêne, à cause de l'analogie de ses feuilles avec celui-ci. On l'appelle aussi Buisson ardent, Petit frêne, Dictamne blanc.

Description sommaire de la plante.

Plante herbacée vivace, haute de 50 à 120 cm, poussant de préférence sur les coteaux, les bois et les montagnes calcaires. Son rhizome est blanc, presque ligneux. Ses tiges dressées, fermes, souvent non ramifiées, couvertes dans la partie supérieure de poils glanduleux noirs, renfermant une essence végétale qui peut s'enflammer spontanément par forte chaleur. Elles portent des feuilles caduques, alternes, composées, impéripennées, lobées, pubescentes, sans stipules, à folioles ovales, dentelées, coriaces pubescentes, vert foncé, ponctuées de poches à essence. Les fleurs hermaphrodites qui s'épanouissent de mai à juillet, sont en longues grappes dressées blanches ou roses, veinées de rouge ou de violet, irrégulières, pouvant atteindre 35 mm de long. Le calice est inégalement et profondément divisé en 5 pièces ; la corolle comprend 5 pétales. Le fruit est une capsule composée de coques distinctes et pointues projetant brusquement à maturité et très loin de gosses graines d'un noir brillant lorsqu'elles sont mûres.

Culture de la plante.

Multiplication par éclats de pieds ou par semis et repiquage en pépinière. Planter à l'automne ou au printemps à un emplacement ensoleillé ou mi-ombragé. Sol léger et bien drainé. Partie utilisée : la racine.

Propriétés thérapeutiques selon les auteurs contemporains d'Olivier de Serres

Cette plante fait également l'objet de commentaires plus ou moins détaillés chez plusieurs auteurs d'ouvrage de Botanique du XVIème siècle qu'Olivier de Serres aurait pu consulter, notamment ceux-ci : *les Commentarii in sex libros Pedacii Dioscoridis* (1572, Livre I, Chap. XCII, p. 102, s v Fresne, Dictame blanc, de Pierandrea Matthioli (1501-1577), l'*Historia generalis plantarum* (1586, trad.1615 Tome Premier, Livre VII, Chap. XLIV, p. 758, sv Frassinelle de Jacques Dalechamps (1513 -1588),

cf aussi Liebault (*La Maison rustique* (édition de 1583, Livre 2, chapitre 42, p.117 b). (cf. supra. Chapitre 4, plante n° 56).

– 87. **Germendrée** (Teucrium scordium L et Teucrium chamaedrys L) :

> "de deux sortes, l'une ditte, d'eau et Scordion (cf sup n° 62), l'autre Chamadris ou Petit chesne (Teucrium chamaedrys L.) à cause de la semblance de ses feuilles à celles de chesne. Vient en païs sec et pierreux, en aer plus chaud que froid, exposé au Soleil, plustost de plants enraciné que de semence. Ce sera au Printemps ou en l'Automne, comme mieux s'accordera. La germendree est bonne contre la peste : contre la fièvre tierce : la jaunisse : la morsure des serpens : la vieille toux : la dissenterie : difficulté d'uriner : l'epilepsie : douleurs de teste, autres maladies du cerveau. Guerit les convulsions : le mal de costé : la podagre : les grandes plaies : eschaufe les entrailles : provoque les urines et les fleurs des femmes." (6ème Lieu, Chap. XV, p. 625-626)

Notes de l'édition de 1805, Tome 2, p. 482 : "Cet article est relatif à deux plantes : teucrium scordium, qui nait dans les lieux aquatiques, et dont j'ai parlé plus haut ; et teucrium chamaedrys, qui naît dans les terrains secs, et qui est peu employé."

Il semble s'agir seulement ici de la germandrée petit chêne. Liste des propriétés plus succincte chez Liebault. (cf. *La Maison rustique* (édition de 1583, Livre 2, chapitre 42, p.120). (cf supra. Chapitre 4, plante n° 71).

Olivier de Serres ne cite pas cette plante dans son recueil de remèdes.

Le coin du jardinier d'aujourd'hui

Etymologie du nom de la plante

"*Teucrium*" vient de "Teucer", un prince troyen qui aurait découvert les propriétés de la plante. "*Camaedrys*" vient de grec "*kamai*", "à terre, petit" et de "*drus*", "chêne" à cause de la forme de ses fuilles qui ressembent à celles de ce dernier.

Description sommaire de la plante.

La germandrée petit chêne est une plante herbacée vivace des terrains rocailleux, arides et calcaires. De son rhizome rampant, partent des tiges nombreuses, plus ou moins dressées, quadrangulaires, très ramifiées, pubescentes, ligneuses à la base, jusqu'à 30 cm, dépouvues de feuilles au pied. Celles-ci sont longues de 1 à 3 cm, opposées, ovales, brièvement pétiolées, fermes, vert sombre, luisant dessus, fortement crénelées. Les fleurs s'épanouissent de mai à septembre. Elles sont pourpres, groupées en glomérules par 3 ou 6, feuillés unilatéraux. Le calice est velu et les sépales dentés ; la corolle est purpurine, est composée de 5 lobes, la lèvre supérieure est bipartite, la lèvre inférieure est divisée en 3. Le fruit est un akène.

Culture de la plante.

Prospère dans les endroits ensoleillés et secs, au sol léger ; multiplication par semis en pépinière, par éclats des souches, par boutures au printemps avant la floraison et repiquage l'année suivante. Espacement de 40 cm entre les plants. Parties utilisées: sommités fleuries et feuilles.

Propriétés thérapeutiques selon les auteurs contemporains d'Olivier de Serres

Cette plante fait également l'objet de commentaires plus ou moins détaillés chez plusieurs auteurs d'ouvrage de Botanique du XVIème siècle qu'Olivier de Serres aurait pu consulter, notamment ceux-ci : les *Commentarii in sex libros Pedacii Dioscoridis* (1572, Livre III, Chap. XCVI, p. 464, s v Germanree, de Pierandrea Matthioli (1501-1577), l'*Histoire des plantes* (1550, édit fr.Chap. CCXCVIII, p. 529, s v Germandrée, d'eau et CCCXXXIIII Germadrée p.589) de Leonart Fuchs (1501-1566), l'*Historia generalis plantarum* (1586, trad.1615 Tome Second, Livre X, Chap. XL, p. 61, sv Germandree de Jacques Dalechamps (1513 - 1588), le *Stirpium Herbariae Pemptades sex* (1557, Première Partie, Chap. XVI, p. 20L) en français, avec gravures sv Germandrée, de Rembert Dodoens (1517-1585),

Cf aussi Liebault. (cf. *La Maison rustique* (édition de 1583, Livre 2, chapitre 42, p.120). (cf. supra. Chapitre 4, plante n° 71).

– 88. **Nicotiane** (Nicotiana tabacum L.) :

"ceste herbe a tiré son nom de maistre Ian Nicot, nastif de Nismes en Languedoc, jadis ambassadeur en Portugal pour le Roi Henri second ; aiant fait venir ceste rare plante des Indes en Portugal, l'envoia après en France, où elle s'est naturalisee, et pour ses excellentes vertus, est soigneusement conservee par les Jardins, y tenant reng honorable. On tient que c'est le Petum des Américains. Estant originaire de païs chaud, est necessaire de la loger à l'aspect du Soleil du Midi, aiant en dos une muraille pour abri, et la couvrir en Hyver de quelque legere couverture, afin de lui parer le froid. L'on la seme en terre bien déliee et engraissee, et ce après l'Hyver, au mois de Mars ou d'Avril, puis les jettons en provenans, doucement arrachés, sont transplantés en lieu convenable : où moiennant bonne culture, et convenable arrousement, avec requise couverture, la plante se renforce, et dure plusieurs annees, chacune faisant de la graine pour en semer de nouveau. Les vertus de ceste plante sont si grandes, et en si grand nombre, qu'à bon droict l'a-on appellée l'herbe de tous maux. Est souveraine pour guerir toutes sortes de plaies, en quelle partie du corps qu'elles soient, vieilles et nouvelles : bruslures : cheutes : rompures : Mal de teste : de dents : de la matrice : Douleurs de bras et de jambes : Gouttes : enflures : roignes : teignes : dartres : nolimetangere : mules és talons : difficultés d'uriner : d'haleiner : vieille toux : colique. Son eau distillee a les mesmes vertus, sa poudre aussi : mais sur tout son huile, comme aiant tiré la quintessence de la vertu de la plante. Des excellens unguens en sont composés, pour servir à plusieurs remedes. Les punaises sont tuees et bannies des chalits pour long temps, par le seul froter avec ceste herbe, mesme de la grande : car il s'en remarque de deux sortes, l'une ayant plus grande feuille que l'autre." (6ème Lieu, Chap. XV, p. 626)

Ajout dans l'édition de 1805, Tome 2 p. 305

"La fumée de petum masle, dict aussi, tabac, prinse par la bouche, avec un cornet à ce aproprié, est bonne pour le cerveau, la veue, l'ouïe, les dents : pour l'estomach : le déchargeant de phlegmes, s'en servant le matin à jeun."

Il a noté aussi parmi les remèdes de la mère de famille (8ème Lieu Chapitre 5 "que le nés estant fermé par humeur empeschant la respiration, s'ouvrirapar la seule fumée de l'herbe de petum masle, dicte nicotine, et tabac par les Espai, prise par la bouche, avec un petit cornet, à ce approprié, et la faisant sortir par le nés. "

Notes de l'édition de 1805, (Tome 2, p. 482) : "Sous le nom de nicotiane mâle, Olivier de Serres paroit désigner la nicotiana tabacum ; et sous celui de nicotiane femelle la nocotiana rustica ; l'une et l'autre peuvent servir à la fabrication du tabac, mais la première est préférée ; dans le temps de l'introduction du tabac en Europe, elle a été employée contre presque toutes les maladies ; depuis lors son emploi médical a diminué. L'usage habituel qu'en font plusieurs Nations entières a contribué encore à diminuer son emploi, parce que les individus accoutumés à son action cessent d'en être affectés d'une manière énergique : elle réunit des propriétés âcres et stimulantes, avec une vertu évidemment narcotique ; aussi son effet est-il très-variable selon le mode de l'application. "

Parmi les remèdes qu'il propose à la mère de famille d'employer pour traiter les maux de tête de cause froide, (8ème Lieu, Chapitre 5, p 895) Olivier de Serres recommande "d'appliquer de la nicotiane au front et aux joües." (cf. verveine)

– pour la dissenterie : "des cataplasmes refrigeratifs seront mis sur le foie du patient, lesquels l'on fera ainsi : prenés de l'onguent de petum ou nicotiane, et le faites frire dans la poësle avec du beurre frais." (8ème Lieu, Chapitre V, p 928)

– "pour les plaies et ulceres venans de blessures ou d'autres causes, la nicotiane est emploiee avec beaucoup de raison. les excellentes vertus qu'elle a à consolider toutes dortes de plaies, par infinies experiences, laiant mise en grande reputation." (8ème Lieu, Chapitre V, p 956-957)

Olivier de Serres propose plusieurs recettes pour préparer de l'eau distillée, des onguents, du baume de nicotiane

– pour guérir les plaies : "Autrement et sommairement. Prenés une livre de feuilles de nicotiane, après les avoir bien nettoiees sans laver, seront fort pilees: jetterés le tout, jus et marc, sur demie livre de sein doux, bouïllant dans le poëslon, sur feu de charbon, pour y cuire en perfection. Aussi avec peu de peine se fait le Baume de la nicotiane, car il n'est requis que d'en exprimer le jus par un tamis après en avoir pilé l'herbe au mortier, et la mettre dans un vaisseau de verre fort espés, avec autant d'huile d'olive, et d'enfouir profondement le vase icelui estant bien bouché et lutté dans du fulmier recent de cheval, pour y demeurer quarante jours ; au bout duquel temps, retirés de là, y treuverés le baume nageant au dessus du phlegme, qui sera au fons du vaze, lequel Baume sortirés doucement du vaze, sans esmouvoir la lie du fons, pour le loger en autre destiné à la garde d'icelui." (8ème Lieu, Chapitre V, p 957-958)

> "Ces compositions la sont tres-bonnes pour la guerison de toutes plaies, ulceres, escorchures, meurtrissurestumeurs, bruslures, voire et pour diverses autres maladies, comme à la douleur de teste, micraine, et autre venant de l'ardeur du Soleil, si on frotte la teste avec du Baume susdit...Pour lesquels tres-salutaires services, la mere-de-famille ne sera jamais sans avoir provision de tels precieux remedes, pour les treuver prests chés elle à la survenue des necessités." (8ème Lieu, Chapitre V, p 952)

Il ajoute plus loin que "contre les dartres, est singulier remède l'onguent de nicotiane ci-dessus descrit." (8ème Lieu, Chap. V, p 962)

Liebault lui consacre une notice spéciale ; cette plante ar ne figure pas au Jardin médicinal (cf. *La Maison rustique* (édition de 1583, Livre 2, chapitres 44 et 45, p.123 à 1297).

Le coin du jardinier d'aujourd'hui

Etymologie du nom de la plante.

Cf. l'explication donnée par Olivier de Serres.

Petum est un mot repris de "pétume" des Guaranis du Brésil.

Description sommaire de la plante.

Plante annuelle, robuste, de 50 cm à 1,5 mètre de haut. Elle a une longue racine pivotante, fibreuse, une tige dressée, de section circulaire, pubescente et visqueuse au toucher, ramifiée dans sa partie supérieure. Celle-ci porte de grandes feuilles (de 30 à 60 cm de long sur 10 à 20 cm de large), fragiles, alternes, sessiles, ovales à lancéolée, visqueuses, à pointe aigüe et de couleur vert pâle. Les fleurs, hermaphrodites, groupées en panicules lâches, s'épanouissent de juillet à septembre ; elles peuvent être vert-jaunâtre, blanches ou rosées selon la variété. Le calice, en forme de cloche, est à 5 divisions ; la corolle, pubescente, est à cinq lobes ovales, atteignant 5 cm de long. Le fruit mûr, entouré du calice persistant est une capsule ovoïde, biloculaire, papyracée, s'ouvrant en long par 2 valves, contient de nombreuses petites graines réniformes et réticulées.

Culture de la plante.

Semer les graines en pépinière en hiver, repiquer en place le sujets hauts de 10 cm au printemps, à un endroit exposé au midi, au sol non humide, frais, léger, riche en potassium. Récolte des feuilles au début de l'automne. Parties utilisées : feuilles et graines.

Propriétés thérapeutiques selon les auteurs contemporains d'Olivier de Serres

Cette plante fait également l'objet d'une notice dans l'*Historia generalis plantarum* (1586, trad.1615 Tome Second, Livre XVIII, Chap. CXLVIII, p. 752, s v Petum ou Herbe à la Royne de Rembert Dodoens (1517-1585),

– 89. **Quoquelicoq** (Papaver rhoeas L.) (Papavéracées) :

"est espece de Pavot. Il croist en terre grasse et bien labouree, estant en fleur un peu devant la maturité des bleds, parmi lesquels se mesle-il. Là nous en prendrons le plant pour le loger au Jardin, en l'Automne. Sa decoction est propre pour faire dormir : appaise les phrenetiques : ramolit le ventre : des-enfle les apostumes des parties honteuses : fait cracher. L'eau distillee de ceste herbe, donnee à boire avec quelque syrop, est singulier remede contre la phrenesie." (6ème Lieu, Chap.XV, p. 627)

Note de l'édition de 1805 : "Coquelicoq (papaver rhœas). L'usage du coquelicot a beaucoup diminué depuis que celui de l'opium s'est répandu : le suc de cette plante possède à un moindre degré les propriétés du papaver somniferum." (Tome 2, p. 483)

Olivier de Serres ne la cite pas dans son recueil de remèdes.

Le coin du jardinier d'aujourd'hui

Etymologie du nom de la plante.

"*Papaver*" pourrait venir d'une racine indo-européenne papa signifiant "*bouillie*", en référence à une habitude de mêler le suc ou les graines cuites à la bouillie destinée aux enfants pour les faire dormir. "*rhoeas*" vient du grec "*rhoiás*" de "*reô*" je coule, allusion à la chute précoce des pétales, ou à leur teinte pourpre rappelant celle de la fleur de grenadier ("rea") ou au latex coulant lorsque la tige est blessée.

Coquelicot vient de Coquelicoq qui est une variante de l'ancien français coquerico, désignant le coq ou imitant.le chant du coq par onomatopée. C'est aussi une métaphore entre la couleur de la fleur et celle de la crête du coq. On l'appelle aussi Coquelourde, Pavot-coq, Pavot des champs, Pavot sauvage, Poinceau, Ponceau. Mahon, Pavot des moissons.

Description sommaire de la plante.

Plante herbacée annuelle qui croît spontanément dans dans les champs et surtout dans les moissons. Sa racine est pivotante accompagnée de racines fines et superficielles. Sa tige dressée, généralement non ramifiée, hérissée de poils, mesure de 20 à 60 cm de haut, pouvant atteindre 60 cm de haut, contient un latex blanc, comme les autres pavots. Elle porte des feuilles généralement alternes, non embrassantes, très velues, présentant un limbe lancéolé, aux formes variables (lobé, denté, découpé en lobes étroits) chez la plante adulte. De mai à juillet, voire jusqu'à l'automne, s'épanouissent les fleurs, solitaires, grandes, simples, de 7 à 10 cm de diamètre et sont portées par de longs pédoncules velus. Elles comptent deux sépales couverts de poils soudés en une cupule, qui tombent dès l'éclosion de la fleur, et quatre grands pétales papyracés, le plus généralement rouge vif, mais parfois roses ou blancs, souvent tachés de noir à la base, à préfloraison chiffonnée et rapidement caducs. Les fruits sont des capsules sphériques, presque obovales, de 1 à 2 cm de long, contenant une grande quantité de graines minuscules, réniformes, de couleur brun sombre, ridées en réseau à leur surface.

Culture de la plante.

Peu cultivée, car la plante sauvage suffit largement aux besoins. Semer à la volée en place. Récolte durant toute la durée de la floraison.

Propriétés thérapeutiques selon les auteurs contemporains d'Olivier de Serres

Cette plante fait également l'objet de commentaires plus ou moins détaillés chez plusieurs auteurs d'ouvrage de Botanique du XVIème siècle qu'Olivier de Serres aurait pu consulter, notamment ceux-ci : les *Commentarii in sex libros Pedacii Dioscoridis* (1572), Livre IIII, Chap. LIX, s v Coquelicoc, p.570,) de Pierandrea Matthioli (1501-1577), l'*Histoire des plantes* (1550), édit fr.Chap. CXCVI, s v Coquelicoc ou Ponceau, p.357) de Leonart Fuchs (1501-1566), l'*Historia generalis plantarum* (1586, trad.1615 Tome I, Livre IV, Chap. XXXIV, s v Coquelicoc ou Pavot sauvage, p. 369) de Jacques Daléchamps (1513 -1588), le *Stirpium Herbariae Pemptades sex* (1557, Livre 3, Chap. LXXXI, s v Coquelicoc ou Ponceau, p. 294) de Rembert Dodoens (1517-1585),

Cf aussi Liebault. (*La Maison rustique* (édition de 1583, Livre II, Chap. 42, p.117 b). (cf. supra. Chap. 4, plante n° 55).

90. **Passerage** (Lepidium latifolium L.) (Brassicacées) :

> "pour le goust de poivre qu'on recognoist en ceste herbe, est appellee en Latin Piperitis. L'on la plante incontinent après l'Hyver, et moiennant bonne culture, et qu'on ne la tonde trop souvent, dure plusieurs annees au Jardin. Guerit la goutte sciatique, appliquee en cataplasme avec graisse de pourceau. Nettoie les taches et macules du visage. L'herbe frottee entre les doigts, a quelque senteur de moustarde." (6ème Lieu, Chap. XV, p. 627)

Note de l'édition de 1805 : "Passerrage (lepidium latifolium). Elle est maintenant hors d'usage, quoique sa saveur poivrée semble annoncer des propriétés énergiques." (Tome 2, p. 483)

Olivier de Serres ne la cite pas dans son recueil de remèdes.

Le coin du jardinier d'aujourd'hui

Etymologie du nom de la plante.

Cf l'explication donnée par Olivier de Serres. "*Lepidium*" vient du grec "*lepis*", "écaille" et "latifolium" qui signifie "à large feuille" vient du latin "latis", "large" et de "folium", "feuille".

On l'appelle aussi Chasserage, Herbe au poivre, Poivrée, Moutarde des Anglais.

Description sommaire de la plante.

Plante herbacée vivace glabre, glauque, à odeur forte qui posse sur le bord des rivières, dans les prairies humides, les endroits ombragés et frais. Les stolons qui forment des réseaux extensifs de racines épaisses et blanches donnent naissance à de longues tiges robustes, dressées, rameuses, de 30 cm à un mètre voire deux mètres de hauteur. Elles portent des feuilles alternes ; celles de la base de la tige sont ovales, dentées et pétiolées, celles qui sont plus haut sur la tige sont plus étroites, entières et sessiles. Les fleurs, petites et blanches qui s'épanouissent en juin et juillet, disposées en panicule pyramidal, sont portées par des pédoncules fins. Elles sont composées de quatre pétales cruciformes et arrondis. Le fruit est une petite silicule orbiculaire divisée en deux parties contenant chacune une graine rougeâtre.

Culture de la plante.

Se multiplie par semis de graines. Préfère un endroit ensoleillé ou à mi-ombre. Sol frais et humide, Partie utilisée : la plante entière.

Propriétés thérapeutiques selon les auteurs contemporains d'Olivier de Serres

Cette plante fait également l'objet de commentaires plus ou moins détaillés chez plusieurs auteurs d'ouvrage de Botanique du XVIème siècle qu'Olivier de Serres aurait pu consulter, notamment ceux-ci : les *Commentarii in sex libros Pedacii Dioscoridis* (1572), Livre I, Chap. CVLVII, s v Nasinort sauvage, p. 185, et Livre II, Chap CLXX sv Nasitort sauvage p. 358) de Pierandrea Matthioli (1501-1577), l'*Histoire des plantes* (1550), édit fr. Chap. CLXXXV, s v Passerage. p. 337) de Leonart Fuchs (1501-1566), l'*Historia generalis plantarum* (1586), trad.1615 Tome I, Livre V, Chap. XLVIII, s v Iberis ou passerage sauvage, p. 567) de Jacques Daléchamps (1513 -1588), le *Stirpium Herbariae Pemptades sex* (1557), Livre 5 Chap. LXVI, s v Passerage, p. 439) de Rembert Dodoens (1517-1585),

Cf aussi Liebault. (*La Maison rustique* (édition de 1583, Livre 2, chapitre 42, p.110 b). (cf. supra. Chapitre 4, plante n° 8).

– 91. **Buglosse** (Anchusa officinalis L.) (Boraginacées) :

"ou langue de bœuf, demande terre de froment bien cultivee, plus argileuse que sablonneuse, plus humide que seche. Nous la semerons à la fin du mois de Fevrier, ou commencement de Mars. Ceste-ci a ses vertus plus fortes, que la Buglose ou Bourrache des Iardins, quoi que symbolisans presques en toutes propriétés. Sa fleur rejouït, quand on la met dans le vin en le beuvant. Sa racine mise bouïllir dans le moust, laisse au vin telle vertu pour toute l'annee. Ses feeilles tendres, mangees en potage, causent le mesme, et laschent le ventre. Sa decoction aide aux femmes accouchees, pour leur faire sortir l'arriere-faix. Son jus est bon contre les venims : contre la fievre tierce. Son eau distillee, est bonne contre la resverie qui survient aux febricitans. Esteint les inflammations des yeux. Fait abonder en lait les nourrices. Aide à ceux qui sont mordus des serpens, et aussi engarde d'en estre frapé, ayant beu de ladite eau." (6ème Lieu, Chap. XV, p. 627-628)

Note de l'édition de 1805 : "Buglose. Elle est maintenant hors d'usage. La buglose de France et de presque toute l'Europe tempérée et méridionale est l'anchusa italica de Retz, et diffère de l'espèce du nord, à laquelle Linné a donné le nom de anchusa officinalis. Cet exemple pourroit servir à confirmer l'analogie des propriétés entre les espèces du même genre ; car ces deux plantes, et l'anchusa angustifolia, ont été autrefois employées indistinctement." (Tome 2, p. 483)

Olivier de Serres recommande au malade qui souffre de mal de cœur venant de cause chaude "d'user souvent de conserves de buglosse, de bourrache, de violetes, de violes, de rozes et de nenufar, les prenant seules ou ensemble : et ce fait, boira de l'eau d'ozeille", mais si la débilité du cœur vient de cause froide, il lui prescrit de "prendre chaque matin une tablete ou lozenge d'electuaire de diamusch, puis boira un peu de bon vin, ou de l'eau de buglosse. Ensuite, la poitrine lui sera oincte mesme du costé gauche, avec huile nardin. "(8ème Lieu Chap. V, p 913).

Quant aux battements de cœur que les médecins appellent cardiaque passion ou tremeur de cœur, il recommande s'ils ne sont pas accompagnés de fièvre de prendre "de l'eau de buglosse, où aura bouilli du girofle, trois onces, chaque matin." ou de l'epitheme où entreront, entre autres, des eaux de buglosse, mélisse et bourrache. (8ème Lieu, Chap. V, p 914)

Il recommande aussi d'employer cette plante

– pour traiter une dissenterie persistante, il faut d'abord donner au malade un clystère lénitif et la saigner, puis suivre cette prescription : "Prenés une drachme de rubarbe, infusés-la dans une decoction commune, c'est assavoir, de bourrache, cichoree, endivie, buglosse, fleurs de rosmarin et bourrache : l'expression estant faite, y mettre deux scrupules de rubarbe torrifiee et pulverisee, et ainsi prendra ladite medecine. "(8ème Lieu, Chap. V, p 927-928)

– contre la peste : "(8ème Lieu, Chap. V, p 947), cf. Plante n° 72 Chardon-bénit

– Il prodigue aussi ces conseils à la jeune accouchée: "La femme aiant conceu sera soigneuse de la conservation de son fruit, en se nourrissant de bonnes viandes, se gardant de froid, dormant, veillant, et s'exerçant moderément, s'abstenant de cholere, et de toute autre violente passion d'esprit, prevenant par tel bon regime, sans artifice, les difficultés de l'enfantement. A quoi seront ajoustés ces petits moiens pour rendre la chose plus facile", parmi lesquels "des poudres et tablettes composées de perles, des deux coraux, blanc et rouge, de fragmens, de pierres precieuses subtilement pulverisés, de conserve de rozes, de buglosse, de bourrache, d'escorce de citron avec suffisance de succre. (8ème Lieu, Chap.V, p 936)

Le coin du jardinier d'aujourd'hui

Etymologie du nom de la plante.

"*Anchusa*" vient du grec "*ankousa*", "fard", en référence à l'emploi de la racine pour confectionner des fards. "Buglosse" vient du grec "*bous*", "bœuf" et "*glôta*", "langue", en référence à la forme des feuilles

Description sommaire de la plante.

Plante herbacée vivace qui se plaît dans les décombres, les endroits incultes, au bord des chemins. De son épaisse tige souterraine noire naissent chaque année des tiges florifères dressées, rameuses, hautes de 30 à à 80 cm. Elles portent des feuilles lancéolées entières, oblongues, couvertes de poils raides, les inférieures atténuées en pétioles, les supérieures sessiles. Les fleurs, bleues ou pourpres, hermaphrodites, ont groupées en grappes qui s'épanouissent de juin à août Le calice est à 5 lobes aigus, la corolle est en forme d'entonnoir à 5 lobes arrondis et fermés à la gorge par 5 éperons internes en forme d'écailles et couverts de poils. Le fruit est un akène conique qui comprend 4 nucules ridées.

Culture de la plante

Peu cultivée. Multiplication par semis des graines ou par éclats de pieds mis en place à la fin de l'automne.Parties utilisées : les feuilles, les fruits.

Propriétés thérapeutiques selon les auteurs contemporains d'Olivier de Serres

Cette plante fait également l'objet de commentaires plus ou moins détaillés chez plusieurs auteurs d'ouvrage de Botanique du XVIème siècle qu'Olivier de Serres aurait pu consulter, notamment ceux-ci : les *Commentarii in sex libros Pedacii Dioscoridis* (1572, Livre IIII, Chap. CXXIII, s v Borrache ou Buglosse, p. 626,) de Pierandrea Matthioli (1501-1577), l'*Histoire des plantes* (1550), édit fr.Chap. CXXX, s v Buglosse p. 237) de Leonart Fuchs (1501-1566), l'*Historia generalis plantarum* (1586), trad.1615 Tome I, Livre V, Chap. XIX, s v Buglosse ou Bourrache, p. 488) de Jacques Daléchamps (1513 -1588), le *Stirpium Herbariae Pemptades sex*

(1557, Première Partie, Chap. VI, s v Buglosse ou Langue de bœuf, p. 6) de Rembert Dodoens (1517-1585),

Liebault ne l'a pas citée dans son jardin médicinal, mais lui a cnsacré un chapitre spécial dans la liste des plantes potagères (*La Maison rustique* (édition de 1583, Livre 2, chapitre 20, p. 97). Olivier de Serres s'en est largement inspiré.

> "La Buglose, principalement la fleur, y écrit Liebault, apporte gayetté aux personnes qui en usent souvent par ce qu'elle resiouït le cœur, purge le sang et conforte les esprits vitaux. Le bouillon où aura bouilli la buglose lasche le ventre. La racine qui aura porté trois tiges, pilée avec la semence, et bouilli en vin, sert beaucoup contre les fièvres tierces. Le vin où aura trempé la feuille de buglose, oste toute tristesse. Jus de buglose, pourreaux et persil meslez avec vin ou huile d'amendes douces, est un souverain remede pour faire avoir l'arrière-faix aux femmes accouchees. Jus de buglose et de bourroche est un antidote contre les venins beus et morseures de bestes venimeuses. La buglose ayant trois feuilles, pilee avec semence et racine, et beuë proffite fort contre les horreurs des fievres tierces : et celle qui en a quatre contre les frissons des fievres quartes. Son eau distillee est singuliere contre les resveries qui surviennent aux fièvres et contre les inflammations des yeux."

– 92. **Camomille**, (différentes espèces appartenant à la famille des Astéracées).

> "il y a de trois sortes de ceste herbe, differentes en leurs fleurs, aucunes les aians blanches, les autres jaunes, purpurees. Aussi en divers terroirs s'engeancent-elles, humides, secs. Par plant enraciné, nous les placerons au Jardin, en Automne ou Printemps, comme mieux viendra à propos. Le jus des fueilles de ceste plante est bon à la fievre tierce. Le bain auquel l'on met abondance de Camomille, est singulier pour renforcer les membres debilités, adoucir les joinctures des bras et jambes, adoucir les reins et les nerfs. Son eau distillee, est tres propre contre les fievres. Son huile, à oster la douleur des jointures des membres. Ses fueilles, mortifiées sur une paelle ou brique chaude, appaisent la douleur de teste." (6ème Lieu, Chap. XV, p. 628)

Note de l'édition de 1805 : "Camomille. Ce nom est maintenant appliqué à deux plantes ; savoir : la camomille commune (matricaria chamomilla) et la camomille romaine (anthemis nobilis) : j'ignore de quelles plantes parle notre auteur, lorsqu'il cite des camomilles à fleurs jaunes ou pourpres." (Tome 2, p. 483)

La notice d'Olivier de Serres porte en effet sur des plantes différentes. Il s'est sans doute appuyé pour l'écrire sur les textes de Dioscoride (*M M*, III, 137) ou de Pline (*H N* XXII, 53), consacrés à l'anthemis, qui donnent les mêmes précisions, notant qu'il en existe 3 variétés dont les fleurs peuvent être de couleur blanche, jaune ou pourpre. Elles appartiennent toutes à la famille des Asteracées, dont les "fleurs", c'est-à-dire les capitules, sont formés d'un disque de fleurs tubulées jaunes entourées de fleurs ligulées généralement blanches ou jaunes ou pourpres. Les deux premières sont bien des espèces de camomille comme la grande camomille, la camomille romaine et la petite camomille auxquelles étaietnt reconnues des propriétés thérapeutiques, la troisième dont les fleurs sont pourpres ne saurait être une camomille (dont aucune espèce présente des fleurs de cette couleur), mais probablement une espèce d'Anthemis, notamment Anthemis rosea Sibth auxquelles on ne reconnaissait alors aucune propriété thérapeutique.

N'ayant aucune formation de botaniste, Olibier de Serres s'est contenté ici, comme souvent, de recopier des passages de livres de botanique fautifs qu'il avait à sa disposition où le mot "*Anthemis*" était traduit par camomille ! Mais on peut dès lors s'interroger sur ce qu'il a lui-même réellement bien pu planter dans son jardin medecinal !

Olivier de Serres peut faire ici référence à différentes espèces de camomilles :

– la grande camomille (Tanacetum parthenium (L) Schultz Bip = Chrysanthemum parthenium (L) Bernh)

– la petite camomille appelée aussi camomille sauvage, matricaire camomille, camomille allemande (Chamomilla recutica (L) Rauschert = Matricaria chamomilla L.)

– la camomille romaine Chamaemelum nobile (L) All. = Anthemis nobilis L.) :

Parmi les remèdes qu'il propose à la mère de famille dans son recueil de remèdes, Olivier de Serres mentionne l'emploi de la camomille à différentes reprises.

– pour traiter les maux de tête de cause froide, il recommande, parmi d'autres prescriptions, "d'oindre la teste avec des huiles de camomille, de lis, d'anet, de l'un d'iceux, ou des trois ensemble." (8ème Lieu, Chap. V, p 896)

– pour soigner les douleurs des yeux venues de coup receu et les rougeurs qui s'en ensuivent, il précise qu'il faut utiliser "la décoction du fenoüil, de la camomille, et du mellilot, faite en eau et vin blanc, appliquée avec un linge." (8ème Lieu, Chap. V, p 899)

– Il recommande aussi la camomille pour appaiser la douleur du mal des oreilles de jetter dans l'oreille quelques gouttes d'huile de jusquiame, "puis convient d'appliquer dessus un sachet avec fleurs de camomille et mellilot." (8ème Lieu, Chap. V, p.901)

> "Semblable vertu (et en outre nettoie l'ordure de l'interieur des oreilles), a le parfum de la decoction de camomille, d'aneth et de stechas, faite en eau où l'on aura jetté du vinaigre chaud auquel du nitre bruslé, et du sel gemme, auront esté fondus, mis dans l'Oreille avec un entonnoir." (8ème Lieu, Chap.V, p.901)

Il note aussi qu'il est fort salutaire contre le tintoïn ou bruit des Oreilles : "le matin, estant à jeun, de recevoir la vapeur, par un entonnoir, le mettant en l'oreille, de l'eau où auront longuement boüilli, herbes de marjolaine, de mente sauvage, de sauge, fleur de camomille, graines d'anis, de fenoüil, et une pomme de coloquinte. Et à ce que la vapeur penetre plus avant, sera bon que le patient tandis ait entre les dents, quelque chose dure, comme pois ou fèves, les maschans avec un peu de violence pour ouvrir les conduits." (8ème Lieu, Chap. V, p.901)

Il ajoute que

– pour traiter la "surdité envieillie" et non la naturelle pour laquelle il déclare qu'il n'y a aucun remède, la préparation suivante est particulièrement efficace : "Prenés sauge, mente, hyssope, rosmarin, armoise, calament, camomille, mille-fueille, herbe saint-Ian, alvine, auronne, centaurée, de chacune une poignee : mettés bouïllir toutes ces herbes ensemble dans vin blanc, jusques à la consomption du tiers, que le patient à son coucher, en reçoive la vapeur dans l'Oreille par un entonnoir, et incontinent aprés, instille dedans, de l'huile suivant* ; puis la bouche avec du cotton musqué." (8ème Lieu, Chap. V, p 902)

Il prescrit encore l'emploi de la camomille

– pour soigner le mal de côté, "il est bon d'appliquer chaudement sur la douleur, cataplasme fait d'herbes de marjolaine, hyssope, mente, sauge, camomille, aluine, rue, fueilles de laurier, emmatties sur le quarreau ou poele eschauffés." (8ème Lieu, Chapitre 5, p 911)

– pour le mal d'estomac, "si la douleur presse, [il] faudra user de quelque vomitoire, pour faire sortit de l'Estomach ce qui le greve; et aprés boire un peu d'hypocras, et en suite conforter l'Estomach par chaleur accompaignee de bonne odeur, avec fleurs et poudres cordiales, qu'on emploiera en sachets appliqués contre l'Estomach, comme de camomille, marjolaine, rue, aluine, girofle, canelle, muscade." (8ème Lieu, Chapitre 5, p 915)

– pour "les ventosités mises hors de l'Estomach par la bouche, devant manger, [qui] proviennent de phlegme visqueux ou aqueux, qui y est assemblé. Après avoir purgé telle superfluité, par pillules cochees, par electuaire de diacartami, et autres moiens, que le Médecin ordonnera : l'on oindra l'on évacuera au préalable, l'on oindra l'Estomach du malade, avec huiles nardin, de mastic de lis, d'absynte, ou de l'un d'iceux, puis lui sera appliqué dessus un sachet de marjolaine, camomille et d'aluine." (8ème Lieu, Chapitre 5, p 916-917)

Il ajoute que

– pour "les ventosités d'après le repas, qui viennent du peu de chaleur de l'estomach, dont faible et débile, ne peut cuire le manger", il propose, entre autres remèdes, une onction "faite avec huiles nardin, de ruë, d'aluine et de laurier, et ensuite d'appliquer sur icelui un sachet de camomille, ruë, aluine et marjolaine, pour le porter d'ordinaire." (8ème Lieu, Chapitre 5, p 917)

– pour les douleurs de l'estomac : "Prenés camomille, melilot, aluine, mauves avec ses racines, fueilles de laurier, parietaire, pouliot, de chacun une poignee, graine de lin une livre, fenugrec demie livre, semence d'anis et

* Huile composée de nombreuses substances, cf supra. Plante n° 11, Centaurée.

de fenoüil de chacun demie once. Ces choses concassees bouïlliront une heure dans eau de fontaine : lors y plongerés plusieurs esponges bien nettes, soudain les en retirerés, et après les avoir bien exprimees pour leur faire rendre le plus [de] liquide, toutes chaudes les appliquerés sur la douleur, l'une après l'autre, les changeans à mesure qu'elles se refroidiront." (8ème Lieu, Chapitre 5, p 919)

Et aussi "une mie de pain chaud sortant du four, trempée dans huile de camomille, ou de celui d'aspic, après envelopee avec un linge, appliquee sur la douleur." (8ème Lieu, Chapitre 5, p 919)

– pour la colique, il recommande, entre autre remède, de faire boire au malade de l'eau de camomille, ou de lui administrer un clystère fait de vin de malvoisie et d'huile de camomille, ou encore de le fomenter avec des esponges, draps ou feutres trempés en vin, dans lequel on aura longuement bouilli rue, camomille, marjolaine, anis et commin, appliquant la fomentation tant chaude qu'on pourra ou encore de boire chaque matin à jeun de la décoction de camomille (8ème Lieu, Chapitre 5, p 924)

– contre les coliques néphrétiques qui sont accompagnées d'un ventre constipé, il faut dabord relacher le ventre par un clystère dans la composition duquel entrent des fleurs de camomille. (8ème Lieu, Chapitre 5, p 925), cf. Plante n°74. Mauve

– pour apaiser rapidement la colique graveleuse, "boire tiede, la decoction faite de fleurs de camomille, bouïllies en egale portion, d'eau et de vin blanc. "(8ème Lieu, Chapitre 5, p 926),

– pour l'enflure et douleur du ventre, la décoction de camomille (8ème Lieu, Chap. V, p 929) cf. Plante n° 37.Absinthe

– pour le boïau avalé, mal tres-douloureux et tres-importun appellé La Hargne (*i e* la hernie) (8ème Lieu, Chap. V p 931) cf. Plante n° 10, Bouillon blanc

– pour provoquer les menstrues : "Les bains sont fort salutaires en cest endroit. Ceslui-ci sera composé d'armoise, camomille, savine, melilot, herbe à chat, laurier, origan, pouliot, rosmarin, calament, mises dans des sachets et bouïllies en eau de riviere." (8ème Lieu, Chap. V, p 932).

– contre la stérilité : (8ème Lieu, Chap. V, p 935), cf. Plante n° 74, Mauve.

– pour obvier aux Trenchees tourmentans la femme qui a enfenté de nouveau : cataplasme appliqué sur le ventre "fait de poudres de fleurs de camomille et semences de lin et de cumin, farine de feves, beurre frais, et huile de rue, et d'anet." (8ème Lieu, Chap.V, p 939)

– pour la trop grande abondance de lait "emplastrer les mamelles avec du son cuit en huile de camomille." (8ème Lieu, Chapitre 5, p 939),

Le coin du jardinier d'aujourd'hui

Etymologie du nom de la plante.

Cf supra l'explication donnée par Olivier de Serres.

Description sommaire de la plante.

Plante annuelle, robuste, de 50 cm à 1,5 mètre de haut. Elle a une longue racine pivotante, fibreuse, une tige dressée, de section circulaire, pubescente et visqueuse au toucher, ramifiée dans sa partie supérieure. Celle-ci porte de grandes feuilles (de 30 à 60 cm de long sur 10 à 20 cm de large), fragiles, alternes, sessiles, ovales à lancéolée, visqueuses, à pointe aigüe et de couleur vert pâle. Les fleurs, hermaphrodites, groupées en panicules lâches, s'épanouissent de juillet à septembre ; elles peuvent être vert-jaunâtre, blanches ou rosées selon la variété. Le calice, en forme de cloche, est à 5 divisions ; la corolle, pubescente, est à cinq lobes ovales, atteignant 5 cm de long. Le fruit mûr, entouré du calice persistant est une capsule ovoïde, biloculaire, papyracée, s'ouvrant en long par 2 valves, contient de nombreuses petites graines réniformes et réticulées.

Culture.

Semer les graines en pépinière en hiver, repiquer en place le sujets hauts de 10 cm au printemps, à un endroit exposé au midi, sol non humide, frais, léger, riche en potassium, récolte ds feuilles au début de l'automne. Parties utilisées : feuilles et graines.

Propriétés thérapeutiques selon les auteurs contemporains d'Olivier de Serres

Cette plante fait également l'objet de commentaires plus ou moins détaillés chez plusieurs auteurs d'ouvrage de Botanique du XVIème siècle qu'Olivier de Serres aurait pu consulter, notamment ceux-ci : l'*Historia generalis plantarum* (1586, trad.1615 Tome II, Livre XVIII, Chap. CXLVIII, s v Petum ou Herbe à la Royne, p. 752) de Jacques Daléchamps (1513 -1588),

Cf aussi Liebault qui lui consacre une notice spéciale, la plante ne figurant pas au chapitre consacré aux plantes du Jardin médicinal (cf. *La Maison rustique* (édition de 1583, Livre II, Chap. 44, p.123 à 127).

– 93. **Agripaume** (Leonurus cardiaca L.) (Lamiacées) :

> "appelle en Latin, Cordiaca, vient sans nul soin, és lieux mal cultivés. Par plant enraciné, la logerons au Iardin, au Printemps ou en l'Automne. Désopile : fait cracher : tuë les vers : descharge de pituite les poulmons : provoque les mois des femmes : leur aide au travail d'enfant : est profitable contre le haut-mal." (6ème Lieu, Chap. XV, p. 628)

Note de l'édition de 1805 : "Agripaume (leonurus cardiaca). On ne l'emploie plus aujourd'hui." (Tome 2, p. 483)

Cette plante ne figure pas parmi les remèdes dont doit disposer la mère de famille (8 ème Lieu chap. V).

Le coin du jardinier d'aujourd'hui

Etymologie du nom de la plante.

"Leonorus" vient de "*leôn*" "lion" et "*oura*", "queue", en référence à la forme de l'inflorescence.

"*Cardiaca*" en référence aux propriétés de la plante. "*Agripaume*" vient du latin "*acer, acris*", qui signifie "*pointu*" et "*palma*", "la paume de la main", en référence à la paume de la main ou à la forme des feuilles semblables à des palmes à lobes aigus. On l'appelle aussi Cardaque, Cardiaire, Creneuse, Cheneuse, Queue de Lion, Mélisse sauvage, Herbe des tonneliers.

Description sommaire de la plante.

Plante herbacée vivace qui se plaît le long des chemins, les endroits incultes et les décombres. Ses longues tiges de 60cm à150 cm à section carrée, très ramifiée portent des feuilles vert foncé dessus et cendré dessous ; les inférieures sont cordées à la base et profondément divisées en 5 à 7 lobes lancéolés, dentés, les supérieures divisées seulement en 3 lobes. Les fleurs, rose pourpré qui sont présentes de juin à septembre, souvent ponctuées, disposées en longs épis feuillés interrompus de glomérules sessiles sont, chacune des 5 dents du calice se termine par une épine. La corolle, pubescente, 3 fois plus longue que le calice, présente une lèvre inférieure à 3 lobes. Le fruit est un akène.

Culture de la plante.

Multiplication par semis ou éclats des de pieds ou transplantations de sujets pris dans la nature. A l'automne ou au printemps peu exigente sur la nature de terrain.

Terrain exposé au soleil en respectant un espace de 60 cm entre les plants. Parties utilisées : la plante entière, les sommités florales.

Propriétés thérapeutiques selon les auteurs contemporains d'Olivier de Serres

Cette plante fait également l'objet de commentaires plus ou moins détaillés chez plusieurs auteurs d'ouvrage de Botanique du XVIème siècle qu'Olivier de Serres aurait pu consulter, notamment ceux-ci :: les *Commentarii in sex libros Pedacii Dioscoridis* (1572, Livre IIII, Chap. LXXXIX, s v Ortie, p. 602,) de Pierandrea Matthioli (1501-1577), l'*Histoire des plantes* (1550), édit fr.Chap. CL, s v Cordialle ou Gripaulme. p. 278) de Leonart Fuchs (1501-1566) l'*Historia generalis plantarum* (1586), trad.1615 Tome II, Livre XI, Chap. XVIII s v Agripaulme, p. 142) de Jacques Daléchamps (1513 -1588), le *Stirpium Herbariae Pemptades sex* (1557, Première Partie, Chap. LXXXVII, s v Agripaulme, p. 100) de Rembert Dodoens (1517-1585),

Cf aussi Liebault. (*La Maison rustique* (édition de 1583, Livre 2, Chap. 42, p.112). (cf supra. Chap. 4, plante n° 14).

– 94. **Ortie** (Urtica spp L., Urtica dioica L., Urtica urens L.) (Urticacées) et (Lamium album L.) (Lamiacées) :

> "en Latin, Urtica, du mot signifiant brusler ; dautant que telle herbe, en la touchant, fait cuire comme feu. Il y en a de plusieurs especes, lesquelles nous rapporterons à deux, assavoir, à une Ortie ditte morte et à autre griesche, pour grecque, par mot corrompu. L'une et l'autre sont fort faciles à eslever, d'elles-mesmes s'engeançans sans nulle culture, en terre plus seche qu'humide. Nous nous en meublerons par semence, la jettant en terre au Printemps, avec fort peu de labeur, à cause de son facile accroissement. Le jus de ceste herbe, beu, provoque l'urine : rompt le calcul : arreste le sang fluant impétueusement du nés, si on en frotte le front : comme le mesme font les fueilles pilées, appliquees sur le nés, et sur l'entre-deux des espaules : avancent les menstrues des femmes : appaisent l'ardeur de la fievre. La graine de ceste plante, pulverisee et beuë avec du vin, est bonne contre la courte haleine : la pleuresie : l'inflammation du poulmon : appaise la toux violente : fait abondamment cracher. La decoction de leurs fueilles provoque les fleurs des femmes : amollit le ventre : fait uriner. Le jus de l'herbe gargarisé, appaise la luete enflammee." (6ème Lieu, Chap. XV, p. 628)

Note de l'édition de 1805 : "Notre auteur confond ici deux plantes très-différentes ; 1°. L'ortie morte (lamium album) n'est plus employée, et n'a pas de poils dont la piqûre soit cuisante ; 2°. L'ortie grièche ; sous ce nom on confond les urtica urens et dioïca. La piqûre des poils de ces plantes est très-cuisante, et on l'emploie quelquefois comme un stimulant, pour rappeler la sensibilité dans certaines parties extérieurs du corps ; ces deux orties sont en outre employées comme astringentes. ce qui peut devenir plus utile, c'est de savoir que les fibres de l'écorce peuvent remplacer le chanvre, et sont employées, sous ce rapport, dans le nord de l'Asie, et que l'herbe méme est un aliment sain pour les bestiaux, lorsqu'étant à moitié fanée ou un peu humectée, ses poils ont perdu la force de piquer." (Tome 2, p. 483)

Olivier de Serres mentionne différents moyens d'étancher le sang qui desordonnément flue par le nez. Parmi eux, il note que l'on peut avoir recours au "camfre, meslé avec la graine d'ortie morte, jus de plantain et de morelle, mis dans les narines. "(8ème Lieu, Chap.V, p 900)

Il la recommande aussi parmi les différents remèdes qu'il cite pour lutter contre la toux ; "un syrop de réglisse et d'hyssope, prins soir et matin avec ptisane, y ajoustant graines d'anis, de fenoüil et d'ortie." (8ème Lieu, Chap. V, p 909)

Il note aussi que pour soigner le mal de côté, "il est bon d'appliquer chaudement sur la douleur, cataplasme fait de l'herbe d'ortie, de la graine de genevre, et de la poudre de poivre avec huile de lin." (8ème Lieu, Chap. V, p 911)

L'emploi de l'ortie est également prescrit par Olivier de Serres dans ses conseils à la mère de famille

– pour provoquer les menstrues (8ème Lieu, Chap. V, p 931-932). Cf plante n°54. Cabaret

– pour les arrrêter (8ème Lieu, Chap.V, p 933).cf. Plante n°10, Bouillon blanc.

– pour empécher la chute de la matrice (8ème Lieu, Chap. V, p 934).cf. Plante n° 74, Mauve.

– pour abattre la grande ardeur de la fièvre et aussi chasser la fièvre continue servent les applications exterieures, telles que celle-ci : "Lier és pouls des deux bras le jus tiré de l'ortie griesche, meslé avec de l'onguent populeum." (8ème Lieu, Chap V, p 942).

– contre la fièvre continue (8ème Lieu, Chap. V, p 942)

– pour la fièvre tierce : "mettre aux poignets cataplasme fait d'ortie griesche, de rue, et de sarge (i e serge), une poignée de chacune, autant de suie de cheminee, avec sel, le tout pilé et incorporé avec vinaigre." (8ème Lieu, Chap. V, p 943)

– "contre les dartres, est bon l'onguent fait avec deux drachmes et demie soulfre, une drachme graine d'ortie, demie drachme camphre, deux onces beurre frés." (8ème Lieu, Chap. V, p. 968)

– pour faire revenir le poil és lieux pelés par brusleures, blesseures, cheutes, maladies et autres accidents, Premierement razés le poil, si aucun y en a, puis frottés le lieu avec un linge un peu rude juques à ce qu'il rougisse, et en suite, lavés la teste d'une decoction de chous rouges, bete et mercuire. Après appliqués dessus (entre autre onctions) liniment fait avec graine d'ortie pulverisee, et miel." (8ème Lieu, Chap. V, p 971)

– pour blanchir et polir le cuir des mains : Lavés les mains avec la decoction de la racine d'ortie faite en vinaigre et vin blanc, et ce le soir allant au lict : en suite, le lendemain matin relavés les avec eau fraische, et savon. La decoction des racines et feuilles de lierre, y est aussi bonne." (8ème Lieu, Chap. V, p. 976)

Le coin du jardinier d'aujourd'hui

1. L'ortie brûlante.

Etymologie du nom de la plante.

Cf supra les explications données par Olivier de Serres.

"Ortie" vient du latin "*urtica*" lui-même dérivé du verbe "*uro*", brûler, en référence aux poils urticants de la plante. "*urens*" signifie "brûlant" car les poils de la plante provoquent des douleurs "brûlantes". On l'appelle aussi Ortie brûlante, Ortie griesche.

Description sommaire de la plante.

L'ortie brûlante est une plante herbacée annuelle hérissée de poils raides urticants sécrétant un liquide très irritant, qui se plaît au pied des murs, sur les décombres, dans les champs et les jardins, sur des sols riches en nitrate ou en déchets organiques. La racine développée et ramifiée donne naissance à des tiges quadrangulaires à angles arrondis, rameuses dès la basequi peut atteindre 60 cm de hauteur ; elles portent des feuilles opposées, pétiolées, fortement dentées ou incisées, à stipules libres, au limbe ovale. Les fleurs, unisexuées, sont groupées sur un même pied en grappes courtes, dressées, plus ou moins étalées et disposées par paires à l'aisselle des feuilles supérieures. Les fleurs femelles sont verdâtres et pendantes, et leur perianthe est à 4 divisions très inégales, les 2 extérieures petites ou nulles. Les fleurs mâles sont jaunâtres et ont un port plus horizontal et étalé et leur périanthe est à 4-5 divisions. Le fruit est un akène ovoïde.

Culture de la plante

Plante envahissante non cultivée. Parties utilisées : les feuilles récoltées durant tout l'été.

2. L'ortie blanche ou ortie morte.

Etymologie du nom de la plante.

"*Lamium*" vient de "*lamïos*", "gueule béante", ou de "*Lamia*" nom d'un monstre fabuleux qui passait pour dévorer les hommes qui vient de "*lamos*", "gouffre", en référence à la forme de de la corolle. On l'appelle aussi Ortie morte, Ortie blanche, Lamier blanc, Morachemin, Archangélique.

Description sommaire de la plante.

C'est une plante herbacée vivace qui abonde dans les haies, au bord des chemins. Elle présente des tiges velues, quadrangulaires, hautes de 15 à 65 cm, qui portent des feuilles simples opposées, pétiolées, ovales lancéolées, fortement et irrégulièrement dentées, terminées par une longue pointe. Du printemps à l'automne s'épanouissent des glomérules feuillés de fleurs blanc-jaunâtre. Les sépales forment un calice en forme de tube se terminant par 5 dents égales, les pétales forment une corolle à deux lèvres, la supérieure en forme de casque, masquant les étamines, à 3 lobes, le médian élargi, bilobé et les 2 latéraux très petits, en forme de dents. Les fruits sont des akènes tronqués au sommet.

Culture de la plante.

Multiplication par semis des graines au printemps et repiquer en place en juillet. Emplacement à l'ombre ou à mi-ombre. Sol frais et humide, bien drainédensité 4 à 6 pieds au m^2. Parties employées : la plante entière, les sommités fleuries. Récoltées en avril-mai.

Propriétés thérapeutiques selon les auteurs contemporains d'Olivier de Serres

Cette plante fait également l'objet de commentaires plus ou moins détaillés chez plusieurs auteurs d'ouvrage de Botanique du XVIème siècle qu'Olivier de Serres aurait pu consulter, notamment ceux-ci : les *Commentarii in sex libros Pedacii Dioscoridis* (1572, Livre IIII, CXXXIX, s v Ortie, p. 601) de Pierandrea Matthioli (1501-1577), l'*Histoire des plantes* (1550, édit fr. Chap. XXXVII, s v Ortie, p. 79, et XLXXVIII s v Ortie morte ou Blanche, p.328) de Leonart Fuchs (1501-1566), l'*Historia generalis plantarum* (1586), trad.1615 Tome II, Livre XI, Chap. XV, s v Ortie, p. 137 et Chap. XVI, s v Ortie morte p. 140) de Jacques Daléchamps (1513 -1588), le *Stirpium Herbariae Pemptades sex* (1557, Première Partie, Chap. LXXXV, s v Ortie p. 97 et Chap. LXXXVI, s v Ortie morte, p.99) de Rembert Dodoens (1517-1585).

Cf aussi Liebault (*La Maison rustique* (édition de 1583, Livre II, Chap. 42, p.118). (cf supra. Chap. 4, plante n° 60 et 61).

Cf aussi supra Crescens, Chap. 3, Les jardins de Crescens, Chap. 90.

– 95. **Manrube** (Marrubium peregrinum L. et Marrubium vulgare L.) (Lamiacées);

> "en Latin, Marrubium et Pressium, vient en tous lieux, mais gaiement sans culture és mazures des vieux bastimens. L'on s'en engeance par semence. Le jus des fueilles de ceste herbe avec miel, est bon contre la courte haleine, faisant cracher, au grand soulagement des asthmatiques. Aide aux femmes à attirer l'arriere-faix aprés l'enfantement. Ccste herbe sert contre la douleur des costés : purge les vieilles ulceres : aiguise la veuë : son jus, mis dans le nés, guerit la jaunisse : et avec huile rozat, mis dans l'oreille, en appaise les douleurs." (6ème Lieu, Chap. XV, p. 628)

Note de l'édition de 1805 : "Manrube (marrubium vulgare) ; paroit être le Prasion des Grecs ; d'où notre auteur a par corruption, tiré le nom de pressium." (Tome 2, p. 483)

Olivier de Serres recommande d'employer cette plante dans différents remèdes.

– pour traiter les douleurs des dents provenant de cause froide, une décoction, parmi d'autres, composée "de fleurs de lavande, fueilles de marrubium, canelle, fenoüil, racines d'asperges, en vin." (8ème Lieu Chap. V, p. 903)

– contre la toux (8ème Lieu, Chap. V, p 910), cf supra plante n°.25. Cheveux de Vénus.

– pour provoquer les menstrues : "la poudre de marrubium prinse en vin blanc" (8ème Lieu, Chapitre 5, p 931)

Le coin du jardinier d'aujourd'hui

Etymologie du nom de la plante.

"*Marrubium*" vient peut-être de l'hébreu "*mar*", "amer" et "*rob*", "jus". On l'appelle aussi Marrochemin, Bonhomme, Herbe vierge.

Description sommaire de la plante.

Plante herbacée vivace qui se plaît au bord des chemins, dans les endroits incultes et les décombres. Ses tiges dressées de 30-80 cm de haut, épaisses, tétragones, blanchâtres et tomenteuses, gaufrée, odorantes, aux nombreux rameaux étalés ; elles portent de nombreuses feuilles opposées, pétiolées, oblongues ou lancéolées, dont le limbe ovale est bordé de crénelures irrégulières. Les fleurs blanches, qui s'épanouissent de mai à septembre, sont groupées à l'aisselle de bractées en faux verticilles feuillés sessiles et compacts espacés sur l'axe, rapprochés au sommet des rameaux. Le calice est velu et comporte 6 à 8 dents crochues. La corolle présente un tube courbé, une lèvre supérieure bilobée, l'inférieure à lobe médian obovale plus long que les deux latéraux. Le fruit est un tetrakène.

Culture de la plante.

Culture peu pratiquée, l'abondance de la plante rendant celle-ci inutile.

Semer en pleine terre de mars à juin et de septembre à octobre, à un endroit ensoleillé, sur un terrain pauvre, sec et calcaire ; espace de 50 cm entre chaque plant.

Recolte des feuilles du printemps à l'automne, des fleurs en été.

Propriétés thérapeutiques selon les auteurs contemporains d'Olivier de Serres

Cette plante fait également l'objet de commentaires plus ou moins détaillés chez plusieurs auteurs d'ouvrage de Botanique du XVIème siècle qu'Olivier de Serres aurait pu consulter, notamment ceux-ci : Des notices détaillées sur les propriétés de cette plante figurent dans ces ouvrages de Botanique du XVIème siècle : les *Commentarii in sex libros Pedacii Dioscoridis* (1572), Livre III, Chap. CII, s v Marrube, p. 469) de Pierandrea Matthioli (1501-1577), l'*Histoire des plantes* (1550), édit fr.Chap. CCXXV, s v Marrube, p. 405) de Leonart Fuchs (1501-1566), l'*Historia generalis plantarum* (1586), trad.1615 Tome I, Livre VIII, Chap. XXXVI, s v Marrube, p. 836) de Jacques Daléchamps (1513 -1588), le *Stirpium Herbariae Pemptades sex* (1557, Livre 2, Chap. LXIX, s v Marrube, p. 181) de Rembert Dodoens (1517-1585),

Cf aussi Liebault qui ne cite pas cette plante dans son Jardin médicinal, mais lui consacre une brève notice dans le chapitre consacré aux herbes de bonne senteur. (cf. *La Maison rustique* (édition de 1583, Livre II, Chap. 52, p.138. Il y écrit : "Il est fort bon en decoction pour la toux et difficulté d'haleine, d'autant qu'il nettoye les poulmons, et fait cracher : il provoque les mois aux femmes, et fait sortir l'arrierefaix. "

Cf aussi supra Crescens, Chap. 3, Les jardins de Crescens Chap. 81.

II. Les remèdes d'Olivier de Serres

Après avoir conseillé au Mesnager qu'il lui fallait créer un jardin medecinal pour y cultiver les plantes aux vertus thérapeutiques qui lui seront nécessaires pour traiter les affections les plus courantes susceptibles de le toucher lui-même, son épouse, la mère de famille, les siens et le personnel qui y est employé, Olivier de Serres complète son propos en donnant des précisions sur la préparation des herbes cultivées dans ce jardin et leur posologie dans deux chapitres de son 8ème Lieu, l'un consacré aux "Distillations et autres préparatifs pour la guérison des maladies" (Chap.IV), l'autre aux "Remèdes aux maladies pour les personnes" (Chap. V).

On y trouve d'abord la confirmation de ce qu'il avait annoncé dans sa Préface : c'est à la mère de famille qu'il appartient de savoir soigner les malades. C'est donc à l'attention de celle-ci qu'il conseille d'employer une sélection de remèdes en précisant quelle est leur composition et comment les préparer.

Il s'en explique au début du Chapitre IV :

> "Parmi les commodités dont on jouit abondamment aux champs, en mesnage bien dressé, cette notable incomodité se treuve, que la faute de l'opportun secours à la survenuë des maladies provenant de la solitude de l'habitation, qui nous éloigne des Medecins, chirurgiens, Apoticaires, desquels les villes jouissent à souhait : par là se vérifiant ce dire, Qu'une commodité est toujours suivie de son contraire. Tel defaut nous contraint d'accourir aux Médecins en la necessité, les envoians chercher là où ils sont, quelques-fois bien loin, dont souvent ils arriventà la maison, fort tard et hors saison. Ceste est la plus importante et importune facherie de l'habitation de la campagne, laquelle les gens d'esprit taschent d'adoucir aucunement, s'efforceans eux-mesmes, de se secourir à la survenuë de leurs maladies, et celles de leurs enfans et serviteurs, en attendans plus amples remedes du docte Medecin. Toue les jours se recognoist veritable, Que la necessité est inventrice des Arts, et se forme fort naïvement aux champs, quand le menasger et la mesnagere sont contrains par manière de dire, d'estre de tous mestiers, souventes fois, leur defaillans des choses dont ils ont besoin, soit pour la santé, soit pour les habits, soit pour les meubles, desquels ils ne pourroient tirer service, si euxmesmes n'y mettoient la main. Et qui est le gentilhomme aimant mieux perdre son cheval se deferrant en voyage, que d'y mettre un cloud au pied lui-mesme, à fauste du mareschal ? Ainsi, le père et la mère de famille, en ce tant important article de la conservation de la vie, touchant les causes secondes, tascheront de s'instruire des moiens de secourir et leur famille, és occurrences des maladies et divers evenemens d'icelles : comme de cheutes, blessures, bruslures, et plusieurs autres maux, pressés et perilleux, qui surviennent inopinément, requerans prompts remedes : aussi és autres de petites importances : petites langueurs de femmes et enfans, ne meritans d'envoier au Médecin, qui leur reviendra à grand soulagement. Plusieurs Seigneurs et grandes Dames, n'ont mesprises telle divine science, aians engravé leurs noms és medicamens qu'ils ont inventé, dont, à leur honneur, l'on se sert utilement, encores aujourd'hui és boutiques des Apoticaires ; tesmoin entre autres le Mithridat, venu du Roi Mithridatés, et l'onguent qu'on appelle Unguentum Comitissa, d'une comtesse qui l'inventa. Les femmes sont à ce plus propres que les hommes, pour leur naturel officieux et charitable : à telle cause, la mère de famille ouvrira son esprit, pour entendre ces choses. Des livres, elle tirera plusieurs salutaires remedes, ce qui lui sera aisé, puisque certains doctes

Medecins, pour le bien public, ont traduit du Chaldee, du Grec, du Latin en notre langue, tout ce qui sert à la conservation de la santé, auparavant cogneu de peu de gens. Pour relever de peine nostre mère-de-famille, je lui baillerai un roolle* des remedes aux plus communes maladies, tirés et des livres et des experiences, dont elle se servira. Mais expériences, faites avec autant de curieuses fidelité, et chés moi et chés beaucoup de mes intimes amis, qu'on sçauroit desirer : sur lesquels se pourra asseurer, et que moiennant la benediction de Dieu, les emploiant au besoin, ce sera avec heureux succés, son mari, ses enfans; ses serviteurs, et servantes, estans malades : aussi ses sujets, voisins et pauvres.

"Aiant nostre mere-de-famille, telle noble et belle humeur, avec pareil soin dont elle a rempli ses charnier† et fait ses Confitures, dressera un petit cabinet, auquel comme en boutique d'Apoticaire, logera les remedes les plus proches pour les commmmunes maladies, afin que la necessité prests chés elle, sansestre contrainte de les envoier querir hastivement à la ville chés l'Apoticaire. Fera donques provision de toutes les drogues qu'elle vera lui estre requises, les faisant bien choisir et achepter vers les Apoticaires. Mesme, ne sera jamais sans avoir du Mitridat, de la Théeiaque, des confections d'Alkermés, et de Hyacinthe ; des eaux, Céleste, Imperiale, de vie: de la Rhubarbe, du Senné, de l'Agaric, du syrop rozat, du semen- contra pour les enfans et autres matieres simples et composees, precieuses et utiles, qu'elle pourra facilement recouvrer. Et de ce qui se recueille en sa terre, herbes, fleurs, fruits, racines, semences, en fera des eaux, des huiles, des confitures, des unguents, des poudres, les preparans en leurs saisons, qu'elle tiendra par après, en vazes, selon leurs distinctes qualités, liquides et seches. Toutes lesquelles provisions et preparatifs, elle gardera cherement pour le besoin, des cheutes, blessures, bruslures, fievres et autres infirmités qui surviennent inopinément. Lors les remedes venans tant mieux à propos, que plus rare et difficile il est d'estre secouru, aux champs qu'en ville." (8 ème Lieu, Chap. IV, p. 885 à p. 887)

Le Chapitre IV est relativement bref, Il porte pour l'essentiel sur la distillation ; après avoir décrit les différents modèles d'alambic, Olivier de Serres dnne de courts conseils pratiques sur les distillations d'eaux de bourgeons, fleurs, herbes, racines, semences, les distillations de quelques huiles, la préparation d'onguents, de conserves, de syrops et de vins medicinaux. (16)

En revanche, le Chapitre V est fort dense. Il se présente un inventaire des remèdes aux différentes affections que l'on peut traiter sans avoir recours à un médecin. Il existe de nombreuses façons de les classer et les répertorier. Olivier de Serres a choisi de les présenter en suivant l'ordre souvent adopté par les auteurs d'ouvrages de médecine de l'Antiquité greco-romaine, soit *a capite ad calcem,* c'est-à-dire en commençant par les affections qui portent sur la tête pour terminer par celles qui touchent les pieds, sans trop s'attarder sur leurs symptômes et leurs causes.

---

* Roole : recueil, répertoire.

† Charnier : lieu où l'on garde des viandes salées.

Toutefois, il achève ce chapitre, en soulignant que ses prescrptions ne portent que sur des affections courantes et sans gravités qui ne nécéssitent pas d'avoir recours à un Médecin. Son répertoire se présente une sorte de Vade mecum dont pourrait disposer un secouriste pour pratiquer des soins de premières urgences, dans l'attente du médecin. Olivier de Serres recommande en effet à différentes reprises à la mère de famille de faire appel au docte médecin quand elle est en présence d'une affection dont elle sera incapable de poser un bon diagnostic et a fortiori une prescription adaptée.

> "Voici, écrit-il d'ailleurs, les remèdes dont se servira la mère de famille, pour le soulagement des siens, attendant que le docte médecin pourveoye plus amplement à la guérison des aiguës maladies, selon les nécessités".

Olivier de Serres a noté que les remèdes qu'il a réunis dans cette sorte de recueil étaient tirés "des livres et expériences", mais il ne donne aucune autre précision. On remarquera en effet qu'il ne fait jamais référence à un auteur où il a recueilli ses informations. Comme il n'est pas médecin et n'a suivi aucune formation médicale, il est totalement tributaire de ses sources pour écrire ce chapitre. Un tel comportement est d'autant plus étonnant qu'il déroge aux pratiques habituelles des médecins botanistes qui citent les auteurs qui ont écrit sur le même sujet qu'eux, ne serait-ce que pour les critiquer et manifester leur désaccord sur leurs propos. Mais n'est-ce pas dès lors un procédé commode retenu par Olivier de Serres, visant à laisser croire à ses lecteurs qu'il connaît lui-mêrme, les propriétés des plantes et l'efficacité des remèdes qu'il conseille, à l'égal d'un médecin et d'un apothicaire, et de faire ainsi de son ouvrage une incontournable référence ?

Faute des aveux d'Olivier de Serres lui-même sur les sources auxquelles il a emprunté ses prescriptions, on peut raisonnablement supposer qu'il a utilisé des ouvrages de médecins (cf. notes 2 et 3), ceux de Crescens, de Mizauld et de Liebault (cf supra, Chapitres 2, 3 et 4), mais aussi des ouvrages d'apothicaires (17). Peut-être a-t-il aussi décidé d'inclure dans son livre, certaines formules de remèdes dont la croyance à l'efficacité était transmise de générations en générations, recueillies oralement auprès des habitants rencontrés au cours de ses déplacements,

Ainsi qu'il l'a annoncé au début du Chapitre IV, Olivier de Serres propose à la mère de famille deux sortes de remèdes pour soigner les personnes malades qui vivent sur le domaine : d'une part ceux qui sont composés de drogues qu'elle doit se procurer chez l'apothicaire de la ville la plus proche et qu'elle logera dans un petit cabinet, c'est-dire une "armoire à pharmacie", dont la liste demande d'engager des dépenses non négligeables, d'autre part des remèdes composés des plantes qu'elle pourra "recueillir en sa terre", c'est-à-dire dans son jardin medecinal, voire dans d'autres jardins du domaine et qu'elle pourra aisément confectionner elle-même, car il s'agit de préparations simples qui sont à sa portée.

Il en donne la liste en commençant par les affections qui touchent le corps humains, en partant de la tête pour terminer par les pieds. Il poursuit son recueil par une liste des maladies des femmes : 1, les menstrues, (p. 931), 2, Suffocation de la matrice, (p.934), 3, Cheute de la matrice, (934), 4.Contre la stérilité, (p.935), 5, Provisions pour la femme enceinte, (p. 936), 6, Engarder l'avortement, (p. 937), 7 Difficulté d'enfanter, (p.938), 8, Ttrenchées, (p. 939), 9, Mamelles pour tarir le lait, abonder en lait, (p. 939), les maladies des enfants, notamment contre les vers dont ils souffrent, (p.940), et termine par une liste de remèdes recommandés pour la guérison de certaines maladies : 1, Les fièvres (continue, tierce, quotidienne, quarte), (p. 942), 2, La peste "par laquelle Dieu châtie les péchés des hommes" (p.944), 3, La goutte (p. 951), 4, L'emploi des purgations, (p. 953), 5, Les douleurs des membres, (p. 955), 6, Les meurtrissures, (p.956), 7, Les plaies, (p. 956), 8, Les tumeurs et apostumes, (p.959), 9, Les furoncles, (p.960), 10, Les bruslures, (p. 960), 11, La teigne, (p. 961), 12, Les cirons et gratelles, (p. 963), 13, La roigne, (p.964), 14, Les rougeurs du visage, (p. 965), 15, La couperoze, (p. 966), 16, Les dartres (p. 968), 17, Les lentilles, (p.969), 18, Les cords et cals, (p.969), 19, Pour retenir le poil qui tombe, l'oster, garder qu'il ne renaisse, le faire revenir, (p.970), 20, Pour oster les marques de la petite vérole, (p. 972), 21, Pour la netteté du cuir,(p. 966), 22, Pour blanchir la face, (p. 973), 23,Pour effacer une veine du visage, (p.976), 24, Pour garder la face du hasle, (p.976), 25, Pour blanchir les mains, (p.976), 26, Pour oster les verrues, (p. 976).

La mère de famille saura-t-elle se servir de ce catalogue de remèdes qui lui est destiné et préparer sans trop de difficultés les préparations qui y sont décrites ?

On peut en douter.

Il est probable en effet qu'elle dût d'abord être quelque peu surprise à sa lecture quand elle constata qu'un grand nombre de plantes cultivées dans son Jardin medecinal n'y figuraient pas, comme, par exemple les suivantes* : 8 Pisse-en-Lict, 9, Numulaire, 12 Sanicle, 21 Chaussetrape, 26, Renouée, 30 Chausse-trape, Fougère, 36 Piloselle, 42 herbe aux Pouilleux,44 Herbe aux teigneux, 45 Pervenche, 46 Senesson, 47 Bacinet, 48 Chevre fueille,50 Pas d'asne, 51 Lysimachie, 52 Barbe de chèvre, 58 Seau de Salomon, 60 Langue de chien, 61 Langue de serpent, 62 Germandrée d'eau, 63 Tourmentille, 64 Campane, 65 Curage, 66 Pied de lion, 67 Gremil, 68 Chardon-à-cent-testes, 69 Peucedane, 70 Grateron, 75 Veronique, 76 Saxifrage, 83 Ive atritique, 84, Bugle, 85 Carline, 86 Franxinelle, 87 Germandrée, 89 Coquelicoq, 90 Passerage. 93 Agripaume.

A quoi bon les cultiver si elles ne servent pas à la préparation des remèdes dont Olivier de Serres lui-même a donné la recette ? Ces omissions témoignent d'un manque de rigueur d'Olivier de Serres dans la rédaction de

* Les chiffres renvoient aux notices du Catalogue ci-dessus.

son ouvrage. Sans doute absorbé à recopier des ouvrages qui ne les mentionnaient pas, il a complètement oublié qu'il avait lui-même sélectionné ces plantes au Chapitre XV du 6ème Lieu de son propre livre… !

Mais la mère de famille dût être tout aussi surprise de découvrir qu'un grand nombre de remèdes proposés par celui-ci étaient composés de plantes cultivées sur le domaine, notamment dans les parterres, dont il n'avait jamais cité les propriétés thérapeutiques, comme, par exemple l'hysope, la marjolaine, le rosmarin,la pariétaire, l'anis, le fenugrec, le melilot, la mente, la rhubarbe, la rue, l'armoise, l'alvine, l'ache, le laurier, la mélisse, la sauge, le genévrier… Il est probable qu'elle aurait aimé en connaître les vertus avant de les employer.

On peut imaginer que la mère de famille aurait pu être encore bien plus étonnée en découvrant qu'il fallait se procurer de bien étanges substances pour préparer certains remèdes, telles que par exemple : de la fiente de pigeon, des mouches cantharides, du fien de cheval pur et récent, des cloportes, petites bêtes plates qu'on trouve dans les caves humides, sous les pierres, de la poudre de crapaud en sachet ou de limassons rouges, de la graisse d'ours, de serpents ou de vipère, des testicules de verrat non chastré desséchées à l'ombre et réduits en poudre, de l'urine de sanglier trouvée dans la vessie de la bête, de la suie de cheminée, de la pierre triangulaire qu'on trouve dans la tête de la carpe, des cœurs de grenouille de rivière, de la fiente de poulaille séchée au four, du sang de grenouille, de la fiente blanche de lézard, de la cendre de sangsues brûlées du sang de chauve souris, de la chair de limaçon, de mousches, de guespes, d'abeilles ou de sang-süe, ou encore de l'emplastrum de ranis composé de nombreuses substances dont six grenouilles grosses et grasses ainsi que de la graisse de vipèree….

Voici quelques modes d'emploi de certains de ces composants :

– pour faire fondre la cataracte : "un couple d'œufs frais cuits durs sous la cendre, deschagés de leurs coques, sont partis par moitié et vüidés de leurs noiaux, en leur place y ont mis du succre-candi, et de la tuthie*, autant de l'un que de l'autre, dont le vüide est rempli, puis rejointes les moitiés, sont liees avec du filet, et mises tremper en eau roze dans un petit vase, d'où aprés avoir sejourné vingt quatre heures, retirees, ces choses sont escachees et pressees à travers d'un linge pour en faire sortir la liqueur, de laquelle, soir et matin, l'on mettra quelques gouttes dans l'œil." (8ème Lieu, Chap.V, p. 897)

– "pour divertir l'importune humeur tumbant du cerveau sur les yeux, on se servira de ce vesicatoire en emplastre mis au dernier du col ou derriere l'oreille fait avec du fort levain, de la fiente de pigeon, des mousches cantharides et de l'eau de vie, le tout pestri et incorporé ensemble."

---

* Tuthie : mélange d'oxyde de zinc, de plomb, de cadmium et de protoxyde de fer qui s'attache sous forme d'une couche dure et grisâtre dans la cheminée des fourneaux où ontraite du minerai de fer. (selon F.Geoffroy, Supt au *Dictionnaire de l'ancienne langue française*).

– "pour arrêter le saignement de nez : "Mettre sur la nuque du col un sachet dans lequel y ait de la poudre de crapaut, laquelle se fait d'un gros crapaut, de ceux qui se nourrissent sur terre, non humide, qu'on enferme, vif, dans un pot de terre, et icelui mis aprés, dans le four avec le pain, pour y dessecher le crapaut, dont il est reduit en poudre." (8ème Lieu, Chap.V, p. 901)

– pour les ulceres d'oreille "Ils sont gueries par l'instillation de l'huile où auront boüilli le blanc des pourreaux, et des vers de terre, jusques à la consomption de la tierce partie" (8ème Lieu, Chap.V, p. 901)

– pour la pleurésie : "Donnerés à boire au malade une drachme de poudre de dent de sanglier, avec quelque syrop pectoral." 8ème Lieu, Chap.V, p. 912)

– contre la stérilité des femmes : "Ceste poudre est ici fort propre. Prenés testicules de verrat ou de pourceau non chastré, dessechés les à l'ombre,et les redigés en poudre, rasure d'ivoire, graine de seseli, matrice de lievre et presure d'icelui, de chacun demie once, puverisés tout cela et le meslés ensemble." (8ème Lieu, Chap.V, p. 935)

– pour la fièvre continue : "Cataplasme fait avec de la suie de cheminee, des œufs frés, jaune et blanc, vinaigre, et sel, batus ensemble, attachés avec des linges sur les pouls des bras. Appliquer au cœur, et sur l'espine du dos, des cœurs de grenouilles de rivière ; mettre sous les plantes des pieds et sur la région du foie, des poissons vifs appellés tanches....Pour aucunement corriger l'alteration venant de la grande soif que le patient endure pendant la fievre, on lui lavera la langue avec vinaigre et eau roze...Après, on lui fera tenir en la bouche quelque pièce d'or ou d'argent ou de cristal ou la pierre triangulaire qu'on treuve dans la teste de la carpe ou des fueilles d'ozeille." (8ème Lieu, Chap.V, p. 942)

– pour la fièvre tierce : "Frotter les temples et le front du malade, peu devant l'accés, avec liniment composé de vers de terre cuits avec graisse d'oie. Mettre aux poignets, temples et plantes des pieds, de l'onguent populeon, une once, avec deux drachmes, toile d'araignees, meslés ensemble." (8ème Lieu, Chap.V, p. 943)

Certaines prescriptions relèvent de la magie, comme par exemple celle-ci :

– "Plusieurs pierres precieuses résistent à la peste, qu'on portera pendues au col, ou és doigt en anneaux. Le rubi, l'esmeraude, la jacinte, le saphir, le grenat de ce nombre. L'on en portera avec efficace, au doigt de la main gauche appellé, Médecin, dautant qu'il répond au cœur." (8ème Lieu, Chap.V, p. 945) pour que la femme enceinte n'avorte pas

Ou cette autre :

– Pour engarder l'avortement : "Ne faut oublier les remèdes naturels qui par vertu occulte empeschent l'avortement, tels que sont, La pierre de jaspe, le gui de chesne avec l'escorce, l'ongle d'un ours, la pierre qu'on treuve au cœur ou aux boïaux ou à la matrice de la biche, pendue au col : la pierre sardoine, liee sur la partie superieure du ventre, les pierres topase et esmeraude enchassees en anneaux, la pierre d'aimant pendue sous l'aisselle gauche, mais avec plus d'efficace, celle d'aigle portee en mêlme lieu, à la charge toutesfois d'oster de là les dites deux pierres approchant l'enfantement, pour les remuer en la cuisse gauche, où elles serviront autant à attirer l'enfant dehors le ventre de la mère, comme elles ont fait à l'y retenir estant au costé." (8ème Lieu, Chap.V, p. 938)

Ces quelques extraits témoignent de l'incroyable crédulité et de la consternante naïveté d'Olivier de Serres, mais aussi de son manque total d'esprit critique, incapable qu'il fût d'opérer une sélection réfléchie dans ce qu'il lisait ou ce qu'on lui rapportait. C'est ainsi que l'on trouve dans son recueil de remèdes aussi bien des prescriptions qui ressortent davantage des élucubrations d'un charlatan que des connaissances d'un médecin expérimenté.

Dès lors, la mère de famille peut-elle accorder sa confiance au contenu de ce recueil ? Ne risque-t-elle pas d'être éffleurée par le doute sur l'efficacité des remèdes qui, y sont conseillés. ?

On ne peut que souscrire ici à la réponse qu'apporta à cette question le célèbre botaniste et médecin A de Candolle dans la note suivante du *Théâtre des champs* parue dans l'édition de 1805.

> "Toute cette partie de l'ouvrage d'Olivier de Serres, écrit-il, qui traite des médicamens est tellement au-dessous des connoissances actuelles, qu'on ne saurait en recommander la lecture à personne ; elle est tellement au-dessous du reste de l'ouvrage, que pour la réputation de ce celèbre agriculteur, nous aurions peut-être dû la supprimer ; elle est même tellement vicieuse, qu'il est impossible, qu'en aucun temps, elle n'est pas fait plus de mal que de bien. Ses listes de drogues, souvent inertes, bizarrement assemblées, et entre lesquelles on n'aperçoit souvent aucuns rapports naturels, renferment, sans doute, quelques médicaments doués de propriétés plus ou moins actives, et qui peuvent être d'une utilité réelle entre les mains de ceux qui savent les employer a propos ; mais c'est ici que git la difficulté : car, pour tirer parti de ces remèdes, il ne suffit pas de les connnnoitre par leurs noms, et de savoir quels sont les ingredients qui les composent, le plus important est de pouvoir determiner le cas où il convient de les appliquer ; or, c'est ce dont il est impossible de donner une idée tant soit peu distincte, à celui qui ne connoit pas la structure du corps humain, le mécanisme de ses fonctions pendant l'état de santé, et les causes générales qui interompent ces fonctions. ....On doit beaucoup à la médecine moderne pour avoir écarté cet énorme fatras de composition galénique qui ont eu la vogue pendant plusieurs siècles et pour avoir réduit les medicaments, tant internes qu'externes, à un petit nombre de remèdes simples et actifs. La pratique en devientplus facile, et elle acquiert par là une marche bien plus assurée qu'elle ne pouvait l'avoir, au milieu du vague et du cahos des formules anciennes. On a souvent tenté de mettre la médecine à la portée de ceux qui, par leur état et leurs occupations étant étranger à cette science, veulent cependant en avoir quelques notions, et acquérir quelques lumières propres à les diriger dans le traitement des maladies qui attaquent leurs amis ou les personnes de leur famille. Malgré le mérite de quelques-uns de ces ouvrages, tels que l'Avis au Peuple, de Tissot, et

la Médecine domestique, de Buchan, on peut avouer que malheureusement ces tentatives ont été jusqu'ici infructueuses, peut-être même ont-elles été plus nuisibles qu'utiles, parce que la pratique de la médecine suppose une grande variété de connaissances qu'on ne peut obtenir que par des études longues et approfondies et par des travaux pénibles et salutaires pour la plupart des hommes : elle suppose un tact particulier, une sagacité à reconnaoître les maladies sous toutes leurs formes diverses, qu'un long exercice et l'habitude d'observer des malades peuvent seuls donner." (Édition de 1805, 8ème Lieu, Chap.V, note 81, p. 828)

*
* *

Le *Théâtre d'Agriculture et Mesnage des champs* n'est pas seulement un remarquable traité d'agronomie, dont l'intention était "de monstrer bresvement et clairement, tout ce qu'on doit congnoistre et faire pour bien cultiver la Terre, et ce pour commodément vivre avec sa famille, selon le naturel des lieux ausquels l'on s'habituë". Olivier de Serres a eu l'idée géniale de lui associer une sorte de manuel de survie destiné aux Mesnagers des champs qui vivent en autarcie, car il a pris concience que "parmi les commodités dont on jouit abondamment aux champs... la solitude de l'habitation est une notable incommodité qui se manifeste lors de la survenue des maladies". Pour faire face à celles-ci, il leur propose d'une part de créer un jardin spécialisé où seront exclusivement cultivés des plantes médicinales, d'autre part, de soigner les maladies bénignes les plus courantes dont la préparation lui paraît facile, en employant les remèdes composés essentiellement de plantes qu'il a réunis dans un recueil qu'il a lui-même rédigé.

Ses propositions ont-elles suscité l'intérêt de ses lecteurs pour se soigner eux-mêmes ?

Le Jardin medecinal

Le jardin spécialisé dans la culture des plantes médicinales que propose Olivier de Serres est original. Mais, son propos souffre de graves défauts : l'aménagement d'un tel jardin demande préalablement à sa mise en culture, d'une butte de terre artificielle, la "montaignete" qui suppose la réalisation de travaux importants, dont le coût élevé est dissuasif, car il n'est pas à la portée de beaucoup de propriétaires. Par ailleurs, les plantes qu'il propose d'y cultiver, dont il donne la liste, peuvent paraître arbitrairement choisies, Olivier de Serres n'en justifie pas le choix, et cet oubli est d'autant plus étonnant qu'il n'emploie pas lui-même beaucoup d'entre elles dans son recueil de remèdes, et que, *a contrario*, un grand nombre de celles qui sont utilisées dans la préparation de ses remèdes n'y sont pas cultivées.

Aussi, son projet ne semble guère avoir emporté l'adhésion et il ne sera jamais donné en référence ultérieurement dans les ouvrages de jardinage. (18)

Un recueil de remèdes pour se soigner soi-même ?

Olivier de Serres a conçu son recueil de remèdes pour permettre à l'épouse du Mesnager, la mère de famille de se soigner elle-même ainsi que tous les siens et le personnel employé sur le domaine, atteints par des maladies courantes et bénignes. Il recommande sagement toutefois de faire appel à un médecin ou un apothicaire quand la mère de famille serait incapable de poser le bon diagnostic de la maladie et dans les cas où les remèdes qu'il propose seraient insuffisants pour la guérir.

Mais le recueil de remèdes proposé à la mère de famille par Olivier de Serres présente deux défauts majeurs. Il offre une liste des maladies qu'il a voulue exhaustive et non des seules affections courantes et bénignes dont le diagnostic serait à la portée de la mère de famille. Il ne répond donc aucunement aux attentes de cette dernière qui avait seulement besoin d'un manuel simple et pratique pour diagnostiquer correctement celles-ci et non d'un ouvrage de médecine qu'Olivier de Serres qui n'avait suivi aucune formation médicale, n'avait d'ailleurs pas les compétences voulues pour écrire.

Par ailleurs beaucoup des remèdes proposés par Olivier de Serres sont trop complexes à préparer et nombre d'entre eux sont composés de plantes qu'il n'a pas ou insuffisamment décrites, et que la mère de famille sera donc bien en peine d'identifier, faute de disposer d'une flore simple qui fait malheureusement défaut dans le *Théâtre des champs*.

Il est donc vraisemblable que ce recueil de remèdes ne fut d'aucune utilité aux Mesnagers des champs ainsi qu'à la mère de famille et on peut douter qu'il fut plus généralement conseillé de le consulter pour se soigner soi-même.

On doit cependant reconnaître à Olivier de Serres d'avoir eu l'idée pertinente de regrouper en un seul ouvrage les conseils pratiques d'un jardinier appliqués à la culture des plantes médicinales et ceux d'un médecin ou d'un pharmacien pour préparer chacune de celles-ci afin de traiter les différentes affections qu'elle aurait la propriété de guérir,

Il nous reste à déplorer qu'aucune publication s'en soit inspirée à ce jour.

NOTES DU CHAPITRE 5

1. Après la publication d'un chapitre en février 1599, Le *Théâtre d'agriculture et mesnage des champs* est publié le 1er juillet 1600 dans son intégralité (in-folio 1024 pages) à Paris par Jamet Mettayer. Il a fait l'objet de huit éditions ou réimpressions du vivant de l'auteur et on compte 19 rééditions de l'ouvrage de 1600 à 1675, dont plusieurs à

Genève qui sont autant de témoignages de l'origine protestante d'Olivier de Serres. À la suite de la révocation de l'Édit de Nantes, il ne sera plus réédité pendant près d'un siècle et il faudra attendre le Directoire pour que, sous l'impulsion de Pierre Bénézech et surtout de François de Neufchâteau, l'ouvrage soit enfin réédité. La publication reprend à Paris à partir de 1802. L'édition de 1804 est réalisée grâce au concours de la Société d'agriculture. François de Neufchâteau en rédige la préface et la biographie de l'auteur ; on y relève également de nombreuses notes rédigées par plusieurs agronomes de l'époque (Jean-Antoine Chaptal, Jacques Philippe Martin Cels, Louis Cotte, Nicolas Deyeux, Louis d'Ussieux, Jean-Baptiste Huzard, Charles Philibert de Lasteyrie, Guillaume-Antoine Olivier, Antoine Parmentier, Henri-Alexandre Tessier et Victor Yvart). L'abbé Grégoire y ajoute un État de l'agriculture en Europe au seizième siècle. Les citations de l'ouvrage d'Olivier de Serres figurant dans ce livre sont extraites de l'édition de 1600, numérisée par la B N F, consultable sur le site Gallica-BnF de la Bibliothèque Nationale de France.

2. Sont en effet alors publiées, en France par exemple, les ouvrages de Symphorien Champier (1471-1539) (cf. Chap. note 4), des œuvres poétiques d'inspiration rustique comme *les Plaisirs du gentilhomme champêtre* de Nicolas Rapin (1535-1608), (I, 373) ou *Le Plaisir des champs* de Claude Gauchet (1540-1620?), le *Roberti Britanni Atrebati Agriculturae encomium* (1539) de Robert Breton, les *Remontrances sur le défaut de labour* (1558) de Pierre Belon, La recepte véritable par laquelle tous les hommes de la France pourront apprendre à multiplier et augmenter leurs Thrésors (1563) et le *Discours admirable de la nature des eaux et fonteines* (1560) de Bernard Palissy, ainsi que les ouvrages de Crescens (cf Chap. 2), de Mizauld (cf. Chap. 3) et le *Paedium Rusticum* (1554) de Charles Estienne, traduit et publiée par son gendre, Jean Liébault, en 1564 sous le titre : *l'Agriculture et maison rustique* (cf. Chap. 4). Toutefois seuls de ces auteurs, Mizauld, Estienne et Liébault ont développé l'idée de créer un jardin exclusivement consacré à la culture des plantes médicinales.

3. On retiendra parmi les ouvrages qu'Olivier de Serres aurait pu consulter

– L'*Herbarum vivae eicones*, (1537, en 3 Tomes) d'Otto Brunfels (1488-1534), L'ouvrage en latin, présente une longue liste des auteurs consultés, notamment de l'Antiquité ; il est divisé en notices, très détaillées, chacune portant sur une plante, illustrée d'une gravure. On y trouve un index des noms des plantes avec indication de la page où elles sont étudiées. Sur Brunfels, cf. supra. Chap.3, note 11.

– Le *De historia stirpium commentarii* (1542), édité en français sous le titre Histoire des plantes (1550) de Leonart Fuchs (1501-1566). Il est divisé en 344 notices. Chacune d'elle, consacrée à une plante, très détaillée, est accompagnée d'une gravure, Il contient un index des noms des plantes en français, en latin en grec et parfois des noms employés par les apothicaires pour les désigner donnant le numéro de la page où la plante est étudiée, ainsi qu'un index des maladies avec l'indication des plantes qui sont prescrites pour les soigner. Sur Fuchs, cf. supra, Chap.3, note 11.

– Les *Commentarii in sex libros de Pedacii Dioscoridis* (1544), le De Plantis Epitome utilissima (1586) de Pirandrea Matthioli (1501-1577), sur Matthioli cf. supra, Chap. 3, note 9.

– L'*Examen omnium simplicium medicamentorum, quorum in officinis usus est* (1546) d'Antonio Musa Brasavola (1500-1555), Texte en latin, dense, sans être divisés en notices, sur l'emploi médical des plantes ; contient un index des noms des plantes avec indication de la page où elles sont étudiées. Sur Brasavola, cf. supra Chap. 3, note 9.

– Le *De natura stirpiumlibri tres* (1536), de Jean Ruel (1474-1537). Ouvrage en latin, divisé en notices, chacune d'elles étant consacrée à une plante, sans illustration. Sur Ruel, Cf. supra Chap.3, note 11.

– Le *New Kreütter Büch* (trad. Latine, 1552) de Jerôme Bock surnommé Tragus (1498-1554), l'ouvrage est divisé en notices, chacune étant consacrée à une plante accompagnée d'une gravure ; contient un index alphabétique des noms des plantes. Sur Tragus, cf. Chap. 3 note 11.

– L'*Histoire des Plantes* (1557) de Rembert Dodoens (ou Rembert Dodonée ou Rembert Van Joenckema) (1517-1585), né en 1517 à Malines, mort en 1585 à Leyde. Après ses études de médecine à Louvain et quelques séjours studieux dans les Universités de France, d'Italie et d'Allemagne, il devient en 1574, médecin de cours de l'empereur Maximilien II, puis de Rudolf II à Vienne. En 1583, il obtint une chaire d'enseignement de la médecine à l'Université de Louvain. Il se montre tout particulièrement intéressé par la botanique. Il se lie d'amitié avec de l'Ecluse et Lobel, ce qui leur permet de fructueux échanges de connaissances. Il est l'auteur de plusieurs ouvrages dont la majorité est consacrée à la botanique. Parmi les plus connus, on retiendra le *Crŭÿdeboeck* (1554) (kruid = herbe, et boeck = livre) contenant l'étude de 1060 plantes illustrée de 715 gravures, écrit en néerlandais et publié chez Christophe Plantin à Anvers. Cet ouvrage a été réédité en 1563, 1608, 1618, 1644, dans des versions toutes différentes. Il a été traduit en français par Charles de l'Ecluse et publié en 1557à Anvers chez l'imprimeur Jean Loë sous ce long titre ; "Histoire des plantes en laquelle est contenue la Description entiere des herbes, c'est-à-dire leurs Especes, Forme, Noms, Temperament, Vertus et Opérations : non seulement de celles qui croissent en ce païs, mais aussi des autres estrangeres qui viennent en usage de Medecine. Par rembert Dodoens Medecin de la Ville de Malines Nouvellement traduite de bas Aleman en François par Charles de l'Escluse". Chaque notice, très détaillée, y est accompagnée d'une gravure. L'ouvrage contient un index des noms des plantes en plusieurs langues indiquant la page où la plante est étudiée, ainsi qu'une Table des maladies qui donne la liste des plantes qui les soignent. Le *Stirpium Historiae Pemptades Sex, Libri XXX*, publié en latin pour la première fois, chez Plantin à Anvers en 1583 et ensuite en 1608, 1618 et 1644, chez le même imprimeur. Cet ouvrage qui reste l'œuvre majeure de Dodoens se présente comme un traité de botanique monumental, divisée en 6 grandes sections, contenant chacune 5 livres, avec un classement des plantes en 26 groupes, selon leurs propriétés. On notera que ses propres observations y sont mêlées à celles de Charles de l'Écluse et Mathias Lobel qui ont participé à sa publication.

– Le *Plantarum seu Stirpium Historia* (1576) de Mathias Lobel (ou Mathieu) de l'Obel (ou de Lobel ou Delobel, en latin Lobelius) est né à Lille en 1538, et mort à Highgate en 1616. Après ses études de médecine à l'Université de Montpellier et probablement aussi à Louvain, Pise et Padoue. Il exerce la médecine de 1571 à 1581 à Anvers et à Delft, où il est le médecin de Guillaume le Taciturne, prince d'Orange En 1584, il se réfugie en Angleterre, pour fuir la guerre civile qui sévit aux Pays-Bas. Il y publie en 1570, en collaboration avec Pierre Pena, qu'il avait rencontré à Montpellier un important ouvrage de référence : le *Stirpium adversaria nova* où sont décrits avec précision environ 1 500 espèces de plantes, avec l'indication des localités où elles ont été récoltées. L'ouvrage est illustré de plus de 250 gravures sur bois. Il fut souvent réimprimé et considérablement augmenté, notamment à Londres en 1571, Leyde en 1610, Francfort en1651). Il est aussi l'auteur du *Plantarum seu stirpium historia*, publié en 1576, écrit en latin et traduit en flamand en 1581 sous le titre de *Kruydtboeck.* est plus qu'une simple adaptation du premier, et contient un index en sept langues et plus de 2 000 illustrations, dont la plupart sont tirées des ouvrages de Clusius, de Rembert Dodoens et de Pierandrea Matthioli, Il comprend également un lexique sur l'utilisation des plantes dans le traitement des maladies. On relève notamment dans l'œuvre de Lobel une tentative originale de classification des végétaux par familles, en fonction de leurs caractéristiques naturelles, et non par ordre alphabétique ou par leurs propriétés médicinales.

– *Le Stirpium Herbariae Pemptades sex* (1583) d'Andrea Cesalpino (1519-1603), L'ouvrage est en latin, ne contient aucune gravure, mais un index des noms des plantes avec indication de la page où elles sont étudiées. Andrea Cesalpino (Andreas Caesalpinus en latin et André Césalpin en français), est né en 1524 à Arezzo en Toscane et mort en 1603 à Rome. Après ses études de médecine et de botanique à l'université de

Pise, il y enseigne la philosophie, la médecine et la botanique. Il succède à Ghini à la direction du jardin botanique de Pise de 1554 à 1558. Appelé à Rome pour enseigner la médecine et être le médecin personnel du pape Clément VIII, qui le nomme professeur de médecine au collège de la Sapience. Comme médecin il est l'un des premiers à reconnaître la circulation du sang. Comme naturaliste, il est l'auteur d'un important ouvrage de botanique paru à Florence en 1583, *De plantis libri XVI.* Il y décrit avec une grande précision, environ 1500 espèces qu'il tente de classer suivant un système qui lui est propre, fondé sur la forme de la fleur dont il reconnaît le sexe, le fruit et le nombre des graines, de manière à les identifier facilement. Il y fait une large place à ses propres observations et expériences. Il rejette ainsi les systèmes de classification basés sur des critères artificiels, comme, par exemple, le goût, les utilisations médicinales ou l'ordre alphabétique. A la différence des autres herbiers, son ouvrage ne contient volontairement aucune illustration, car il juge que seul le texte permet de décrire précisément toutes les caractéristiques d'une plante, ce que ne peuvent proposer les représentations graphiques. Il aborde ainsi de façon très novatrice l'étude des végétaux, en accordant une large place à leur morphologie, à leur nutrition, aux organes qui assurent leur reproduction.
L'*Historia generalis plantarum* (1586) de Jacques Daléchamps ou D'Aléchamps, né en 1513 à Caen, mort à Lyon en 1588. Après ses études de médecine à l'Universté de Montpellier, où il suit notamment les cours de Guillaume Rondelet, il est reçu docteur en 1547. Après avoir séjourné quelques années à Grenoble et Valence, il s'établit à Lyon où il exerce la médecine à l'Hôtel Dieu de la ville. Il est l'auteur de plusieurs ouvrages : *Chirurgie françoise*, (1570), une traduction de l'œuvre de Galien (Administrations anatomiques de Claude Galien, traduictes fidèlement du grec en françois (1572) Il a traduit également d'autres auteurs classiques comme Athénée (1598), Pline l'Ancien et Paul d'Égine... Il a ainsi largement contribué à la vulgarisation de nombreuses œuvres de l'antiquité. Mais son œuvre la plus importante est l'*Historia generalis plantarum* (1586), compilation de l'essentiel des connaissances botaniques de son époque, qui est publiée à Lyon, chez Guillaume Rouillé, L'ouvrage est d'ailleurs parfois désigné sous le titre *Historia plantarum Lugdunensis* car il décrit la flore des environs de cette ville. Bien que seul son nom figure sur la page de titre, certaines parties de son livre ont sans doute été rédigées par Jean Bauhin et Jean Des Moulins. L'ouvrage, écrit en latin, donne la description très précise de plus de 2700 plantes, chacune étant accompagnée d'illustrations parfois recopiées du traité de Mathias de l'Obel. Il contient aussi des index des plantes étudiées dans les 2 volumes de l'ouvrage, en latin, français, grec, arabe, italien, espagnol, allemand, flamand, bohémien et anglais. Daléchamps avait en effet chargé le médecin Jean Desmoulins (1530-1622) qui exerçait aussi à Lyon, de l'édition de ses notes et il est difficile de savoir si ce dernier a scrupuleusement publié celles-ci ou s'il les a complétées, voire corrigées. Jean Desmoulins en publia une traduction en français en 1615 sous le long titre suivant : *Histoire générale des Plantes contenant VIII livres également departis en deux tomes :* Sortie latine de la Bibliothèque de Me Jacques Dalechamps puis faite par Françoise par Me Jean des Moulins, mèdecins très-fameux de leur siècle, où sont pourtraités et descrites infinies plantes par les noms propres de diverses Nations, leurs espèces, forme, origine, saison, temperament naturel et vertus convenables à la medecine, avec un indice contenu au commencement du second, tome très utile et très nécessaire pour monstrer les proprietez des Simples, et donner guérison à toutes les parties du corps humain. Ensemble les tables des noms en diverses langues. Lyon, Guillaume Rouillé, 1615.
– L'*Hortus medicus* (1588), de Joachin Camerarius, (1534-1598). Il présente de brèves notices en latin, sans gravure. En revanche, il est peu probable qu'Olivier de Serres ait pu consulter son *Eklekta Georgika* consacré à l'agriculture qui parut trop tardivement (1596). Sur Camerarius, cf. supra, Chap.1, note 8.

4. Olivier fait brièvement référence au "témoignage de Liebault en sa Maison rustique" (6ème Lieu, Chap XII, p. 572) pour noter la dangerosité des œillets d'Inde en temps de peste, jugés venimeux. Il fait sans doute aussi allusion à Liebault (8 ème Lieu, Chap. V, p. 940) dans un autre passage, moins précis, car il ne le nomme pas, mais renvoie probablement à un autre ouvrage de ce dernier en ces termes : "La mère de famille qui desirera entendre davantage de ces choses, lira le livre des Remedes secrets pour les maladies des femmes, où elle treuvera matiere de contentement. "
5. Olivier de Serres lui rend un vibrant hommage "Nous devons la cognoissance et le gouvernement de plusieurs rares et excellentes plantes à fleurs, à M. Charles de l'Escluse, qui avec soin exquis, en a eslevé grand nombre dans son jardin de Leiden en Hollande, où il en a fait transporter les races des Indes, et de divers païs lointains. Pour laquelle gentille dextérité, il a mérité le titre de Père des Fleurs, et aussi pour les autres vertus, beaucoup de loüanges. "Charles de l'Ecluse ou Carolus Clusius né à Arras en 1526, mort à Leyde en 1609 est un médecin et botaniste, auteur de plusieurs ouvrages de botanique dont un important traité illustré en latin *Rariorum plantarum historia* (1601)
6. Ce jardin était remarquable par sa conception rationnelle et ses aménagements pratiques, par son objectif qui était de le faire servir non seulement aux études médicales, mais aussi aux études botaniques, par la recherche d'emplacements offrant aux végétaux des conditions aussi proches que possible de leur habitat naturel. Ce jardin comprend d'une part "la Montagne", en forme de trapèze, haute d'environ 3 mètres, mesure 135 mètres de long et 24 mètres de large. Elle est divisée en cinq gradins, et orientée d'est en ouest, de manière à présenter une face sud pour y cultiver les plantes de la garrigue et une face nord pour celles qui demandent des endroits ombragés et humides. Il intègre d'autre part, en contrebas et au sud de la montagne, un espace réservé à l'école médicale où étaient cultivées des plantes médicinales. Il était constitué de deux rangées de trois banquettes séparées par une allée centrale. Les plantes y étaient plantées dans l'ordre alphabétique de leur nom latin, et désignée par un numéro gravé dans une pierre. Une estampe nous en donne une perspective (Musée Atger, Faculté de Médecine de Montpellier) Ce jardin fut ruiné lors du siège de Montpellier en 1622, par les troupes royales.

   Richer de Belleval (cf. Chap.1, note 18) publia en 1598 un ouvrage écrit en latin, intitulé *Onomatologia sive Nomenclatura stirpium, quae in horto regio Monspeliensi recens canstructo coluntur* (78 folios in12) qui contient une lettre au Roi exposant l'organisation du Jardin et une liste alphabétique des noms latins des quelques 1332 espèces et variétés des plantes qui y sont présentes. Cet ouvrage fut réédité à Paris en 1785 par M. Broussonet dans un livret intitulé "*Opuscules de Pierre Richer de Belleval*". Broussonet est aussi l'auteur d'un ouvrage intitulé "*Recherches sur la vie et les ouvrages de Pierre Richer de Belleval*" (1786 Avignon).

   M. Dorthes (1759-1794), médecin à Montpellier et membre de la Société royale d'Agriculture de France, qui rédigea en 1788, "*L'Eloge historique de Pierre Richer de Belleval*" évoque l'originalité de la conception de ce jardin, ainsi que son histoire et l'état dans lequel il se trouvait à son époque, accompagné d'un plan. Olivier de Serres le cite en modèle à ceux qui entreprendront de créer un jardin médicinal (Lieu sixième, Chap XV, p. 606). On ne peut évoquer le jardin botanique de Montpellier sans citer Guillaume Rondelet, né à Montpellier en 1507, mort à Réalmont en 1566. Il enseigna la médecine à Montpellier de 1545 à sa mort. Il eut notamment parmi ses élèves François Rabelais, Léonard Fuchs, Jacques Daléchamps, Charles de l'Ecluse, Mathias Lobel. Il y organisa le premier cours officiel de Botanique en France en 1550 ainsi que des herborisations dans la région languedocienne. Il ne laissa malheureusement aucun ouvrage important de Botanique. Son seul écrit est consacré aux poissons.

PLAN du JARDIN BOTANIQUE de MONTPELLIER
par M..Dorthes, *Eloge historique de Pierre Richer de Belleval* (1788)

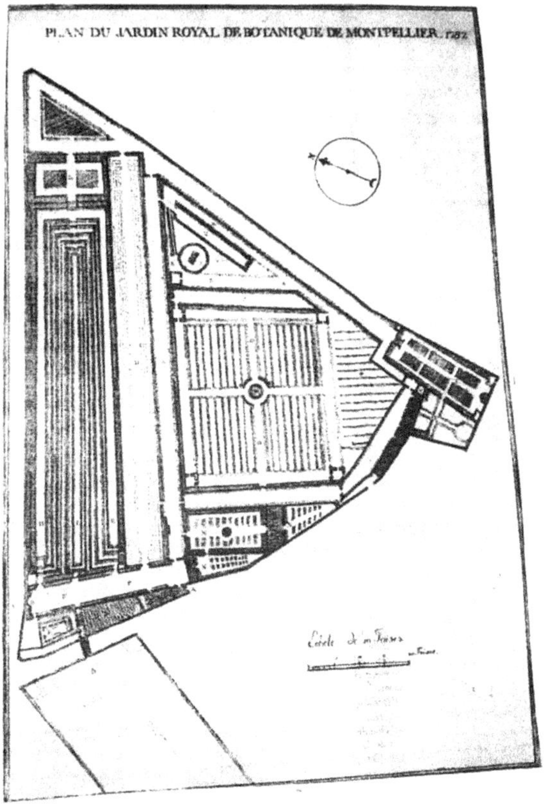

JARDIN BOTANIQUE DE MONTPELLIER
(estampe dite de Richer) (1602)

7. Claude Mollet ou Molet (1557-1647), Premier jardinier du roi sous les règnes d'Henri IV et de Louis XIII, il était responsable de l'ordonnancement du jardin des Tuileries (avec Jean Le Nôtre, le père d'André Le Nôtre, le jardinier de Louis XIV), de celui du château de Fontainebleau, du Château Neuf de Saint Germain en Laye ainsi que du Jardin de Versailles. Il est l'auteur du Theatre des plans et jardinages, édité en 1652, après sa mort. Sur la biographie de C. Mollet, cf. aussi (VIème Lieu, Chap. XIII, p. 475 note 112) dans l'édition de 1805 du Théâtre d'Agriculture.
8. Les jardins botaniques médicinaux existant à son époque sont relativement peu nombreux à Paris : il y a les jardins des hôpitaux (Hôtel-Dieu, Sainte Anne) spécialisés dans la culture des simples nécessaires à la préparation de leurs remèdes ; ceux de certaines institutions religieuses, ceux de certains apothicaires et de savants. Parmi ces derniers, on peut citer, par exemple, entre autres :
– Le jardin de l'apothicaire Nicolas Houël, appelé ultérieurement "Le jardin des apothicaires" créé en 1576 dans le faubourg Saint Marcel, d'abord en bordure de la Bièvre, puis, à la suite des dommages causés par une crue de celle-ci en 1579, reconstitué en un lieu situé entre les actuelles rues Lhomond et de l'Arbalète. L'inventaire des plantes qui y étaient cultivées au XVIIIème siècle fut publié par Descemet en 1749 et comptait alors plus de 800 espèces.
– Le jardin du jardinier du Roi Henri IV, le botaniste jean Robin, que celui-ci avait aménagé et cultivé sur un terrain généralement identifié sur l'île de la Cité à l'emplacement de l'actuelle Place Dauphine). Il est cité en ces termes par Jean de Renou (1568-1620) le médecin du Roi, dans son article sur le Calamus aromaticus des Apoticaires, ou souchet de Babylone "qui est présent beau et verdoyant dans le jardin célèbre botanicque et Royal qui est en cette ville de Paris où il y a une infinité de plantes rares et excellentes que Monsieur Jean Robin, Professeur Botanique du Roy, entretient fort soigneusement." (*Œuvres pharmaceutiques,* traduction de Louis de Serres, 1626, p 243). Il en publia un inventaire en 1601 (*Catalogus stirpium tam indigenarum quam exoticarum quae Lutetiae coluntur, a J. Robino botanico regio et iatrici horti celeberrimae Schole Parisiensis Curatore*). Jean Robin était en effet également le curateur du jardin de la Faculté de Médecine, de taille modeste, situé rue de la Bûcherie.
– Le jardin de l'apothicaire Pierre Cuthe, rue Sainte Avoye, et celui du chirurgien Nicole Rasse, tous deux cités par Liebault : "Pour avoir plus grande asseurance de tout cela, écrit celui-ci, tu la pourras visiter és jardins medicinaux de Messieurs, maistre Nicole Rasse, le docte et bien experimenté Chirurgien, et Pierre Cuthe le sçavant et soingneux Apothicaire, qui tous deux à Paris, ont enrichie nostre France d'une infinité de simples rares, exquis, et doués de singulières vertus." (*La Maison rustique* p. 129).
– Le jardin du médecin Jacques Gohory (1520-1576), probablement situé à l'emplacement du labyrinthe du Jardin du Roi, l'actuel Jardin des Plantes. Il en fait mention dans son Instruction sur l'herbe Petum (i e le tabac) paru en 1572 où il rappelle : qu'outre le petum masle et femelle, "j'ai peuplé de plusieurs autres rares simples le jardin que j'ay nagueres acquiz au faux-bourg Sainct Marceau lez Paris, où j'ay eleu le lieu de ma solitude."
– Le jardin du mathématicien de la Brosse Il nous est connu par une citation du médecin Jacques Gohory qui note dans son Instruction sur l'herbe Petum (i e le tabac) paru en 1572 : "Quant à la cure des playes, j'en ai fait souvent l'expérience de la feuille seule pilée, dont m'a fourni abondamment le Sieur de la Brosse, mathématicien du Roy, très-docte, de son beau jardin garny d'une infinité de simples rares et de fleurs exquises. "
– Le jardin du pharmacien Jean Gonier, cité par jean de Renou dans son passage sur le persil de Macédoine (p. 304) : "Nous l'avons vu, écrit-il, beau et verdoyant en ceste ville de Paris dans le jardin de Monsieur Jean Gonier tres-docte Pharmacien, où il est entretenu aussi soigneusement qu'une infinité d'autres plantes rares qui y sont. "
Il considère celui-ci dans un autre passage comme un "très bon Pharmacien et fort curieux des plantes rares" (p. 358) et aussi comme un "grand simpliste" (p. 373), c'est-

à-dire spécialiste des simples. (Œuvres pharmaceutiques, trad. Louis de Serres, Lyon 1626). Le jardin du Roi qui deviendra le Jardin des Plantes ne sera créé qu'en 1626 par un édit de Louis XIII et son aménagement sera confié à Guy de la Brosse. Pour plus de détails sur les jardins parisiens du XVI ème siècle, c f : Bouvet Maurice. *Les anciens jardins botaniques médicaux de Paris*. In Revue d'histoire de la pharmacie, 35e année, n°119, 1947. pp. 221-228, Cusset G. *Sur les Jardins botaniques parisiens au XVIème siècle,* in : Journal d'agriculture tropicale et de botanique appliquée, vol. 13, n°8-9, Août-septembre 1966. pp. 385-404., Guitard, E-H. *Au vieux Jardin des Apothicaires*, in Bulletin de la Société d'histoire de la pharmacie, 17e année, n°64, 1929. pp. 320-322.

9. Au Jardin potager d'hiver doivent être cultivées 1. Des Racines : Oignons, Cibouilles ou Civots, Pourreaux, Aulx, 2. Des Feuilles : Laitues, Espinars, Eschalotes ou Appetits, Chous cabus, 3. Des Fruits : Artichaus, Cardes ou Cardons, Pois, Fèves. (Chap. IV, V et VI, p 508 à 521).
10. Au Jardin Potager d'été, doivent être cultivées 1. des Racines : Oignons, Pourrreaux, Raiforts, Raves, Naveaux et Navets, Pastenades et Carrotes, Bette-Rave, Sercifi (i e Salsifi), Chervïs ou giroles, Reponces ou Raiponces, 2. des Feuilles : Espinars, Chous (cabus, blancs et verts), Poirée, Bette, Blette ou Reparee, Persil, Ozeille, Pimprenelle, Bourrache, Pourpier, Corne de cerf, Cerfueil, Nazinor ou Cresson alenois, Targon, Coq, Senemonde, Baume, Trippe-madame, Ache, Chreste-marine, Pied d'alouëtte, Basilic, Cichorée ou Endivie, Bazilles, Asperge, 3. des Fruits : Melons, Poupons, Concombres, Concombres serpentins, Courges, Cougourdes, Citrouilles, Citre, Capres. (Chap. VII, VIII, IX, p.521 à 550).
11. Les arbustes du jardin bouquetier ou à fleurs sont : Roziers, Jessemins, Rosmarins, ou Libanotis, Murtes ou Myrtes, Bouïs, Garrobier, Lierre [grimpant], Savinier ou Sabina, Troesne, Cyprès, Laurier, Rododendron, Monon, Griotrier à rozes, Genest d'Espagne ou Gaude, Sureau, Groseiller, Framboisier, Houblon, Chevre-fueil, Pomme d'amour, de merveille et dorée, Campanule ou Volubilis major, Pois de merveille, Cartoufle, Mousserons, Potiron ou Boulets, Belvedere, Grunal (des Indes) (Chap. X, p.550 à 565)
12. Les herbes de bonne senteur pour bordures et compartiments du parterre* sont : Lavande, Hyssope, Alvine ou Absynthe, Trufemande ou abrotanum fæmina, Thym, Sarriete ou Sadree, Serpoulet, Fabregue, Menthe, Pouliot, Sauge, Marjolaine, Basilic, Auronne, Fenoil, Anis, Coriandre, Palma Christi, Mandragore, (Chap. XI, p. 565 à 570)
13. Les Fleurs pour le jardin bouquetier sont : Œillets ou Giroflees, Violiers, Muguets, Violetes de Mars, Pensée, Marguerites, Souci, Passe-velours, Passe roze, Herbe au soleil ou Héliotrophon, Lys, Fraises, Gaieul, Herbe de la nuit, Tulipan, Martagon de Constantinople, Pions, Anemoné, Couronne impériale, Pivoine (Chap. XII, p. 571 à 579)
14. Herbes et fleurs pour les bordures : Murtes, Lavande, Romarin, Trufemande (i e santoline ?) et Bouis ; pour les compartiments† : Marjolaine, Thym, Serpolet, Hysope, Pouliot, Sauge, Camomille, Menthe, Violette, Marguerite, Basilic, et autres herbes demeurant toujours vertes et basses, comme Oseille et Persil, ainsi que la Ruë. (Chap. XIII, p.579 à 585)
15. Les principaux arbres du jardin fruitier ou Verger : Abricotier, Auberger (espèce d'abricotier), Pescher, Amandier, Couldrier, Noisetiers, Cerisiers et Guiniers, Pruniers, Pommiers, Poiriers, Coigniers, Chastaignier, Meurier, Cormier, Cornoailler, Meflier ou Nefflier, Noier, Jujubier, Grenadier, Figuier, Olivier, Oranger, Citronier, Limonier, Palmier, Canne à sucre, Cotton (Chap. XXVI, p. 676 à 717).
16. Parmi les ouvrages écrits sur la distillation, accessibles à l'époque d'Olivier de Serres, on peut retenir ceux de H.Brunschwyck ; *Liber de arte distillandi* (1500 -1512), de Pirandrea Matthioli : *De ratione distillandi aquas* (1554) en appendice à l'édition de sa

* Parterre : partie d'un jardin où le terrain est uni et plat, sans arbre, divisé en plates-bandes.
† Compartiment : partie d'un parterre.

traduction de Dioscoride, de C Gesner : *Thesaurus Evonymi Philiatri* (1555), de Valérianus Cordus : *Bref Discours de la Distilation des eaux*, publié dans le Guidon des Apothicaires (p. 572 à 660) (1572). Mais Ollivier de Serres n'a pas connu l'important traité de Giambattista della Porta : *De Distillationibus*, qui ne fut publié qu'en 1608.

17. Parmi les apothicaires dont les ouvrages sont considérés comme des références à l'époque d'Olivier de Serres et que celui-ci aurait alors pu consulter, on citera :
– Le Dispensarium medicinarum (Tours, 1538) de Thibault Lespleigney (1496-1550)
– Le *Guidon des Apothicaires* (Lyon, 1572) de Valerianus Cordus (1515-1544)
– La *Pharmacopée* (Lyon, en latin 1579, en français, 1581) de Laurent Joubert (1529-1582)
– L'*Enchirid ou Manipule des miropoles* (Lyon, 1561) de Michel Dusseau
– La *Paraphrase sur la pharmacopée* (Lyon, 1588) de Brice Bauderon (1540-1623)

18. Toutefois l'idée de créer un jardin médicinal ne fut pas totalement perdue. En effet, deux siècles plus tard, celle-ci fait encore l'objet de propositions dans les ouvrages dédiés à l'aménagement de propriétés rurales. Ainsi, par exemple, on peut lire dans la *Nouvelle Maison rustique* de 1798 (cf. supra. Chapitre 4 note 6 :

"Il est à propos de disposer ses jardins, de façon qu'on en ait un particulier, dans lequel on ne mettra que des herbes médicinales, dont on tâchera d'acquérir la connoissance, et dont on se servira au besoin.On trouvera dans ce traité la manière de les cultiver, leurs vertus, lur dose et la manière de les employer. On pourra disposer ce jardin par planche, comme celui des fleurs, avec des plates-bandes autour des murs, pour pouvoir y arranger les différentes espèces de plantes qu'on y mettra, suivant leurs genres et les différentes expositions qu'elles demanderont." (La Nouvelle Maison rustique, Tome Troisième, Paris, 1798).

Et l'auteur poursuit son propos en donnant un mode de classification des plantes selon leurs propriétés thérapeutiques, suivi d'une longue liste de telles plantes dans laquelle le propriétaire n'aura plus qu'à choisir quand il créera son propre jardin médicinal. Selon J.F.Bastien Tome III de *La Nouvelle Maison rustique* (1798) : Les plantes doivent se diviser comme il suit :
– 1. Les alexitères et cordiales qui résiste au venin et à la malignité, comme l'ail, la fraxinelle, dompte-venin, alleluia, citron, orange, agripaume
– 2. Les anti scorbutiques comme cochlearia, le cresson, la berle, la capucine, la passerage
– 3. Les apéritives et diurétiques qui sont propres à procurer l'évacuation de la sérosité superflue du sang par la voie des uretères et des urines, comme la chicorée sauvage, le pissenlit, l'oseille, la patience, le fraisier, l'alkékenge, l'ache, le persil, l'asperge, le fenouil, l'arrête-bœuf, la garence, le chiendent, l'oignon, le poireau, le pavot, le genêt, l'artichaut, le chervis.
– 4. Les aromatiques et céphaliques, propres aux maladies de la tête, comme la bétoine, le muguet, la fleur de tilleul, la pivoine, le gui de chêne, la caille-lait, le basilic, le calament, le thym, le serpolet, la sauge, la lavande, l'hyssope, la marjolaine, la digitale.
– 5. Les béchiques et pectorales appaisent la toux et procurent l'évacuation des humeurs pituiteuses, grossieres et épaisses comme la capillaire, la pulmonaire, la réglisse, le tussilage ou pas-d'âne, le napet, la bourache et le buglosse, l'année, le lierre terrestre
– 6 Les carminatives et chaudes pour les indigestions, comme l'anis, le mélilot, la camomille.
– 7. Les diaphorétiques et sudorifiques, comme la reine des prés, la scorsonère, la scabieuse, le genièvre, l'angélique, l'impératoire, le buis.
– 8. Les émollientes pour amollir et relâcher la trop grande tension des fibres, comme la mauve, guimauve, violette, mercuriale, pariétaire, seneçon, poirée, acanthe, berce, bouillon-blanc, lin, linaire, lis.

– 9. Les épaississantes et rafraîchissantes pour calmer et adoucir l'âcreté des humeurs et modérer leur activité, comme citrouilles, concombres, courge, melon, laitue, laiteron, pourpier, chicorée sauvage, joubarbe, nénuphar, mâche, cynoglosse,
– 10. Les errhines et sternutatoires, comme le tabac et la graine de moutarde en poudre.
– 11. Les fébrifuges, comme la gentiane, petite centaurée, germandrée, benoite, argentine, bourse à pasteur.
– 12. Les hépatiques et spleniques propres aux maladies du foie et de la rate, comme l'aigremoine, l'eupatoire d'Avicène, la scolopendre, la polypode, la fougère, la fumeterre, le houblon, la serpentaire, le cerfeuil.
– 13. Les hystériques ou emménagogue propres à rétablir les évacuations naturelles du sexe, comme l'aristoloche, l'armoise, la mélisse, la rue, la sabine, le souci, la valériane, le marrube, le safran, l'agnus castus.
– 14. Les narcotiques, anodines (pour calmer les douleurs) et assoupissantes. Parmi les narcotiques l'opium, la jusquiame, la ciguë, la mandragore, la stramonium ou pomme épineuse.
– 15. Les ophthalmiques propres aux maladies des yeux, comme l'eufraise, la verveine, le barbeau ou bluet, cyanus, la bruyère, le trèfle.
– 16. Les purgatives, comme le nerprum, la rose pâle et la rose muscate, la flambe ou iris, la coulevrée, l'yèble, l'agaric, le cabaret, les ellébores, le noir et le blanc.
– 17. Les résolutives, comme la scrofulaire, petite chélidoine et petit liset, et le seigle.
– 18. Les stomachiques et vermifuges, comme absinthe, aurone, baume, eupatoire, tanaise.
– 19. Les vulnéraires apéritives qui ont la propriété d'emporter les obstructions, le sable et les matières glaireuses par les urines, comme la véronique, verge d'or, mille-pertuis, ivette, pimprenelle.
– 20. Les vulnéraires astringentes, comme le bugle, la brunelle,la sanicle, la pervenche, la quintefeuille, la tormentille, la bistorte, l'ortie, l'épis des prés.
– 21. Les vulnéraires détersives, comme la persicaire, la ronce. (La Nouvelle Maison rustique, Tome III, p. 1 à 3, Paris, An VI, 1798).

BIBLIOGRAPHIE

Adelon, N. P., Béclard, P-A, Biett L-Th., *Dictionnaire de Médecine ou Répertoire général des Sciences médicales,* (21 vol.), 1832 -1846, Paris, Béchet.

Adelon, N. P, Chaumeton, F. P., Mérat de Vaumartoise F. V. *Dictionnaire des Sciences médicales*, (58 vol), 1782-1862, Paris, Panckoucke.

Alexandre (Dom Nicolas), *Dictionnaire botanique et pharmaceutique*, 1716, Paris, Veuve Le Conte.

Amir, M., *Les cueillettes de confiance*, 1998, Mane, Les Alpes de Lumière ; *Vieux Remèdes de nos Grands-Mères*, 2010, Rennes, Ouest France.

Anderson, F., *An illustrated history of the herbals*.1912, réd.1977.Columbia University Press, N.Y

Andriaenssen, D, *Le latin de mon jardin*, 2011, Paris, Larousse.

André, J., *Les noms des plantes dans la Rome antique*.1985, Paris, Les Belles Lettres.

Antoine E. (commissaire de l'exposition), *Sur la terre comme au ciel : Jardins d'Occident à la fin du Moyen Age*, Musée national du Moyen Age/Thermes de Cluny, 2002, Paris. Réunion des Musées Nationaux.

Anton, R., Wichtl, M., *Les Plantes thérapeutiques*, 2003, rééd. 2017, Paris, Éditions Tec et Doc, Lavoisier.

Arber, A, Herbals, *Their Origin and Evolution* (1470-1670), 1912, Cambridge University Press, *L'Arbolayre* ou, *Le Grant Herbier en françois*, Vers 1498, Paris, Pierre Le Caron.

Ardissone, L., *Nos bonnes herbes de la Saint Jean*, Marseille, s d, Les Presses Universelles.

Arnauld de Villeneuve, *Le Trésor des pauvres selon Maitre Arnauld de Villeneuve, Gérard de Solo, et autre docteurs en Médecine de Montpellier*, 1518, Lyon

Avicenne, *The Canon of Medicine*, Volume 2, *Natural Pharmaceuticals, compiled by Lalch Bakhtiar,* Series Editor Seyyed Hossein Nasr, 2012, distribued by Kazi Publications, Inc, Chicago.

Bachot, G., *Erreurs populaires touchant la Médecine et régime de Santé*, 1626, Lyon

Baridon, M., *Les jardins*, 1998, Paris, Robert Laffont.

Bastien, J. F., *Dictionnaire botanique et pharmaceutique*, 1802, Paris, Ouvrage collectif édité par J.F. Bastien..

Blunt, W., *The Art of Botanical Illustration, an illustrated History*, (rééd. 1994), Dover Publications, New York.

Botineau, M, *Les Plantes du Jardin Médiéval*, 2003, Paris, Belin.

Bourgeois-Cornu, L., *Les bonnes herbes du Moyen Age*, 1999, Paris, Publisud.

Baumé M., *Éléments de Pharmacie théorique et pratique*, Paris, 1773, chez Samson.

Benezet, J-P., *Pharmacie et Médicaments en Méditerranée occidentale*, 1999, Paris, Campion.

Bilimoff, M., *Les Remèdes du Moyen Age*, 2011, Rennes, Ouest-France,

Blégny, N. de, *Secrets concernant la beauté et la santé*, (2 vol.), 1688, Paris, Laurent d'Houry et chez la veuve Denis Nion.

Blay, M. et Halleux, R., *La Science classique* XVIème - XVIIIème siècle, 1998, Paris, Flammarion.

Blunt, W., *The Art of Botanical Illustration, an illustrated History*, 1901, rééd. 1994, Dover Publications Inc. N.Y.

Bollème, G., *Almanachs populaires aux XVIIe et XVIII e siècles*, 1969, Paris, Mouton ; *La Bible bleue*, 1975, Paris, Flammarion, La Bibliothèque bleue, 1976, Paris, Julliard.

Bonnefon (N. de), *Le jardinier françois*, 1651, rééd.2001, commenté par Bogard, F.X, Ramsay

Bonnier, G., *Flore compète illustrée de France*, 1911-1935, rééd. 1990, Paris, Belin.

Botineau, M., *Les plantes du jardin médiéval*, 2001. Saint-Yrieix, Eveil nature.

Bouché, P., *Les mots de la médecine*, 1994, Paris, Belin.

Boudot, J., *Dictionarium universalis latino-gallicum*, 1780, Paris, Barbou

Boullard, B., *Plantes médicinales du Monde*, 2001, Paris, Éditions Estem.

Bouteiller, M., *Médecine populaire d'hier et d'aujourd'hui*, 1966, Paris, Maisonneuve et Larose.

Bouvet, M, *Les anciens jardins botaniques médicaux de Paris*, in Revue d'histoire de la pharmacie, 35e année, n°119, 1947. pp. 221-228.

Boyceau, J. *Traité du jardinage*, 1638. Paris, chez M. Vanlochon.

Brice, F., *Les Mots de la Botanique*, 2011, Arles, Actes Sud.

Broussonet, M., *Opuscules de Richer de Belleval*, 1785, Paris, *Recherches dur la vie et les ouvrages de Richer de Belleval*, 1786, Avignon, Joly imprimeur et Libraire.

Bruneton J., *Pharmacognosie. Phytochimie, Plantes Médicinales*, 1993, rééd. 2017, Paris, Éditions Tec et Doc, Lavoisier ; *Plantes toxiques*, 1996, rééd. 2005, Paris, Éditions Tec et Doc, Lavoisier ; *Phytothérapie, Les données de l'évaluation*, 2002, rééd. 2012, Éditions Tec et Doc, Lavoisier.

Buchan, W, *La Médecine domestique* 1770, Édimbourg, trad en français par J.D. Duplanil (5 Volumes) 1775, Paris, chez G. Desprez.
Buchoz, P-J, *Médecine rurale et pratique... ou Pharmacopée végétale et indigène*, 1768, Paris, Lacombe.
Bulliard, P., *Herbier de la France, ou Collection complète des plantes indigènes de ce Royaume* (7 volumes), 1780-1793, Paris, chez l'auteur, Didot le jeune, Debure et Belin.
Calkins, Robert G, *Pietro de Crescenzi and the Medieval Garden*, in *Medieval Gardens*, p.155-173, 1986, éd. Elizabeth Blair Mc Donald, Washington, Dumbarton Oaks Research Library and Collection.
Cambornac, M., *Plantes et jardins du Moyen Age*, 1998. Hartmann éd.,
Capon, B, *La Botanique pour jardinier*, Paris, 2005, Belin.
Cartheuser, J.F., *Matière Médicale*, (4 vol.), 1755, Paris, chez Briasson.
Cazin, F J., *Traité pratique et raisonné des plantes médicinales indigènes*, 1868, Paris, Asselin.
Charay, J., *Olivier de Serres*, 1968, Paris
Charas, M., *Pharmacopée royale galénique et chimique*, 1676, Paris, D'Houry
Chast, F., *Histoire contemporaine des médicaments*, 2002, Paris, Éditions La Découverte.
Chaumeton, F. P., Chamberet et Poiret, J.L.M., *Flore médicale*, (8 vol), 1814 - 1820, Paris, Panckoucke.
Chauvet, M, *Encyclopédie des plantes alimentaires*, 2019, Paris, Belin.
Col de Vilars, E., *Dictionnaire François-Latin des Termes de Médecine et de Chirurgie*, 1753, Paris, Le Mercier.
Colin, S. *Déclaration et Tromperies que font les Apothicaires*, 1555, Tours.
Collard, F. et Samama, E., *Pharmacopoles et apothicaires* 2006, Paris, L'Harmattan.
Collins, M, *Medieval Herbals*, 2000, The British Library and University ot Toronto Press,
Commission E : *The Complete German Commission E Monographs :* Therapeutic Guide to Herbal Medicines, 1998, édité sous la direction de Mark Blumenthal par The American Botanical Council, États-Unis.
Compain, M., *Guide de l'Herboriste-Droguiste*, 1939, Limoges, Éditions Compain.
Cosson, G., *Guérir par les saints*, Paris, 2000, Éditions du Cerf.
Coste, H, *Flore descriptive et illustrée de France*, 3 volumes, 1901-1906, Paris, Paul Klincksiek, rééd.1963, Paris, A. Blanchard. (complétée par sept suppléments (1984- 1990).
Courtois, R, *Le jardin des plantes médicinales*, Abbaye de Vauclair, 1995, C D T A, Laon.
Cusset, G., *Jardins botaniques parisiens au XVI ème siècle*, in, Laboratoire d'ethnobotanique, p. 385-404, 1966, MNHN, Paris.

Davy de Virville, A. *Histoire de la Botanique en France*, 1954, Paris, Société d'édition d'enseignement supérieur.
Delaveau, P., *Histoire et renouveau des plantes médicinales*, 1982, Paris, A. Michel.
Descenet, J, *Catalogue des plantes du Jardin de Messieurs les Apoticaires de Paris*, 1759.
Devaux, J., *Le médecin de soi-même*, 1682, Leyde, chez Claude Jordan.
Dezemeris, J-E, *Dictionnaire historique de la médecine ancienne et moderne*, 1828- 1839 (4 vol.), Paris, Béchet jeune.
Dictionnaire de l'Académie Françoise, 1694, Paris, chez la veuve Jean-Baptiste Coignard.
Dictionnaire portatif des Arts et Métiers, (2 vol), 1767, Paris, chez Lacombe.
Dictionnaire portatif des Herborisants (2 vol.), 1772, Paris, chez A. Didot.
Dictionnaire des Sciences pharmaceutiques et biologiques, 3ème édition, 2014, Paris, Académie nationale de Pharmacie.
Diderot D. et d'Alembert, J. *Encyclopédie ou Dictionnaire raisonné des Sciences et des Métiers,* comprenant (avec les Suppléments et les volumes de planches) 35 volumes publiés chez différents éditeurs entre 1751- 1780.
Dolivo, A., *Pantes médicinales du monde*, 2010, Lausanne, Rossolis, Musée botanique cantonal.
Dominguez, A., *Histoires des noms des plantes : le Jardin médicinal d'Antoine Mizauld* Thèse de Doctorat, 2020, Université de Grenoble.
Dorthes, M., *Eloge historique de Richer de Belleval*, 1788, Montpellier, Jean Martel Ainé.
Dorvault, F, L'Officine ou Répertoire général de Pharmacie pratique 1844, nbs rééd. Paris, Vigot.
Dorveaux, P., *L'Antidotaire Nicolas publié d'après les manuscrits de la Bibliothèque Nationale*, 1896, Paris, H. Welter ; *Les Pots de pharmacie : leur historique suivi d'un dictionnaire de leurs inscriptions,* 1923, Toulouse : Librairie Marqueste.
Drieux, J. A., *Le jardin des plantes de Montpellier*, 1994, Graulhet.éd. Odyssée,
Dubois, J. (dit Sylvius), *La pharmacopée qui est la manière de bien choisir et préparer les simples*, 1574, trad.1580, Lyon, Louis Cloquemin.
Duby, G et Wallon, A, *Histoire de la France rurale,* Tome 2, Paris, 1975, Le Seuil.
Ducerf, G., *Plantes Bio-indicatrices* (3 vol), 2005-2013, Briant, Éditions Promonature.
Du Chesne, J., *Recueil des plus curieux et rares secrets tirés des manuscrits de feu Mr Joseph Du Chesne, Sieur de la Violette*, 1648, Paris, chez Simeon Piget.
Dumontverd, R, *Les Fleurs et Secrets de Médecine*, 1602, Rouen, chez Jean Osmont.

Dupebe, J., *Astrologie, religion et médecine à Paris, Antoine Mizauld* (1512-1578), Thèse de Doctorat, 1999, Université de Paris X-Nanterre.
Dura, M., *Guide des contre-indications des Plantes Médicinales*, 2010, Saint-Paul, Éditions Lucien Souny.
Dusseau, M., *Enchiridion ou Manipul des Miropoles* 1655, Lyon.
Erresalde, P, *Nouveaux secrets rares et curieux contenant divers remèdes éprou*vés, 1602, Paris, Jean Baptiste Loyson.
Estienne, Ch., *Praedium rusticum*, 1554, Paris, *L'Agriculture et Maison rustique de Charles Estienne et Jean Liebault*, 1564, Paris, chez Jacques Du Puys.
Fels, M., *Olivier de Serres*, 1963, Paris, Gallimard,
Ferrari, J-P, Les plantes médicinales de notre flore, 1987, Jardins botanique de la ville de Marseille.
Filassier J-J *Dictionnaire du jardinier françois* (2 volumes) 1789 Paris.
Fleurentin, J., *Les plantes qui nous soignent Traditions et Thérapeutique*, 2007 ; *Plantes médicinales, Traditions et Thérapeutique*, 2008 ; *Des plantes toxiques qui soignent*, 2011 ; *Du bon usage des plantes qui soignent*, 2017, Rennes, Ouest France.
Fournier, P., Le Livre des Plantes médicinales et vénéneuses de France, (3 volumes), 1947, Paris, Le Chevalier.
Friley J., *Les simples et autres plantes médicinales* 2001, Conservatoire National des Plantes à Parfum, Médicinales, Aromatiques et industrielles de Milly-la-Forêt
Furetière, A., *Dictionnaire universel*, (4 volumes), 1690, La Haye,
Garnier B., Hocquet J.C., Woronoff D., 1989. *Introduction à la Métrologie historique* Economica.
Garnier G. Bézanger -Beauquesne L. Debraux G., *Ressources médicales de la Flore Française* (2 vol), 1961, Paris, Vigot Frères.
Gaulin, J.-L., *Albert le Grand agronome. Notes sur le Liber VII de vegetabilibus*, in Comprendre et maîtriser la Nature au Moyen Age, Mélanges d'Histoire des sciences offerts à Guy Beaujouan, Droz, Genève, 1994, p. 155-170. Pietro de Crescenzi et l'agronomie médiévale en Italie (XIIe-XIVe siècles), 1990, Thèse de doctorat, Université de Paris 1-Panthéon-Sorbonne.
Geoffroy E. F., *Traité de La Matière Médicale*, (10 vol.), 1757, Paris, Desaint et Saillant.
Geoffroy, F., *Dictionnaire de l'ancienne langue française*, 1881-1902, Paris, F.Vieweg.
Gerth van Wijk, H. L., 1909 -1916, rééd. 1971, *A Dictionary of Plant-Names*, Amsterdam, Asher.
Gigon, F., *La vérité sur ces plantes qui soignent*, 2009, Paris, L'Express.
Girard des Bergeries, *Le Gouvernement de la Santé, L'Apothicaire charitable, Le Chirurgien charitable, Le Médecin charitable, Harangue de la Goutte à Messieurs ses Hostes,* 1673, Genève, J., H., Widerhold.

Girault, P-G., *Flore et jardins. Usages, savoirs et représentations du monde végétal au Moyen Âge,* Paris, Le Léopard d'or, 1997.
Girre, L., *Nouveau Guide des vieux remèdes naturels*, Rennes, 1985, Ouest France.
Goulin, J, Dictionnaire des plantes usuelles (8 volumes) Paris, An II, chez Lamy.
Gourrichon, M., *La structure du jardin médicinal dans « le Théâtre d'Agriculture et mesnage des champs, P.Richer de Belleval, inspirateur d'Olivier de Serres* in Cahier 108, MATP Jardins en Ardèche, 2010, Chomerac.
Gousset, M-Th,, *Jardins médiévaux en France*, 2003, Rennes, Ouest-France.
Grimal, P., *Les jardins romains*, rééd. 1984, Paris, Fayard. L'Art des jardins, 1974, Paris, Puf.
Guitard, E-H., *Au vieux Jardin des Apothicaires*, in: Bulletin de la Société d'histoire de la pharmacie, 17e année, n°64, 1929. pp. 320-322.
Halleux, R. et Opsomer, C., *L'insaisissable médecine populaire in La transmission des savoirs au M A et à la Renaissance*, 2005, Vol. 1, PUF de Franche Comté, p. 331 à 348.
Haudebourg, (M-Th), *Les Jardins du Moyen Âge*, 2001, Paris, Perrin.
Hispanus, Petrus, *Le Trésor des pauvres*, 1567, Lyon, Olivier Arnousset.
Hodge, G,, *La Botanique du jardinier*, Paris, 2014, Marabout,
Hoefer, F, *Histoire de la Botanique*, 1872, Paris, Hachette,
Jarry, D. et Balmes, M., *Les plantes médicinales au jardin botanique* (de Montpellier), 2004, Montpellier, Sauramps Medical,
Jouy. A. *Glossaire botanique illustré*, 2006, Paris, Société française d'Orchidophilie.
Le Jardin Médiéval, Colloque à l'Abbaye de Saint Arnoult, 1988, Editions ADAMA.
Jardins du Moyen Age, Centre de l'Enluminure et de l'image médiévale, Abbaye de Noirlac, 995, Le Léopard d'Or.
Le bon jardinier, 153ème édition, 1992, Paris, La Maison rustique, Flammarion.
Jedrzejewski, F., *Histoire universelle de la mesure*, 2002, Paris, Ellipses.
Joubert, L., *Erreurs populaires au fait de la médecine et régime de santé,* 1578, Bourdeaus (Bordeaux), par S. Millanges. *Pharmacopée*, 1578 (en latin), 1581 (en français), Lyon, A de Harsy.
La Brosse Guy de, *Dessein d'un Jardin Royal pour la culture des plantes médicinales à Paris* (1628), *De la Nature, vertu et utilité des plantes* (1631), *Avis pour le Jardin royal des Plantes et Description du Jardin royal des plantes médicinales, contenant le catalogue des plantes qui y sont de présent cultivées, ensemble le Plan du jardin.* (1636). Réédition 2007, Paris, Edition de la BIUM.
Lafont.O., *Dictionnaire d'histoire de la pharmacie*, 2003, Paris, Pharmathèmes.

Lagriffe, L., *Vieux remèdes du temps présent*, 1970, Paris, Maloine.
Lamarck, J-B, *Encyclopédie Méthodique, Botanique* (8 volumes) 1783-1788, Paris, Panckoucke.
La Martinière, Pierre Martin de, *Le Naturaliste charitable* 1666, Paris, l'auteur éditeur.
Laplantine, F., *La médecine populaire des campagnes françaises aujourd'hui*, 1977, Paris, J. P. Delarge éditeur.
Lavoisien J-Fr., *Dictionnaire portatif de médecine, d'anatomie, de chirurgie, de pharmacie, de chymie, d'histoire naturelle, de botanique et de physique*, 1793, Paris, chez Th Barrois.
Lavondès, A., *Olivier de Serres, seigneur du Pradel*, 1937, Paris, La Cause.
Lebrun, F., *Se soigner autrefois, Médecins, saints et sorciers aux XVIIème et XVIIIème siècles,* 1983, Paris, Le Seuil.
Leclerc, H., *Précis de Phytothérapie*, 1927, Paris, Masson.
Le Clerc, *La Médecine aisée... avec une petite Pharmacie*, 1696, Paris, Estienne Michallet.
Lee Greene E, *Landmarks of Botanical History* (2 vol, 1909) rééd.1983, Stanford University Press.
Legré, L, *La Botanique en Provence au XVIème siècle*, 1899, Marseille, Barlatier.
Lelong, M., *Regimen sanitatis salernitanum en françois, Le regime de santé de l'Escole de Salerne,* 1501.
Lémery, N., *Cours de chymie*, 1675, *Pharmacopée universelle*, 1697 ; *Dictionnaire universel des drogues simples*, 1698, Paris, chez D'Houry. Ouvrage revu et largement complété par Simon Morélot : *Nouveau Dictionnaire général des Drogues Simples et Composées de Lémery* en 2 volumes 1807, Paris.
Lémery ou L'Emery (?), N, *Nouveau Recueil des plus beaux Secrets de Médecine*, 1694, Paris, chez Thomas Guilain.
Le Médecin Herboriste, Auteur, anonyme, 1802, Paris, Chez Serviere.
Lequenne, F., *La Vie d'Olivier de Serres*, 1942, Paris, Editions Julliard.
Lespleigney, Th., *Promptuaire des medecines simples en rithmes joyeuses*,1537.
Levy-Valensi, J., *La Médecine et les Médecins français au XVIIème siècle*, 1933, Paris, Baillière.
Liebault, J., *Thresor des remedes secrets pour les maladies des femmes*. Pris du latin & faict François, 1585, Paris, chez Jacques du Puys, la Samaritaine, Trésor universel des Pauvres et des Riches, ou Recueil de Remèdes faciles..., 1651, Paris, chez Gervais Clausier.
Lieutaghi, P., *Jardin des savoirs, Jardin d'histoire*, 1992, Mane, Les Alpes de Lumières, 1992, *Les simples entre Nature et Société*, 1983, Mane, Epi, *L'herbe qui enouvelle*, 1986, Paris, Éditions de la Maison des sciences de l'homme, *La plante compagne*, 1991, Arles, Actes Sud, *Le Livre des*

Bonnes herbes, 1996 ; *Le Livre des arbres, arbustes et arbrisseaux*, 2004 ; *Badasson*, 2009, Arles, Acte Sud.

Liger, L., Benier, H., et Bastien J.F., *Œconomie générale de la campagne ou Nouvelle Maison Rustique*, 1ère édition (2 vol.) 1700, Paris, Charles de Sercy, 13ème édition, *La Nouvelle Maison Rustique* (3 vol.), 1804, Paris, Déterville.

Liger. L. *Du bon ménager de campagne et de ville*, 1715, Paris, P.Ribou. Edition revue et augmentée en 1751 par La Chesnaye des Bois sous le titre *Dictionnaire universel d'agriculture et de jardinage.*

Littré, E., *Dictionnaire de Médecine*, 1884, Paris, J. B. Baillière.

Lorrain, (E), *Manuel de Phytothérapie*, 2019, Paris, Dunod.

Lorraine, H, *Le latin du jardinier*, 2013, Paris, Marabout.

Macquer, Ph., *Dictionnaire portatif des Arts et Métiers*, (2 vol), 1766, Paris, chez Lacombe réédité et complété par l'abbé Jaquer (5 volumes), Paris, Didot.

Maghami, P. *Culture et cueillette des plantes médicinales*, 1979, Paris, Hachette,

Mandrou, R., *De la culture populaire aux XVIIe et XVIIIe siècles, 1964, Paris, Magistrats et Sorciers en France au 17 ème siècle*, 1968, Paris, Plon.

Mangin, H. et Millot, G., *Les remèdes familiaux*, 1963, Paris, Éditions Médicis.

Margnat, D., *Le Livre de raison d'Olivier de Serres*, 2004, Grenoble, Presses universitaires de Grenoble.

Marty-Dufaut, J, *Le potager du Moyen Age*, 2006, Gemenos, Autre Temps éd. Le Ménagier de Paris, vers 1393, rééd. en 2 Tomes, Paris, 1846, Imprimerie de Crapelet.

Mérat de Vaumartoise F.V. et de Lens A.J., *Dictionnaire universel de Matière Médicale et de Thérapeutique générale,* 1831, Paris, J-B. Baillière, Méquignon-Mauvis.

Meyer, E,H,F,, *Geschichte der Botanik*, (4volumes), Königsberg 1854 - 1857, rééd. Asher, 1965 Amsterdam.

Miller, Ph., *Dictionnaire des Jardiniers et des Cultivateurs* (8 vol), 1785, Paris, chez Guillot.

Mizauld, A., *Le jardinage d'Antoine Mizauld contenant la manière d'embellir les jardins, les préserver de toute vermine, et en tirer remède propre aux maladies des hommes*, 1578, Genève, Jean Lertout, *Le Jardin médicinal enrichi de plusieurs et divers remèdes et secrets.* 1578, Genève, Jean Lertout.

Morel J-M, *Théorie des jardins* 1776, Chez Pissot, Paris.

Morel, J.M., *Traité pratique de Phytothérapie*, 2008, Paris, Grancher.

Moreri, L., *Le grand dictionnaire historique*, 1683, Lyon. Gyrin et Riviere.

Mozzani, E., *Le Livre des Superstitions*, 1995, Paris, R. Lafont.

TABLE DES MATIERES

Structures éditoriales du groupe L'Harmattan

L'Harmattan Italie
Via degli Artisti, 15
10124 Torino
harmattan.italia@gmail.com

L'Harmattan Hongrie
Kossuth l. u. 14-16.
1053 Budapest
harmattan@harmattan.hu

L'Harmattan Sénégal
10 VDN en face Mermoz
BP 45034 Dakar-Fann
senharmattan@gmail.com

L'Harmattan Cameroun
TSINGA/FECAFOOT
BP 11486 Yaoundé
inkoukam@gmail.com

L'Harmattan Burkina Faso
Achille Somé – tengnule@hotmail.fr

L'Harmattan Guinée
Almamya, rue KA 028 OKB Agency
BP 3470 Conakry
harmattanguinee@yahoo.fr

L'Harmattan RDC
185, avenue Nyangwe
Commune de Lingwala – Kinshasa
matangilamusadila@yahoo.fr

L'Harmattan Congo
219, avenue Nelson Mandela
BP 2874 Brazzaville
harmattan.congo@yahoo.fr

L'Harmattan Mali
ACI 2000 - Immeuble Mgr Jean Marie Cisse
Bureau 10
BP 145 Bamako-Mali
mali@harmattan.fr

L'Harmattan Togo
Djidjole – Lomé
Maison Amela
face EPP BATOME
ddamela@aol.com

L'Harmattan Côte d'Ivoire
Résidence Karl – Cité des Arts
Abidjan-Cocody
03 BP 1588 Abidjan
espace_harmattan.ci@hotmail.fr

Nos librairies en France

Librairie internationale
16, rue des Écoles
75005 Paris
librairie.internationale@harmattan.fr
01 40 46 79 11
www.librairieharmattan.com

Librairie des savoirs
21, rue des Écoles
75005 Paris
librairie.sh@harmattan.fr
01 46 34 13 71
www.librairieharmattansh.com

Librairie Le Lucernaire
53, rue Notre-Dame-des-Champs
75006 Paris
librairie@lucernaire.fr
01 42 22 67 13

Naïs, H., *Le Rustican. Notes sur la traduction française du traité d'agriculture de Pierre de Crescens*, Bibliothèque d'Humanisme et Renaissance 19, 1957, p. 103-132. *Introduction au Rustican,* 1961, Thèse complémentaire, Paris, Faculté des Lettres et des Sciences humaines. Importante bibliographie p. 475 à p. 576, consultable en ligne.

Nicoud, M., *Les régimes de santé au Moyen Âge : Naissance et diffusion d'une écriture médicale en Italie et en France (XIIIe- XVe siècle).* 2 vol., 2007, Ecole française de Rome.

Nysten, P-H., *Dictionnaire de Médecine et des Sciences accessoires à la Médecine*, 1814, Paris, chez J-A Brosson.

Palaiseul, J., *Nos grands-mères savaient*, 1972, Paris, Robert Lafont.

Paris R., Moyse H., *Matière Médicale*, (3 vol.) 1971, Paris, Masson.

Pauly Wissowa Realencyclopädie der classischen Altertumswissenschaft, 1893-1980, 83 Volumes, Stuttgart, Metzier.

Paume, M-P, *Sauvages et comestibles*, 2005, *Sauvages et médicinales*, 2007, *Sauvages et toxiques*, 2009, Saint-Rémy de Provence, Edisud.

Perrot, E, *La culture des plantes médicinales*, 1947, Paris, PUF, *Les plantes médicinales* (2 Vol.), 1971, Paris, PUF.

Petiteau, S, *Manuel de Droguerie, Herboristerie*, 1929, Paris, J B Baillière.

Pic, A et Bonnamour, *Phytothérapie, Médicaments végétaux*, 1925, Paris, J B Baillière.

Picard, J D., *Voyage vers les Apothicaireries françaises*, 2004, Paris, Les Éditions de l'Amateur.

Pharmacopée française, 2016, Paris, ANSM.

Phillips R. et Foy, N., *Herbes, Cueillette, Culture, Utilisation*, 1991, Paris, La Maison rustique, Flammarion.

Pierre, M et Lis, M, *Secrets de plantes*, 2000, Losange, Chamalières.

Pinault-Sorensen, M. *Le livre de botanique*, 2008, Paris, B N F.

Platéarius, *Le livre des simples médecines*, 1986, Paris, Vilo, Bibliothèque Nationale.

Poirion, D.l et Thomasset, Cl., L'Art de vivre au Moyen-Âge, 1995, Paris, P. Lebaud, impr.

Pomet, P., *Histoire générale des Drogues*, 1696, Paris, chez J-B Loyson et A. Pillon, rééd. en 2 vol 1735.

Potier, P., *Le magasin du Bon Dieu*, 2001, Paris, J C Lattès.

Les propriétés médicinales des plantes, Textes des IIIème, IVème et XIème siècles, Serenus Sammonicus, Marcellus, Macer Floridus, 2007, Clermont-Ferrand, Éditions Paleo,

Rabatel, A., *Du végétatif au végétal, l'essor de l'intérêt pour la plante à la fin du MoyenAge* Thèse de Doctorat, 2016, EPHE, Paris.

Readman, Jo., *Ces herbes qu'on dit mauvaises*, 1997. Paris, Terre Vivante.

Reille, M, *Dictionnaire visuel de Botanique*, 2014, Paris, Ulmer.

Renou, Jean de, *Œuvres pharmaceutiques*, 1637, Lyon, Chez N. Gay.

Richer de Belleval, *Onomatologia*, 1598, Montpellier, apud Joannem Giletum
Anonyme, *Recherches sur la vie et les ouvrages de Richer de Belleval*, 1786, Avignon, Joly, Imprimeur Libraire.
Rodgers, R., *Garden Making and Garden Culture in the Geoponika, in Byzantine Garden Culture*, A. Littlewood, Henry Maguire et Joachim Wolskhe Bulmahn, pub.2002, Dumberton Oaks, Washington D C.
Rolet, A., Bouret, D., *Culture des Plantes médicinales*, 1919, Paris, J.R. Baillière et Fils
Rolland E., *Flore populaire ou Histoire naturelle des plantes dans leurs rapports avec la linguistique et le folklore*, 1896-1914 (11 vol.), rééd. 1967, Paris, Maisonneuve et Larose.
Roussel, C-Y et Gallozi, A, *Jardins botaniques de la Marine en France*, 2004, Spézet, Coop Breizh.
Rubin, M, *La phytothérapie*, 1988, Paris, PUF.
Sachs J. von, *Histoire de la Botanique*, 1892, Paris, C. Reinwald et Cie Libraires-Editeurs.
Schauenberg, P. Paris F., *Guide des plantes médicinales*, 1977, Paris, Delachaux et Niestlé.
Sébillot, P., *Le Folklore de France*, (4 volumes), Tome 3, La Faune et la Flore, 1905, rééd. 1968, 1982 -1996, Paris, Éditions G-P Maisonneuve et Larose.
Simon de Gênes, *Synonyma medicinae sive Clavis sanationis*, 1473,
Singer, C, *The Herbal in Antiquity*, 1927 Journal of Hellenic Study 47,
Sonnini de Manoncourt, Ch.- N,- S., *Nouveau Dictionnaire d'Histoire Naturelle*, (24 volumes réédités et augmentés en 36 volumes), 1803-1819, Paris. Deterville.
Teyssou, R., *Nouveau Dictionnaire mémorable des remèdes d'autrefois*, 2018, Paris, L'Harmattan.
Thévenin T., *Les plantes sauvages*, 2009, Lucien Souny éditeur, *Plaidoyer pour l'herboristerie, comprendre et défendre les plantes médicinales*, 2013, Domaine du Possible, Actes Sud.
Thiers, J-B., *Traité des superstitions*, 1679, Paris, A. Dezallier.
Tison J. M. et de Foucault, B., *Flora Gallica*, 2014, Mèze, Biotope Éditions.
Trévoux, *Dictionnaire universel* 1704 -1771, (6 volumes), Paris, Giffart.
Trinquier, P, *Les herbes d'Oc et leurs vertus*, 1997, Nîmes, C. Lacour éditeur Le Truffaut, *La nouvelle encyclopédie du jardin*, 2019, Paris, Larousse.
Valmont de Bomare J. C., *Dictionnaire raisonné universel d'Histoire naturelle*, (5 volumes), 1764, Paris, Didot ; dernière édition (15 volumes), 1791, Lyon, chez Buste.
Valnet J., *Phytothérapie*, 1972, rééd. 1983, Paris, Maloine.

Van Gennep, A., *Manuel de Folklore français contemporain*, Tome IV, Bibliographie méthodique, Médecine populaire, pp 596 à 620, 1937, Paris, Éditions Auguste Picard.

Vanopdenbosch, Y., *Saints et Simples, plantes médicinales entre terre et Ciel,* 2014, Bruxelles, Éditions Amyris.

Vaschalde, H., *Olivier de Serres, seigneur du Pradel*, 1886, Paris, Éditions Plon.

Vergers et jardins dans l'Univers médiéval, Ouvrage collectif, 1990, Senefiance n° 28, Centre Universitaire d'Etudes et de Recherches Médiévales, Aix en Provence, Presses universitaires de Provence,

Vidal édit., (ouvrage collectif), *Phytothérapie, La Santé par les Plantes*, 2010, Bagneux, Sélection du Reader's Digest.

Vinet, E., Mizauld, A., *La Maison Champestre et Agriculture d'Elie Vinet xaintongeois et Antoine Mizauld de Mollusson divisée en cinq parties*, 1607, Paris,

Vilmorin, *Guide du jardin*, Paris, 1972, 6ème éd., Vilmorin Andrieux.

Wecker, J-J, *Les secrets et merveilles de nature*, 1653, Lyon, chez Simon Rigaud.

Weiss, *Biographie universelle ou dictionnaire historique, de M. Paris*, 1813, Furne et Cie, Libraires-éditeurs,

Wheeler, W. *L'Illustration botanique*, 1999, Paris. Editions du Carrousel.

Des mises à jour sur les connaissances des propriétés thérapeutiques des plantes sont disponibles sur différents sites du Web :

- le site de l'Agence nationale de sécurité du médicament t des produits de santé (ANSM) (http://www.ansm.sante.fr) où sont publiées les "monographies françaises des substances d'origine végétale" ainsi que listes A et B des plantes médicinales.
- le site de l'European Medicines Agency (http://www.ema.europa.eu) où sont publiés les avis du Comité spécifique pour les médicaments à base de plantes (Committee on Herbal Medicinal Products (HMPC) qui portent sur un certain nombre de plantes sous la rubrique Herbal medicines for human use. Herbal.
- les Monographies de la Commission E allemande – qui portent sur 360 plantes - peuvent être consultées à partir du site suivant : buecher.heilpflanzen-welt.de (en allemand) ainsi que sur le site de l'American Botanical Council (en anglais (http://cmsherbalgram.org/commissione).
- le site de l'O M S (World Health Organization plants, Geneva) : 5 volumes consacrés aux plantes médicinales sélectionnées (1999-2006).
- l'Encyclopédie en ligne de la Phytothérapie (www.wikiphyto.org/wiki/accueil) fondée par le Dr Michel Morel.

Les sites suivants publient également des mises à jour sur les jardins de plantes médicinales :

- le site du Conservatoire National des Plantes à Parfum, Médicinales et Aromatiques (Milly la Forêt) : https://www.cnpmai.net/fr
- le site de la Société Française d'Ethnopharmacologie (Metz) : www.ethnopharmacologia.org
- le site du Musée ethnobotanique de Salagon : http://www.musee-de-salagon.com.

www.ingramcontent.com/pod-product-compliance
Lightning Source LLC
LaVergne TN
LVHW011148061026
849535LV00003B/643